U0156161

本书的出版得到河海大学国际河流研究中心、江苏高等学校协同创新中心"'世界水谷'与水生态文明"、教育部创新团队"国际河流战略与情报监测研究"、国家社会科学基金重大项目"中国与周边国家水资源合作开发机制研究"的支持。

博士生导师学术文库

A Library of Academics by
Ph.D.Supervisors

国际河流水资源
合作开发机制研究

——·——

周海炜 等 著

光明日报出版社

图书在版编目（CIP）数据

国际河流水资源合作开发机制研究 / 周海炜等著
. --北京：光明日报出版社，2021.12
ISBN 978 - 7 - 5194 - 6426 - 4

Ⅰ.①国… Ⅱ.①周… Ⅲ.①国际河流—水资源开发
—研究 Ⅳ.①TV213.2

中国版本图书馆 CIP 数据核字（2021）第 276978 号

国际河流水资源合作开发机制研究
GUOJI HELIU SHUIZIYUAN HEZUO KAIFA JIZHI YANJIU

著　　者：周海炜 等

责任编辑：刘兴华　　　　　　　　责任校对：刘文文
封面设计：一站出版网　　　　　　责任印制：曹　净

出版发行：光明日报出版社
地　　址：北京市西城区永安路 106 号，100050
电　　话：010 - 63169890（咨询），010 - 63131930（邮购）
传　　真：010 - 63131930
网　　址：http：// book. gmw. cn
E - mail：gmrbcbs@ gmw. cn
法律顾问：北京市兰台律师事务所龚柳方律师

印　　刷：三河市华东印刷有限公司
装　　订：三河市华东印刷有限公司
本书如有破损、缺页、装订错误，请与本社联系调换，电话：010-63131930

开　　本：170mm×240mm
字　　数：521 千字　　　　　　　　印　　张：29
版　　次：2021 年 12 月第 1 版　　　印　　次：2021 年 12 月第 1 次印刷
书　　号：ISBN 978 - 7 - 5194 - 6426 - 4

定　　价：148. 00 元

序

　　我国是一个国际河流大国，国际河流主要分布在西北、西南和东北三大地区，河流类型多样、问题各异。在与周边国家水资源开发与合作中面对的内外部战略环境非常复杂，如何建立与周边国家的跨境水资源合作机制是当前乃至未来相当长时期内我国必须面对的挑战。本书对我国主要国际河流的水资源开发利用、保护、管理等基本问题以及我国与周边国家的水资源合作开发现状、存在问题与挑战等进行了系统梳理和深入分析；对国际河流水资源合作开发机制的相关问题从水利科学、法学、经济学、管理学等多学科视角进行分析，构建了国际河流水资源合作开发的理论框架；提出了指导我国国际河流管理及与周边国家合作开发的战略框架；分别从国家层面、区域层面、流域层面研究和提出了我国与周边国家进行国际河流开发合作的水安全合作机制、水资源开发经济合作机制和流域水资源管理合作机制的基本内容和建设思路；针对我国在三个层面的跨境水资源合作存在的问题提出了总体性策略建议，并针对我国在三个区域若干典型国际河流的跨境水资源合作提出了针对性政策建议。

　　全书内容共分九章。第1章对中国国际河流水资源管理现状及面对的挑战进行了背景分析及问题界定；第2章构建了国际河流水资源合作开发研究的理论框架；第3章梳理和分析了中国与周边国家水资源合作开发面对的战略环境；第4章构建了中国与周边国家水资源合作开发的战略框架；第5、6、7章分别围绕水安全合作、区域经济合作、水资源管理协调问题，从国家层面、区域层面、流域层面提出了中国与周边国家开展水资源合作开发的机制；第8章从总体上提出了中国与周边国家水资源合作开发的对策建议；第9章围绕三大区域四条典型国际河流提出水资源合作开发的政策措施。

　　国际河流合作开发问题涉及自然科学、政治学、经济学、社会学、管理学、法学、国际关系等多种学科。本书从多学科、多维度的视角研究我国与周边国家的水资源合作机制问题，实现了多种学科的有机融合，提炼出了适合于我国与周边国家需求的国际河流水资源合作问题的研究范式。研究成果既有理论分析，亦有案例研究和政策建议，对我国水利、外交、环保等相关部门开展国际河流管理及对外事务具有较高的指导和参考价值，对其他地区国际河流的水资源开发和合作亦具有借鉴作用。

目　录
CONTENTS

第一章

中国国际河流水资源管理现状及面对的挑战

国际河流（international rivers）一般指其干流或支流流经或分割两个或两个以上国家的河流①，包括形成共同边界的河流（称为边界河流）和跨越而不形成国家间边界的出境或入境河流（称为跨界河流）。河流从源头开始到河口断面以上由地面分水线所包围的天然集水单元或区域即为河流流域，当这个流域与两个或以上国家的部分或全部领土相重合时这个流域即为国际河流流域。国际河流流域范围内的水资源可统称为"国际河流水资源"或"跨境水资源"。

我国幅员辽阔，边境线长，几乎与所有陆上邻国都有国际河流的水脉相通，拥有国际河流的数量和跨境水资源量均名列世界前茅，共计有国际河流（含湖泊）40多条（个），其中较重要的有15条（个），仅次于俄罗斯和阿根廷，涉及周边19个流域国。因此，我国是世界上名副其实的国际河流大国。

我国与周边国家水资源合作面对的问题与挑战主要集中在这些分布于西南、西北和东北地区的国际河流流域，构建与周边国家的国际河流水资源合作机制对我国的社会经济发展和周边安全非常重要。

第一节 国际河流的分布与流域自然特征

一、总体分布特征

我国大小40条国际河流（湖泊），水资源量丰富且多为出境河流，其年径流量占全国河川径流总量的40%以上，每年出境水资源量多达4000亿立方米。我国比较重要的15条国际河流基本情况见表1-1。

---

① 何大明. 中国国际河流 [M]. 北京：科学出版社，2011.

表1-1 中国主要国际河流基本情况①

地区	河名	流域面积（万平方千米）		干流长（千米）		所属水系	发源地	流域国家
		总面积	中国境内	总长	中国境内			
西南地区	伊洛瓦底江	41	2	2150	177	印度洋	中国西藏	中国、缅甸
	怒江—萨尔温江	33	14	3673	2013	印度洋	中国西藏	中国、缅甸、泰国
	澜沧江—湄公河	81	16	4878	2161	太平洋	中国青海	中国、缅甸、老挝、泰国、柬埔寨、越南
	珠江	45	44	45	2214	太平洋	中国云南	中国、越南
	雅鲁藏布江—布拉马普特拉河	94	24	2900	2057	印度洋	中国西藏	中国、不丹、印度、孟加拉国
	马吉拉提河（恒河）	98	4	2510	361	印度洋	中国西藏	中国、尼泊尔、印度、孟加拉国
	森格藏布河（印度河）	117	6	2900	440	印度洋	中国西藏	中国、印度、巴基斯坦、阿富汗
	元江—红河	11	7	1280	677	太平洋	中国云南	中国、越南、老挝
西北地区	额尔齐斯河—鄂毕河	293	5	4248	600	北冰洋	中国新疆	中国、哈萨克斯坦、俄罗斯、蒙古国
	伊犁河	15	6	1236	442	巴尔喀什湖	哈萨克斯坦	中国、哈萨克斯坦
	阿克苏河	5	3	468	368	塔里木河	吉尔吉斯斯坦	中国、吉尔吉斯斯坦

---

① 敬正书，矫勇．中国河湖大典［M］．北京：中国水利水电出版社，2014．

续表

地区	河名	流域面积（万平方千米）		干流长（千米）		所属水系	发源地	流域国家
		总面积	中国境内	总长	中国境内			
东北地区	黑龙江	184	90	4416	界河：2854	太平洋	蒙古国	中国、蒙古、俄罗斯
	鸭绿江	6	3	816	界河：816	太平洋	中国吉林	中国、俄罗斯
	图们江	3	2	525	界河：507	太平洋	中国吉林	中国、朝鲜、俄罗斯
	绥芬河	2	1	443	258	太平洋	中国吉林	中国、俄罗斯

　　我国的国际河流主要分布在西南、西北、东北边疆经济欠发达的地区，涉及9个省（自治区）：青海省、云南省、广西壮族自治区、西藏自治区、新疆维吾尔自治区、内蒙古自治区、黑龙江省、吉林省、辽宁省。按照地区分布及与周边国家的关系分可为三片区①：西南片区包括青海省、广西壮族自治区、云南省、西藏自治区4个省（自治区）；西北片区为新疆维吾尔自治区；东北片区包括辽宁省、黑龙江省、吉林省和内蒙古自治区4个省（自治区）。西南和西北片区以连接水道为主，涉及众多的境外流域国，各片区国际河流的自然、经济、社会、环境条件和涉及的国际关系背景差异极大。西南地区的国际河流以跨界出境河流为主；西北地区的国际河流以跨界河流为主，兼有出、入境；东北地区以毗邻水道为主（主要为边界河流）。在国际河流中，上游河段多位于我国境内，具有坡度大、水流急、水能蕴藏量和年径流量丰富的特点②。

　　（一）西南地区的国际河流：以出境跨界河流为主

　　中国西南地区的国际河流均为出境河流，其特点是干流出境，两岸的支流都以分水岭或河道为界。主要有：雅鲁藏布江、澜沧江、怒江、元江、伊洛瓦底江。雅鲁藏布江发源于我国西藏喜马拉雅山脉北麓，流经印度、孟加拉国，

---

① 何惠，蔡建元. 国际河流水文站网布局规划方法研究 [J]. 水文，2002，55 (5)：18-20.

② 朱德祥. 国际河流研究的意义与发展 [J]. 地理研究，1993，12 (4)：84-95.

印度境内称布拉马普特拉河；澜沧江发源于我国青海省、西藏自治区和云南省，后由北向南流经缅甸、老挝、泰国、柬埔寨和越南，在境外部分称为湄公河，最后在越南南部胡志明市（西贡）南面入太平洋的南海；怒江为我国与缅甸的跨境河流，进入缅甸后改称萨尔温江，最后注入印度洋；伊洛瓦底江东源恩梅开江，发源于中国云南省，云南境内称独龙江，最终流入印度洋的安达曼海；还有南部边境上的北仑河为中越界河，珠江流域的左江上游也有一段，在越南境内称奇穷河，入中国境内后称平而河。

（二）西北地区的国际河流：以跨界河流为主、兼有出入境

中国西北边疆的国际河流，既有源自中国的出境河流，也有源自他国的入境河流，也有某些河流的支流或部分河段属于界河，还有些河流的某些河段入境而某些河段出境。出境河流主要为北疆的额尔齐斯河、伊犁河及额敏河等。入境河流主要有北疆的乌伦古河，以及南疆的喀什噶尔河和塔里木河的支流阿克苏河，它们一般仅是河源段或支流的上游在他国，全河绝大部分河段在中国境内，并且均属内流河。

（三）东北地区的国界河流：以边界河流为主

中国东北地区国际性水系的主要特点是流向分散，以界河（湖）为主，水域国境线长达5000千米，有10条界河和3个界湖，其中仅有1条入境河流，其他均为边界河流。主要有黑龙江、额尔古纳河、乌苏里江、鸭绿江、图们江。黑龙江流域国家涉及中国、蒙古国和俄罗斯。鸭绿江和图们江干流几乎为中朝两国天然的国界，只是图们江最后注入日本海的海口附近一小段为朝俄界河。

我国国际河流水资源特征比较典型的是西南地区的澜沧江—湄公河，西北地区的额尔齐斯河、伊犁河，东北地区的黑龙江，本书主要以这些典型国际河流为例分析和总结我国国际河流的自然地理特征、水文变化特征、生态环境特征、境内外开发利用现状、存在的主要问题等。

二、流域自然地理特征

（一）额尔齐斯河流域

额尔齐斯河发源于中国，流经新疆阿尔泰地区，源头段自东北流向西南，出山口后折向西北流出国境。出国境进入哈萨克斯坦，然后穿过阿尔泰山西部支脉流入西西伯利亚平原，在俄罗斯的汉特-曼西斯克附近汇入鄂毕河，最后注入北冰洋的喀拉海。河流全长约4248千米，全流域面积约292.9万平方千米。额尔齐斯河上游流域降水丰富，是主要产流区之一；中游流域无大的支流汇入；

下游河网发育，支流较多，径流丰富①。

流域地势东北高、西南低，呈阶梯状下降。上游流域区处于中国、哈萨克斯坦、俄罗斯、蒙古国交界的山丘区，源头区积雪，冰川终年覆盖。流域大部分位于草原和森林草原带，只有下游较小的部分位于森林带。中游两岸处于干旱内陆地区，地势比较平缓，分布有大量湖泊沼泽。下游位于西伯利亚低地南部，地形平坦，河网发育，广泛分布着森林、沼泽，为典型的沼泽草原地貌。

（二）伊犁河流域

伊犁河发源于哈萨克斯坦境内的特克斯河，流入我国后与巩乃斯河和喀什河汇合后始称伊犁河。伊犁河继续向西流，在界河霍尔果斯河注入以后，再次进入哈萨克斯坦。在哈萨克斯坦境内继续西流进入卡普恰盖峡谷区，依次接纳南北两岸的众多支流，最后穿过伊犁河三角洲，注入西巴尔喀什湖。伊犁河是巴尔喀什湖的主要入湖河流，属于内陆河。伊犁河全长 1236 千米，流域面积 15.12 万平方千米（中国境内 5.67 万平方千米)②。

伊犁河流域地形较为复杂。上游中国境内为一系列近东西走向的山地和谷地，北、东、南三面高山环绕，谷地呈三角形，西面敞开，伊犁河两岸为洪积—冲积平原。哈萨克斯坦境内有高山山系区、低山区、平原区，也有部分沿湖岸的沙滩，湖滨分布有半荒漠植被。根据地理学特征，哈萨克斯坦境内的流域又可分为三部分：北部和西部湖滨地区、中部巴尔喀什盆地、流域的东南部和南部山脉。

（三）黑龙江流域

黑龙江流经中国、蒙古国和俄罗斯三个国家。黑龙江干流有南北两源，北源石勒喀河和南源额尔古纳河汇合后始称黑龙江。黑龙江先后接纳结雅河、布列亚河、松花江、乌苏里江等大支流，最后在俄罗斯境内注入鞑靼海峡。黑龙江全长约 4416 千米，流域面积为 184 万平方千米（中国侧占 48%）。流域内河系发达，支流众多。中国一侧主要支流为额尔古纳河、呼玛河、松花江、乌苏里江；俄罗斯一侧主要支流为石勒喀河、结雅河、布列亚河等③。黑龙江流域的水资源与水能资源丰富，江宽水深、水流平稳，具有较好的航运条件。

---

① 杨富程，夏自强，黄峰，等．额尔齐斯河流域降水变化特征 [J]．河海大学学报（自然科学版），2012（4）：432-437．

② 王姣妍，路京选．伊犁河流域水资源开发利用的水文及生态效应分析 [J]．自然资源学报，2009（7）：1297-1307．

③ 戴长雷，王思聪，李治军，等．黑龙江流域水文地理研究综述 [J]．地理学报，2015（11）：1823-1834．

流域南部中国境内主要有大兴安岭、小兴安岭、长白山和张广才岭等山脉。黑龙江、松花江、乌苏里江汇合的三角地带为三江平原。流域北部俄罗斯境内，有斯塔诺夫山脉，为黑龙江与北冰洋水系的勒拿河之间的分水岭，分水岭以南为阿穆尔—结雅平原和结雅—布列亚平原。

（四）澜沧江—湄公河流域

澜沧江—湄公河发源于中国青海省，自北向南流经中国西藏、云南，至云南省南腊河口出境，出境后改称湄公河，流经缅甸、老挝、泰国、柬埔寨、越南五国，在越南胡志明市以南注入太平洋的南海。河长达4878千米（中国境内河长2161千米），流域面积81.4万平方千米①。

中国境内的澜沧江流域，地势北高南低，自北向南呈条带状，上、下游宽阔，中游狭窄，地形起伏剧烈。上游属青藏高原，除高大险峻的雪峰外，山势平缓，河谷平浅。中游属高山峡谷区，山高谷深，两岸高山对峙，河床坡度大，形成陡峻的坡状地形。下游分水岭显著降低，地势趋平缓，河道呈束放状，出中国境后河道比较开阔平缓。境外部分的湄公河流域，在缅甸以下可分为六个部分：北部高地、呵叻高原、东部高地、南部低地、南部高地与湄公河三角洲。

三、流域水文变化特征

我国西北国际河流相对另外两个地区水资源缺乏，但是西北的这些国际河流又是新疆当地水资源相对丰富的河流；东北和西南地区的国际河流水资源丰富，特别是西南地区水能资源储量较大。

（一）额尔齐斯河的水文变化特征

额尔齐斯河径流年际变化剧烈、年内分配不均。额尔齐斯河的径流补给是以季节性积雪融水为主，夏季降雨补给为辅。径流年际变化比较剧烈，年径流量最大值与最小值的极值比较大，径流的年内分配亦极不均匀，干支流春夏汛为4月下旬或5月上旬至8月中下旬，汛期水量占全年水量的75%~80%。

主要产流区在上游区的中国和流域下游区，哈萨克斯坦境内产流很少。额尔齐斯河流域的主要产流区在上游区和下游区。干流的径流量从上游到下游沿程变化特征表现为从布朗站至舒里巴站的径流量是增加的，而从舒里巴站至谢拉克站径流量有所下降，因为这一河段流经沙漠区，径流耗散损失量大于径流

---

① 柴燕玲. 澜沧江—湄公河次区域经济合作：发展现状与对策建议 [J]. 国际经济合作，2004（9）：40-46.

补给量；从谢拉克站往下游由于两岸支流汇入，径流量又沿程增加。

（二）伊犁河的水文变化特征

伊犁河流域的水文特征总体表现为：径流年际变化较小，年内分配相对均匀。流域各主要支流因得益于均匀的降水和冰川的有效调节，虽然每年均有汛期，但洪峰频率曲线平坦，历史上未曾出现过大范围的严重洪水灾害。伊犁河的水量在早春断断续续地增加，春夏之交汛期的主汛在 5 月上旬开始，在高山冰雪急剧融化的 7—8 月达到高峰。在哈萨克斯坦境内，伊犁河流量的年变幅比较稳定，12 月结冰，3 月开冻后，水位逐步上升，5 月末至 8 月初为汛期，7—8 月流量增大，10 月开始为枯水期。

（三）黑龙江流域的水文变化特征

黑龙江流域的水文特征总体表现为：水资源丰富，径流年际变化较大，年内分配也不均匀。黑龙江的多年平均径流量为 3550 亿立方米，流域以雨水补给为主、积雪融水补给为辅。流域的产汇流条件良好，径流量集中且丰富。夏汛流量大、洪峰高、历时长，容易发生洪涝灾害。历史上，黑龙江上中游曾多次发生大洪水，其中 2013 年黑龙江同江至抚远段发生超百年一遇的特大洪水。黑龙江有将近半年的封冻期，封冻期上游 160 天以上，中游 140～160 天。每年 10 月上旬上游出现初冰，中游 10 月下旬始见初冰；翌年 4 月中下旬先中游后上游解冻。

（四）澜沧江—湄公河流域的水文变化特征

澜沧江—湄公河的水文特征总体表现为：水资源丰富，上下游补给来源不同，径流年际变化较大，径流年内分配不均。流域径流以降水为主，地下水和融雪补给为辅。上游河段河川径流以地下水为主，其次是雨水和冰雪融水补给。中下游河段两岸高山，支流短小，山巅有终年积雪，但冰雪融水占年径流量比重较小，中游区随着降水量的增加，融雪补给减少，河川径流为降水和地下水混合补给。下游河段处于亚热带和热带气候区，受季风影响，降水丰沛，河川径流以降水补给为主，降水占年径流量的 60%以上，其次是地下水补给。流域年径流深为 450.2 厘米，国界处多年平均流量为 2180 立方米/秒。澜沧江上中游冬季的年径流量一般不到全年径流量的 10%，夏季可占 50%左右，最大流量一般出现在每年的 7 月或 8 月。下游段每年 7—10 月都有可能出现最大流量，其中以 8 月为最多。

四、流域生态环境特征

（一）额尔齐斯河流域：河滩地发育且生态环境良好

额尔齐斯河流域具有发达的河滩地沼泽和草原生态系统，鱼类资源非常丰富。在上游中国境内水系发育，大部分在草原带和森林草原带，河谷有许多发育良好的三角洲和滩地，林草茂盛，构成了十分优越的生物资源。额尔齐斯河流域的杨树和白桦树成林，是我国目前唯一的天然多种类杨树的基因库，也是难得的生态自然景观。在哈萨克斯坦境内，河流进入西伯利亚平原低地区域，降雨量小且两岸无大的支流汇入，主要为径流损失河段，河道弯曲、滩地宽阔，两岸为草原区和荒漠草原区。额尔齐斯河下游俄罗斯境内地处西伯利亚低地和乌拉尔山的平原地区，境内地势平坦、河流纵横，湖泊沼泽密布，森林覆盖率高。

（二）伊犁河流域：植被覆盖率较高但生态环境脆弱

流域气候温和湿润，加上多种地貌类型的存在，形成了丰富的自然景观。野生动植物资源丰富。广泛分布的优良牧草地，为我国目前较好的天然草地之一。低山带为优质春秋草场，中山带为茂密云杉林，高山带为优质夏季草场。20 世纪 60 年代初，我国水产工作者在伊犁河地区开展鱼类池塘养殖，并且随着"禁渔期"的实施以及渔政部门每年向伊犁河内投放大量鱼苗，增加了流域的生物资源量。近年来，流域上大规模的水资源开发利用活动加速了区域性的生态环境演变；加上对生态环境重视不够，导致流域内生态环境的恶化，比如高盖度植被面积在减少，荒漠化面积趋于增大。

在哈萨克斯坦境内，伊犁河三角洲和巴尔喀什湖地区曾经以其在畜牧业、渔业、狩猎和工业方面的优越条件居于哈萨克斯坦的前列。但是，伊犁河上卡普恰盖水库的修建及灌区开发等一系列人类活动，影响了河流的水文状态和流域的水量平衡，使巴尔喀什湖流域哈境内每条河流的河水都受到严格控制，造成了巴尔喀什湖天然水文条件的破坏，使伊犁河下游和巴尔喀什湖地区的水文情势也发生相应变化。加上流域上农业、工业、畜牧业以及人民生活用水量的剧增，更是进一步导致一系列经济、社会和环境问题。

（三）黑龙江流域：植物覆盖率较高、鱼类资源丰富

黑龙江两岸植物覆盖较好，河水含沙量少。漠河至呼玛的大兴安岭流域内具有极其丰富多样的陆地湿地和森林生态系统。黑龙江是世界上渔业资源较丰富、鱼的种类较多的河流之一，淡水鱼种类丰富。黑龙江干流有鱼类上百种，

主要鱼类有大马哈鱼（鲑鱼）、鳌花鱼以及鲟、鳇、鲤、鲶等。每逢夏秋之交，大马哈鱼群从海里沿江逆流而上，至黑龙江中游、乌苏里江中游等地区排卵，这时就成为繁忙的捕鱼汛期。主要经济鱼类有 40 余种，如黑龙江鲤、鲫、鲢、草鱼、黄颡鱼、东北雅罗鱼、细鳞鱼、哲罗鱼、黑斑狗鱼、大马哈鱼、施鲟等，这些鱼类在不同江段的分布不一样①。流域内土地利用强度日趋增大，且中国侧和俄罗斯侧的土地利用方式也有所不同，中国侧主要以耕草地和林地为主，其中耕草地所占比例最大，而俄罗斯侧则以林地为主。

（四）澜沧江—湄公河流域：生物具有多样性且资源丰富

澜沧江—湄公河流南北走向跨度大，几乎包容了从寒带到热带的世界七个气候带，全流域可以分为六个生物—地理区：澜沧江流域、北部山地、呵叻高原、东部山地、南部山地、低地。纬向性变化与立体性变化共同构建的多种类型气候资源，加上低纬度所决定的以热带和亚热带为主的基带，造成该区域明显而完整的植被垂直带谱。第四纪冰期孑遗生物种类繁多，生物多样性和区域特有种构成该地区生物方面的显著特征，集中了从热带到高寒雪山地带的各类生物资源上万种，植物区系复杂，各区系植物交错集结，互相渗透，流域内几千种植物和动物没有在其他地区发现，是世界上生物多样性较丰富的地区之一。1976 年湄公河秘书处的调查显示，该流域至少有 212 种哺乳动物、696 种鸟类、800 种鱼、213 种爬行动物和两栖动物。世界上所发现的哺乳动物中的四分之三在该流域被发现。就水生生物而言，湄公河在生物多样性方面是世界上仅次于亚马孙河的河流②。

五、我国国际河流的主要水资源问题

（一）水资源问题的复杂性

受到自然条件、政治经济环境、资源开发程度乃至历史与民族问题影响，我国国际河流的水资源问题极为复杂，主要特点如下。

1. 不同地区的国际河流水资源问题侧重点不同

我国西北、东北和西南地区的国际河流因河流自然地理特征及社会经济发展程度不同，水资源问题的侧重点不同。西南地区主要是上游水电开发对下游

---

① 杨富亿. 黑龙江干流水电梯级开发对鱼类资源的影响与补救措施 [J]. 国土与自然资源研究，2000（1）：55-57.

② 陈丽晖，曾尊固，何大明. 国际河流流域开发中的利益冲突及其关系协调——以澜沧江—湄公河为例 [J]. 世界地理研究，2003, 12（1）：71-78.

的影响问题，西北地区主要是水资源的权益分配问题，东北地区主要是国土流失和界河护岸整治问题。

西南地区的国际河流水能资源丰富、流量大，具备较好的综合开发条件，开发形式主要包括水力发电、航运、防洪、灌溉等。我国境内在河流上游进行的水电开发，容易受到来自下游国家的质疑，比如改变了河流下游的水文情势，影响河流下游及河口的生态系统等。

西北地区的国际河流地处内陆干旱区，气候干旱、水资源短缺，水是支撑和制约经济发展、生态环境稳定的基础资源，水资源异常宝贵。因此，国际河流水资源的权益分配是新疆国际河流的核心问题。同时，由于边界与分水岭不一致，水资源权益划分错综复杂①。

东北地区的国际河流以界河为主，主要问题表现为国际界河护岸和河口的保护工程建设，即国土流失的防护和整治问题。我国东北与邻国的界河、界湖水域国境线总长达5000千米，然而我国一侧的护岸工作力度不够，界河中泓线向中国一侧移动，造成了国土流失严重。同时，也存在兴建水利工程所引起的防洪、水运、水利工程淹没补偿等问题②。

2. 国际河流流域多为边疆少数民族聚居区，社会经济与民族文化差异性导致水资源问题的管理复杂性

我国国际河流所在的西北、西南和东北边疆地区一般为少数民族聚居地区，经济发展相对落后。尤其是西北国际河流地处极度干旱区，是西北主要贫困地区之一，改善农牧民的生存条件和维护正常的生态条件都有赖于水资源利用。因此，国际河流境内部分的水资源开发利用是保障边疆地区人们基本生活和发展的必然要求。许多国际河流流域的境内外居民往往属同一民族，或者具有民族渊源关系③。对于有些少数民族居住地区，现代的水资源开发利用方式可能打破或影响该民族的传统风俗，在水资源开发利用时就会遭到来自当地居民的反对。因此各流域国在进行跨境河流水资源开发或处理跨境涉水问题时，除了要考虑主权因素、河流自然水文情势等，还要尊重当地传统的民族风俗、文化等，否则容易使跨境河流问题复杂化。

① 甄淑平，吕昌河. 中国西部地区水资源利用的主要问题与对策 [J]. 中国人口·资源与环境，2002（1）：4.
② 贾绍凤，刘俊. 大国水情：中国水问题报告 [M]. 武汉：华中科技大学出版社，2014.
③ 汪群，陆园园. 中国国际河流管理问题分析及建议 [J]. 水利水电科技进展，2009（2）：71-75.

3. 气候变化及人类活动影响容易使得跨境水资源问题激化

近年来，受到全球气候变化的影响，黑龙江大洪水、伊犁河和湄公河三角洲大旱、松花江水污染等跨境流域水安全事件频发，全球变化下极端/突发水安全事件的频次和强度可能进一步增加，容易引起跨境河流的水资源争端，从而影响跨境流域的水资源开发利用与保护、可持续发展以及我国与周边国家/地区的社会经济合作的安全与稳定。

（二）不同地区国际河流的主要水资源问题

1. 西南地区国际河流水资源问题主要是水电开发及其跨境生态影响、防洪抗旱协调等问题

西南国际河流水能资源和水资源都很丰富，开发条件优越，但是各流域的开发需求与重点不同，主要国际河流问题是上游水电开发对下游的影响问题。

西南地区的澜沧江—湄公河、怒江—萨尔温江、雅鲁藏布江—布拉马普特拉河等流量大、水能资源丰富，具备较好综合开发条件。然而，在境内或境外水资源的开发利用中，该流域存在的主要问题是各流域国的开发重点与需求不一致，以及上下游间的水电开发与河流水文和生态的影响关系问题。

南亚和东南亚地区受季风气候的影响，水资源量充沛，旱季雨季分明，生物多样性丰富。在我国西南地区的国际河流境内或境外水资源开发中，最主要的问题是上游水电开发对下游水文、生态及渔业的影响问题。

各流域国的社会经济发展程度差异较大，对水资源的需求不一，开发重点各异。我国对西南地区河流的开发需求重点在建造水库进行水力发电和航运，而相邻境外流域国有的重视水力发电，有的重视农业灌溉，有的重视生态、渔业及航运。我国在河流上游进行蓄水发电，就会引起河流下游水文情势的变化，一方面给下游国家带来防洪的利益；另一方面又可能给下游国家的蓄水发电、灌溉、生态保护、渔业等造成一定程度上的影响。

西南地区的国际河流主要为上下游型，并且我国处于多数河流的上游，一般流经两个以上国家。因此我国在河流上游的任何举动都有可能遭到来自下游一国或多国的阻碍。此外，我国属于经济发展程度较好的大国，而在东南地区的邻国基本上都为经济发展较为落后的小国家。因此在流域水资源开发利用中，我国需要尽到大国的责任和义务，不给下游邻国造成重大不利影响，照顾下游国家的利益，否则容易形成一对多的利害关系。

南亚和东南亚地区国家历来受到西方国家的影响，流域外力量对国际河流水资源开发的介入较多，容易受到外部力量的间接控制或影响。我国在西南地

区国际河流水资源开发中，不仅会受到来自下游国家的压力，还会受到来自第三方（包括西方国家或国际组织）的压力。

2. 西北地区国际河流主要水资源问题是水资源的权益分配问题

西北国际河流流域境内外均地处内陆干旱区、水资源缺乏、农业用水占比最大、水资源供需矛盾突出、生态环境脆弱，主要国际河流问题是水资源的权益分配问题。

西北地区及邻近的周边中亚国家均地处亚洲内陆干旱半干旱地区，为典型的大陆性气候，冬夏分明、冷热悬殊，冬春季降水量明显大于夏秋季（以夏季最小），河流径流量的季节性变化明显（河流有春汛和夏汛且夏汛较大，多数河流有结冰期）①。无论是我国西北地区还是毗邻国家，在社会经济发展过程中都面临着水土资源分布极不均衡、水资源缺乏且开发利用难度大、水资源供需矛盾突出、生态环境脆弱且问题多样和严重等问题②。

对于这些内陆干旱区，水资源是支撑和制约经济发展、生态环境稳定的基础资源，水资源缺乏且时空分布不均将是当地经济发展及区域合作的重要约束。在此背景下，流域上人类活动的加剧更是激化了突出的水资源供需矛盾和生态环境脆弱问题。比如，哈萨克斯坦20世纪70年代在伊犁河上修建了大型水库，造成了伊犁河三角洲乃至巴尔喀什湖的生态环境在20世纪80年代急剧退化；哈方在额尔齐斯河修建了三座梯级大型水库，造成了额尔齐斯河中游滩地的生态退化问题以及下游俄罗斯境内的通航问题。

历史以来，这些地区的主要产业均为农业或牧业，农业用水在社会经济用水中占有很大比重。无论是流域的境内地区还是境外地区，灌溉方式都较为落后，水利工程等基础设施不完善，造成了大量的水资源浪费。随着境内及境外人口规模增大，以及社会经济发展对水资源需求的增加，亟须通过调整产业结构，实施和推广农业节水灌溉技术，提升水资源利用效率。从流域可持续发展的视角，在气候干旱背景下这些地区的生态用水不可忽视。然而，长期以来各流域国在开发利用这些共享国际河流的水资源时，对生态用水没有给予足够重视。

因此，西北地区的国际河流水资源问题主要是：考虑全球变化背景下的上下游国家之间的跨境水资源权益分配问题。

---

① 胡汝骥，姜逢清，王亚俊. 中亚（五国）干旱生态地理环境特征 [J]. 干旱区研究，2014，31（1）：1-12.

② 郭利丹，周海炜，夏自强，等. 丝绸之路经济带建设中的水资源安全问题及对策 [J]. 中国人口·资源与环境，2015（5）：114-121.

3. 东北地区国际河流水资源问题主要包括界河护岸、水质、防洪及流域生态保护等问题

东北地区国际河流水资源丰富、水资源利用条件优良、生物多样性丰富，主要国际河流问题是各流域国内支流水资源开发利用对界河干流的影响所造成的护岸、水质、防洪以及生态保护问题。

东北地区与邻近周边国家之间的国际河流主要为界河（或界湖）。这些河流及其支流的水量较为充沛，且径流量的年际及年内变化不大，相对其他地区的河流而言天然水质良好，生物多样性丰富。总体来说，在东北地区国际河流的水资源开发利用中，存在的主要问题是水污染及生态保护问题。

以黑龙江界河为例，河水自然的流动不断冲刷两岸，流域内工程所造成的水流变动也冲刷两岸，使得河岸变动，涉及流域国的国土稳定问题，因此国际界河的护岸工作是相关流域国家都极其重视的问题。黑龙江界河我国一侧的护岸工作力度不够，而俄罗斯侧的护岸工程做得很好，就造成了黑龙江中泓线不断向我方一侧推移，造成我国国土的流失。

东北地区的流域防洪形势严峻，由于水资源的分布不均匀，年内降水量大多集中在6—9月，其间降水量占全年的60%~80%；在年际间，常常出现连枯、连丰、丰枯交替的变化。黑龙江中方和俄方境内主要支流上均建有大型水库，双方各自负责各自境内水库的运行调度，在流域洪水来临时，很难做到协调联合调度。水库调度时如果不考虑流域整体影响，将增加洪水引发的风险和灾难。因此，无论是对于流域局部洪水还是全流域洪水，所涉及流域国家都应该尽力协同，共同应对防洪压力。

界河两岸任意一方排入污染物，都会造成界河干流的水污染及跨境污染，进而破坏流域水体生态平衡。随着我国东北地区社会经济发展，区域内的农田退水和工业污水排放容易引起黑龙江的常规水资源污染或突发水污染问题。比如，2005年吉林石化公司双苯厂一车间发生爆炸，大量苯类物质流入松花江，造成了江水严重污染[1]。俄罗斯对松花江水污染对中俄界河黑龙江造成的影响表示关注。因此，界河的水污染问题，不仅仅是一国境内河流水体的水质问题，由于涉及不同的主权国家而往往因跨境影响上升为两国的敏感话题。

在界河流域的任意一国境内支流上兴建水利工程，都将影响整个界河流域的水系连通，可能切断鲑鱼和鲟鱼等洄游鱼类的洄游路线，阻隔河流与湖泊湿

---

① 编辑部. 双苯凶猛"11·13"吉林石化公司化工装置大爆炸暨松花江污染事故纪实 [J]. 上海消防, 2005（12）：14-26.

地之间的水力联系，破坏流域的生态平衡。

（三）我国国际河流水资源问题的空间分布特征

水资源问题的讨论一般涉及水资源赋存量的多少、水资源时空分布是否均匀、水质（水污染）程度的好坏、水生态条件的优劣、水资源供需矛盾是否突出、用水效率的高低、旱灾/涝灾是否频发、水资源管理是否规范等。我国当前面临的主要水资源问题基本可以用八个字概括，即"水多、水少、水脏、水浑"。我国各区域国际河流的天然生态系统稳定性总体较为良好，但同样存在类似的一般水资源问题，并且在不同区域的空间分布特征有些差异，见表1-2。

表1-2　我国国际河流的主要水资源问题区域分布特征

主要水资源问题	西北地区	东北地区	西南地区
水资源缺乏	★★★	○	○
水资源时空分布不均	★★★	○	○
水资源供需矛盾突出	★★★	○	○
生态环境脆弱	★★★	○	○
水污染严重或易发	★★	★★★	★
洪涝灾害频发	○	★★	★
旱灾频发	★	○	★★
水土流失严重或易发	★	★★	★★
水资源利用效率低	★★★	★★	★
水资源管理体制不健全	★★★	★★★	★★★

注：○不存在或不明显；★存在但不突出；★★存在且较为明显；★★★存在且非常突出。

1. 水环境污染问题及其分布

水环境污染和水质恶化是河流普遍存在的水资源问题，无论是国际著名的多瑙河、莱茵河还是我国的诸条国际河流，都曾经或正在面临水资源污染问题。水污染大多为工业废水造成的污染，治理难度大、耗资大，解决污染源问题难度大。

在我国各个区域的国际河流中，由于人口压力和工业的快速发展，水污染非常严重，尤其是东北地区。鸭绿江部分河段污染严重，主要污染物为有机物和酚、汞等。西南地区澜沧江水系干流、怒江水系干流、红河水系干流等国际河流的水质相对较好。西北地区国际河流也存在水环境污染问题，主要在伊犁河流域。该流域主要发展农业，工业企业设备较为落后，农业面源污染和工业点源污染越来越明显，其工业污染源集中于伊犁河的伊宁市河段。在黑龙江流域，中俄境内都有大量农业区域及工业企业，污水和废水排放将对支流及干流水质、流域生态系统造成极大破坏。

2. 水土流失问题及其分布

造成水土流失问题的原因除了本身的地貌、气候和土壤特性外，更为直接和重要的因素就是人为的破坏，包括破坏植被、乱砍滥伐、过度放牧等，这些因素大多发生在一些经济生活较为落后的地区。因此世界范围内的水土流失问题主要发生在一些发展中国家，除中国外，水土流失较严重的还有中东一些国家，以及孟加拉国、印度、尼泊尔等。

水土流失问题在我国各区域的国际河流中均存在。西南地区国际河流普遍存在水土流失问题，但目前该区域尚未被列入水土流失重点治理区；西北地区伊犁河流域的水浇地、旱地都存在不同程度的水土流失；东北地区鸭绿江流域、图们江流域都有严重的水土流失问题。总体而言，东北地区以界河为主的国际河流由于涉及边界问题，所存在水土流失问题的影响相对更为显著和重要。

3. 灌溉方式均较为落后，水资源利用率较低

世界各国都在逐步改进和发展先进的灌溉技术与节水技术，但我国及周边国家多为发展中国家，水资源利用率低下的问题普遍存在。虽然节水灌溉技术在我国西北地区已经逐步推广和采用，但仍有很多地区采用落后的灌溉手段，造成水资源浪费，还可能继而产生土地次生沼泽化和盐渍化的问题。我国在农业节水方面还有很长的路要走。就周边邻国而言，受诸多因素的制约，节水技术的推广更为艰难。西北地区额尔齐斯河阿尔泰地区农田灌溉方式均为大水漫灌，灌溉定额高，多数灌区只灌不排；近年来，我国在新疆逐渐推广节水农业，水资源利用效率不断提高；然而境外的哈萨克斯坦的农业灌溉方式仍旧较为落后，水资源利用效率低下。东北地区国际河流在农业用水方面，由于各灌区未能实现合理调配，在输水过程中造成较大损失。

4. 各流域的水资源利用均缺乏统一管理

国际河流的管理由于牵涉到上下游、左右岸不同的国家，在统一管理上难度较大。又因国际河流其本身的特殊性，水资源分配和统一管理是国际河流主要问题之一。缺少统一的管理，可能造成上游无节制用水和下游用水得不到保证，就会产生用水纠纷。

与我国流域相关的国家中，大部分为发展中国家，除缅甸、哈萨克斯坦、塔吉克斯坦、俄罗斯以外，均被联合国经社理事会评为有潜在水危机的国家，

其中阿富汗、印度、伊朗、朝鲜和巴基斯坦被确定为有很高潜在水危机的国家。因此水资源对于这些国家的生存和发展至关重要，国际河流开发利用稍有不当，很容易引起纠纷和争端。目前我国与周边国家均没有就各主要国际河流流域设立流域层面的统一管理机构；我国境内也基本上没有成立专门的国际河流流域管理机构。

第二节　国际河流的水资源开发利用与管理

一、水资源开发利用条件

（一）水资源与水能蕴藏条件

西南地区雅鲁藏布江、澜沧江、怒江、红河、伊洛瓦底江等国际河流蕴藏着巨大的水能资源，是我国西南水电基地建设的重要资源。中国境内雅鲁藏布江的长度为 2057 千米，年径流量约为 1654 亿立方米，水能资源理论蕴藏量为 11348 万千瓦；澜沧江的水量与水能资源皆丰富，径流量 740 亿立方米，澜沧江—湄公河全流域落差有 5500 米，水能资源储量十分丰富，水力资源主要集中在干流上，为水电开发提供了有利的条件①；怒江的水资源量为 689 亿立方米，水力资源理论蕴藏量为 4600 万千瓦②。

西北地区主要是新疆境内的伊犁河、额尔齐斯河、额敏河、阿克苏河等。全疆由国外入境的水量为 88 亿立方米，出境水量为 240 亿立方米，出入境水量占新疆河川径流总量的 36.7%③。伊犁河和额尔齐斯河的多年平均地表径流量占全疆地表径流总量的 1/3，出、入境河川径流量分别占全疆国际河流总出、入境量的 91.3% 和 27.2%④。在我国境内，额尔齐斯河的水资源量大约为 117 亿立方米，伊犁河的水资源量大约为 165 亿立方米，塔里木河的水资源量大约为 150

---

① 唐海行．澜沧江—湄公河流域的水资源及其开发利用现状分析 [J]．云南地理环境研究，1999 (1)：16-25.
② 张栋．西南水电开发及外送经济性研究 [J]．中国电力，2012 (12)：4-6+25.
③ 姜文来．"中国水威胁论"的缘起与化解之策 [J]．科技潮，2007 (2)：18-21.
④ 王俊峰，胡烨．中哈跨界水资源争端：缘起、进展与中国对策 [J]．新疆大学学报（哲学·人文社会科学版），2011，39 (5)：99-102.

亿立方米①。

东北地区的鸭绿江、图们江、黑龙江三大流域蕴藏着极为丰富的水资源与水能资源，黑龙江流域河口平均水量3569亿立方米②，黑龙江干流水力资源理论蕴藏量为608万千瓦。鸭绿江为中国、朝鲜界河，水资源与水力资源均丰富，中国境内产水量162亿立方米，水能蕴藏量213万千瓦。图们江为中国、朝鲜、俄罗斯界河，中国境内多年平均径流量51亿立方米，水能资源44万千瓦③。

（二）水资源和水能开发条件

对于西南和西北地区的跨境河流而言，我国处于多数国际河流的上游，比如伊犁河、额尔齐斯河、澜沧江、雅鲁藏布江等，具有进行水资源和水力资源开发的地理优势，具有优良的电站建设条件。但是，由于上游地区的地理地形条件复杂，开发难度相对下游平原地区较大。对于东北地区的界河而言，界河所涉及各流域国都可在其境内一侧的支流上进行水资源和水力资源的开发，界河干流的开发则需要各流域国之间进行协商合作才能实施。

二、境内水资源开发利用状况

我国国际河流境内水资源开发利用状况在三个区域之间既有类似的普遍性特征，又有各自不同的特殊情况，根据河流的差异性而定。

（一）总体开发状况

1. 我国境内的国际河流开发程度总体较低，开发利用滞后，大部分国际河流缺少流域规划

我国在国际河流的水资源开发和管理中，相关基础工作总体上非常薄弱，比如缺少充分的前期研究、有些流域还没有形成总体规划、基础数据不完整、系列数据长度较短。这些客观条件在某种程度上制约了我国对国际河流水资源的开发。

2. 西南跨境河流蕴藏着巨大的水能资源，目前只有澜沧江进行规模梯级开发，其他开发缓慢

由于历史原因，西南国际河流资金投放较少，水利设施严重不足，水资源

---

① 新疆维吾尔自治区水利厅. 新疆维吾尔自治区水资源公报（2016）［EB/OL］. 新疆维吾尔自治区水利厅网站，2018-09-06.

② 肖迪芳，张雪峰. 黑龙江流域水文水资源特性初析［J］. 水文，1992（1）：51-55.

③《东北水利水电》编辑部. 东北诸河水能蕴藏量统计表［J］. 东北水利水电，1985（3）：52.

工程建设缓慢，具有调节能力的大中型供水工程很少，以小型蓄水工程和引堤水工程为主。我国境内除了澜沧江之外其余河流基本没有开发。澜沧江水资源开发的用途主要是水力发电，我国已在澜沧江上进行了梯级水电开发，其他多数河流则基本上处于天然状态。

3. 西北跨境河流境内的开发利用相对迟缓，缺乏干流控制性工程，水资源开发的用途主要是灌溉和供水

我国虽然地处上游，但是在境内流域部分的开发历史晚于境外国家，开发利用程度也远远低于境外部分。目前我国对境内河段已有部分开发，但是基本上只是在支流上进行开发，总体上开发程度较低。新疆国际河流水资源利用不到地表径流量的1/4，远远低于新疆地区其他任何非国际河流①。

4. 东北国际界河依流域国的不同开发程度各异，水资源开发的用途主要是水力发电和防洪

我国在东北地区的国际河流开发受自然条件和经济实力的影响，开发历史较短，程度较低。中俄关于黑龙江干流的联合开发虽然早期已达成原则协议，但是直至目前干流并未进行联合开发；中俄双方在各自境内的支流上都进行了不同程度的开发。中朝双方在鸭绿江进行了联合梯级开发，已建成四座水电站。

5. 我国对国际河流的水文监测和水质监测等基础工作重视不够

我国对国际河流水文水质观测历时短、网站布设密度不够、观测仪器设备陈旧落后、技术力量薄弱等，形成了对国际河流流域重开发、轻保护，重利用、轻管理的局面。这些基础条件致使国际河流（特别是界河）缺乏全面、准确的技术资料，难以为国际河流的极端洪水预报、防治和水污染的防治等提供及时有效的科学依据。近年来，我国开始逐步重视对国际河流的水文和水质监测。

6. 我国国际河流水资源开发面临的来自周边国家的压力较大

随着全球气候变化和人类活动的加剧，淡水资源日益紧张，各国对国际河流水资源的关注度逐渐提升，对国际河流共用水资源的开发利用与争夺也日益激烈。当前我们在对国际跨境河流水资源开发利用时，面临着诸多来自流域内或流域外其他国家的压力，包括流域生态环境保护的需求。

7. 我国不同地区国际河流开发利用面对的主要矛盾各异

西南地区的国际河流主要是上游水电开发与下游渔业发展及流域生态平衡之间的矛盾问题；西北地区的国际河流主要是国家间的水资源分配及流域水资

① 邱月. 中哈跨界河流水资源利用合作的法律问题研究［D］. 乌鲁木齐：新疆大学，2013.

源开发利用与生态保护之间的平衡问题；东北地区的国际河流主要是支流开发对干流的影响、流域极端洪水、水污染及生态系统保护问题。

（二）澜沧江—湄公河流域的境内开发状况

中国境内的澜沧江流域水电开发始于 20 世纪 50 年代，云南省境内的澜沧江干流分 15 级开发，利用落差 1655 米，总装机容量约 2580 万千瓦。上游段正在进行规划，初步规划分七级开发，总装机容量 960 万千瓦左右。澜沧江中下游河段规划两库八级开发方案，自上而下为功果桥、小湾、漫湾、大朝山、糯扎渡、景洪、橄榄坝、猛松电站，其中小湾和糯扎渡具有多年调节水库。目前功果桥、漫湾、大朝山、小湾、糯扎渡、景洪等水电站已经建成。中下游河段规划各梯级总库容 421.99 亿立方米，总调节库容 222.88 亿立方米，为澜沧江年水量 640 亿立方米的 34.8%，具有很好的调节性能，总装机容量 1620 万千瓦。开发澜沧江中下游水能资源是我国能源战略的一部分，是西电东送、西部开发的重大举措，对解决云南省能源问题和振兴云南省经济也具有重要意义①。

（三）额尔齐斯河流域的境内开发状况

境内额尔齐斯河流域水资源丰富但土地资源缺乏，长期以来水资源开发利用程度较低。额尔齐斯河是新疆目前开发利用程度较低的河流之一，水资源利用率约为 1/10。从整个新疆来看，阿尔泰地区水资源虽然丰富，但水土资源分布极不平衡，开发利用中存在许多问题，尤其是对生态环境的影响，对水资源的开发利用提出了挑战。

（四）伊犁河流域的境内开发状况

伊犁河流域的水资源和水能资源丰富，我国对伊犁河流域水资源的开发程度较低，大部分水量都流入哈萨克斯坦，未来开发潜力巨大。

伊犁河流域丰富的水资源及优越的农牧业发展条件，使其成为新疆重要的商品粮、油料、甜菜、畜产品、用材林基地。中华人民共和国成立以来，伊犁河流域先后新建、改建、扩建引水渠 164 条，总长 2600 多千米；建成各类永久性渠首 64 座、引水能力达 853 立方米/秒；控制灌溉面积 1100 余万亩，在平原地区形成了人工骨干渠网。然而，由于现有水利工程的调蓄能力低，灌区渠系工程不配套，实际引水能力仅为 54 亿立方米，而其中的实际耗水量为 42.76 亿立方米，剩余水量回归伊犁河。目前，伊犁河流域 95% 以上的水资源用于农牧

---

① 李红梅. 澜沧江中下游水能资源开发的可持续发展思考［J］. 边疆经济与文化，2006（9）：30-32.

业生产，其中灌溉用水占 90% 以上①。但由于农业基础设施建设投入不足，农牧业生产经营方式落后，农业生产大多数仍停留在大水漫灌的粗放阶段，节水农业仍有较大发展空间，畜牧业仍以天然草原放牧的游牧业为主，伊犁河流域的水土资源开发利用程度低下，开发潜力较大。

伊犁河流域作为我国新疆水资源开发优势和潜力最大的区域，今后应适当增加水资源开发力度，充分满足区内用水的需求。

（五）黑龙江流域的境内开发状况

黑龙江流域的大型水库围绕山区建设，兼有发电和防洪功能。1998 年特大洪水之后，防洪引起高度重视。黑龙江河流域中国侧共修建水库 1872 个，总库容 222.45 亿立方米。大型水库 19 个，总库容 169.02 亿立方米，占全部水库总库容的 76%；中型水库 119 个，总库容 34 亿立方米，占全部水库总库容的 15.3%；小型水库 1734 个，总库容 19.43 亿立方米，占全部水库总库容的 8.7%。黑龙江流域完成开发的水能集中在松花江流域，已建大型水电站 8 座，总装机容量 338.81 万千瓦，年发电量 56.69 亿千瓦时②。黑龙江主要支流上建设的一些大型水库主要有：嫩江上的尼尔基水库，第二松花江上的丰满水库、白山水库，牡丹江上的莲花水库、镜泊湖水电站等。

三、境外水资源开发利用状况

（一）总体开发状况

1. 西南跨境河流境外国家开发较晚但需求较大，大多早已做好水资源开发规划并逐步实施

我国境内的水电开发历史相对较早，流域境外部分的水电开发相对较晚，但是流域境外国家基本上都做了水资源开发规划，并在逐步实施。流域境外的水资源及水电资源开发需求较大，主要用途是发电和灌溉。

2. 西北跨境河流境外开发历史早于我国，开发程度高于我国

主要邻国哈萨克斯坦和吉尔吉斯斯坦都早已在其境内河段上进行了水资源开发建设与水电开发规划，特别是哈萨克斯坦在伊犁河和额尔齐斯河两大河流上建设了大型水库，控制了两大河流由我国流入其境内的大部分水量。哈萨克

① 张军民. 伊犁河流域地表水资源优势及开发利用潜力研究 [J]. 干旱区资源与环境，2005, 19 (7)：142-146.

② 陈贯文，张学雷. 黑龙江省水电开发现状及发展前景 [J]. 黑龙江水利科技，2016 (4)：81-85.

斯坦在这两大河流上的开发历史早于我国，开发利用程度也远超过我国。流域境外的水资源开发用途主要是发电、灌溉和供水。

3. 东北国际界河依流域国的不同，开发程度各异

中俄关于黑龙江干流的联合开发虽然早期已达成原则协议，但是直至目前并未实施。中俄双方在各自境内的支流上都进行了不同程度的开发，俄罗斯在黑龙江支流结雅河和布列亚河上都建有大型水电站，并在黑龙江主要支流上进行了一系列的水电开发规划。流域境外的水资源开发用途主要是发电和防洪。

（二）澜沧江—湄公河流域的境外开发状况

下湄公河流域国家在20世纪50年代成立了"湄公河下游调查协调委员会"，并对湄公河流域中下游水电开发进行了长期规划。但是多数规划工程都没有启动，目前已开发的水能资源较少，开发潜力巨大。下游的开发用途主要是灌溉和发电。

对澜沧江—湄公河流域有组织的综合开发活动始于20世纪50年代。1957年9月，由越南、老挝、柬埔寨、泰国组成的"湄公河下游调查协调委员会"正式宣告成立，其宗旨是促进、协调、监督和管理湄公河流域的资源勘查、规划和开发工程。在随后的30多年间，湄公河下游调查协调委员会对湄公河流域中下游地区的开发利用进行了大量勘察、研究和规划，并将一些项目付诸实施[1]。经历了近半个世纪的酝酿、研讨、踏勘、测绘和论证，对已有方案进行修改，1994年编制出《湄公河干流径流式水电开发》，并从13个坝址中筛选了9个作为长期规划项目。但是，由于多重原因，尤其是地区安全形势不稳定及资金与环境等问题，湄公河下游干流的水电资源基本没有得到开发，多数开发项目一直停留在规划阶段[2]。

目前已开发的水能资源仅占其水能资源总量的1%。根据湄公河下游调查协调委员会秘书处完成的《湄公河干流水电站规划》，下游四国在干流共规划了11座水电站，分别是老挝境内的本北、勃朗拉邦、沙耶武里、巴莱4座水电站，老挝、泰国交界河段的萨拉康、巴蒙、班库3座水电站，老挝、柬埔寨交界的栋沙宏水电站，柬埔寨境内的上丁、松博、洞里萨3座水电站。随着经济全球化进程的推进和地区形势的缓和，下游国家普遍将注意力集中在发展经济上，水电开发遂成为推动经济发展的重要手段。2012年，主要由泰国出资的老挝境

---

① 宋强，周启鹏. 澜沧江—湄公河开发现状［J］. 国际数据信息，2004（10）：25-29.

② 陈丽晖，何大明. 澜沧江—湄公河水电梯级开发的生态影响［J］. 地理学报，2000，55（5）：577-586.

内的沙耶武里大坝正式开工建设，拉开了湄公河下游干流大坝建设的序幕。作为欠发达地区，湄公河下游国家面临着较为严重的缺电问题，对水电开发的需求旺盛，且随着经济的不断发展，对水电的需求会更高。但是，是否应在湄公河下游干流建设水坝这一问题，下游国家在水电开发与生态环境保护方面的政策选择受到广泛关注①。

湄公河下游国家的水资源利用方式主要是灌溉和发电。对于柬埔寨和越南而言，湄公河的灌溉作用尤为突出，柬埔寨大部分农田用水、越南南部农作物的灌溉用水都来源于湄公河水系。湄公河把大量泥沙带到越南南部入海处，造成湄公河三角洲不断扩大，由于地势低洼，海水倒灌一直困扰着农业生产，利用湄公河水清洗盐碱地和阻挡海水倒灌的水利工程建设，已成为湄公河开发利用的重要方面。对于老挝和泰国而言，主要关注水电开发。水电开发对老挝经济发展影响很大，水电出口是其经济发展的战略核心②。近几年来，下游越南、老挝两国水电开发获得迅速发展，水电产业已成为老挝主要的经济增长要素之一。

（三）额尔齐斯河流域的境外开发状况

额尔齐斯河是哈萨克斯坦北部水量最丰富、水能最富集、航运条件最好的河流，额尔齐斯河中游水量丰沛，落差集中，水能资源丰富。自20世纪60年代以来，苏联时期在额尔齐斯河修建了许多水利工程，其中比较著名的有布赫塔尔马、乌斯季卡缅诺戈尔斯克和舒里宾斯克水电站等。其中1967年建成的布赫塔尔马水库总库容达496亿立方米，调节库容308亿立方米，径流调节系数达170%，完全控制了从我国流入的额尔齐斯河水量。此外，哈萨克斯坦在支流乌利巴河上也修建了3座中小型水电站。这些干支流上的水电站解决了哈萨克斯坦近65%的用电需求。此外，哈萨克斯坦中部地区水资源十分紧缺，但工农业相对较为发达，为了满足中部地区的发展用水需求，于1972年建成了额尔齐斯—卡拉干达运河调水工程，从额尔齐斯河引水22.3亿立方米到卡拉干达市解决当地的供水问题③。

（四）伊犁河流域的境外开发状况

伊犁河流域的境外水资源开发历史悠久，自20世纪20年代末期起，苏联

---

① 郭延军，任娜. 湄公河下游水资源开发与环境保护——各国政策取向与流域治理［J］. 世界经济与政治，2013（7）：136-154.

② 江莉，马元珽. 老挝的水电开发战略［J］. 水利水电快报，2006，27（4）：24-26.

③ 杨立信. 哈萨克斯坦额尔齐斯-卡拉干达运河调水工程［J］. 水利发展研究，2002，2（6）：45-48.

就对哈萨克斯坦境内的伊犁河流域进行了大面积的垦荒灌溉，开发电力、水运和渔业等，并对伊犁河流域的干流和主要支流都进行了规划。当前，伊犁河流域是哈萨克斯坦水资源开发利用的重点区域之一。1967年建立了阿克达拉灌区；1970年在伊犁河中游建成的巨型多年调节平原型水库——卡普恰盖水库，总库容280亿立方米，径流调节系数达56%，控制了全部由我国出境的伊犁河水量；1985年建成阿拉木图运河（长度150千米），用于解决灌区用水和阿拉木图市的生活用水问题。这一系列枢纽性水利工程的建设使得该地区的工农业得到了快速发展①。

（五）黑龙江流域的境外开发状况

俄罗斯在黑龙江左岸支流已经进行的水利工程建设主要集中在结雅河、布列亚河和乌苏里江。根据俄罗斯的能源发展战略，这三条支流由于靠近俄罗斯远东地区的经济和政治中心而成为水电能源开发的重点。俄罗斯在结雅河和布列亚河上已建的大型水电站工程有：结雅水电站、布列亚水电站、下布列亚水电站。根据俄罗斯远东地区能源开发和出口战略，俄罗斯计划在黑龙江左岸支流进行大规模的水电开发，以保证俄罗斯远东地区的能源供应并向中国、日本、朝鲜、韩国输出电能。近期计划开发的支流有结雅河、布列亚河、乌苏里江支流俄罗斯境内的梯级水电站，此外还有黑龙江干流、支流石勒喀河和其他靠近远东经济发达地区的河流。

四、我国国际河流的水资源管理体制

我国目前是将国际河流水资源管理纳入一般水资源管理体系之中的，总体是一种水资源管理加外事管理的体制，因此呈现出一般水资源管理的条块结合的特征。

（一）目前对国际河流管理遵循的是一般水资源管理体制

《中华人民共和国水法》（2016年）第十二条规定：国家对水资源实行流域管理与行政区域管理相结合的管理体制。国务院水行政主管部门负责全国水资源的统一管理和监督工作。国务院有关部门按照职责分工，负责水资源开发、利用、节约和保护的有关工作。水利部作为国务院的水行政主管部门，是国家统一的用水管理机构。

---

① 付颖昕，杨恕. 苏联时期哈萨克斯坦伊犁—巴尔喀什湖流域开发述评［J］. 兰州大学学报（社会科学版），2009，37（4）：16-24.

国务院水利行政主管部门在国家确定的重要江河、湖泊设立的流域管理机构，在所管辖的范围内履行法律、行政法规规定的和国务院水行政主管部门授予的水资源管理与监督职责。我国已按七大流域设立了流域管理机构，包括长江水利委员会、黄河水利委员会、海河水利委员会、淮河水利委员会、珠江水利委员会、松辽水利委员会、太湖流域管理局。七大江河湖泊的流域机构依照法律、行政法规的规定和水利部的授权在所管辖的范围内对水资源进行管理与监督①。

水利部将各国际河流分别纳入长江委、黄河委、松辽委、珠江委等流域机构实施水资源管理，如表1-3所示，同时将外事管理职能纳入从部到流域机构的国际合作与科技管理体系，从而形成水资源管理加外事管理的体制。因此，尽管国际河流开发与保护任务越来越重，但在管理体制上仍沿用一般流域管理，仅在某条国际河流出现涉水国际纠纷时才由相关部门（如外交部、水利部、生态环境部等）进行协调和处理。这样的管理机制其实难以有效地促进我国在国际河流上进行正常的水资源合理开发利用，也不利于我国在国际河流中维护自身正当权益。

表1-3 我国主要国际河流所属流域管理机构

区域	河流名称	流经国家	所属流域机构
东北地区	黑龙江	中国、俄罗斯、蒙古	松辽水利委员会
	鸭绿江	中国、朝鲜	
	图们江	中国、朝鲜、俄罗斯	
	乌苏里江	中国、俄罗斯	
	绥芬河	中国、俄罗斯	
西北地区	额尔齐斯河	中国、哈萨克斯坦、俄罗斯、蒙古	黄河水利委员会
	伊犁河	中国、哈萨克斯坦	
	乌伦古河	中国、蒙古	
	阿克苏河	中国、吉尔吉斯斯坦	

① 张一鸣. 中国水资源利用法律制度研究 [D]. 成都：西南政法大学，2015.

续表

区域	河流名称	流经国家	所属流域机构
西南地区	澜沧江	中国、缅甸、老挝、泰国、柬埔寨、越南	长江水利委员会
	雅鲁藏布江	中国、印度、孟加拉国、不丹	
	怒江	中国、缅甸、泰国	珠江水利委员会
	伊洛瓦底江	中国、缅甸	
	印度河	中国、巴基斯坦、印度	
	北仑河	中国、越南	
	元江（红河）	中国、越南、老挝	

　　国际河流的取水管理是非常重要的水资源管理工作，由水利部门纳入各流域管理机构加以管理。根据水利部《关于国际跨界河流、国际边界河流和跨省（自治区）内陆河流取水许可管理权限的通知》（水政资〔1996〕5号）：为加强国际跨界河流、国际边界河流（含湖泊，下同）和跨省（自治区）内陆河流水资源的统一管理，促进水资源的合理开发利用、保护和计划用水、节约用水，授予松辽水利委员会、黄河水利委员会、长江水利委员会、珠江水利委员会及有关省（自治区）在国际跨界河流、国际边界河流和跨省（自治区）内陆河流实施取水许可管理的权限如下。

　　1. 松辽水利委员会、黄河水利委员会、长江水利委员会和珠江水利委员会分别对其管理范围内的国际跨界河流、国际边界河流和跨省（自治区）内陆河流上由国务院批准的大型建设项目的取水（含地下水）实行全额管理，受理、审核取水许可预申请，受理、审批取水许可申请，发放取水许可证。

　　2. 在不同河流河道管理范围内的取水，分别由松辽水利委员会、黄河水利委员会、长江水利委员会和珠江水利委员会实行限额管理，审核取水许可预申请、审批取水许可申请、发放取水许可证。

　　（二）流域管理机构中的国际河流管理部门设置

　　在水利部派出的流域机构中，长江水利委员会、黄河水利委员会、珠江水利委员会以及松辽水利委员会内部均设立了负责国际河流事务的机构。根据2014年度水利国际合作与科技工作座谈会上各流域机构的会议交流材料，相关流域机构在国际河流方面所做的工作如下。

　　长江水利委员会下设国际合作与科技局，国际合作与科技局内设四个处，其中国际河流处专门负责协助水利部办理国际河流的有关涉外事务。近年来，长江水利委员会在西南国际河流管理中的各项工作正不断加强。具体包括：成立长江委国际河流工作领导小组，指导国际河流相关工作；举办国际河流管理培训班，提高相关人员的业务素质；举办大湄公河次区域洪水预报技术国际培训班，促进与下游国家的交流合作；为中印跨境河流专家级机制技术谈判以及湄委会峰会等国际河流涉外事务提供技术支撑；开展了西南国际河流调研，按照水利部的部署，开展了澜沧江—湄公河跨界水合作的相关工作。

黄河水利委员会下设国际合作与科技局，国际合作与科技局内设国际合作处、科技管理处。但是，在黄河水利委员会国际合作与科技局的职责中并没有明确规定其在黄河流域片区（主要是西北地区）国际河流事务中的角色。

珠江水利委员会下设国际河流与科技处，国际河流与科技处内设国际合作科、科技管理科。珠江水利委员会国际河流与科技处的职责中明确规定了其协调处理国际河流有关涉外事务的角色。

在水利部水人事〔2009〕647 号文件中，批复松辽水利委员会内设国际河流与科技处，明确承办国际河流有关涉外事务的职责，松辽水利委员会需要负责落实我国与蒙古国、俄罗斯、朝鲜双边协定等跨界河流合作机制，参与对外谈判和交流，处理涉外突发水事件。

（三）国际河流管理中的地方行政管理

1. 新疆成立额尔齐斯河和伊犁河流域管理机构

额尔齐斯河跨流域调水工程建设的发展促进了流域内水利管理的发展。1997 年经自治区人民政府批准成立额尔齐斯河流域开发工程建设管理局，正厅级单位，主要任务和职责是负责额尔齐斯河流域的重点水利工程建设与管理，当前主要是"引额供水"工程的建设与管理。其他相关管理机构包括：阿尔泰地区水利局、兵团农十师水利局、阿尔泰地区额尔齐斯河流域管理处、阿尔泰地区水管处、兵团农十师水管处、阿尔泰地区额尔齐斯河"635"——干渠水管处（简称"小'635'水管处"）、阿尔泰地区布尔津东岸大渠水管处。

我国境内与伊犁河流域相关的管理机构包括：新疆伊犁河流域开发建设管理局、伊犁河流域生态环境保护委员会、伊犁哈萨克自治州水利局。

2015 年 5 月，新疆维吾尔自治区党委办公厅、自治区人民政府办公厅印发了《自治区深化水利改革总体实施意见》（新党办发〔2015〕12 号）规定：2015 年组建伊犁河、额尔齐斯河流域管理机构，赋予流域水资源管理职能，并开展流域管理立法工作。改变新疆多数地区及河流"多龙治水"的现状，实行水资源统一管理，坚持流域管理与区域管理相结合、区域管理必须服从流域管理的水资源管理体制。为此，逐步构建南疆以塔里木河，北疆以伊犁河、额尔齐斯河、艾比湖流域和天山北坡河区流域水资源统一管理的全区水资源流域管理新格局；重点完善塔里木河、喀什噶尔河、金沟河、玛纳斯河、头屯河、白杨河流域管理机构，强化水资源、河道湖泊、水土保持、防汛抗旱等水行政管理职能的发挥。

2. 其他国际河流在地方层面的水资源管理均由各省水利厅实施

我国主要国际河流所在地方会在辖区内实施水资源管理。澜沧江—湄公河流经我国青海、西藏、云南三省区，该流域由青海、西藏和云南三省区共同管理，主要管理机构包括：长江水利委员会、省水利厅、州（市）水务局。长江水利委员会是水利部在长江流域和澜沧江以西（含澜沧江）区域内行使水行政主管职能的派出机构，总部位于湖北省武汉市。其他地方水利管理机构包括青海省水利厅、西藏自治区水利厅、云南省水利厅。黑龙江流域水资源管理主要是松辽水利委员会和黑龙江水利厅。黑龙江流域的主要管理机构有：松辽水利委员会、黑龙江省水利厅、各市县水务局、黑龙江省环境保护厅。松辽水利委员会是水利部在松花江、辽河流域和东北地区国际界河（湖）及独流入海河流区域内的派出机构，代表水利部行使所在流域内的水行政主管职责，机构规格为正厅级。地方水利管理机构为黑龙江省水利厅，还有涉及水环境治理的黑龙江省环境保护厅。

3. 其他行业部门对国际河流相关业务的管理

根据我国的水资源管理体制，中央和地方各级其他部门在各自职责范围内，协同管理国际河流，基本沿用一般国内河流的管理体制。国家发展和改革委员会负责按国务院规定权限审批、核准、审核国际河流上的水库项目、水电站及其他水事工程，及协调国际河流合作过程中的资源开发、生态建设、能源资源节约和综合利用等重大问题；外交部负责代表国家和政府与国际河流合作国家就有关问题进行协调、谈判和交涉；环境保护部（现为生态环境部）负责国际河流的水资源保护工作；交通运输部主要负责国际河流航运的开发和管理工作；林业局主要负责林区的国际河流监督管理工作；农业部（现为农业农村部）负责国际流域渔业资源的保护和管理。

其中大型水电工程开发由国家主要电力投资集团负责，由国家发展和改革委员会负责审批，水利和水电的分开管理在国际河流的对外协调中呈现比较突出的问题。

我国各行业部门及地方对国际河流的管理关系如图 1-1 所示。

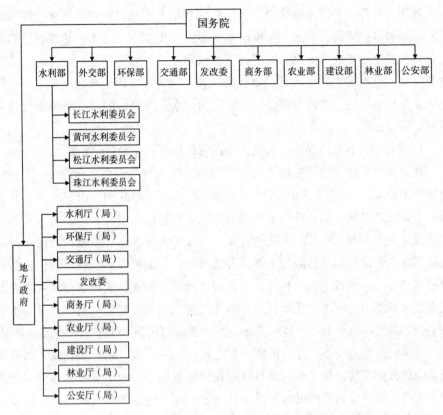

图 1-1　我国各行业部门及地方对国际河流的管理关系

五、周边国家的国际河流水资源管理体制

与我国的国际河流水资源管理体制相比，周边国家在水资源管理机构和体制方面虽存在差异，在体制构建思路方面却呈现趋同。首先，我国的邻国众多，周边国家的自然条件、历史文化、社会经济发展程度等差异巨大，导致其在政治体制的选择以及国际河流水资源管理方面存在着形式上的差异；其次，由于国际河流对周边国家的重要性程度不尽相同，各国之间对水资源、国际河流水资源的重视程度也存在不同，例如我国与印度都是将水利部作为单独的一个国家部门机构，而其他各国的水资源并未由单独的部门来管理，仅作为农业、环境或气象等部门的一个管理职能存在；最后，由于国家疆域、国际河流流域等面积大小差异巨大，诸如中国、俄罗斯、印度等大国往往需要辅以区域性管理或流域性管理来实现对国际河流水资源的有效管理，而其他疆域和流域面积都较少的国家则可以方便地实现中央的统一管理。

我国主要周边国家的水资源主管机构如表 1-4 所示。除了各国的水资源管理机构外，还需要关注两个跨国流域管理机制，即湄公河流域的湄公河委员会和中亚的水资源合作机制。

表 1-4　中国主要周边国家的水资源主管机构

国家	涉及水资源的主管机构
柬埔寨	水资源与气象部
泰国	自然资源与环境部下设水资源司
老挝	2007 年新设立总理府水资源和环境署
缅甸	农业与水利部
越南	农业和农村发展部代表政府行使国家对水资源管理的职能，各部、部级机关、政府机关依照政府的分工行使国家水资源管理职能。省等地方政府分级管理辖区水资源
蒙古	自然资源保护部下属的水利管理局
印度	水资源部
哈萨克斯坦	农业部水资源委员会
朝鲜	农业省管理水资源
俄罗斯	农业与水产、自然资源

湄公河是东南亚地区环境最为复杂、开发程度相对较高的一条河流。湄公河流经的国家间既存在上下游关系，也存在左右岸关系，不同国家的水资源管理体制和机制存在差异，对于湄公河的要求亦不尽相同，由此导致开发活动面临诸多难题。1957 年，在联合国亚洲和远东经济委员会的帮助下，越南、泰国、柬埔寨和老挝联合组成"湄公河下游调查协调委员会"，对湄公河下游水资源进行控制与有效管理。1995 年 4 月，越南、泰国、柬埔寨、老挝 4 国在泰国清迈签署了《湄公河流域可持续发展合作协议》，成立了新的"湄公河委员会"，并将其作为管理湄公河的主要机构，将原来从发展大规模计划转变为"可持续发展与自然资源管理"，促进湄公河的发展与环境保护。1996 年，中国、缅甸成为湄公河委员会的对话伙伴。湄公河委员会在机构上主要包括理事会、联合委员会和秘书处。湄公河委员会的职责范围经常并不限于调查和协调湄公河下游水资源的综合开发，而是根据可持续发展思想，强调对整个湄公河的水和相关资

源以及全流域的综合开发制订计划并实施管理①。

　　中亚五国都属于苏联的加盟共和国，本来是按照计划体系一管理的，但是苏联解体后，围绕着水资源的分配、使用和流域生态保护等问题，中亚各国经历了从冲突、争吵到走向协调、合作的艰难历程。同时，国际机构纷纷介入中亚的水资源管理，形成了新的格局。这些机构包括联合国开发计划署、全球水伙伴以及俄罗斯、挪威、瑞士等发达国家的专业机构，他们一方面在中亚地区投入大量资金建设相关的水利设施；另一方面引进西方发达国家的水资源管理模式，对各国水资源管理体制进行改革②。目前逐步形成了5级水资源管理体制，如表1-5所示。但各国由于社会经济发展不平衡、自然地理环境和水资源条件不一样，也存在着许多矛盾。

表1-5　中亚五国的国际河流水资源管理体制（阿姆河与锡尔河）

层级	组织形式	管理职能
国际层面	跨国水利协调委员会、拯救咸海国际基金会	各国间的协调与决策机构
流域层面	阿姆河流域水利联合公司、锡尔河流域水利联合公司	根据许可证管理所隶属区域的水资源和水利工程
国家层面	哈萨克斯坦农业部水资源委员会，吉尔吉斯斯坦农业、水利和加工工业部水利司，塔吉克斯坦土壤改良和水利部，土库曼斯坦水利部，乌兹别克斯坦农业和水利部水利总局	管理本国的水资源和水利工程
各国流域层面	各国的流域委员会和流域水利管理局	按照流域水文地理边界管理本流域的水资源和水利工程
地方层面	各国的州/区水利局、需水户和用水户	按照灌溉系统（管道）的水文地理边界管理本系统的水资源和水利工程

① 屠酥. 澜沧江—湄公河水资源开发中的合作与争端（1957-2016）[D]. 武汉：武汉大学，2016.
② 杨立信. 中亚创立的水资源一体化管理体制 [J]. 水利水电快报，2010，31（6）：1-5.

第三节　国际河流水资源合作机制的现状与问题

一、我国与周边国家国际河流的主要合作

自中华人民共和国成立后，我国与周边国家关于国际河流的合作主要在水资源业务和水资源经济开发两个层面进行。相对而言，水资源业务合作基本是技术层面合作以及防洪、抗旱、水污染等危机处置合作，而在水资源经济开发层面的合作较为广泛，包括交通航运、环境保护、人力资源开发、旅游开发、能源电力等领域①。

西南国际河流以澜沧江—湄公河为例，自 1992 年起中国开始参与湄公河次区域经济合作，在交通、能源、电信、环境、农业、人力资源开发、旅游、贸易与投资等领域深化了与湄公河委员会各国的合作。西北国际河流以额尔齐斯河和伊犁河为例，1992 年中国与独立后的哈萨克斯坦建立了正式外交关系，中哈就国际河流上分水问题及水利工程的修建进行了磋商合作。东北国际河流以图们江、黑龙江及松花江为例，早在 20 世纪 50 年代至 60 年代我国就与苏联展开对黑龙江的合作开发，早期主要集中在航运交通合作开发及港口、口岸的开放，后逐步推进了水电能源的合作开发；对图们江进行合作开发始于 20 世纪90 年代，虽起步较晚，但发展迅速，合作开发领域、范围和协调管理水平超过东北区其他国际河流，特别是经贸方面的合作，组成了中国、俄罗斯、朝鲜和蒙古国共建的图们江次区域经济技术贸易合作区。中国同周边国家的国际河流合作除了水资源分配、交通航运、水电、经贸区组建等领域之外，也越来越重视国际河流的环境保护与生物多样性的保护合作。中国与周边各国一直在开展磋商协调并签署了一系列国际河流合作协议，为进一步合作开发提供政策支持。

我国与周边国家就国际河流水资源业务和技术合作签订的相关协议与合作现状见表 1-6。

---

① 胡兴球，刘璐瑶，张阳. 我国国际河流水资源合作开发机制研究［J］. 中国水利，2018（1）：31-34.

表1-6　我国与周边国家就国际河流水资源水资源业务和

技术合作签订的相关协议与合作现状

区域	河流	流域国	主要协议		主要合作
西北	额尔齐斯河	中哈俄（出境）		1. 1994年中哈关于中哈国界的协定 2. 2001年中哈关于利用和保护跨界河流的合作协议 3. 2005年中华人民共和国水利部与哈萨克斯坦共和国农业部关于双方紧急通报跨界河流自然灾害信息的协议 4. 2006年中华人民共和国水利部和哈萨克斯坦环境保护部关于相互交换主要跨界河流边境水文站水文水质数据的协议 5. 2006年中华人民共和国水利部和哈萨克斯坦农业部关于开展跨界河流科研合作的协议		1. 中哈跨界河流联委会机制 2. 上合组织
	伊犁河	中哈（出境）	1. 1957年中苏关于国境及其相通河流和湖泊的商船通航协定 2. 2002年上海合作组织宪章			1. 中哈跨界河流联委会机制 2. 上合组织 3. 中哈霍尔果斯河友谊联合引水枢纽工程
	霍尔果斯河	中哈（界河）			1965年中苏霍尔果斯河水资源分配和利用协议（1975年和1983年对该协议进行了修改与补充）	1. 中哈跨界河流联委会机制 2. 上合组织
	额敏河	中哈（出境）				1. 上合组织 2. 国电在上游与吉尔吉斯斯坦有水电合作项目 3. 合作科学考察和研究
	阿克苏河	中吉（入境）				上合组织
	喀什噶尔河	中塔（入境）			1994年中蒙关于保护和利用边界水协议	
	乌伦古河	中蒙（入境）				

续表

区域	河流	流域国	主要协议	主要合作
西南	澜沧江	中缅泰老越（出境）	1. 1994年中、老、缅关于确定三国交界点的协议 2. 1994年中、老关于澜沧江—湄公河客货运输协定 3. 2000年中、老、缅、泰澜沧江—湄公河商船通航协定 4. 2002年中国与湄委会关于提供澜沧江—湄公河汛期水文数据的协议 5. 2005年大湄公河次区域经济合作第二次领导人会议《昆明宣言》 6. 澜沧江—湄公河合作首次领导人会议三亚宣言	1. 下游成立了湄公河委员会 2. 中国与湄公河委员会的交流（水文合作及生态保护等方面的科技交流） 3. 航运合作 4. 澜湄合作机制 5. 水灾害防治合作，如中国在旱时向下游国放水以缓解下游旱情
	伊洛瓦底江	中缅（出境）		中电投参与伊江的梯级开发
	怒江（萨尔温江）	中缅泰（出境）		五大电力集团积极参与了萨尔温江的水电开发
	元江（红河）	中越（出境）	1. 2000年中越关于中方向越方提供元江-红河汛期水文数据的谅解备忘录 2. 1999年中越陆地边界条约	
	雅鲁藏布江（布拉马普特拉河）	中印（出境）	1. 2002年中印关于中方向印方提供雅鲁藏布江-布拉马普特拉河汛期水文数据的谅解备忘录 2. 2006年中印联合宣言	中印水文报汛、应急事件处理等交流与合作
	朗钦藏布（萨特累季河）	中印（出境）	1. 2005年中印关于中方向印方提供朗钦藏布-萨特莱杰河汛期水文数据的谅解备忘录 2. 2005年中印联合声明 3. 2006年中印联合宣言	提供汛期水文信息数据的合作

区域	河流	流域国	主要协议	主要合作
东北	黑龙江（乌苏里江、松花江）	中俄蒙（界河）	1. 1956年中苏关于黑龙江、额尔古纳河的协定 2. 1957年中苏关于国境及其相通河流和湖泊的商船通航协定 3. 1986年中俄交换黑龙江水文情报和预报的备忘录 4. 1986年中苏关于组建中苏指导编制额尔古纳河和黑龙江界河段水资源综合利用规划委员会的协议 5. 1991年中苏关于中苏国界东段的协定 6. 1994年中俄黑龙江、乌苏里江渔业合作议定书 7. 1994年中俄关于船只从乌苏里江（乌苏里河）经哈巴罗夫斯克城下至黑龙江（阿穆尔河）往返航行的议定书 8. 1998年中俄船舶经货物运输议定书 9. 1999年中俄关于对界河中个别岛屿及其附近水域进行共同经济利用的协议 10. 2004年中俄关于中俄国界东段的补充协定 11. 2006年中俄关于中俄国界管理制度的协议 12. 2006年中俄关于合理利用和保护跨界水的协议	1. 跨界水体联合水质监测 2. 设立合理利用和保护跨界水联合委员会 3. 航道、航运管理合作 4. 中俄额尔古纳河、黑龙江结合开发利用规划 5. 黑龙江防洪合作
	鸭绿江	中朝（界河）	1. 1955年中朝关于水丰水力发电公司的议定书 2. 1960年中朝关于国境河流航运合作的协定 3. 1962年中朝边界条约 4. 1964年中朝关于共同利用和管理中朝界河的互助合作协议 5. 1978年中水利电力部和朝气象水文局关于鸭绿江与图们江水文工作合作协议 6. 2008年中朝签署鸭绿江和图们江水文合作会谈纪要	1. 界河水电联合开发 2. 防洪、水文、航运、污染防治等水资源保护与利用合作
	图们江	中朝俄（界河）	1. 1960年中朝关于国境河流航运合作的协定 2. 1962年中朝边界条约 3. 1978年中水利电力部和朝气象水文局关于鸭绿江与图们江水文工作合作协议 4. 1991年中苏关于中苏国界东段的协定 5. 1995年中、朝、俄关于建立图们江地区开发协调委员会的协议 6. 1995年中、朝、俄、韩关于建立图们江经济开发区及东北亚开发协商委员会的协议 7. 1998年中华人民共和国政府、朝鲜民主主义人民共和国政府和俄罗斯联邦政府关于确定图们江三国国界水域分界线的协议 8. 2006年中俄关于中俄国界管理制度的协议 9. 2008年中朝签署鸭绿江和图们江水文合作会谈纪要	

（一）水资源技术与管理层面的合作

1. 中国与湄公河委员会、印度等开展水文信息合作

中国在西南地区国际河流水资源技术领域的合作主要体现在水文信息、数据互换方面①。中国与湄公河委员会、印度等都签署有向下游国家定期提供水文信息的协议。根据 2008 年 8 月 29 日签署的《中华人民共和国水利部与湄公河委员会关于中国水利部向湄委会秘书处提供澜沧江—湄公河汛期水文资料的协议》，中国政府将继续每年在 6 月 15 日—10 月 15 日的汛期内向湄公河委员会秘书处提供水文数据。这些资料对下游防洪减灾发挥了重要作用，特别是在 2008 年 8 月上旬老挝、泰国湄公河流域发生大洪水期间，中方提供的数据为下游国家防洪减灾工作争取了宝贵时间。

2002 年，中印关于中方向印方提供雅鲁藏布江—布拉马普特拉河汛期水文数据签订了谅解备忘录；2005 年中印关于中方向印方提供朗钦藏布—萨特莱杰河汛期水文数据签订了谅解备忘录；应印度总理曼莫汉·辛格邀请，时任总理温家宝于 2005 年 4 月 9 日至 12 日对印度进行正式访问，访问期间，中印双方签订联合声明；2006 年，双方签订中印联合宣言；2009 年，中印双方关于应对气候变化合作签订协议；2010 年签订中印联合公报，都涉及水文信息合作。

2. 中哈关于跨界河流进行的磋商合作

1992 年中国与独立后的哈萨克斯坦建立正式的外交关系，同年哈萨克斯坦向我国提出了关于共同建立跨界河流水资源法律体系的意见，中国政府对此高度重视，也向哈萨克斯坦提出了共同利用跨界河流水资源的计划。随后几年，哈萨克斯坦增加了对我国在伊犁河和额尔齐斯河上进行水利工程的关注，不但向我国转交了中哈跨界河流水资源利用合作的协议草案，哈萨克斯坦总统还在发给我国领导人的私人信件中提到中哈跨界河流水资源问题，并不断向我国提出就此问题进行谈判的要求。我国对此迅速响应，于 1999 年开始了中哈双方的正式谈判和磋商，最后双方在利用和保护跨界河流的问题上初步达成了共识。

中哈跨界河流水资源的合作可回溯到 1965 年中国与苏联签署的《霍尔果斯河水资源分配和利用协议》，以及 1989 年与苏联签署的《关于跨界河流苏木拜河水资源分配和使用临时协议》。自 1992 年以来，中国与独立后的哈萨克斯坦签署了多份有关中哈跨界河流合作的协定。近年来，中哈两国关于跨界河流水资源的利用、管理和保护的问题上，开展的磋商、谈判合作日益频繁，为两国

① 张文强. 中国与东盟水资源安全合作探略 [D]. 上海：上海师范大学，2010.

的睦邻友好做出了重要贡献。双方成立了中哈利用和保护跨界河流联合委员会，至今联合委员会已召开了 13 次会议。中方贯彻"睦邻友好、与邻为善、以邻为伴"的外交方针，按照统筹规划、利用和保护并举，妥善处理好上下游关系，实现流域可持续发展的原则，和哈方进行了卓有成效的合作。

3. 中俄防洪应急灾害处置合作

中俄在应对黑龙江防洪方面开展了有效合作。2013 年夏季黑龙江流域发生的大洪水造成了严重的跨境洪灾。此次洪水造成了巨大的损失，但在抗洪救灾的过程中，中俄两国密切配合，协作抵御跨境洪灾，取得了较好的防治成效，充分体现了双方的合作诚意与互信。首先，在最高决策层面，国务院总理李克强在汛期应约同俄罗斯总理梅德韦杰夫通电话，协调黑龙江流域的抗洪救灾工作，为两国跨界合作奠定了必要的政治基础。其次，灾害发生前期，黑龙江水利厅就和俄罗斯加强了沟通，具体进行水库的调动运作，且我国水利部国际合作与科技司与俄罗斯紧急情况事务部建立了水文数据日通报（信函）机制、防汛抗洪紧急情况电话联络机制，打开了应急沟通管道，每天都进行及时的互相通报。最后，在协调两国的水库运作之外，中俄双方在救灾援助上也同样展开了合作。中方向俄罗斯提供帐篷、饮用水、防汛用编织袋等抗洪所需的物资紧急援助，俄罗斯对黑龙江中方一侧的受灾城市和乡村也尽力提供必要的救援，互助机制已经建立①。

（二）环境保护合作

1. 大湄公河次区域环保合作

在大湄公河次区域合作框架下，我国积极参加亚行"大湄公河次区域环境工作组"项目，率先提出并大力推动了生物多样性保护走廊项目，专门成立项目国家级支持机构，将云南省西双版纳和香格里拉列入项目执行第一阶段的重点区域②。此外，我国也参与了亚行在次区域开展的湄公河次区域环境培训和机构强化项目、环境监测和信息系统建设项目、湄公河流域扶贫和环境改善等多个环境合作项目，内容广泛，收效明显。为进一步加快和加深中国与大湄公河次区域的环境安全合作机制的进一步完善，2005 年在中国上海举行首届大湄公河次区域环境部长会议，就次区域的环境热点问题和未来的发展方向进行了

---

① 第一财经日报. 东北三省遭 30 年一遇洪灾中俄高层出面协调两国水库泄洪 [EB/OL]. https：//www.yicai.com/news/2968654.html，2013-08-28.

② 周晓莉. 中国参与大湄公河次区域经济合作的回顾与展望 [J]. 当代经济（下半月），2008（5）：112-113.

讨论,并确认了次区域环境核心项目、大湄公河次区域生物多样性保护走廊倡议[生物多样性保护走廊计划是亚行支持的大湄公河次区域核心环境规划(项目为期十年)的一部分]、洞里萨湖行动计划等合作项目和计划。这些合作机制已经取得了一定的积极效果。

2. 中哈跨境河流水质监测合作

根据《中华人民共和国政府和哈萨克斯坦共和国政府关于利用和保护跨界河流的合作协定》第八条规定,成立中国与哈萨克斯坦利用和保护跨界河流联合委员会。2003 年 10 月 27—31 日联合委员会第一次会议在北京举行,签署了工作条例。2012 年 4 月 11—13 日,中哈跨界河流水质监测与分析评估工作组第一次会议在阿斯塔纳召开。中哈两国环保部之间就开展跨界河流水质监测与监测数据结果交换、监测技术的交流以及统一监测技术规范、分析方法和评价标准等问题充分交换了意见,并签署了会议纪要,此次会议标志着中哈两国环保部门间对跨界河流水质的监测与评价正式展开。中哈环保合作委员会跨界河流突发事件应急与污染防治工作组第一次会议于 2012 年 6 月 6—8 日在新疆乌鲁木齐市召开,主要确定了工作组的工作职责及优先合作领域。2012 年 9 月 11 日中哈两国环境保护部门开展了首次中哈跨界水体水质联合监测现场采样。2012 年 12 月 19—21 日,中哈环保委员会第二次会议在阿斯塔纳举行,双方共同研究跨界河流的水质标准、监测规范和分析方法①。

3. 乌苏里江生态可持续发展合作项目

为了促进乌苏里江两岸地区的合作,1994 年 5 月黑龙江省国土学会、俄罗斯科学院远东分院(水和生态问题研究所、太平洋地理研究所)、美中关系全国委员会和生态持续发展公司三方签署了为期 3 年的合作科研项目——乌苏里江流域及其临近地区持续性土地利用和布局规划项目(中国东北部和俄罗斯远东地区)。该项目的目的在于为乌苏里江流域建立一个生态持续性经济发展的方案,包括乌苏里江流域的综合土地利用政策建议方案、实施标准及全区土地利用途;本着互利的原则,在乌苏里江流域地区增加国际合作、交流、培训及协作项目②。

---

① 邱月. 中哈跨界河流水资源利用合作的法律问题研究[D]. 乌鲁木齐:新疆大学,2013.

② 李秀敏,陈才. 东北亚经济区与我国东北国际河流的合作开发和协调管理[J]. 地理学报,1999(B06):76-83.

（三）交通航运与口岸合作

1. 黑龙江

中华人民共和国成立以来，特别是改革开放以后，黑龙江的航运事业有了很大发展，目前沿江开放了漠河、黑河和抚远等 8 个对外开放的河运口岸，其中大多数实现了明水期的轮渡和冰期的冰上汽车运输，黑河口岸还开通了流冰期的气垫船运输，基本上结束了北方河流冰期和流冰期不能通航的历史。1992 年，俄罗斯向我国商船开放了共青城至河口的黑龙江段，我国商船可利用俄罗斯境内的黑龙江下游河道经鞑靼海峡驶入公海，实现江海联运。目前，中俄正在积极筹建黑龙江界河大桥，大桥建成后，黑龙江将成为连接中俄双方立体化的交通枢纽。

2. 松花江

松花江从源头至江口全部在我国境内，属内河性质，但因其沿岸分布着大安、哈尔滨、佳木斯、同江等重要河港和对外开放口岸，可实现经黑龙江的江海联运，因此具有国际河流的功能。大安水运（河港）口岸是黑龙江—松花江—嫩江主流上的第三大港口，上可达富拉尔基港，下可至俄罗斯的哈巴罗夫斯克（伯力）港，是吉林省对外开放较早的口岸。哈尔滨港的通过能力为 500 万吨以上，是东北地区最大的内河港口，也是对俄罗斯开放的最大的河运港口。哈尔滨河运口岸早在 1958 年即成为对苏联开放的口岸。当时，我国开放了哈尔滨、佳木斯、富锦和同江 4 个口岸，苏联开放了哈巴罗夫斯克（伯力）、共青城、尼古拉耶夫斯克（庙街）、布拉戈维申斯克（海兰泡）4 个口岸，主要发展两国边境贸易。后来中断了 20 余年。1989 年批准恢复开放哈尔滨河运口岸，中苏（俄）水运航线重新开通过货。同江港位于松花江与黑龙江汇流处的右岸，江面宽阔，水深流缓，可停靠 5000 吨货轮，是黑龙江和松花江两水系的天然良港，与俄罗斯的下列宁斯科耶港隔江相望，已经开通了至下列宁斯科耶和哈巴罗夫斯克（伯力）的国际航线。

3. 乌苏里江

乌苏里江的航运已得到开发利用，航道包括兴凯湖、松阿察河和乌苏里江，主要港口有：虎头、小木河、饶河、东安和海青等。跨国航运只分布在饶河河运口岸处。饶河是 1989 年经国务院批准对外开放的一类口岸，1993 年正式开通，对方口岸是俄罗斯哈巴罗夫斯克边疆区的比金。在饶河和比金之间设有轮渡，汽车可直接上下渡轮，过境货物不需倒装，从饶河至哈巴罗夫斯克（伯力）的旅客运输航线于 2013 年正式开通。

4. 绥芬河

中俄在绥芬河沿岸地区的合作集中体现在位于其支流瑚布图河两侧的东宁至波尔塔夫卡口岸。瑚布图河为中俄界河，水深不足 1 米，河宽不到 10 米，无通航价值。东宁口岸是 1989 年国务院正式批准的一类口岸，1990 年正式对外开放，1992 年经中俄两国政府换文确认为客货运输口岸。

5. 图们江

从 20 世纪 90 年代图们江区域开发由联合国开发计划署提出以来，图们江地区的国家之间、特别是地方政府之间开展了广泛的交流和合作，在交通基础设施领域取得了实质性进展。第一是口岸建设，中国一方的延边州现有对朝鲜、对俄罗斯开放通道共 11 个，年过货能力可达 610 万吨。第二是公路和铁路建设，中国方面建成了图们江至珲春国家二级公路和珲春至圈河口岸高等级公路、图们至珲春铁路和珲春至长岭子口岸铁路等。俄罗斯方面建成了克拉斯基诺至中俄边境线的公路和铁路，并在修建一条海参崴—克拉斯基诺—中俄边境高等级公路。中俄两国共同建成了珲春—马哈林诺国际铁路。朝鲜方面建成了罗津至元汀里硬面公路，改扩建了罗津机场和一些铁路与港口。第三是国际航线建设，包括货运航线、集装箱航线，打通了图们江地区通往日本海周边国家及北美国家的出海通道①。

6. 大湄公河次区域

交通是大湄公河次区域合作中的重中之重，主要涉及次区域的国际通航开发、"泛亚铁路"以及区域公路网建设。中国政府重视航运开发，2000 年 4 月中国、老挝、缅甸、泰国四国签署《澜沧江—湄公河商船通航协定》，2001 年 3 月签署《实施四国政府商船通航协定谅解备忘录》，建立了澜沧江—湄公河商船通航协调联合委员会，2001 年 6 月实现了正式通航。"泛亚铁路"是湄公河次区域交通合作开发的重要内容。中国积极参与，组织开展了泛亚铁路境内和境外段调研，并且已将与泛亚铁路东、中、西三个方案相对应的中国境内段项目列入了中国的《中长期铁路网规划》和《铁路"十一五"规划》。在次区域公路网建设方面，中国取得了显著成效。2005 年底昆明—南宁—河内公路的中国境内南宁至友谊关高速公路建成通车，2006 年 6 月由中国出资建设的昆曼公路老挝境内 1/3 路段提前一年竣工，2008 年 3 月昆明—曼谷公路中国段全线贯通。此外，次区域航空运输合作也已展开。中国正在进一步完善机场现有功能，不断

---

① 苏曼利. 图们江区域多边合作模式研究 [D]. 长春：长春工业大学，2010.

扩大航线网络,以促进与次区域国家航空运输快速协同发展①。

(四)水电能源领域的合作

1. 大湄公河次区域

大湄公河次区域内中国与各流域国已经形成了各种双边的水电投资合作,与缅甸的水电合作比较广泛,湄公河委员会一直在湄公河干流水电规划上进行合作。我国与湄公河流域各国整体的水电合作还没有形成。在区域电力市场方面,东盟正在协调推动跨国家、跨区域的大电网的实施工作。目前,双边和多边合作网络的初步框架正在形成。2002年中国同东盟成员国家签署《大湄公河次区域政府间电力贸易协定》。迄今为止,中国电力企业已与越南、老挝、缅甸、泰国、菲律宾、印度尼西亚等国家共同合作,开发国际河流上的电力资源②。

2. 怒江—萨尔温江

2005年5月,泰国能源部与缅甸电力部就合作开发怒江—萨尔温江流域水电资源签署了备忘录,拟合作开发两国边界附近的怒江—萨尔温江流域梯级水电站项目,总装机容量约1270万千瓦。2006年6月26日,中国水利水电建设集团公司与泰国产电机构签署怒江—萨尔温江哈吉水电站合作开发备忘录。该电站位于缅甸克钦邦境内,将由中国水利水电建设集团公司、泰国产电机构、缅甸电力部水电局合作建设。哈吉水电站是怒江—萨尔温江流域拟梯级开发中的首座电站,装机容量60万千瓦,总投资约10亿美元,是迄今为止中国、泰国、缅甸三方合作的最大水电项目。中国水利水电建设集团公司除作为投资开发商之外,还将承担设计、采购、施工的总承包③。

3. 鸭绿江

鸭绿江为中国与朝鲜的界河,水力资源丰富,理论蕴藏量92.18万千瓦。鸭绿江干流以电力开发为主,可采取梯级开发。初步拟定可开发的水电站有12级,已建有水丰、云峰、渭原、太平湾水电站枢纽工程。水丰发电厂1943年建成,1955年中国与朝鲜两国成立鸭绿江水丰水力发电公司共同经营。20世纪60年代两国又共同建造云峰大型水电站。太平湾水电站亦为中朝共享的电站,

① 周晓莉. 中国参与大湄公河次区域经济合作的回顾与展望 [J]. 当代经济,2008 (5): 112-113.

② 雷宇. 湄公河跨界水资源开发与利用的国际合作研究 [D]. 上海:华东政法大学,2016.

③ 蒋学林. 中泰缅三方合建哈吉水电站 [N]. 中国电力报,2006-06-28 (2).

装机容量为 19 万千瓦。从资源充分利用的角度考虑，中朝双方还可以共同修建干流最末一级的虎山电站，装机容量为 11.1 万千瓦。

（五）旅游方面合作

大湄公河次区域各国为促进旅游业的发展实施了一系列措施，湄公河旅游是其中的重要内容。中国云南省与老挝、缅甸、越南在边境地区实行了旅游方面的互免签证，经第三国来云南省的外国旅游者可在昆明机场办理口岸签证；由有关旅行社实现提供名单的国外旅游团可在昆明机场办理登记入境。这些措施进一步促进了次区域各国旅游业的发展，并拉近了各国之间的距离。此外，中国还积极开展与次区域各国的旅游项目合作，如湄公河黄金四角旅游合作、广西防城港高林九龙潭中越边界漂流项目等。

（六）流域经济层面的合作

1. 大湄公河次区域经济合作

1992 年由亚洲开发银行倡导并建立大湄公河次区域经济合作机制，旨在加强经济联系、消除贫困、促进发展。成立之初，次区域合作范围包括老挝、缅甸、柬埔寨、泰国、越南 5 国和中国云南省，从 2005 年起，中国广西壮族自治区也加入了大湄公河次区域经济合作机制合作范围。大湄公河次区域经济合作机制以项目为主导，根据次区域成员的实际需要提供资金和技术支持。经过多年发展，大湄公河次区域已经成为世界上发展较快和东亚一体化速度较快的地区之一。围绕基础设施建设、跨境贸易与投资、私营部门参与、人力资源开发、环境保护和自然资源可持续利用五大战略重点，开展了大量合作项目，有力推动了次区域各国的经济社会发展①。

2. 澜湄合作

澜湄合作机制是由中国倡导的由澜沧江—湄公河流域中、缅、泰、老、越、柬 6 个国家建立的对话合作机制，2014 年 11 月由李克强总理在中国—东盟领导人会议上提出。澜湄合作机制强调由流域内各国共同主导、共同协调，采取政府引导、多方参与、项目为本的合作方式，推动本地区发展，这也是我国倡导建立亚洲命运共同体的具体措施。目前澜湄合作机制已经确立了政治安全、经济和可持续发展、社会人文三大重点领域，互联互通、产能、跨境经济、水资源、农业和减贫五个方面的有限合作领域。澜湄合作机制由于依托澜沧江—湄

---

① 吴太轩. 中国在 GMS 经贸合作中面临的挑战及对策 [J]. 东南亚纵横，2009（3）：71-74.

公河联系纽带，强调域内各国共同主导，而且强调流域水资源合作作为重要的合作领域之一，因此，未来我国更可能运用该机制与各国开展跨境水资源的协调与合作。

3. 黄金四角合作

中老缅泰"黄金四角"1993 年由泰国政府正式提出，主要指澜沧江湄公河的接合部、中老缅泰四国的毗邻区，包括中国云南思茅区和西双版纳州8 市县，老挝上寮地区 5 省，缅甸东部掸邦 4 县 1 特区，泰国清迈府和清莱府，总面积约 18 万平方千米，人口近 500 万。目标是通过扩大与北部周边国家的经贸合作，推动泰北地区发展，并维护与改善自身在大湄公河流域的战略地位与利益。该合作涉及航运资源、水电资源、旅游资源的开发，交通道路建设，生态环境保护，贸易与投资以及替代种植等方面，侧重于澜沧江—湄公河的交通运输合作。

4. 黑龙江流域的中俄边境贸易合作

黑河是黑龙江沿岸两国经贸合作发展最为迅速的河运口岸，是我国东北部最重要的对俄罗斯开放的港口。1987 年黑河率先恢复了中俄边境贸易，还在大黑河岛开办了中俄边民互市贸易区。随着边境贸易的发展，中俄之间的科技交流和合作也逐渐增多，涉及农业、工业、医疗和道路建设等领域；高校之间互派教师和留学生以及院所之间互派专家都已形成固定模式；两岸的旅游和劳务合作也有了很大发展。目前，黑河与俄罗斯阿穆尔州地方政府正积极筹备在中俄边境地区建立属国际性自由贸易区性质的国际经济合作开发区，联合国开发支持与管理服务部也参与了该国际经济合作开发区的论证。

5. 乌苏里江的中俄虎林—马尔科沃口岸经贸合作

中俄在乌苏里江沿岸虎林—马尔科沃口岸进行双方经贸合作。虎林口岸是1988 年由国务院批准的国家一类客货运输公路口岸。虎林市已被国家批准为对外开放县，并开展了对俄方列索扎沃茨克市的对等一日游活动，中俄双方已就虎林—列索扎沃茨克的微波通信、互市贸易和虎林—达里涅列钦斯克乌苏里江水路口岸、边民互市贸易等达成协议，并逐步落实。1992 年虎林—马尔科沃口岸架通了舟桥，实现了首次过货。1996 年中俄双方共同修建了横跨乌苏里江的虎头口岸大桥，这是中俄边界的第一座永久性大桥，开通了对俄客运班车。黑龙江省政府已批准在虎林建立两个边境经济合作区，即虎林市边境经济合作区和农垦吉祥边境合作区。

6. 图们江自由贸易区

图们江自由贸易区是中国、俄罗斯、朝鲜在三国交界的各自疆域内开发的一个自由贸易区，并在政策、规划、进程、方法和管理上进行某些方式的协调与指导，通过产业和贸易联系使三个自由贸易区联结为一体，最终形成图们江自由贸易区，成为东北亚地区经济、贸易、金融、交通、信息和技术交流与合作的中心，发挥其综合性、多样性的经济功能，推动东北亚区域经济合作不断地向纵深发展，促进东北亚地区各国经济的稳定增长和长期繁荣。图们江地区具有发展贸易的巨大潜力，可以利用其区位和政策优势发展边境贸易、中转贸易和加工贸易。利用已开通的陆海空通道，图们江地区可以大力发展对韩、日乃至北美、西欧的中转贸易。图们江地区出口加工区的建设、口岸经济和外向型经济的培育又必将带动加工贸易的快速发展。从 20 世纪 90 年代图们江区域开发由联合国开发计划署提出以来，图们江地区的国家之间、特别是地方政府之间，开展了广泛的交流和合作，制定了很多种合作模式以促进图们江地区基础设施的完善、经济和贸易的发展。主要的合作模式有双边合作模式及多边合作模式。

二、我国与周边国家国际河流的主要争议问题

国际河流流域开发由于各利益团体和流域国环境的相对差异，不可避免地存在各流域国之间、部门之间以及国家—地方—个体之间的利益冲突，这些冲突实质上是各利益团体之间的多目标差异。我国与周边国家关于国际河流的主要争议问题包括：划界争议、航行权争议、用水权争议、水益分配争议和水污染跨境影响争议等。早期主要体现为河流边界的界定问题，现在主要体现为水资源开发利用及其跨境影响。我国与周边国家就国际河流问题的主要争议点见表 1-7。

表 1-7　我国与周边国家就国际河流问题的主要争议点

区域	河流	流域国	主要争议
西北	额尔齐斯河	中哈俄（出境）	1. 对上游开发而出现水资源短缺的担忧 2. 跨境水污染与生态保护 3. 调水工程和水电工程引起的水资源分配争议
	伊犁河	中哈（出境）	

区域	河流	流域国	主要争议
西南	澜沧江	中缅泰老越 （出境）	1. 下游国对上游水电开发及其水资源、生态影响 2. 流域防洪与水资源分配争议 3. 水资源问题的政治化
	伊洛瓦底江	中缅 （出境）	缅甸国内对水电梯级开发争议（密松电站争议）
	怒江 （萨尔温江）	中缅泰 （出境）	怒江水电开发的生态环境影响问题
	雅鲁藏布江 （布拉马普 特拉河）	中印 （出境）	1. 对水电站及引水工程的争议 2. 藏南地区的边界争议与水资源争议 3. 印度与孟加拉国的引水争议 4. 关于水资源的舆论战
东北	黑龙江 （乌苏里江、 松花江）	中俄蒙 （界河）	1. 界河护岸问题 2. 水污染跨境影响 3. 航道管理 4. 洪水的跨境影响
	鸭绿江	中朝 （界河）	水土流失及河沙淤积造成界河争议

（一）我国不同区域国际河流水资源主要争议

在西南地区，我国处于澜沧江—湄公河流域的上游，注重水电开发和航运；下游国家则注重灌溉、防洪、航运和渔业。因此就产生了上下游国家之间就水电开发对下游生态影响方面的争议。中国与印度之间，主要是中印边界纠纷及我国西藏雅鲁藏布江开发对下游的影响问题。

在西北地区，我国境内的国际河流总体上处于待开发状态。从 20 世纪 90 年代开始，我国对新疆额尔齐斯河和伊犁河开发的启动，引起了下游哈萨克斯坦的担忧，也因此产生了中哈之间关于国际河流水资源分配、水生态保护等争议。

在东北地区，早期中国与周边国家关于国际河流的问题主要是国际界河的边界界定争议。当前主要体现为界河的护岸和国土防护问题，以及流域防洪，各国支流开发对界河干流的水量、水质、生态的影响问题。

（二）我国国际河流水资源争议未来的趋势特点

随着我国及境外流域国对国际河流开发程度加大，环境安全问题日益严重，未来的争议将会集中在生态环境跨境影响等问题上。

1. 西北国际河流水资源短缺引起的争议将会继续

随着经济的发展，人们生活水平的提高，人们对水资源的需求越来越多，然而水资源开发方式的缺陷浪费了水资源，同时也会导致水资源的短缺，特别是在西北干旱地区。水资源的分配及开发方式仍将是未来引起争议的首要问题。

2. 国际河流争议问题也会更多地发生在水质问题上

人口密集的国际河流流域均受到不同程度的污染，并且日趋严重，成为当前我国国际河流资源可持续利用的最大威胁。社会经济发展和不当开发所造成的水污染容易形成跨境影响，由此引起的国际争端不断。东北黑龙江等界河由于有漫长的干流河道和复杂的左右岸水系，水环境污染容易扩散，是容易引起跨境争议的国际河流。

3. 洪灾威胁引起的争议仍将持续

国际河流堤防及水库的修建一定程度加剧了上下游和左右岸对防洪设施调度协调的矛盾，下游国家在受到更严重的洪水威胁时，可能会与我国发生争议。此外，各国之间的基础设施建设不平衡，虽然不断加固、加高和增建堤防，并兴建巨大的调节水库，但是许多河流的洪灾威胁依然严重，有的甚至比过去更为严重。例如，对河流洪水的调节力度过大可能使河流减少了汛期的造床流量，造成河床萎缩；土地无序开发，大量侵占行洪滩地和蓄洪湖泊，压缩了洪水的蓄泄空间。以上两种因素都会导致河流的洪水位不断抬高，有的防洪工程建设和洪水水位抬高甚至形成恶性循环，这在松嫩流域比较突出①。

4. 水土流失以及生物多样性破坏将会引起更多争议

国际河流流域各国基于发展经济目的而实施资源的过度开发，将会引发水土流失、土地沙化、植被被破坏等灾害，生物多样性也会因此受到威胁，这些必然影响到全流域，造成跨境影响。随着世界范围内对于环境保护意识的增强，国际河流流域各国也会因这方面而产生越来越多的争议。

---

① 钱正英，陈家琦，冯杰. 人与河流的和谐发展 [J]. 中国三峡建设，2006（5）：5-8.

三、西南澜沧江—湄公河水资源合作机制问题

（一）我国与湄公河流域的合作机制现状

湄公河流域是国际经济合作的热点区域，形成了许多区域经济合作机制。其中湄公河流域全体国家参与的合作机制包括：大湄公河次区域经济合作计划、东盟—湄公河流域发展合作机制以及由我国所倡导的湄澜合作机制。流域部分国家参与的合作机制包括：中国云南部分地区和老挝、缅甸、泰国相邻地区的"黄金四角"合作，云南—泰北合作，湄公河委员会等。这些合作机制基本是局部性的合作，其中湄公河委员会在水资源保护和开发领域是下游四国合作的主要机制。

流域外国家参与而中国未参与的国际河流合作机制主要是美国、印度和日本所发起的合作机制，例如 2011 年 3 月美国和湄公河下游各国共同起草《湄公河下游倡议》，并创建"湄公河下游之友"，把越来越多的国家和机构带入这一合作伙伴关系。在"重返亚洲"政策的带动下，美国近年加大对湄公河委员会的支持力度。

我国与湄公河流域国家之间在水资源业务技术方面的涉水合作机制目前仅限于水文信息、水利技术合作以及航运合作。水文信息合作可以说是国际河流流域国间最为重要也是最为直接的合作内容，目前我国与湄公河委员会达成了水文信息合作协议。

1. 水文信息合作机制

2002 年中国水利部与湄公河委员会签署《中华人民共和国水利部与湄公河委员会关于中国水利部向湄委会秘书处提供澜沧江—湄公河汛期水文资料的协议》。根据协议，为满足澜沧江—湄公河下游国家防洪减灾需要，中方在每年 6 月 15 日至 10 月 15 日的汛期内向湄公河委员会秘书处提供水文数据。2000 年中国水利部与越南签订《中华人民共和国水利部国际合作与科技司和越南社会主义共和国水文气象总局国际合作司关于中方向越方提供元江—红河汛期水文资料的谅解备忘录》。根据协议，中国在每年 6 月 15 日至 10 月 15 日的汛期内向越南提供水文报汛服务。2002 年中越签署《中华人民共和国水利部和越南社会主义共和国水文气象总局关于越方向中方提供左江上游汛期水文资料的谅解备忘录》，达成水文信息互换机制。

2. 通航合作机制

1997 年中国和缅甸政府签署《中华人民共和国政府和缅甸联邦政府关于澜

沧江—湄公河客货运输协定》，这是较早涉及湄公河航运的跨国协议。此后，由于湄公河航运对于沿岸流域国的重要性，为了保证通航安全以及降低运输成本，自 1994 年开始历经 7 年 6 次事务级会谈，2000 年中老缅泰四国签署《澜沧江—湄公河商船通航协定》，在该协议框架下四国共开放 14 个港口，建立"澜沧江—湄公河商船通航协调联合委员会"作为协调机构，由四方各 8 名委员组成。主任委员为局（司、厅）长，同时为联委会主席，在四方每两年轮流一次，每一方分别在其内部建立常设协调机构。

（二）我国与湄公河流域各国建立合作机制需要关注的问题

我国境内澜沧江段开发程度相对下游段较高，但与下游各国没有形成有效稳定的合作机制，当前澜湄合作机制尚处于构建阶段，还难以在水资源合作开发领域形成影响力。湄公河委员会虽然由下游四国组建，但存在着制度性问题，并且一直受到域外力量的影响，我国长期采取不加入并且谨慎合作的态度。我国应在长期战略上重视与下游的合作，但是也要技巧性地为我国的应有权力而发声，以期建立能够满足各方利益要求的合作机制。

1. 如何处理与湄公河委员会的关系

湄公河委员会以顾问形式为成员国提出决策建议，对于成员国的行动约束力不强，对于干流水电开发等议题采取协商一致原则，需要经过长期的研究、规划和争论，决策非常缓慢。流域水资源仍以国家间的谈判、协调和斡旋等形式为主。上游国中国和缅甸并未实质性参与由湄公河委员会主导的流域国际水资源合作。下游国家十分希望中国加入。但是，从湄公河委员会的治理结构、决策机制以及运行实际情况考虑，中国加入湄公河委员会所受到的约束太多而且利益保障不够，更多地会受到制衡而不是形成主导，对于一个上游大国而言是难以接受的。因此，我国需要仔细制定与湄公河委员会的合作战略，并对未来澜沧江—湄公河流域全合作提出自己的观点。

2. 如何从流域整体层面考虑合作机制的建立

作为参与湄公河委员会的替代方案，我国必须尽早考虑全流域的合作机制构建策略。湄公河流域各国正在经历经济发展与水资源保护的冲突与协调阶段。一方面，由于缅甸、老挝、柬埔寨的经济水平较低，客观上限制了他们对水资源开发的投入，在水资源管理与保护中希望实力较强的国家承担更多责任；另一方面，在水资源的利用中，各国较多强调上游国家对流域环境保护的责任，但没有认识共同且有区别的责任，没有引入受益补偿机制，责任和权利并不对等。面对全流域水资源开发需求和保护之间的多种要求、国家之间的矛盾、上下游之间的矛盾、长期利益和短期利益之间的矛盾，作为上游国和经济实力最强的流域国，我国应尽早在澜湄合作机制基础上构建能够兼顾全流域的合作机制策略，形成澜沧江—湄公河全流域水资源管理的合作战略与机制框架。

3. 如何处理与下游不同国家的合作

尽管下游各国参加了湄公河委员会，但各国流域位置、社会经济发展状况、国家意识形态以及与我国的外交关系都不相同，因此我国与下游不同国家的合作需要根据实际情况建立合作机制。缅甸、老挝、柬埔寨对水资源开发有所投入，希望实力较强的国家承担更多责任；老挝水电资源丰富，希望通过水电开发振兴经济，但受到湄公河委员会的制约和资金制约；泰国具有水资源开发和投资的实力与动力，但资源相对缺乏；越南处于最下游，经济发展迅速但对上游开发持反对态度。因此，我国需要针对不同国家的地域关系、利益要求、现实困难等因素制定不同的合作策略和机制。

4. 如何明确我国作为上游国的利益与责任范围

由于我国处于上游位置，因此在水资源开发方面具有天然的优势。虽然我国在澜沧江水电开发中采取影响最小的径流开发模式，但开发活动对下游仍然会产生影响，这也是下游国对于我国澜沧江开发持反对态度的原因所在。上游国的战略优势变成了国际关系上的劣势，这是我国不愿意看到的。我国需要通过深入的研究与广泛沟通，逐步明确我国在澜沧江—湄公河全流域的地位、利益、责任，并获得认同，建立维护利益与承担责任的平衡措施，促进建立更加平衡的全流域利益与责任机制，强化共同体意识。

5. 如何将水资源合作机制与区域经济合作机制有效结合

湄公河委员会的使命和目标是关注环境与可持续发展，在此目标上取得了良好的成绩。但近几十年来，湄公河委员会并没有成功地推动流域各国通过水资源利用满足对经济发展的需求。尽管湄公河委员会也关注贫困、沿岸居民的生活和生产，但由于自身使命和资金的局限性，只能给予最基本的投资，难以根本改变流域各国的经济状况。在此背景下，我国对湄公河流域各国的合作需要更加密切地将水资源合作与社会经济发展联系起来，尤其关注水资源基础设施建设。合作不仅局限于水资源本身，而是将水资源合作纳入社会、经济合作的整体框架下。

6. 如何考虑域外政府及非政府组织等利益相关者参与

湄公河流域的域外利益相关者主要是西方各国政府和非政府组织。虽然这些组织带来了各种资金投入，但也带来了各种不同的意见，使流域管理缺乏权威决策和执行机制。这些非政府组织的作用差异很大，必须仔细研究和甄别，有序参与合作机制的构建和运行，更有利于国际河流的开发。我国与下游的合作必须考虑这些非政府组织的参与模式，一概排斥和视而不见不是良好的策略，必须考虑建立有效的参与机制和应对策略。另外，如何处理域外国家政府的参与也是一个重要问题。目前，美国、日本、印度、英国、澳大利亚都在大湄公河流域范围内积极活动，尤其是域外大国在经济合作的背后往往隐藏着政治目的。这就有可能使地区政治和安全形势复杂化，是我国在构建合作机制时需要注意的问题。

四、西北额尔齐斯河等国际河流水资源合作机制问题

我国与中亚各国保持着良好的国际合作关系，其中 1996 年 4 月由中国、俄罗斯、哈萨克斯坦、吉尔吉斯斯坦、塔吉克斯坦五国元首在上海会晤时构建的"上海合作组织"（以下简称"上合组织"）最为重要，此后乌兹别克斯坦和土库曼斯坦相继成为成员国。目前"上合组织"在国际河流以及水资源方面作为不大，但是随着上合组织影响力的提升，对于该地区矛盾已久的水资源问题必然会形成影响力。大部分中亚国家均为上合组织的成员国，因此中亚国家希望把水资源问题列入上合组织的议题，通过上合组织这个合作框架解决。2014 年9 月中国提出建立"丝绸之路经济带"设想后，中蒙俄经济走廊成为丝绸之路经济带构想中落实的第一个多方经济互联互通合作计划。"丝绸之路经济带"并非严格意义上的合作机制，基于此设想，中国与中亚各国的实施合作就有了目标。"丝绸之路经济带"的实施推进，必然能够在中亚地区国际河流合作方面起到积极的促进作用。

（一）我国与中亚各国形成的涉水合作机制

中哈利用和保护跨界河流联合委员会和中哈环保合作委员会是当前中国与哈萨克斯坦之间围绕国际河流的合作机制。随着 20 世纪 90 年代中国开发伊犁河和额尔齐斯河，哈萨克斯坦政府开始表示关注。1992 年哈萨克斯坦向中方提出了涉及联合、合理使用界河水资源法律原则方面的相关建议，1994 年再次转交了这一领域的政府间协议草案，并要求两国通过谈判来解决分歧。1999 年3 月应哈萨克斯坦总统对中国采取紧急措施解决围绕跨界河流产生的问题的请求，中哈通过谈判达成了一些基本原则，奠定了中哈国际河流合作的基础。2002 年中哈签订《中华人民共和国和哈萨克斯坦共和国睦邻友好合作条约》，在《中华人民共和国政府和哈萨克斯坦共和国政府关于利用和保护跨界河流的合作协定》的基础上进一步加强两国在国际河流合理利用和保护方面的合作。

2003 年 10 月中哈召开了共同利用和保护跨界河流联合委员会第一次会议，就国际河流有关事宜进行磋商。在具体的工程建设领域，2010 年中哈签署《中华人民共和国政府和哈萨克斯坦共和国政府关于共同建设霍尔果斯河友谊联合引水枢纽工程协定》，目的是有效提高两岸农业灌溉、生态用水的保证率，减轻下游地区特别是下游霍尔果斯口岸及正在建设的中哈贸易合作区的防洪压力①。

我国与吉尔吉斯斯坦之间也建立了一些合作机制，但目前主要在企业层面。中国国电集团及其下属机构与吉尔吉斯斯坦企业建立了合作机制，对水电开发开展前期研究、规划合作。2011 年，中国水电建设集团同吉尔吉斯斯坦国家电力公司总经理坦吉耶夫签署了苏萨梅尔-科克默林梯级水电站建设勘查合作备忘录。但是，由于计划开发的水电站位于我国阿克苏河的上游，必须考虑对我国的跨境影响，相关合作进展应引起政府的关注，不能仅做工程可行性评估，还需要进行跨境影响评估。

（二）我国与中亚跨境水资源合作机制面临的问题

我国西北地区及相邻的中亚国家都地处内陆，气候干旱、水资源短缺，社会经济发展对水资源的供需矛盾日渐突出。我国面对的中亚跨境水资源问题有两类，一是与邻国直接的跨境水资源问题；二是我国推进"丝绸之路经济带"过程中如何对待中亚各国的跨境水资源矛盾。西北地区的国际河流水资源对我国新疆人民的生活和经济发展极为重要，在全球变化背景下，该地区在经济发展与水资源制约的矛盾不断凸显，我国迫切需要考虑构建针对中亚区域的整体跨境水资源合作机制。随着"丝绸之路经济带"合作持续深化，中亚地区国际河流水资源开发和利用引发的问题对经济发展的约束以及对国际关系的影响也将日渐突出。我国需要未雨绸缪，考虑构建未来针对中亚区域的整体跨境水资源合作机制。

1. 需要明确针对邻国以及中亚各国的跨境水资源合作战略

目前，我国已经与中亚国家开展了大量的能源合作，比如建立了中哈原油管道、中土天然气产销合作等，但同时也不可忽视与邻国哈萨克斯坦和吉尔吉斯斯坦的水资源合作问题。中亚地区（包括中国西北地区）的跨境水资源问题历史以来就与该地区的能源、生态、地区安全稳定问题等相互交织。我国在与哈萨克斯坦和吉尔吉斯斯坦进行跨境河流水资源合作时，从宏观战略上既要认真对待维护我国的应有主权问题又不能仅局限于水资源，应该将水资源合作作

---

① 王俊峰．胡烨．中哈跨界水资源争端：徐起进展与中国对策．[J]．新疆大学学报（哲子．人文社会种子版）．2011（5）：99-102.

为两国合作中的重要组成部分。在把握我国西北地区长期稳定发展的宏观大局下，重视境内国际河流水资源开发、利用和保护的问题，慎重考虑与境外国家的涉水利益和责任分配。

2. 需要制定伊犁河、额尔齐斯河分水谈判策略

伊犁河和额尔齐斯河的水资源对中哈两国都非常重要。哈萨克斯坦将跨界河流合作视作对外关系的优先任务之一，对中哈跨界河流合作尤其重视，急于同中国进行分水。中哈两国在 2015 年启动跨界河流的水量划分谈判，围绕跨界河流水质保护、水量分配基础性技术工作、边境水文站水文水质数据交换、自然灾害信息紧急通报、水质监测等方面开展了大量富有成效的合作。但是，当前的这些合作基本上只是围绕水资源业务问题而开展。由于中哈两国在社会经济发展历史、水资源开发利用历史、相关政策、体制、技术标准、当前利益要求等方面的不同，这两条河流分水协议的制定需要一个相对漫长的过程。在与哈方进行分水谈判的过程中，我方应考虑采取适当的谈判策略，最大化地维护我方利益。亟须从国家战略层次、新疆的长期发展、"丝绸之路经济带"战略的推进等方面考虑与哈方的跨界河流分水谈判策略。

3. 考虑如何应对阿克苏河上游吉方水电开发

阿克苏河是我国国际河流中为数不多的入境河流之一。吉尔吉斯斯坦在阿克苏河上游的有利地形使得其在该流域最可能的潜在开发形式是梯级水电和向外流域调水；而处于下游的我国阿克苏河—塔里木河流域地处干旱内陆区。阿克苏河作为塔里木河最主要的源流，对于我国南疆地区的经济发展极为重要。目前，我国在阿克苏河流域规划和建设了一系列水库，主要用于发电和农业灌溉；吉尔吉斯斯坦目前还未在阿克苏河上游进行大规模的水资源利用，但是早已进行了水电开发规划，只是还未进入实施阶段。我国需要重视吉尔吉斯斯坦在阿克苏河上游水电开发的动态，关注可能对我国阿克苏河和塔里木河流域带来的不利影响，基于系统全面地评估阿克苏河上游水电开发的影响而尽早提出应对策略。

五、东北黑龙江等国际河流合作机制现状与问题

东北亚区域合作一直是该地区各国努力的目标，联合国也将这一区域的合作视为未来世界上重要的合作区域之一从而给予大力支持。但是，东北亚国际政治环境变化给区域经济合作带来许多障碍，所以进展并不顺利。东北亚区域合作主要是中俄之间的合作。2009 年中俄双方正式批准《中华人民共和国东北地区与俄罗斯联邦远东及东西伯利亚地区合作规划纲要（2009—2018 年）》，使其成为中俄在远东地区合作的总框架。1961 年中朝签订了《中华人民共和国

和朝鲜民主主义人民共和国友好合作互助条约》，此后中朝之间建立了广泛的合作协议，范围涉及广泛，包括水资源管理与开发等方面的内容。中、俄、朝三方的合作机制以图们江开发为典型，联合国开发计划署实施图们江开发项目，涉及中国、俄罗斯、朝鲜、韩国、蒙古国。中、俄、朝三国作为核心利益国，在此区域强化措施，加大交通、经贸、旅游等领域的合作，取得了显著成效。该合作开发项目以联合国开发计划署图们江区域合作开发项目政府间协商协调会议为基础，定期研讨开发过程中面临的问题以及制订发展计划。2005年，中国、俄罗斯、朝鲜、韩国、蒙古国曾通过《2006—2015战略行动计划》，中俄朝也都针对本国境内的区域制定过合作发展规划。

（一）中国与东北亚各国形成的涉水合作机制

东北国际河流涉及的国家政治关系总体稳定，同时跨境水矛盾不十分突出，因此形成了诸多涉水合作机制，基本可以应对国际河流面临的问题。

1. 中俄涉水合作机制

早在1956年，中国与苏联两国就形成了关于黑龙江、额尔古纳河的协定；1957年中苏又制定了关于国境及其相通河流和湖泊的商船通航协定；此后，由于中苏关系紧张，在较长的时间内没有再形成相关的合作机制，直到20世纪80年代中苏关系缓和。1986年中苏达成了交换黑龙江水文情报和预报的备忘录，并达成了中苏关于组建中苏指导编制额尔古纳河和黑龙江界河段水资源综合利用规划委员会的协议，该协议是中国第一个双边的河流规划协议。20世纪90年代以来，中俄双方围绕黑龙江达成了诸多的合作机制，详见表1-8。相对而言，中俄围绕黑龙江所达成的是中国国际河流中最为全面最为深化的合作机制，这一方面是由于中国与俄罗斯的双边关系良好；另一方面也是由于中俄的国际河流是界河，争议相对少。

表1-8　中俄围绕黑龙江建立的主要合作机制

时间	合作机制
1956年	中俄额尔古纳河、黑龙江结合开发利用规划
1992年	航道、航运管理合作机制
1992年	中俄船舶经货物运输议定书
1994年	中俄黑龙江、乌苏里江渔业合作议定书
1994年	中俄关于船只从乌苏里江（乌苏里河）经哈巴洛夫斯克城下至黑龙江（阿穆尔河）往返航行的议定书

续表

时间	合作协议或机制
1999 年	中俄关于对界河中个别岛屿及其附近水域进行共同经济利用的协议
2007 年	跨界水体联合水质监测机制
2008 年	共同利用和保护跨界水体协议
2015 年	中俄关于共同建设黑河—布拉戈维申斯克黑龙江（阿穆尔河）大桥的协定

2. 中朝涉水合作机制

中朝友谊源远流长，涉水合作机制由来已久，为鸭绿江的河流开发做出了巨大贡献。可以说鸭绿江是合作关系最为稳定的一条国际河流，也为其他国际河流的开发做出了样板。在中朝互助条约下，从 20 世纪 50 年底开始，中朝就在鸭绿江上共建了大量的水电设施，为两国提供电力，同时在防洪防汛、水文信息、航运等方面也保持着密切的合作，主要合作机制见表1-9。

表 1-9　中朝建立的主要合作机制

时间	合作机制
1955 年	中朝关于水丰水力发电公司的议定书
1960 年	中朝关于国境河流航运合作的协定
1964 年	中朝关于共同利用和管理中朝界河的互助合作协议
1978 年	中水利电力部和朝气象水文局关于鸭绿江与图们江水文工作合作协议
1960 年	中朝关于国境河流航运合作的协定
2008 年	中朝签署鸭绿江和图们江水文合作会谈纪要

（二）东北国际河流水资源合作机制存在的问题

1. 东北亚政治环境的不稳定因素给国际河流水资源合作带来了较大的不确定性

东北亚地区国家的构成是：最大的发展中国家中国、转型经济国家俄罗斯、蒙古国和游离于国际体系之外的朝鲜。此外，日本、韩国以及美国对此区域也有着不确定性的影响，加剧了该区域的隐性矛盾，由此也给水资源合作机制带来了不确定影响。在这种纷杂的环境下，以界河为主的国际河流合作开发机制难以进一步深入展开，目前仅仅维持在传统的合作机制框架下。因此，东北地区的国际河流合作开发机制建设机遇与风险并存。

2. 中俄对黑龙江流域的战略定位不同导致各自的开发理念存在差异，深层次的合作开发协议难以达成

虽然中俄两国在黑龙江流域水资源取水、航运、防洪和环境保护等方面有许多共同的利益要求，且已经达成了合作协议与规划，但是在细节层面仍存在诸多冲突。我国对于东北地区制定了东北老工业基地振兴规划，对于东北地区国际河流水资源开发的重点应落脚在如何开发和利用上，为社会经济发展争取更多的水资源，更是希望通过水电站的建设缓解严重制约社会经济发展的能源紧张的局面，对水资源的生态保护不得不被放在第二位。黑龙江俄罗斯一侧远离其政治经济中心，经济发展相对滞后，人口外流严重，对电能和生产生活用水的需求较小。黑龙江干流下游位于俄罗斯境内，是俄罗斯重要的国际通道，从乌苏里江到黑龙江上游是俄罗斯远东地区城市最为集中、人口最为稠密的地带，保证当地居民基本的正常生产生活是俄政府的重要职责。因此，防洪和环境保护是俄方在黑龙江流域的基本需求。中俄双方对于黑龙江水资源开发的利益要求存在差异，除了防洪与通航能取得较大的共识外，水电开发、水资源保护等方面进一步合作的空间并不大。

3. 我国与俄罗斯远东电力需求差异大，难以在界河上达成水电开发合作协议

中俄界河水力资源主要蕴藏于额尔古纳河和黑龙江界河上中游。我国东北地区对电力需求极大。早在 20 世纪在 50 年代中苏就进行了水电开发的考察与初步规划，其后因政治原因搁浅；20 世纪 80 年代末中苏曾就黑龙江水力资源的开发利用进行可行性研究，并提出了 8 处水电站的建设方案，但因苏联的解体和俄罗斯经济的不景气而未能实施。因此黑龙江上的水力资源至今未得到开发利用。现在，黑龙江流域的俄罗斯一侧已经修建了大批水电站，存在大量的富余电力。为了缓解我国东北地区能源紧张的状况，中俄签订了购电协定，计划在 2020 年后每年对中方出口电力 600 亿千瓦时。在目前的协议框架下，俄罗斯更愿意在俄方境内修建水电站卖电给中国，而不愿意在界河上与中国合作开发电力资源。

4. 东北国际河流普遍缺少前期水文研究，监测标准偏差异大，制约了合作机制的构建与实施

国际河流资源的认定是权益分配不可逾越的前提性工作。其中，水文测验和资料整编、水文数据交换、水文分析计算为主要内容的双边或多边水文合作，

是国际河流合作开发的第一步①。而东北由于历史原因，水资源基础信息缺乏，甚至基础数据很不完整，水文监测站布设不够，监测手段也相对落后，严重影响了合作机制构建的进程。此外，受限于两国行政体制、流域发展目标等多方面差异，中俄监测技术、评价方法与标准存在差异，排放指标也不统一，在合作机制上难以达成共识。

第四节　我国构建国际河流合作机制需要面对的挑战

值得注意的是，亚洲各国对国际河流的开发相对滞后，近年来随着各国的经济发展，未来对国际河流的开发逐步进入各国的视野，各国对跨境水资源权益也日益重视，国际河流跨境争议与矛盾将会增多。随着我国大量投资"走出去"和对周边国家贸易与投资的增加，周边各国际河流水资源开发与保护矛盾将会对我国的"走出去"战略产生影响。我国与周边相关国家已经有一些初步合作机制，但是难以适应我国与周边各国深入合作的需求，应及时审视我国面对的主要挑战，面向未来构建合作战略和合作机制。

一、战略层面的主要挑战

（一）以应对性合作机制为主，未体现国家战略与长远布局要求

随着我国逐步重视国际河流开发工作，我国各职能部门已经开始关注如何应对国际河流水资源开发与管理问题。一些部委成立了专职的管理部门或组织机构，主持协商各类争端，并形成了一些基本原则。目前基本上针对每条主要大河都形成了初步双边合作框架，基本上可以保证出现争端或者矛盾时可以有对话协商的平台，避免矛盾的进一步深化。例如，2005 年哈尔滨污染事件以及2013 年黑龙江洪水危机，中俄就基于合作框架很好地予以化解，并在此基础上进一步深化了合作机制。但总体而言，我国国际河流合作开发机制还处于起步阶段，以应对各类开发所面临的问题矛盾为出发点。

党的十八大为我国未来的发展确立了新的战略与目标，获得稳定的周边环境以保障我国的改革发展是基本的战略，在解决了多数边界问题、明确了陆地资源权属的情况下，具有跨境、共享资源性质的国际河流的水资源权属及利用

---

① 陈敏建，王浩，于福亮. 中国国际河流问题概况［EB/OL］. http：//www.docin.com/p-11318697. html，2009-03-16.

问题将不可避免地呈现出来，为此必须未雨绸缪。

国际河流事关重大，必须与国家发展战略结合起来，我国的"一带一路"倡议沿线涉及众多国际河流，必然涉及水资源与可持续发展合作问题。但是当前我国就国际河流与周边国家达成的各类合作机制还难以有效地支持我国未来发展战略和目标的实现，特别是随着我国社会经济的持续发展，国际河流相关的区域在未来将成为新的经济增长点。在此背景下，国际河流的开发必然会引发更为激烈的矛盾与冲突，这都是当前的合作机制难以有效应对的。因此我国亟须基于未来发展的战略与目标构建国际河流合作框架，保证与国家发展长远布局相适应。目前有三个战略问题需要考虑。

1. 我国各条国际河流缺乏全流域视角的水资源战略

我国的国际河流多数是世界大河，但我国长期以来的关注点仅在境内流域范围，仅针对这些河流的境内部分按照"流域管理与区域管理"相结合的管理体制进行管理，缺乏对整个流域水系的关注，缺乏从流域整体开发与保护战略视角的境内水资源问题应对机制，更不用说考虑对境外水资源开发与保护的参与了。我国的体制是应对国内河流的，不能适应目前我国及周边对国际河流更大规模的开发，也难以在更高的战略层面应对国际河流的合作与争议。

2. 国家对国际河流缺乏顶层的对外协调机制

我国水资源管理的重点仍放在国内的大江大河流域，然而国际河流的管理长期以来并没有被纳入开发与保护的重点范围，也尚未对这些国际大河建立专门的水资源开发与保护应对的部门和机制。如果相关流域国对我国境内国际河流开发活动产生怀疑或矛盾，一般通过外交管道向我国相关部门反映或提出要求、建议。尽管目前的国际河流部际协调会议在国际河流涉水事务中发挥了一定作用，但是这种机制仍然属于应对性管理机制，难以长远考虑未来出现的新问题，这就需要国家考虑建立顶层的战略协调机制，超越各个部门的利益，进行长远和整体的战略规划。

3. 国家缺乏兼顾不同区域的上下游、左右岸差异的国际河流合作战略

我国国际河流总体上以出境河流居多，兼具出境河流域和入境河流、边界河流和跨境河流，不同区域国际河流的水资源问题各异，利益格局复杂，因此，国际河流政策需要考虑西南、西北和东北不同地区的特点，考虑针对上下游、左右岸的政策一致性，这就使我国制定兼顾各种差异性的国际河流对外战略比较困难。对外合作战略不明确就可能导致从中央到地方，从政府到企业对外水资源合作开发行动的迟疑、矛盾，甚至相互冲突。我国需要在国家层面制定统一的水资源开发与保护的安全战略和政策，同时分层和分别解决各国际河流面

对的特殊问题。

（二）我国周边国际政治环境复杂，容易受各种国际政治因素制约

我国国际河流涉及流域国复杂多样，既有东北面对的俄罗斯这样的大国，西南面对的越南、老挝等中小国家，同时又有印度这样和我国存在直接竞争关系的国家，另外西北地区中亚五国又是具有特色的转型国家。这些国家中既有意识形态类似的国家，也有亲西方的国家，还有在探索自身发展道路的国家，又有诸多国家政治环境动荡。在我国崛起的过程中，美国、日本以及欧洲等诸多国家也纷纷插手我国周边国家水资源开发，企图对本区域的发展形成影响。例如，在大湄公河流域十几家国际非政府组织在此活跃行动，这些非政府组织的发起者既有流域内国家，也有各类国际组织，甚至还有美国、日本、印度等众多域外国家。这些域外国家在合作的背后隐藏政治目的。这会导致地区政治和安全形势进一步复杂化，成为流域国际水资源安全合作中的不利因素。

在复杂的政治背景下，国际河流水资源开发会出现泛政治化倾向。长期以来构成各国天然联系的国际河流，由于国家主权边界划分而强化了水资源的竞争。国际河流水资源开发跨境影响及其产生的冲突常常上升为一种国家之间的政治利益冲突，从而牵动国家之间的国际政治关系。国际政治竞争已经从传统领域扩展到像水资源这样的非传统领域，国际河流水资源问题的政治化使之成为国内政治和国际政治的工具，构成国际关系中地缘政治和地缘经济的一部分，在水资源短缺的地区，国际河流水资源冲突已经危及地区稳定。为此，必须深刻认识问题的复杂性，在合作开发构建过程中重视政治因素的影响，规避风险，同时积极创造良好的政治环境。

（三）合作机制处于起步阶段，数量质量都难以适应我国国际河流众多、开发强度日益增加的战略需求

我国处于大部分国际河流的上游，水资源入境和过境少而出境多，虽拥有开发的主动，却面临下游国多方的争议压力，常常处于一对多的状态。在西北的国际河流中，我国处于上下游的都有，但总体上该区域政治环境复杂，又是水资源紧缺地区，如何在水量分配上开展上下游合作，保证水资源需求、避免争端，需要高度重视。东北界河方面，随着我国社会经济的发展，污染事件时有发生，水资源需求量逐步增加，与邻国妥善处理相关事项越来越频繁，难度也越来越大。

虽然外交部、水利部等职能部委对于国际河流的管理工作付出了巨大努力，但是总体而言我国国际河流开发以及合作机制的建设还处于起步阶段，合作机

制尚未完全覆盖我国的国际河流和涉及国家，同时部分机制还难以有效应对复杂的国际河流管理局面，还没有形成一个统一的、全面的、系统的管理政策和体制，目前大都是就事论事地展开合作与协调活动，缺乏系统应对的整体战略和思路。

随着国际河流水资源开发的深入以及我国国力的崛起，我国与周边国家的关系必然会发生一系列深层次的变化，这都会形成许多新的国际河流水资源开发问题。如果不尽快建立适应开发需要的合作机制，必然会使很多新出现的问题仍然依靠经验解决，缺乏原则与政策规范，问题难以获得妥善解决，甚至会激发更多的连锁问题。

（四）以中央政府层面合作机制为主，缺乏多层次参与的合作机制，民间力量缺位

国际河流涉及面广，特别是处于下游流域的国家，其政府、媒体和民众都会对上游水电开发存在产生较多的误解，而边界河流取水、水污染等更是直接影响流域广大民众。因此国际河流开发引起的涉外争端可以来自政府层、流域层面、非政府组织和公众。近年来我国相关政府部门逐渐通过各类合作机制，与下游国家交换水文、工程建设等相关信息，从政府层面缓解了境外对于我国国际河流水资源开发形成的不良反应。但是与一般国际河流合作机制相比，我国的国际河流合作机制还主要集中于政府层面，特别是中央政府层面，缺乏与其他各类组织的合作，这给国际河流未来的开发带来隐患。

国际上在完成国家间的合作框架后，一般的合作机制落实在流域层面，通过流域机构的合作保证开发活动的有效进行，但是我国在流域层面的合作比较少。目前仅有的流域合作以湄公河委员会为对象。湄公河委员会承担了部分流域机构的职能，但并不完善，目前针对澜沧江开发问题更多的是湄公河委员会与我国相关政府部门的交涉。为了更好地与其展开交流合作，由国家发改委牵头，成立了非官方的"国际河流水电开发生态环境研究工作委员会"与之做日常沟通。该委员会主要针对澜沧江开发问题与湄公河委员会交流沟通，相对政府部门，该委员会在与国外非政府组织和媒体沟通时更容易得到对方的信任，以便寻求共同话题。

对于公众层面，由于其影响力相对较弱，并且分散，目前我国各级政府并没有有效的应对举措。但是公众层面的不满将会引起连锁反应，有可能会造成重大影响，多个部委已经认识到这一问题，开始着手应对。但是对于境外公众而言，仅仅依靠政府层面的工作效果并不理想，因此如何构建起多层面的合作

机制，吸引多领域的群体参与，应该是我国未来国际河流合作机制的重要内容。

（五）以双边机制为主，缺乏全流域合作机制建设的战略构架

对于因国际河流引发的问题，我国政府的主导思想是希望在两国层面解决，不涉及其他国家或组织，因此国际河流的管理基本上都是以双边合作机制展开运作。大部分合作机制都构建了两国定期协商的制度和信息沟通管道，这为国际河流水资源开发过程中避免出现恶性冲突提供了保证。

基于国际经验以及河流自身的特点，全流域的合作机制才能从根本上保证国际河流整体利益的最大化。我国由于处于合作机制构建的初期，并且不同国际河流的流域国之间关系也极为复杂，因此短时间内难以致力于全流域合作机制的建设。并且由于我国诸多国际河流是上游国，当前以水电开发为主，从短期利益而言，双边机制更有利于矛盾冲突的解决以及开发活动的顺利实施。但是随着我国水电开发的逐步完成，社会经济发展已经逐步领先于周边流域国家，我国应尽快从国际河流整体开发视角考虑全流域合作机制的建设工作，并努力促进和引导国际河流合作治理的变革。由于我国的社会经济力量和国际政治地位，全流域合作机制的形成更利于从长远的眼光实施对于国际河流的开发与管理工作。

（六）缺乏明确的适应我国作为主要上游国地位的合作主张

我国国际河流以上游河流居多，特别是在西南地区，而该区域的国际河流又是水能蕴藏量极大的河流。在流域水资源的开发中，各国重点落在上游国家对流域环境保护的责任上，却忽视流域各国都有共同且有区别的责任，并且没有有效地引入受益补偿机制，责任和权利难以对等，也对我国作为上游国进行开发形成制约。水电开发不仅提供能源，而且上游所建水库的调节作用可以进行洪旱灾害防治，即水利工程建设对河流水文情势的改变。这种变化有有利一面，也有不利一面，因此下游各国从自身利益出发，必然对我国境内开发国际河流的水资源持反对态度，并通过多种途径进行表达，给我国国际形象以及进一步的水电开发带来不良影响。

国际河流上游的水电资源开发影响必然会引起下游长期的关注，这是现实存在的问题，也是一个长期的问题，如何应对各类质疑将是一个长期的工作，没有必要回避，关键是如何有理有据地争取我国作为上游国的权利。目前国际上也缺乏上下游国家权利的合理界定，我国更需要在此领域积极作为，形成能够被各方认可的权利划分标准，同时也能够为我国西南国际河流争取更多的利益，保证西南国际河流的顺利开发，保证我国未来能源的供给安全。

（七）缺乏国际河流合作的国际政治与技术话语权和影响力

国际河流水资源开发合作涉及国家战略及各种利益的平衡，是一种复杂的共享资源治理行为，目前我国对其治理战略和治理技术仍缺乏足够的认识，仅有理论共识是不够的，必须寻找符合实际情况的合作机制和途径。

西方发达国家开发国际河流已经有几十年，甚至上百年的历史，我国国际河流最近十多年才被提上开发的日程，开发经验极为不足。同时，我国又处于国力迅速上升的阶段，周边国家的警惕以及发达国家的高度关注使任何的上游开发活动都会引发各种争议，容易引发矛盾，而我国又缺乏应对经验和国际政治与技术话语权。

二、管理层面的主要挑战

（一）我国国际河流管理沿用内河管理模式，难以应对复杂的跨境水资源问题

目前我国没有专门针对国际河流的流域管理机构，只是对国内河流在七大流域设立了流域管理机构，代表水利部履行所在流域及授权区域内的水行政主管职责。长江流域横跨我国东、中、西三大经济区，而长江水利委员会负责长江流域的同时还要负责西南国际河流的管理。国际河流流域与国内河流流域水资源开发利用程度的差异及所面对的水资源问题不同，涉及领土主权、国家安全、外交关系等多维度复杂问题，现有流域管理机构难以应对。

1. 我国对国际河流境内流域尚没有做到流域综合管理

在我国现有水资源管理体制下，国际河流管理中仍然存在"九龙治水"现象，即中央和地方各级部门在职责范围内，按业务协同管理各条国际河流，因此在对外合作中的内部协调成本较大。这种管理体制与当前各国所倡导的流域水资源综合管理存在一定的差异，流域水资源综合管理是基于流域生态系统的整体性和鼓励利益相关方参与，通过打破部门管理和行政管理的界限，改变原有的治理结构来进行的流域管理①。这种管理体制有利于对全流域水、土地和相关自然资源实施系统性开发与保护，因而也可以统筹协调流域内的社会经济活动。缺乏流域水资源综合管理就意味着必须与流域各国进行大量、多层次和多维度的协调。

---

① 王毅. 探索中国推进流域综合管理的发展路线图 [J]. 人民长江，2009 (4)：8-10.

2. 国内流域管理条块化管理模式依赖于上级协调,而国际河流管理多部门协调机制不完善,严重影响对外合作的协调

"九龙管水"条块结合的水资源管理体制使得流域内的水资源跨界和跨行业管理依赖于上级的协调。例如,在水电资源开发管理上,大型水电项目由国家发改委审批,小型水电项目则归水利部负责审批,地方对管辖区内的水利项目分属不同部门。这种水利、水电方面的权限交叉的现实局面也影响了国际河流的流域管理。在当前管理体制下,水利部门处理国际河流事务时能够协调调动的资源有限,需要层层上报,以获取在更高层面协调中央部委、流域和地方管理部门,反应速度相对滞后。在面对复杂的国际河流事务时,级别较低的国际河流管理部门会显得力不从心。缺乏与境外流域机构有效对接的流域管理机构阻碍了我国参与水资源跨界合作与管理的进程。

3. 缺乏统一完善的国际河流流域管理法律法规,国际河流管理更多基于具体事项,难以从根本上解决涉外合作问题

2016 年修正的《中华人民共和国水法》第七十八条指出:"中华人民共和国缔结或者参加的与国际或者国境边界河流、湖泊有关的国际条约、协议与中华人民共和国法律有不同规定的,适用国际条约、协议的规定。但是,中华人民共和国声明保留的条款除外。"除此之外,并没有对国际河流的管理做出其他明确规定。我国国际河流当前面临着水资源公平与合理利用、边界划分、水电开发等多维度问题,亟须健全法制,以保障国际河流流域管理机构与地方水利部门实施有组织有协调的流域管理。

(二)大多属于操作性不强的框架性条约,对于具体问题如环境保护等实际问题操作规定较为简单

我国国际河流的合作机制,例如湄公河次区域国家签订的有关谅解备忘录,虽然形成了合作框架,但没有形成规范合作的重点、相关的措施手段,也没有制定法律制度。合作的组织设计为研讨会议交流和部长级会议的磋商,尚未构建常设机构负责合作事项。湄公河航道的联合执法由我国公安部协同湄公河次区域国家相关执法部门执行,虽然已经常规化联合巡逻执法,但这没有机制化,也没有构建常设机构。这种状态难以长期维持,也难以保证执法力度和执法的持续性与连续性。

(三)合作信任基础缺乏,仅限于水文信息、人员培训、联合科研等低度合作,难以满足日益复杂、多元的国际河流合作需求

国际河流合作的具体内容一般是各国探索出来的,由于我国与周边国家基本都属于发展中国家，合作实践经验缺乏，因此合作内容以各类具体水业务为主，我国利用自己的水利技术优势，开展了一些对外技术合作。相对国际上广泛实施的以流域整体性为基础的合作开发活动，我国的合作开发显然还处于比较低级的阶段，缺乏流域整体管理方面的合作内容。如果我国不能尽快地转变合作理念，在现有合作的基础上，积极宣传与推进流域整体性的合作开发，显然难以从根本上有效解决当前面临的突出问题。

我国当前国际河流合作开发处于较低层面的另一方面原因在于国际上除了水条约《赫尔辛基规则》《关于水资源的柏林规则》《关于水和健康的伦敦议定书》《奥胡斯公约》以及《跨界含水层法条款草案》对国际河流合作提供了法律依据之外，并没有更为细致的准则，这就需要流域各国在致力于流域的保护与发展的共识下，寻找可以接受的利益共同点。积极的交流就非常重要，通过经济、政治、法律、技术、资金、人才等多种手段与流域国展开沟通交流，寻找各方都能接受的利益共同点展开合作，通过流域管理与技术交流寻找实现各国利益要求的合作内容。

（四）以水利、环保行业内合作机制为主，缺乏从区域社会经济层面解决矛盾的措施

目前我国与周边国家形成的合作机制都是围绕水资源本身展开的，以防洪防污、水量分配、航运等传统行业合作为中心内容。这些领域的合作内容都比较具有专业化，局限于行业领域内。国际上比较成功的国际河流合作机制大都将社会经济的合作与行业领域合作有机地结合起来，形成一个包含整个流域的多方位合作机制。我国周边共享国际河流的国家大都是发展中国家，面临着发展经济的压力，跨境水资源矛盾容易与各国之间的经济竞争联系起来，更易出现矛盾激化的行为。因此，国际河流的开发不再仅仅是一个资源和技术性问题，而更多地具有了政治、安全和战略意义。在此背景下，仅仅依靠行业内的合作机制难以有效地解决矛盾，这就需要我国尽快地建立起流域范围内包含社会经济等多个领域多方位的合作机制，保证河流开发活动的顺利进行以及流域社会经济的持续发展。

（五）跨境水争端解决以协商为主，不符合争端解决增强可预见性、法律化和制度化的发展趋势

目前我国针对国际河流跨境的争议主要希望通过双方协商来解决，而且以政府间协商为主。由于国际河流争端具有不可预见性，因此仅仅依靠协商的方式，那就意味着争议出现才能启动协商，不仅效率低，也难以应对突发问题。

当前国际河流的争端解决方式中政治方法和法律方法并用。政治方法为流域国的外交谈判；法律方法为国际判例和国际公约。比较有名的国际判例包括欧洲的国际常设法院于 1937 年裁决的默兹河分流案（比利时与荷兰）以及 1957 年国际法院拉努湖仲裁案（西班牙与法国之间）等；1966 年《国际河流利用规则》首次规定了国际河流的解决争端程序：关于国家按照《联合国宪章》以和平方式解决有关争端的义务的规定，以预防流域国之间因该流域水体利用而发生争议的建议，通过国际联合机构的调查和建议、第三国或国际组织或人士的斡旋、调查或调解委员会的调解、仲裁庭的仲裁等途径和平解决争端的规定。1997 年《国际水道非航行使用法公约》，首次规定了强制性的冲突解决方法。第三十三条几乎囊括了现有的全部争端解决方法，政治方法和法律方法并用，强制手段和非强制手段兼采，侧重于法律方法。公约规定当谈判或其他方法不能有效解决争端时，经任何一方要求，必须对争端进行强制调查；另外还规定任何缔约方无须特别协议，必须将争端提交仲裁或国际法院。当前国际争端有运用法律强制解决方法流行的趋势，我们不能因为不认可这种方式、不熟悉这种法律化制度化的争端解决方式而忽略它，应该尽早研究这种法律方式解决的各种应对措施。

（六）市场层面的涉水投资合作缺乏政府有效的引导和规范，容易遭遇风险

我国水电企业对国际河流境外河段的水电开发投资是国际河流水资源合作应关注的重要问题。目前我国水电开发企业在东南亚各国、西北和俄罗斯远东都已经投资或者计划投资开发水电资源，但是，在我国国际河流流域进行的境外水电开发都必须关注跨境影响问题，应将国际河流流域的境外水电合作纳入有序监管和引导机制之中，这也是当前我国国际河流合作机制相对薄弱的内容。

国际河流流域的水电开发活动涉及利益相关者众多，水电企业需要考虑诸多因素，包括当地社会经济目标，当地政府对灌溉、航运、渔业等相关领域的政策，移民的相关补偿政策等。相关企业对当地社会经济环境的应对能力不足，与当地政府的合作关系脆弱、应对机制不完善，容易引起各种风险。当前主要的风险包括政治风险、法律风险、国家之间合作的风险等。因风险引发的问题处理不好，会影响国际河流的合作开发，甚至影响两国关系，因此不仅仅企业需要加强防风险意识，我国相关政府部门也应该通过政策引导、审批等管理方式加强监管，避免出现类似密松电站等事件。

三、构建国际河流合作机制的战略意义

国际河流的跨境特征使之成为国际经济与政治关系中的国际问题，我国与周边国家又存在着众多的国际河流，不得不慎重。全球化背景下，我国的经济发展正在经历一个长期的"走出去"过程，长期以来以内陆河流为开发重点的战略势必要求转向边疆地区的国际河流，利用水资源纽带拓展新的合作发展空间，因此一定要理解建立国际河流合作机制的战略意义，并加以重视。

（一）国际河流合作开发机制是我国与周边国家战略合作的重要纽带

获得稳定的周边环境以保障我国的改革发展是基本的战略，这就需要和周边国家形成良好的国家关系。在周边各国以发展为首要目标的背景下，资源的竞争成为必然，由此我国需要高度关注与周边国家的战略合作关系，"一带一路"倡议正是在此背景下提出的。但是现实问题在于国家之间的竞争关系仍然存在，并且影响我国的发展。近年，在解决了多数边界问题、明确了陆地资源权属的情况下，下一步对具有跨境、共享资源性质的国际河流的水资源权属及利用问题将不可避免地呈现出来，将越来越深刻地影响我国的发展环境。国际政治竞争已经从传统领域扩展到像水资源这样的非传统领域，国际河流水资源问题的政治化使之成为国内政治和国际政治的工具，构成国际关系中地缘政治和地缘经济的一部分，在水资源短缺的地区，国际河流水资源冲突已经危及地区稳定，国际河流安全是一种特殊的非传统安全，水资源的共享特征和水资源的跨境影响决定了合作与冲突交织，合作是最根本的解决出路，我们必须尊重国际河流水资源及开发利用的规律来构建发展战略。在看到国际河流资源竞争的同时，我们也要看到国际河流开发所带来的合作机遇，国际河流既是争端的可能导火索，同时也是国家间合作的天然纽带，如果能够寻找到共同认可的利益点，那么国际河流开发的合作势必能够加深国家间的合作关系。因此我国在陆续开发国际河流时，应从新的视角看到这一问题，将国际河流的开发变成与周边国家实现密切合作的契机，通过国际河流的合作为我国的发展奠定良好的周边环境。

（二）国际河流合作开发机制对我国周边稳定具有重要意义

人口增长加上全球温室效应使得水资源短缺成为影响全球的问题，特别是中亚地区，又与我国临近，水资源极其匮乏，国家之间的矛盾很重要的一条就是对于淡水资源的争夺。周边国家舆论如哈萨克斯坦、俄罗斯等时常出现针对我国跨境水资源分配问题的不满，这些不满常常被域外力量放大。虽然我国政

府强调在开发国际河流境内段水资源时高度重视对于生态环境的保护，也会充分考虑下游国家的要求以及流域整体的利益所在。但是国际舆论经常出现不利于我国的各类消息，给我国开发国际河流水资源带来巨大压力。

（三）国际河流合作开发机制对我国拓展自己的发展空间具有战略意义

国际河流涉及区域是我国可以重点拓展的经济发展空间。这种空间以前是以边界划分的，但经济空间不一定要以边界划分，国际河流所连接的区域形成有意义的发展空间。

经过四十多年持续的改革开放，我国经济取得了巨大成就，国力增长显著。但是传统的发展模式面临越来越多的问题，我国亟须立足国内，拓展新的发展空间，逐步从周边走向世界。当前阶段，拓展国土周边的空间尤为重要，这是"走出去"的第一步。我国周边环境极为复杂，集中了大量中小发展中国家，而且这些国家深受大国势力影响。如何稳定周边环境，为我国"走出去"提供安定的政治局面，是我国未来阶段持续发展的关键所在。

我国国际河流地处西南、西北和东北三个区域，这三个区域也是我国周边最为复杂的区域，同时也是下阶段我国大力发展的经济落后地区，因此有效的国际河流合作开发，既能够为我国发展提供拓展空间，又能够带动落后地区的发展。西南地区国际河流流域国多数都是中小国家，经济落后，但是又是我国打通新的入海口的必经之路，战略意义非常重要。此区域的国际河流合作开发做得好，能够扩大我国在该区域的影响力，反之则会导致我国西南边陲的不稳定。西北地区民族问题复杂，中亚五国社会不稳定因素始终存在，通过国际河流合作开发可以保障西北地区水资源的供给以及边陲的安定。在东北地区，虽然我国与俄罗斯关系密切，但是也存在不稳定因素，特别是我国对于国际河流的要求与俄罗斯存在较大的差距，这就导致国际河流合作开发困难较大，严重制约了黑龙江流域的社会经济发展。由此可以看出，通过有效的国际河流合作开发，可以持续拓展我国发展的域外空间。

（四）国际河流合作机制可以保障我国水资源利用的前景

我国水资源面临的态势是水多、水少、水脏、水浑和水生态失衡。但是，水多其实是时空分布不均衡或与经济发展的布局和要求不符合。总体而言，水资源短缺是我国水资源安全最主要的表现形式。我国也是世界上13个人均水资源贫乏的国家之一。但是问题的严重性在于水资源的时空分布不均，水资源供需矛盾突出，全国年平均缺水量500多亿立方米，三分之二的城市缺水，农村有近 3 亿人口饮水不安全①。水资源利用前景不容乐观。

　　另外，我国国际河流的水量占到了我国所有河川水量的 27%，除了澜沧江之外，我国对国际河流的开发利用非常少，水资源利用量不超过 5%②，当前我国的水利开发活动基本上没有影响出境的水量，只是对于出境水流量的时空分配产生一定影响，相当于大量的水资源白白地进入国境外，显然这种状况与我国水资源紧缺的局面不相适应。但是单方面的开发必然引发流域国的不满，我国周边基本上都是属于水资源紧缺的国家，只有通过国际河流合作开发，通过协议、协商等方式，可以为我国最大限度地争取水资源的有效利用，保证水资源的供给。

　　（五）国际河流合作开发机制可以有助于树立水资源合作的中国典范

　　我国国际河流的流域国众多，形势复杂，流域各国各类条件以及流域国之间的国家间关系差异极大。我国也是亚洲乃至全球最重要的上游水道国，对全球生物多样性的维护特别重要。特别是青藏高原地区，不仅是中华民族的"水塔"所在，也是东南亚、南亚地区的"水塔"所在。因此对于国际河流的管理，世界上没有任何一个国家有我国的难度大。随着我国国际河流陆续进入开发阶段，如果我国能够有效地处理开发过程中出现的争端，以合作开发的方式，保证流域各国的正当权益，保证流域的整体利益，显然将成为世界上国际河流开发的典范，这对于我国的发展，对于我国在全球范围内树立负责任大国典范，具有重大的意义。

---

①　财经 . 水利部副部长：三分之二的城市缺水，农村近 3 亿人饮水不安全 ［EB/OL］. 财经网，2012-02-16.
②　李志斐 . 跨界界河流问题与中国周边关系 ［J］. 学术探索，2011（1）：27-33.

第二章

国际河流水资源合作开发的理论分析与
理论框架

国际河流水资源合作开发问题涉及水资源系统、社会经济系统、国际政治系统等多个方面的内容，是一个典型的多个学科应用研究领域。不同学科视角对合作开发问题关注的焦点和解决问题的思路不尽相同，进而形成了不同的理论。其中，不同学科视角的治理理论发展对国际河流水资源管理具有很好的指导意义，因此可以通过多学科的治理理论分析来构建国际河流水资源合作开发的应用理论框架。

第一节　国际河流水资源合作开发的内涵及其多学科分析

国际河流同所有河流一样也是一个完整的自然流域系统，但是由于跨越或邻接国界而具有国际政治与经济的属性，从而与一般的河流流域的管理有很大差别。国际河流水资源合作开发不仅需要满足水资源及生态系统的完整性要求，而且还涉及国家主体及多元社会经济主体参与，融合了政治行为、经济行为、法律行为、管理行为等行为特征。不同学科的研究焦点各有侧重，政治学视角侧重于以"利益"为逻辑进行的研究；经济学视角则重视以"效率"为主线；而法学视角重视"权利"，以水权、国际水法研究为主线；管理学视角以"组织"和"机制"为重心而关注体制与效率等问题。多视角分析有助于我们突破固有的单一思维局限，全方位地看待国际河流水资源合作开发问题。

一、国际河流水资源合作开发的内涵

（一）国际河流的概念与主要类型

"国际河流"在各种国际条约和各类研究文献中使用的同义词很多，较为重要和常见的有：共享河流、共享河道、跨界河流、跨国河流、国际界河、边界

河流、国际水道、跨境河流、共享水体、跨界水资源、跨界含水层、跨国水体等①。一般意义上，国际河流指地理上和经济上影响两个或多个国家领土与利益的河流②，包括形成共同边界的河流（称为"边界河流"）和跨越而不形成国家间边界的出境或入境河流（称为"跨界河流"）。根据流域的定义，河流从源头开始到河口断面以上由地面分水线所包围的天然集水单元或区域即为河流流域，当这个流域与两个或两个以上国家的部分或全部领土相重合时这个流域即为国际河流流域。从国际河流定义出发，根据国际河流与国家边界的交叉类型，可将国际河流分为两类：一类是跨界河流，国际河流跨越国家边界；另一类是边界河流，国际河流形成国家边界。跨界河流中，河流流进其国家边界的国家称其为入境河流；河流流出其国家边界的国家称其为出境河流。边界河流与跨界河流这两类国际河流在资源共享、问题与争议、合作开发与保护模式等方面不尽一致。

国际河流的定义基本可以分为两大类，一类是从地理上进行界定，另一类是从法律上进行界定。地理上的国际河流指"流经或分隔两个或两个以上国家的河流"，属于流经多国的河流称"跨国河流"，属于形成国际边界（分隔两个或两个以上国家）的河流称"国际界河"。俄勒冈州立大学 Wolf 教授对国际河流的界定即属此类，大部分的研究文献也多从这个视角展开研究。法律意义上的国际河流往往指"流经数国，可以直接通航公海，并且根据国际条约向所有国家商船或船舶开放的河流"，主要是界定其航行功能。传统国际法学主流观点界定的国际河流即属此类。《国际水道非航行使用法公约》中采用的"国际水道"概念类似于国际河流地理意义上的定义，认为"国际水道"是指其组成部分位于不同国家的水道，包括地表水和地下水系统，由于它们之间的自然关系构成一个整体单元，这个整体单元可以包括河流、湖泊、含水层、冰川、蓄水池和运河。由于法律意义上的国际河流更侧重于共享河道，难以涵盖当前国际河流的实际情况，因此本书主要从地理意义的概念展开研究。

（二）国际河流水资源合作开发的含义

国际河流流经或跨越多个国家使得水资源具有整体性和共享性特征，流域内的相关影响容易波及流域其他国家，导致流域内上下游或者毗邻国家在水资源开发利用和生态环境影响等方面休戚相关，形成跨境合作的必然需求。但是，政治边界的划分又带来流域国之间在水资源、生态、经济等方面的跨界影响和

① 郑文琳. 国际水道环境侵权民事责任研究［D］. 成都：西南政法大学，2013.
② 伊恩·布朗利. 国际公法［M］. 曾令良，余敏友，译. 北京：法律出版社，2003：291.

冲突。这种水资源在政治边界上的分配和经济性开发利用之间的不平衡性，造成了国际河流的流域国家间容易爆发区域性冲突的潜在威胁，使得争议与合作共生①。

　　早在 20 世纪中期，学术界就开始关注"合作开发"，对于"合作开发"的认识也日趋成熟和完善。Miyoshi 认为在国家间的合作开发应以多种理解的方式和应用展开，基于国际法，共同开发可以看作基于政府间达成的协议而开展的各类开发活动。Bernard Taverne② 进一步将合作开发分为划界后的国家间合作开发和国家间在争议区的合作开发两类。另外，Townsend、Bernard 等学者也对合作开发进行了概念界定。学术界普遍认为合作开发实际上是国内联合开发概念在国际上的延伸，这一概念是和跨界或者重叠地理区域的自然资源开发相联系的。

　　国际河流水资源合作开发的概念外延与国际河流的跨界特征相联系。对于上下游国家而言，各国在国际河流境内拥有开发的主权，但流域水系的整体性和河流开发的跨界影响必然要求上下游之间开展合作，那么此类合作开发主要是国家之间对于水资源开发活动的协调活动；对于界河或其他有争议区域的水资源开发而言，国际河流合作开发主要是指对水资源的共同开发，例如界河工程是典型的共同开发，这种共同开发也是合作开发的典型模式。国际河流全流域实施合作是另一种合作的高级形式，但由于参与主体利益的复杂性，各国对开发主权的认知差异性等，这是非常难以达到的合作开发模式。

　　国际河流水资源合作开发除了与跨界特征相联系外，也是一个与利益相联系的概念。换言之，各利益主体对于利益的关注促成了国际河流水资源合作。国际河流合作概念的变迁与流域国共同利益直接对应。共同利益越多，开展合作的可能性就越大，流域国间合作的收益共享与成本分担越容易实现，就越容易促成国际河流水资源合作开发。相反，一个国家采取单边行动的可能性越大，由此引发的潜在冲突程度就越高。在这一理论预设下，国际河流水资源合作开发实质上是一种国际河流各利益主体为实现合作利益采取共同行动的水资源开发方式。

　　总而言之，国际河流的差异性、各国对于利益的认知差异、国家间社会经济与政治的差异性，使得国际河流的合作开发不可避免地呈现多样性特征。国

---

① 周海炜，郑爱翔，胡兴球.多学科视角下的国际河流合作开发国外研究及比较 [J]．资源科学，2013，35（7）：1363-1372.

② 孙炳辉．共同开发海洋资源法律问题研究 [D]．北京：中国政法大学，2000.

际河流在水资源开发上的合作与竞争体现着我们所面对的这个全球化时代竞争与合作的挑战，应该从历史发展的角度去认识。在国际河流开发的历史长河中，从"不合作"的开发到"合作"下的开发经历了漫长的过程，这一过程伴随着国家概念和国家意识的形成、国际规范的完善、全球化带来的嬗变，形成了不同的关于合作开发的治理理念和治理模式。

基于以上分析，"国际河流水资源合作开发"可以界定为国际河流流域各国为了满足各自的水需求，并实现保护本国领土权完整、国际关系稳定、区域平等和稳定、流域生态环境安全及促进跨境区域经济发展等目的，以流域为整体，通过技术、政治、经济、法律等手段与流域内其他国家共同对跨境水资源进行开发利用及管理的合作行为。

（三）国际河流水资源合作开发的必要性

国际涉及保护环境及维护生态系统的宣言与决议不断地形成，例如《我们共同的未来——二十一世纪议程》《生物多样性公约》等，这显示了国际上对环境问题的关注不仅仅局限于一国内部。河流流域的整体性更是要求国际河流流域国在保护环境和维护生态环境中必须承当相应的义务。特别是在可持续发展理念下，《国际水道非航行使用法公约》在第四部分提出"保护、保全和管理"国际水道，其中包括第二十条"保护和保全生态系统"、第二十一条"预防、减少和控制污染"及第二十四条"管理"等，将保护列为与水利用同等重要的地位，体现了可持续发展的理念。

在全球气候变化、生物多样性维护、控制人口增长、解决水资源短缺、水污染控制、政治经济格局多极化和区域化、加强边界管理、消除地区差异和冲突、促进睦邻友好等许多大的趋势下，国际河流的可持续发展成为促进全球社会、经济和生态环境可持续发展的关键①。国际河流水资源的合作开发已逐渐为大多数国际河流流域国所认可。国际河流的合作开发无论是从世界经济发展趋势还是从合作方利益要求来看都具有重大的意义，对于河流自身而言也极为重要。因此，国际河流水资源开发的合作趋势也有其必然性。主要体现为以下几点。

1. 国际河流的地缘属性和整体性决定了流域国之间必须合作

国际河流的地缘属性是流域国家采取合作政策、化解冲突，寻求地区安全

---

① 何大明，冯彦，陈丽晖. 国际河流可持续发展的现状与问题［J］. 云南地理环境研究，1998，10（S1）：25-32.

与稳定的客观要求①。要使处于同一国际河流流域内的流域国家走出安全困境，实现流域地区安全，必须处理好国际河流竞争性利用问题，使流域内国际河流的争端得到合乎理性的控制与解决。国际河流流域是一个完整的自然地理单元，也是一个特殊的流域经济系统。同一国际河流各国的利益是休戚与共的，流域国在国际河流的开发利用上必须通盘考虑、互相合作、协调一致、统筹兼顾，而不能各自为政。虽然国际河流流域边界与国家边界客观上造成了流域国地缘政治地位的不平等性，但由于水资源对人类生存的极端重要性和地区安全稳定给流域各国带来显而易见的好处，使得处于国际河流不同地理位置的国家都不会以极端的方式对待共用水资源问题。

2. 流域国为应对全球气候变化引起的水资源问题必须加强合作

温室效应导致全球变暖，使得国际河流源头寒区的积雪、冰川、冻土等消融加速，不仅使海平面上升，给沿海地区带来一系列与水相关的经济、社会和生态问题，而且改变了水文循环的规律，使水资源的时空分布和水资源禀赋条件更复杂多变，增加了国际河流水资源的压力，可能打破各流域国原已形成的水分配模式。气候变化引起的跨境生态安全问题，如跨境水污染、洪水泛滥、土地咸化、酸雨、流域资源退化和迁移性物种消失等，是单个国家很难解决的，需要流域各国在水资源利用和信息共享、联合规划和管理、建立适合的管理机构等方面加强合作。

3. 国际河流水资源开发需要各流域国之间的协调和合作

在全球范围内，区域性全方位的深入合作与经济一体化发展成为当前全球发展的基本特征。全球经济发展的趋势使得国际间需要进一步加强交流与合作。这既有利于促进各国边疆地区经济社会的发展，也有效地促进了各国生产力要素的国际配置。通过区域经济的合作，随着跨境人员、物质、信息频繁流动，边境的界定逐渐淡化，合作各方开始追求资源与市场共享以取得整体综合最大效益。然而，随着区域经济合作的进展，又会增加区域的水消耗，加重水污染，并且水的流动性和与其他许多自然资源（如土地、生物以及矿产）开发的密切相关性，造成了有些经济活动虽然与水非直接相关却影响着水的利用、保护和管理，使得水问题成为许多跨国经济合作中最复杂、最难以解决的问题。这也决定了国际区域合作和经济一体化进程中，围绕国际河流水资源开发问题各流域国之间需要更加密切地协调与合作。

---

① 王志坚. 地缘政治视角下的国际河流合作——以中东两河为例［J］. 华北水利水电学院学报（社会科学版），2011，27（2）：21-24.

4. 国际河流水资源合作是我国与周边国家合作的重要内容

我国边疆地区的深入发展和边疆地区区域双边实行合作是深化改革开放的必然之举。但资源紧缺、资金短缺、民族文化差异等诸多问题仍然制约着我国边疆地区的发展，对于国家的发展战略也造成制约。我国西北、东北、西南地区都有大量的河流水系与邻国接壤，边疆地区的社会经济发展需要依托国际河流，加强与周边国家或地区的多方面合作具有重大意义。

我国周边国家多数是发展中国家，为了社会经济的发展也都有强烈的开放与合作的意愿。周边邻国也不断认识到与我国开展深入的合作是其发展的最佳选择。通过合作不但可以促进周边国家的经济发展，同时也容易在区域范围内形成竞争力，形成区域政治、经济的新秩序。因此，周边国家社会经济发展对扩大合作的需求也为国际河流水资源开发提供了合作动力。

二、政治学视角的主要观点

政治学是以人类的政治行为和政治现象作为研究对象。政治活动对于所有人类的其他行为具有最终的组织效果，因而具有特殊的重要性。由于国际河流具有"国际化"特征，需要从国际政治的宏观层面来把握国际河流水资源合作开发机制的运行基础和建构国际河流水资源合作开发的政治要求。

（一）国际河流水资源开发合作的两种政治理论观点

合作和冲突是多个政治主体之间面对有限资源，即存在资源竞争性利用问题时所展现的不同状态。当各方处于冲突层面时，各方利益均会受损。冲突与合作的研究是以政治学视角研究国际河流水资源开发的焦点，虽然"冲突"可以引起更多的政治关注，但在各种理论阐述总体上是导向"合作"，即认为水资源开发本质上仍是一种合作行为。

1. 新自由主义的观点

新自由主义理论建立在人类政治生活不和谐的观点之上[1]，认为"人与人"或者"国与国"之间存在冲突，并不认为个体之间存在完美的状态，该理论认为纷争与强制曾经是而且一直是国际生活的一部分，更贴近于现实国际政治，因此该理论事实上是对当前国际政治更为理性的思考。但这并非新自由主义的全部，否则它将与现实主义无法区隔。新自由主义理论强调国际合作是实现人类自由的基本手段，充满利益冲突的人与人（国与国）之间期望通过合作来实

---

[1]　罗伯特·基欧汉. 局部全球化世界中的自由主义、权力与治理 [M]. 门洪华，译. 北京：北京大学出版社，2004：86.

现自己的利益，政府间合作、跨国网络和国际制度是实现有效全球治理的主要条件。在方法论方面，新自由主义理论认为国际合作是实现人类自由的基本手段，充满利益冲突的人与人（国与国）之间合作是可能的①。为了促进人类政治生活的和谐，新自由主义理论关注人类在冲突与共同利益、强制和非强制方面的谈判以及道德和私利之间达成的平衡。在这一基础上坚信个体可以通过制度安排、契约设定、社会交往、贸易等方式来实现协调彼此之间的利益冲突，共同的利益和非强制性的谈判会成为现代国际政治中的主要内容②。

这一观点成为国际政治特别是处理国际争端时的重要理论基础，对于国际河流水资源合作开发具有重要意义。通过国际制度来进行国际社会的协调和管理，促进全球合作治理的完善，逐步实现国际秩序的合理演化和发展就成为新自由制度主义的重要逻辑。由于国际河流具有显著的"国际化"特征，国际河流水资源开发的背后涉及诸多政治主体间的政治角力，这一过程不可避免地面对各主权国家利益间的冲突，在新自由主义的理论框架下，既然国际社会间就国际事务可以达成合作，那么国际社会对国际河流合作的达成也就顺理成章。

2. 地缘政治分析的观点

从地缘政治的角度，国际河流是一个地理空间概念。在国际河流开发的情境中，国际河流跨越边界或者形成边界，主权国家边界的形成使国际河流水资源的自然整体性在利用和保护的管理上被分开。由于历史与政治原因，国际河流水资源在政治边界上的分配并不是平衡的，经济性开发也是不平衡的，因此各国在利用水资源时，有爆发区域潜在冲突的可能性。在1945年到1999年之间，仅在中东地区就由于水争端发生了30起包括局部战争在内的暴力冲突③，这严重影响了区域政治、经济和社会发展的稳定，更重要的是这些冲突并不能根本解决各方的分歧，反而进一步加剧了区域局势的动荡。

国际河流水资源具有天然的流域整体性、资源的跨境和共享特征，国际河流冲突尽管频频发生，但最终不能从根本上解决竞争性利用的问题。例如，在西亚地区，水分配方面的持久冲突使土耳其、叙利亚和伊拉克之间不能达成三

---

① Kegley C W. Controversies in international relations theory: realism and the neoliberal challenge [M]. New York: St. Martin's Press, 1995: 123.

② 苏长和. 自由主义与世界政治——自由主义国际关系理论的启示 [J]. 世界经济与政治, 2004 (7): 34-39.

③ 联合国开发计划署驻华代表处. 2006年人类发展报告（中文版）[R]. 北京: 2006

方协议①。因此国际河流的地缘政治属性决定了国际流域国家之间必须采取合作的政策才能维持和促进地区安全，即使在那些各种矛盾集中的地区，国际河流水资源也在客观上成为国家间战争的阻却剂，起到了维持地区稳定大局的作用②。因此，国际河流的流域国之间基于地缘政治考虑，应该"加强河流管理中的协调"，"通过合作以实现共同利益"③。

（二）国际河流水资源合作开发的利益与动机分析

对于利益的追逐是各类政治主体采取政治行动的根本动因。国际河流合作开发的政治学研究关注对于"利益"的剖析以及利益冲突的协调，这有助于梳理和挖掘主权国家在国际河流合作开发政策背后的动机。利益分析有助于分析国际河流开发合作中的矛盾的本源，可以清晰地解释合作的动机以及各方权力要求。通常政治学中的利益有既得利益和将来利益，基本利益和非基本利益，现实的利益和非现实的利益之分。在国际河流开发过程中，这些利益共同存在、共同作用、共同影响着国际河流开发。

当然国际河流合作开发中的利益又具有自身的特点，一些学者按照利益的性质，将国际河流合作开发的利益分为涉水利益和非涉水利益，涉水利益包括与水相关的自然资源、水电、环境保护、交通航运、防洪等，而非涉水利益则包括地缘政治、国家安全、国际形象等方面。这两种利益绝不是孤立存在的，而是经常相互联系的。构成很多国际河流国际争端的最终症结的涉水利益甚至被非涉水利益所超越，国际河流合作开发不可能"毕其功于一役"，必须根据利益格局及变化，先易后难加以解决。

Tafesse 认为在各种利益互动过程中，合作意识的缺乏会阻碍流域国家获益，需要加强合作来实现共同利益。他进一步提出了利益共享的构想，希望通过合作来降低单方面治理成本，增加洪水控制、水利用、水电产量带来的产出。对于如何实现国际河流合作开发的利益共享，他指出需要识别利益类型、可实现利益分享的领域、利益分享的远景，以及利益优化模式。短期强化现有的沿岸各国居民的联系，中期跟踪和提高跨界水资源合作制度安排，长期进行流域合

---

① Mac quarrie P. Water security in the middle east: growing conflict over development in the euphrates-tigris basin [D]. Dublin: Trinity College, 2004.

② 王志坚. 从中东两河纠纷看国际河流合作的政治内涵 [J]. 水利经济，2012 (1): 23-27.

③ 国际大坝委员会，贾金生，郑璀莹. 国际共享河流开发利用的原则和实践 [M]. 北京：中国水利水电出版社，2009: 4.

作发展项目的投资①。"利益共享"对于设计水合作具有指导意义,即在设计合作协议时,应该把合作焦点从水资源分配转移到水利益共享上,如金融投资、水使用权的授予,以及提供商品或者服务等相关措施。

对于利益集团的研究认为,政治决策的形成是不同利益集团相互博弈、妥协、协商的结果。有学者从这一视角对国际河流的合作开发的出发点进行分析,认为国际河流合作开发是促成整体行动的动力和抵制整体行动的阻力双方博弈的过程,在不同利益交错的国际河流合作开发中的成功取决于两方面影响,其一是整体开发的压力大于抵制开发的力量;其二是整体行动的利益方也是整体行动的受益方②。他们认为促成国际合作的动力有五方面:流域各国追求区域可持续发展的目标、单一国家开发能力的限制、流域各国避免水摩擦的主观愿望、不合作的高成本和合作的高收益可能、国际组织的支持;而阻力来自认识差异、目标冲突和流域国历史现实关系三方面。

(三) 国际河流水资源合作开发的制度安排

国际政治视角关注水资源开发中的国家主体及其政治关系,这方面的研究涉及"制度""原则"和"模式"等问题,对于如何有效管理合作开发具有很好的指导意义。

1. 水资源合作开发原则

国际河流的开发利用对外和对内应遵循不同的原则,国际上已经形成了一些关于国际河流开发的基本惯例与准则。国内学者就提出对外应坚持"维护国家主权并尊重其他国家主权""不造成重大损害""公平合理使用"原则,而对内应坚持"可持续发展"原则,即废除"经济利益优先"的传统理念,比较适合于当前我国国际河流开发的要求③。对外方面所遵循的原则一方面体现了主权的需要,体现了资源所在国对于本国的资源拥有优先的使用和分配权;另一方面也遵循兼顾相关国际利益的原则,这是由于水资源的物理流动性、不可再生性和流域一体性的特点,上游任一国家对河流任何地点的任何形式的开发利用均可能影响另一个国家的利益,从而直接影响他国的主权。而对内的"可持续发展"原则实质上是将"经济利益优先"导向下的"急功近利"的单一的经

---

① Tafesse T. Benefit-sharing framework in transboundary river basins: the case of the eastern nile subbasin [J]. Project Workshop Proceedings, 2009 (19): 232-245.

② 陈丽晖,丁丽勋. 国际河流流域国的合作——以红河流域为例 [J]. 世界地理研究, 2001 (4): 62-67, 53.

③ 曾文革,许恩信. 论我国国际河流可持续开发利用的问题与法律对策 [C]. 南京: 2008 年全国环境资源法学研讨会(年会), 2008.

济增长模式转化为更加注重长远发展社会、生态、经济可持续发展的多元模式。

2. 多元主体参与

国际河流研究通常将政府、国际非政府组织、政府间国际组织纳入研究范围中，其中对于政府间合作开发研究最为广泛。按照近年来兴起的全球治理的观点，合作开发不仅需要各国政府的参与，而且还需要全球化条件之下的国际公民社会共同参与。在这一过程中，企业、非涉水国家、非政府组织、公众等合作体也应该被纳入合作研究的范畴。因此国际河流的合作开发不应该只是各类政治和准政治组织的合作，非政治组织和公众在其中正发挥着越来越大的作用。Agboola 和 Braimoh[①]认为政府经常低估传统和非正式管理系统，高估自身管理这些资源的能力，因此需要通过外展计划，从最底层识别水资源的各种利益相关者，将其纳入水资源战略管理的范畴。在国际河流管理的联合机构中，非政府组织以及活动中的其他利益相关者的参与在北美和西欧（如北美的国际联合委员会和莱茵河、默兹河和斯海尔德河委员会）非常普遍。

3. 制度性合作框架

通过制度设计和安排来使得国际河流各方的利益最大化，可以促使合作常态化，形成稳定、长效的合作机制。虽然利益团体之间的多目标差异会引发利益冲突，但是利益冲突的背后各方对可持续性发展的共同期望可以形成制度性合作框架的基础。

Agboola 和 Braimoh 认为为了促进国际河流合作开发，需要提高不同制度间的互动，实现不同利益间的均衡。国际河流合作开发是促成整体行动的动力和抵制整体行动的阻力，双方博弈的过程在不同利益交错的国际河流合作开发中的成功取决于两方面影响，其一是整体开发的压力大于抵制开发的力量；其二是整体行动的利益方也是整体行动的受益方。何艳梅[②]在对国外国际河流研究的基础上就国际河流利用和保护合作的基本内容提出了制度性的框架性安排。她认为，国际水资源利用和保护领域国际合作制度大致应包括收集、交换数据和信息、建立有效的流域组织机构，以及和平解决国际水争端等 7 个方面的内容。以上这些制度从总体上全面涵盖了国际河流合作开发治理的基本范畴。

---

① Agboola J I, Braimoh A K. Strategic partnership for sustainable management of aquatic resources [J]. Water Resource Management, 2009, 23（13）：2761-2775.

② 何艳梅. 联合国国际水道公约生效后的中国策略 [J]. 上海政法学院学报（法治论丛），2015, 30（5）：44-57.

4. 合作模式

对合作模式的研究主要是基于各国的合作实践。Sadoff① 认为印度河采用的是信息沟通模式，湄公河采用的是信息共享和评估模式，莱茵河是一体化国家模式，奥伦治河采用的是联合投资模式，塞内加尔河采用的是联合股权的方式，这些模式呈现从单边行动到联合行动渐进的合作趋势。他认为不同的合作模式会产生不同的利益分享方式，另外不同的利益分享方式也需要不同水平的合作。通过进一步研究，Sadoff 归纳出高、中、低三种合作模式，其中低合作模式由成本分享数据收集和分析、费用分摊和区域评估等方式构成，中度合作模式以协商/共识型的项目合作、水或水市场支付等方式为主，高度合作模式中则包括联合产权拥有、联合融资，以及合同的联合管理和运作等方式。

三、经济学视角的主要观点

经济学研究是国际河流合作开发的常用分析视角。Sadoff 等认为与政治学相比，国际河流合作开发的经济学研究可以提供一个客观的语境来识别和探讨合作机会。经济学视角的研究关注国际河流水资源冲突，水资源合作可能性以合作收益分析等为研究领域，以"产权"研究为逻辑起点，主要围绕着"收益""价值""稀缺性"的研究框架展开，以构建激励与约束机制来实现合作利益的最大化构成为研究目标。

（一）基于水资源公共产品特征的国际河流合作理论观点

新制度经济学一般认为，产权是规定人们相互行为关系的一种规则，并且是社会的基础性规则。同时产权又是一个权利束，包括所有权、使用权、处置权、收益权等。对于国际河流而言，它具有公共产品的特征，拥有众多的拥有者，每一个拥有者都拥有使用权，而国际河流由于其流动、跨境和共享等特征，其产权界定非常困难。

公地悲剧形容公共产品在市场经济条件下，如果产权不清得不到人们合理利用，就会被过度使用和侵占，从而造成公共产品枯竭的现象。此类问题在国际河流开发中客观存在，Dinar② 认为各国在国际河流开发中的冲突引起了国际合作的需要，而冲突则来源于产权不清晰。在国际河流合作开发这一语境中，

---

① Claudia W S, David G. Cooperation on international rivers a continuum for securing and sharing benefits [J]. Water International, 2005, 30 (4): 1-8.

② Dinar S. Scarcity and cooperation along international rivers [J]. Global Environmental Politics, 2009, 9 (1): 109-135.

这一理论既能说明产权问题与公共产品的联系，也可以阐述产权与国际河流合作开发的逻辑。在产权安排方面，新制度经济学认为资源分配效率会受到产权安排的影响。产权的一个基本功能就是影响和激励行为。从国际河流合作开发的研究来看，在国际河流产权不明晰的情况下，如何运用产权理论构建一套激励与约束机制，来实现合作利益的最大化是学者们研究的目标。

（二）基于水资源稀缺性的国际河流合作开发制度经济学研究

效率是经济学的一个基础概念，也是一个核心问题，经济学的一个研究前提是各类资源的稀缺性，研究的焦点也是如何对资源进行有效配置，以求更为有效地利用资源。资源的稀缺性导致人们更加看重效率，开始关注如何更加有效地配置各类资源以满足人们不断增长的需求。

萨缪尔森在其著作《经济学》中将资源的稀缺性作为经济行为的最基本前提。如果资源充裕，就不用考虑生产、分配和消费的效率问题，经济学的目的就是要探讨如何更有效地利用稀缺资源，来生产更多物品和福利。这类似于国际河流水资源的特性。

资源的稀缺性决定了资源的配置必须有一定的方法和制度才能达到高效率。因而为了使稀缺资源得到充分利用，并使围绕稀缺而产生的竞争有效率，就必须对资源及其利用行为实现有效的行动以及降低交易成本。古典经济学关注处理集体行动中存在的搭便车现象，合作行动难以有效地达成。并且个体倾向于追求短期利益最大化，搭便车、机会主义广泛存在，对于有限资源进行争夺的"公地悲剧"或者"集体行动的困境"现象必然存在。

制度经济学认为任何交易都有成本，政府所有的公共资源会因为集体行动形成的交易成本而降低使用效率，但是可以通过制度设计减少交易成本，促成集体行动。在公共资源治理中，并非一定要有外在权威打破困境，个体之间也能够相互信任，通过利用信息源，监督决策执行，创建新的工具。资源使用者基于信任，设计持续性的合作机制实现治理。人们在面对复杂的资源困境时，资源使用者经过多次重复博弈，能够基于相互信任与互惠创建复杂调适性的制度系统，构建规则与制度以规范、指导个体之间的博弈行为。这表明资源用户能够组织起来制定被认可的行为规范以惩罚违约者，提升资源的使用效率。

埃莉诺[①]认为使用公共资源时存在相互依赖的资源占用者，这些占用者会自发地组织起来，通过构建合作机制实现自主治理，保证成员面对搭便车、规

---

① 埃莉诺·奥斯特罗姆. 制度激励与可持续发展 [M]. 陈幽泓，译. 上海：上海三联书店，2000：87.

避责任或其他机会主义行为诱惑时仍然追求持久的共同收益。现实社会中越来越多的公共资源难以通过政府管理或者完全私有化解决实际问题，合作成为必然选择，国际上国际河流合作的成功案例也验证了这一观点。

中东的石油问题与国际河流合作开发具有一定相似性，各国同样面临有限资源的困境，但是石油输出国组织就是一个有效的合作机制。合作治理已经广泛存在，有效性的核心在于设计出有效的制度规则与结构。强制和统一的管理体制反而会导致自然资源难以有效利用，甚至会破坏生态环境，引发冲突或危机。由多元利益主体自发设计、监督和实施大家都自愿遵守的规则，由此形成的治理系统更为稳定。国际河流开发中同样面临上述问题，制度经济学论证了面对有限的资源，流域利益主体基于相互信任的理念设计合作机制实现对于流域的有效治理，保证有序开发水资源。

（三）国际河流水资源合作开发制度设计的经济学研究

1. 基于合作收益设计国际河流的合作开发机制

国际河流合作开发的经济学研究中收益多使用"benefits"一词。Sadoff 和 Grey① 认为在存在产权分歧的情况下，应先界定国际河流合作收益，并在此基础上设计收益分享合作框架可以回避由于产权而引起的争议。两人认为国际河流收益的范围涵盖经济、社会、环境和政治四方面，可以通过合作来获取这四种收益。第一种收益来自合作自身，因为通过合作可以促使生态系统得到更好的管理，这一收益促使河流利益增加，作为最基础的获益，它可以保障其他利益的实现。第二种收益来自高效合作的管理和对国际河流的开发，可以促进食物和能源产量，这是从河流中增加的收益。第三种收益来自合作引起的紧张局势的减缓，这会使得相应的成本降低，也称作河流降低的成本。第四种来自国家间更高层次的合作，甚至包括经济一体化在内超越河流之外的收益，称为超越河流的增长的收益。在此基础上，两位学者提出了设计合作收益分享机制，进行包括合作获益和合作成本在内的合作净利的分配。Qaddumi 认为在识别收益的基础上，进行收益的分享可以作为一种消除产权分歧的方法，这一方法实质上是将各国从关注水资源这一焦点转移至关注政治、经济、资源等多维度利益上的合作，实现利益争夺中由"零和"到"正和"的转化。有学者基于"利益共同体"概念，通过实证研究的方法对国际河流合作开发对两岸经济的影响

---

① Sadoff C W, Grey D. Cooperation on international rivers a continuum for securing and sharing benefits [J]. Water International, 2005, 30 (11): 1-8.

等因素进行分析，认为随着国际河流的开发，经济鱼类的减少是不争的事实①，所以在"利益共同体"框架下，结合上游电站建设，实施禁渔、护渔政策，修建鱼类的增殖中心，将会对提高流域经济社会效应有着巨大意义。流域各国通过河流的共同开发合作，可以互通有无，实现资源、产品和能力的互补，而如果不合作则会发生由于本国单独开发而产生的超额成本投入，同时会失去合作下的超额协同收益。

2. 基于水资源价值整合设计国际河流合作开发机制

随着水资源的逐渐稀缺，国家之间的水竞争越发激烈，需要考虑水管理政策的效率和公平问题，这是促进水资源开发合作达成的关键。在这一前提下，把水作为经济商品来考虑是一种解决问题的思路。作为商品，Sadoff②认为在国际河流合作中水资源具有两种价值。第一种是水的"用户价值"，这一价值来自个人、群体或者国家对于水资源单一和具体的使用过程中。第二种是水的"系统价值"，通常表示一个单位的水穿过河流系统消耗或消失前能够产生的价值总额，这一价值的计算需要考虑机会成本和通常不被计入用户价值的外部性影响，因此需要被计入价值之中。在这一基础上，系统价值超过用户价值是实现合作的前提，而两种价值的整合则是促成实现合作水资源治理开发的最终目标。在利益整合过程中，系统最优的发展路径对于各国不一定是最优的，所以各国需要通过合作来进行利益的再分配。在具体合作中，经济学中的帕累托公平分析提供了对于不同投资和管理战略的甄选标准。

四、法学视角的主要观点

法学视角的国际河流合作开发研究涉及流域管理、可持续发展、环境保护、纠纷解决机制等领域的国际法问题。这一领域的研究以"水权"研究为主线，基于研究水权理论的变迁，经历了一个由开发过程的"不合作"向"全面合作"，由"绝对"主权到"超越"主权的理论转变。目前的研究主要围绕着国际水法的全球性、区域性合作研究两条主线展开，强调多边、双边合作法律框架是促进国际河流合作开发共同利益的制度保证。

（一）国际河流水资源合作开发的国际法学研究特征

国际法学能够以其独特的视角、研究方法和话语形式，围绕国际法识别和

---

① 陈辉，廖长庆. 澜沧江—湄公河国际航运环境影响调查分析 [J]. 水道港口，2008（4）：287-290，300.

② Sadoff C W, Whitngton D, Grey D. Africa's international rivers: an economic perspective [M]. Washington: World Bank Publications, 2003: 168-173.

适用、国际法原则，以及原则与具体事实之间的辩证对话，来弥补国际关系理论在国际机制（制度）解释、预测、话语形成方面的理论缺陷，从而使我们可以进一步认识国际关系中的合作①。

国际法学对国际河流合作研究的贡献有两个方面，一方面可以为这一领域的跨国合作提供丰富的国际法细节材料，具有明显的工具性特征。国际法不仅是国际法律文件和国际组织结构，还包括对于国际法解释和国际组织的管理运作。无论是建立国际河流合作机制的一般理论，还是运用国际法进行国际河流合作的个案研究，都需要对具体不同领域的国际法学说和案例有所掌握。另一方面国际法毕竟是国际机制的重要组成部分，国际河流水资源合作治理与国际机制的构建紧密相关，国家行为和国际合作离不开国际谈判、国际习惯、国际条约、国际组织等正式的国际法机制。与政治学研究相比，国际法学研究倾向于将合法性的问题转化为符合法律或法律性的问题，认为只有这样才能使合作更为长久，更不易撤销。

（二）国际河流水资源合作开发中的"水权"演化逻辑

"水权"在不同的环境和领域有不同的含义。当其延伸到国际河流领域时，水权概念需要增添国际河流水资源的跨境、共享特征以及国家的主权特质。Amer②认为国际河流水权的界定可以决定一国能否以其期望的方式使用水资源。各国在开发国际河流过程中，围绕着"水权"表达自己的主张，河流开发中各国"水权"主张的互动过程客观上促进了区域乃至全球水协议的发展。围绕着国际河流合作开发过程中"水权"观点的变迁，可以发现水权理论观点经历了一个由开发过程的"不合作"向"全面合作"，由"绝对"主权到"超越"主权的重大的理论跨越。

为了梳理出各种水权理论观点的差异和演变轨迹，可以基于现有水权理论观点，借助水权理论观点模型进行分析，如图2-1所示。该模型由两个维度构成，分别是合作性特征维度和主权特征维度。

---

① 王彦志. 什么是国际法学的贡献——通过跨学科合作打开国际制度的黑箱［J］. 世界经济与政治，2010（11）：113-128.

② Amer S. The law of water historical record［J］. Mediterraneennes Séminaires Méditerranéens, 1997（1）：381-390.

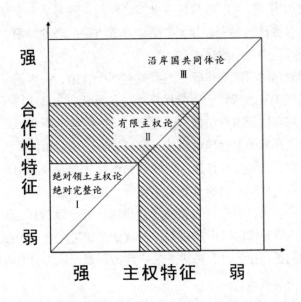

图 2-1 国际水法水权理论观点模型

从合作性特征维度看，作为开发的基本形式，"合作"虽然已经成为国际社会和学术界的共识，但是纵观国际河流合作开发的历史长河，"不合作""低强度合作"也是合作开发中的表现形式，由不合作向合作发展是一个渐进演化的过程，这一点不容忽视。另外"合作"和"不合作"的维度分析也是学术界分析国际河流开发合作的常见视角。近年来，Sadoff 在合作连续体模型中进行了"单边行动""合作行动"等合作演进方式的分析，Stefano 等[1]则直接从"合作""不合作"视角分别对河流合作开发进行了深入的探讨。

从主权特征维度看，可以观察国际法层面主权国家在国际河流开发过程中的态度。在国际水主权理论观点的发展中，"绝对主权""有限主权""超越主权"是诸多法学学者对不同时期国际水权理论观点归纳概况的关键词。基于此，采用合作性特征维度和主权特征维度可以涵盖不同阶段水权理论观点的基本特质。具体通过图 2-1 的模型展示可以呈现在水权理论方面的不同观点。

位于区域 I 的理论观点具有强主权、弱合作性的特征，包括绝对领土主权

---

① Asitk B. Cooperation or conflict in transboundary water management: case study of South Asia [J]. Hydrological Sciences Journal, 2011, 56 (4): 662-670.

论、绝对领土完整论等观点。这些理论观点主要产生于 20 世纪以前，是早期的水权观点。这些观点共同的特点是强调一国在其领土上行使主权时行为不受任何限制，也无须顾及本国行使主权对他国造成的影响。有限主权、有限合作的观点位于模型的第Ⅱ区域中。19 世纪末，特别是进入 20 世纪后，世界各国开始尝试建立国际规范，在调和几种对立理论观点的过程中，希望通过妥协的方式来满足本国利益，产生了淡化国家主权、回避水权争议的倾向，通过有限的合作来实现最大化的利己，进而产生了"有限主权论"。有限主权论强调对本国利益的克制，同时易于形成国际共识，在谋求"平等、合理利用"上迈出了重要一步。而具有弱主权（超越主权）、强合作性特质的区域Ⅲ以"沿岸国共同体论"为代表，该理论观点在 20 世纪 50 年代被提出并尝试。Dombrowsky 认为沿岸国共同体论与以上两类理论观点不同，该观点不再孤立地从国家的视角看待国际河流开发，它超越了主权界限，将整个国际河流流域的全部国家作为一个共同体，通过合作管理来实现流域内和区域内的利益共享，形成国家间最大的政治和经济公约数①。可以看到，"沿岸国共同体论"倡导下的合作属于主权国家高层次的合作领域，因而要求流域内具有良好的合作基础和合作意识。

上述分析有助于帮助我们理解各种水权观点在合作性特征和主权特征上的异同。需要进一步指出的是，上述理论观点在各国合作方式中的应用还受到包括经济、政治、社会、历史、宗教、文化等因素在内的所在国的实际情况，以及流域合作意识、合作发展水平和国际舆论压力等诸方面差异的综合影响，因此虽然"沿岸国共同体"能够体现人类的合作理想，但上述几种开发的观点在特定流域的一定时期内还会并存。不过在区域经济合作逐步加深和世界经济一体化逐步形成的背景下，国际河流开发从"孤立化"到"全面合作化"的发展趋势不可改变。

（三）国际水法体系研究及其指导意义

国际水法体系是国际河流水资源开发合作的基础。当水资源成为稀缺资源时，水权就产生了价值，同时成为一种财产，也就有了产权。为了能够保护水的产权，就需要建立法律和制度来进行维护。Joseph 等围绕国际水法体系结构展开探讨，特别针对全球性公约的发展和演变。国际水法作为国际河流合作治理的重要成果，发展历程体现了各国围绕水权由一国单边管理观念向多边合作治理的观念演进的发展方向，它的表现形式逐渐由国际习惯向"条约化"和

---

① 李昕蕾. 冲突抑或合作：跨国河流水治理的路径和机制［J］. 外交评论，2016（1）：126-152.

"文本化"发展，领域由航运和边界划分向水资源的利用、开发、保护发展，类型向专门性、流域性的国际水法发展，适用范围逐步扩大，可持续发展理念成为发展方向，整个过程也体现了合作而非孤立的思想。

究竟是基于全球性公约还是基于区域性河流协议构建国际河流合作，目前有不同的认识。Correia 等[1]认为欧洲具有通过双边和多边协议与约定来解决水权争议的传统，但是目前迅速发展的国际环境管理理念对区域性河流管理思路提出了挑战。他们认为应该通过全球协议将跨国水资源管理置于一个通用框架之下，再通过特定的协议来解决区域内具体的规划、管理和操作层面的问题，这有助于在社会、环境、技术、法律等方面达到适当的平衡。

欧洲的水法体系在国际上最为成熟，因此在具体区域国际河流水法研究上，以欧洲的国际河流研究居多，其中莱茵河、多瑙河以及葡萄牙、西班牙的河流是学术界关注的热点。欧洲的国际河流跨界合作是在稳定的制度框架下进行的，主要原因是欧洲国家具有显著的跨国事务合作传统，使得国际河流争端能够在国际法的框架内，借助双边和多边协定、磋商来实现合作。其中联合国欧洲经济委员会水公约、国家跨国共同协定及其行动指导方针对促进欧洲各国的多边协调功不可没。此外，各国学者也关注亚洲的湄公河、非洲的尼罗河以及美洲的圣劳伦斯河等，也表明多边、双边合作协议等国际水法律框架是促进国际河流合作开发共同利益的规范性制度保证。

五、管理学视角的主要观点

从管理学视角进行国际河流水资源合作开发的理论研究以"组织"和"机制"为重心，关注流域管理组织的形成、运行、合作信任以及决策等，各种管理机制尤其是协商、协调机制，如何提高流域管理组织效率、实现组织目标是管理学视角最关心的问题。

（一）国际河流水资源管理与水资源治理

相对于前述研究视角，在管理学视角的国际河流水资源合作开发理论依据更多是通过整合其他领域的理论框架，并基于大量的实践案例总结而成。一些学者认为国际河流具有流域整体，整个流域有着天然的统一性，引入流域管理组织实施全流域整体管理有着良好广泛的共识体；同时水资源可持续发展意味着在国际河流水资源合作中需要保证发展性决策和开放性决策过程中多主体的

---

[1]　Francisco N C, Joaquim E S. International framework for the management of transboundary water resources [J]. Water International, 1999, 24（2）: 86-94.

广泛参与，这一过程需要通过协商机制促使合作议题的整体解决①。

传统管理学从微观组织出发研究战略、组织、结构、决策等问题，但国际河流管理需要在决策过程中吸引当地政府、公众代表和社会等多元制度主体的广泛参与才能促成水资源可持续发展目标实现。因此，相对于传统微观组织的管理研究，国际河流管理更需要关注组织间的关系以及多主体参与的治理问题。传统管理架构中的层级、职能、命令让位于治理中的网络更加专业化和协调。因此，国际河流流域管理组织最重要的职责是建立一个良好的治理架构，称为"水资源治理"。从管理方法上，国际河流水资源管理视角的国际河流水资源合作开发主要提出以协商协调、签订国际合约、成立流域管理结构等方式来实现国际河流水资源的合作开发和保护，以国际河流水资源管理组织、治理结构和协商机制为主要研究内容。

（二）流域管理组织研究

流域各国合作开发需要建立各种国际河流流域管理机构，流域管理组织研究是管理研究的重点。由于国际河流水资源涉及国家主权，因此国际河流水资源的管理早期都由所在国政府实施管理，通过专门的流域管理机构进行专业化的管理，在国家政府的授权下全权负责各国所辖流域水资源开发活动的管理。对于国际河流则由不同国家对于同一条河流的流域管理组织实施对接，共同维持国际河流水资源的管理活动。

这种国家自行管理的方式引发了诸多矛盾，甚至引发争端乃至战争。国际社会以及众多国际河流流域国政府逐渐意识到，整个国际河流流域的全部国家需要作为一个共同体，通过共同管理来实现流域内和区域内的利益共享成为实施国际河流水资源管理的出发点②。流域内必须成立跨越国家界限的管理机构，制定和实施流域内综合管理与开发方案，并且赋予各国共享国际河流水资源的权利，强调相互合作。

基于这一理念，构建涉及多个流域国的流域管理组织成为国际河流水资源管理的基本方式。在流域国让渡部分主权的前提下，流域管理组织实现对国际河流流域水资源的统一管理，保证流域整体利益的最大化以及流域的可持续发展。这种跨流域国的流域管理组织又分为两种结构类型。一种是相对较为松散

---

① 李雪松. 中国水资源制度研究 [D]. 武汉：武汉大学，2005.

② Mcintyre O. Environmental protection of international watercourses under international law [R]. Sweden：Sweden International Development Agency International Trans-boundaryWater Resources Management Course, 2006.

的治理结构，往往在相关国家签订有流域协议的基础上通过流域管理机构进行监督和执行，流域管理组织往往仅仅具有执行相应政策和指令的权力。Francesca① 对于西班牙和葡萄牙的共同合作进行了研究，指出两国间公约具有较强的约束力，其中阿尔布费拉公约适用于几个跨界河流的管理，以及国际河流管理信息的交换，污染的控制和预防，评估水利用的跨界影响以及冲突的解决和权利的分配等，国家间的流域合作组织更多地以联络和沟通的形式进行合作。Nathan② 发现马拉河也存在这一类型的治理结构，在这一基础上对肯尼亚和坦桑尼亚政府共同合作开发非洲马拉河进行了研究。另一种结构则是通过正式的流域管理组织进行流域整体治理，流域管理组织不仅具有政策执行能力，而且具有一定的政策制定权力，学术界更关注对于这一类流域管理组织的研究。其中对于欧洲莱茵河和多瑙河的治理最为深入，学术界普遍认为莱茵河和多瑙河的流域治理是欧洲沿岸各个国家合作治理的结果，其中流域管理机构的作用极为重要。

20 世纪 90 年代以来，学术界对亚洲的湄公河流域管理组织给予较多关注，形成了大量的研究成果。Tuan③ 等认为湄公河委员会的治理目标开始关注中长期流域治理目标和愿景的构想与设计，提倡流域计划方面整体性的愿望和方法，在发展上相对成熟。Miller 等④认为湄公河委员会按照促进沿岸国政府流域治理的目标而设计，进一步强化了自身的政策制定和行政功能。余元玲⑤认为湄公河委员会能够更加自主地进行流域治理制度和非制度安排的构想与设计，从而可以对环境和社会情况进行及时、动态的反映。

二战以后非政府组织蓬勃兴起，也作为第三方大量介入国际河流管理活动中。这些非政府组织具有影响力、资金和技术能力，积极参与国际河流的开发、保护与管理工作。例如世界银行在印巴用水纠纷中扮演着越来越重要的角色；湄公河的开发与管理活动可以见到联合国环境开发署、联合国亚洲和远东经济

---

① 白明华. 跨国水资源的国际合作法律研究 [D]. 北京：对外经济贸易大学，2014.

② Bernaerdini F, Enedrlein R, Koeppel S. The united nations world water development report [C]. The United Nations Educational, Scientific and Cultural Organization, 2012.

③ Tuan L A, Wysure G, Viet L H. Water quality management for irrigation in the mekong river felta, Vietnam [C]. International Conference on Agricultural Engineering, ageng. Leuven, Belgium, 2004.

④ Mille M. Transformation of a river basin authority: the case of themekong committee in biswas and hashimoto teds asian international waters: from ganges-brahmaputra to mekong [M]. London: Oxford University Press, 1996: 54-55.

⑤ 余元玲. 中国—东盟国际河流保护合作法律机制研究 [D]. 重庆：重庆大学，2011.

委员会、亚太经合组织和亚洲银行的身影。全球水伙伴、世界水委员会及亚太水论坛等组织也将国际河流问题列为重要的讨论内容①。

（三）水资源协商机制研究

水资源协商主要是指针对涉及水资源开发与管理的食物进行协商，包括政策、管理体制等。相对于命令式的水资源职能管理和水资源市场交易方式，水资源协商是介于水行政和水市场之间的“准市场”机制。国际河流水资源协商机制主要是以各流域国政府为主导，引入各利益相关方参与的跨境水资源协商机制，有几个重要特征。第一是平等的多元主体参与，参与协商的各主体之间是一种平等的关系；第二是非强制性的共识，国际河流水资源协商中的每一个具体行为都建立在当事主体自觉自愿的基础之上；第三是广泛的信息交流，各方对于问题需要进行充分的信息沟通和相互交流；第四是多元价值的共识，充分尊重各方的利益要求，寻求利益的最大化。

以协商的方式处理国际河流水资源矛盾的意义在于：首先，协商机制将国际河流水资源管理的竞争性行为转变为合作性行为，短期行为转变为长期行为，治标行为转变为治本行为；其次，协商机制可以从更广泛的角度和范围去考虑国际河流水资源管理的行政方式与市场方式的协调运用；再次，协商机制可以更好地解决国际河流水资源管理中的立法问题和跨境管理行为合法化问题，从而使国际河流水资源管理行为更加快捷有效②。

（四）国际河流水资源综合管理的提出

流域水资源综合管理是一种被广泛认可的水资源管理模式。国际河流的流域水资源综合管理指国际河流流域的各国以流域的整体开发与管理为目标，在流域双边或者多边协议的框架下成立流域统一协调管理组织，确定管理组织设置，权力与责任分配，责权实现及具体运行的过程③。其中，管理组织的设置与职权范围的划分是综合管理体制中核心的问题。流域综合水资源管理的初级发展阶段是构建跨国流域管理委员会进行各国水资源事务协调，开展流域整体的水资源规划，高级发展阶段则是建立由各国法律授权的对流域各种水资源开发活动进行统一管理的机构④。

---

① 李俊义. 非政府间国际组织的国际法律地位研究 [D]. 上海：华东政法大学，2010.
② 周申蓓，汪群，王文辉. 跨界水资源协商管理内涵及主体分析框架 [J]. 水利经济，2007，25（4）：20-23.
③ 张璐璐. 论莱茵河流域管理体制之运作 [D]. 青岛：中国海洋大学，2011.
④ 王海燕，葛建团，邢核，等. 欧盟跨界流域管理对我国水环境管理的借鉴意义 [J]. 长江流域资源与环境，2008（6）：945-947.

国际大坝委员会积极以流域水资源综合管理理念对国际河流开发进行管理，强调应促进流域国基于全流域的共同利益讨论或以谈判方式解决国际河流开发面临的现实问题，并且高度推荐水资源公平合理利用、不造成重大损害、事先通知、评估影响及冲突解决机制等已被国际广泛认可的诸多国际河流开发原则。

流域综合水资源管理主要适用于已经初步建立起多边合作机制的国际河流多个流域国之间，成员国之间开展初步的水文数据和信息合作，合作的政治意愿得到巩固，不断增进互信。随着水电开发、水污染防治、防洪、水生态保护等符合各国的共同利益要求不断增强，流域层面综合管理合作成为可能①。流域国之间开始尝试着以流域整体的综合开发与管理为目标，在流域双边或者多边协议的框架下成立流域统一协调管理组织，在不断摸索中实现权力与责任合理分配与平衡。

第二节　国际河流水资源合作治理理论分析

包括自然资源管理在内的各种社会、经济管理越来越成为多元主体参与的管理活动，政治学、经济学、管理学等领域均对这种现象开展了理论探索，均涉及治理理论的研究。基于各种治理理论的水资源合作开发研究对国际河流的水资源合作开发时间产生了重要的影响，水资源治理理论不仅可以反映其多学科的特征，而且可以形成操作性的应用理论框架。

一、国际河流水资源合作开发的"治理"特性

"治理"一词源于拉丁文和古希腊语，原意是控制、引导和操纵，主要用于与国家的公共事务相关的管理活动和政治活动中。20世纪后期，"治理"一词被赋予新的含义，罗伯特·罗茨总结了不同的学科关于治理的研究成果，认为治理至少有六种不同定义：①作为最小国家的管理活动的治理，它指的是国家削减公共开支，以最小的成本取得最大的效益。②作为公司管理的治理，它指的是指导、控制和监督企业运行的组织体制。③作为新公共管理的治理，它指的是将市场的激励机制和私人部门的管理手段列入政府的公共服务。④作为善治的治理，它指的是强调效率、法治、责任的公共服务体系。⑤作为"社会—

---

① 胡文俊，陈霁巍，张长春.多瑙河流域国际合作实践与启示［J］.长江流域资源与环境，2010（7）：739-745.

控制"体系的治理，它指的是政府与民间、公共部门与私人部门之间的合作互动。⑥作为自组织网络的治理，它指的是建立在信任与互利基础上的社会协调网络①。

传统的水资源管理主要指对水资源本身的管理，现在还应包括对涉水主体的管理。由于治水的利益主体呈现多元化趋势，传统的水资源管理已经不能单用传统的层级命令来解决，从而转变为多元平等主体之间的水资源治理。治理是使相互冲突的或不同的利益得以调和并且采取联合行动的持续的过程，既包括有权迫使人们服从的正式制度和规则，也包括各种人们同意的符合其利益的非正式制度安排。显然，国际河流水资源合作体现了"治理"的基本特征。

国际河流水资源合作开发作为一种多主体合作行为，对其的分析、构建与评价可以纳入治理理论的框架中加以研究，可以被界定为一种"合作治理"机制，由于治理理论本身就是可以从多学科切入的理论框架，经济学、政治学、国际法学等学科最新的研究成果可以不断引入，丰富国际河流水资源合作治理的理论体系。从治理理论视角对国际河流水资源合作开发活动开展研究，将有助于把握合作开发的含义、内容、演变以及特殊性，构建既有广泛共识基础又有包容性，保证公平、平等与可持续的国际河流水资源开发合作机制框架。

二、自然资源治理理论及其实践意义

（一）自然资源治理或环境治理理论在生态环境领域中的应用

传统意义上的环境管理是面对自然生态环境强调用技术手段和自然科学的手段来改善环境的质量，包括为应对自然生态恶化而采用的各类技术手段，包括环境计划的管理、环境质量的管理和环境技术的管理。自然资源治理的核心在于"治理"一词，而非"管理"所强调的自然资源的技术性应用。由于"治理"一词涵盖了权力、权威、参与、决策等内涵，这必然涉及不同主体间利益关系的调整和权力格局的重新分配，因而自然资源治理就涵盖了自然资源可持续发展涉及的一系列规则和实施这些规则的活动、行为，这些都与权力、权威、参与、决策等问题相关，其目的是使自然资源得到合理的利用和保护。目前有两个方面的研究值得关注。

其一是治理结构及效果研究。这类研究主要关注全球性、区域性环境治理安排及其制度设计的整合问题。虽然目前在国际领域"存在一定规模的全球治理"并能够发挥一定的作用，但是对于国际河流这类跨界资源的整体治理效果

---

① 罗茨. 新治理：没有政府的管理 [J]. 政治研究, 1996 (154)：22-23.

不佳。Biermann 和 Pattberg① 认为目前的治理规模在资源环境整体治理水平上的效果仍然令人怀疑，当前资源环境治理的力度不足以改善整体环境状况。这一观点的支持者更关注整体治理结构对治理问题的长期促进作用。Asselt② 也同样认为零散的国际环境合作不利于国际环境治理长期目标的实现，"小规模的环境治理共识可能与长期效果背道而驰"。一些学者对造成上述问题的主要因素进行了分析，他们认为治理中严重缺乏协调性和系统性是造成上述情况的主要原因③。

其二是环境政策和决策的制定过程研究。通过分析分权管理的框架和善治的基本要素，何俊④把环境治理的内容框架归结为 4 个方面：行为者和权力、法律框架和制度、责任性和代表性、治理过程和管辖权。环境治理在新的形势下面临着和以往不同的问题，需要借助不同的视角进行改善。贾生元⑤通过分析国际上几条主要的国际河流，认为国际河流的环境问题源于经济利益原因、粗放型的发展模式、环保观念和意识的淡薄、政策失误，以及国际间缺乏合作、对共同资源的争夺等，因此要强化国际间合作，促进国际河流的可持续发展。何大明⑥认为要加强跨境生态安全方面的合作，建立跨境资源动态检测体系和信息共享平台对国际河流的环境信息进行预警，设立应对环境危机的共同风险基金，多样化国际河流的治理主体，促成决策的民主化和科学化。

（二）自然资源治理理论在国际河流水资源合作开发中的应用

这一理论对国际河流水资源合作的贡献在于指出合作开发必须以整体性、系统性和可持续发展的观点去推进。经济和社会可持续发展的最基本条件是资源的可持续性。在自然资源可持续性问题日益突出的背景下，各国通常是利用管理或技术性手段来应对。然而自然资源的维护是一个系统性极强的问题，远非传统的管理和技术手段能实现与解决的。技术和管理的问题应对方式虽然在

① Frank B , Phillipp P. The ragmentation of global governance architectures: a framework for a-nalysis [J]. Global Environmental Politics, 2009 (11): 14-40.

② Harro V A, Frank B. From UN-ity to diversity? The UNFCCC, the Asia-Pacific partnership and the future of international law on climate change [J]. Carbon and Climate Law Review, 2011, 1 (1): 17-28.

③ Yearn H C. Cooperative environmental efforts in northeast asia: assessment and recommendations [J]. International Review for Environmental Strategies, 2002, 3 (1): 137-151.

④ 何俊. 自然资源治理：概念和研究框架 [J]. 绿色中国, 2005 (9): 26-29.

⑤ 贾生元. 关于国际河流生态环境安全的思考 [J]. 安全与环境学报, 2005 (2): 17-20.

⑥ 何大明. 跨境生态安全与国际环境伦理 [J]. 科学, 2007 (3): 14-17, 4.

特定情境下显示出一定的迅速性和便捷性，但是在自然生态的系统面前同时又显现出明显的局限性和脆弱性，这类方式不能够从整个人类环境的大系统中进行整体性分析，因而整体上缺乏自然资源可持续发展的可行性。在世界资源研究所发表的《世界资源报告》中，"世界上广泛认识到珍稀物种的减少和森林的减少标志着环境出现了问题和环境恶化，但是我们往往不能认识到这同时也是治理出现了问题。"这一论断说明自然资源急剧减少，生态环境急剧恶化的一个重要原因是治理的缺失。因而对于人类所面临的自然资源和环境问题，我们需要依托于系统化、全面化、协作化的治理方式来解决。在自然资源的保护、维持和可持续发展方面，自然资源治理是理想的选项。

从自然资源治理的语境看，国际河流不再仅仅是"一切国家均自由开放航行的多国河流"，亦不再是"跨越两个或两个以上国家，在水系的分界线内的整个地理区域，包括该区域内流向同一终点的地表水和地下水"。而是一个具有高度抽象化的概念，涵盖水资源、动植物资源、矿物资源等的一切自然生态资源的集合，这一集合中的各个子生态系统相互依赖、相互关联。面对当前世界各国国际河流总体生态环境状况每况愈下的严峻局面，自然资源治理理论一方面为国际河流水资源的合作开发提供了基本思路，即关注国际河流生态系统中各个利益相关者的利益，最大限度地促进生态系统的可持续发展。另一方面，自然资源治理也为国际河流水资源开发提出了问题分析的范式，即国际河流水资源合作需要在人类经济社会与自然生态的可持续发展中寻求平衡。

三、全球治理理论及其实践意义

（一）全球治理

"全球治理"是治理理论应用于全球问题而形成的理论。詹姆斯·罗西瑙是最早提出这一概念的学者，他指出在不同领域，不同的行为体发挥着主导作用，传统国家的强制性权力被民众的支持与服从所取代。理查德·赫高特则完成"全球治理"的界定，指出全球治理被视为行为体（公共和私人）试图通过超出国家边界的决策制定方式调节利益冲突，其中创建治理的跨国机制和各个功能政策领域之间的网络是全球治理的核心，是在全球和区域层面调和诸多利益的制度和非制度安排①。

当全球治理被用来总括全球各种层面上的治理经验特别是跨国家、超国家层面的治理经验的时候，治理很自然地和全球化联系在一起，超越了国家的范

---

① 李芳田，杨娜. 全球治理论析［J］. 南开学报（哲学社会科学版），2009（6）：86-92.

围。全球治理也是全球化进程的治理，主要是用来概括一些特定的全球性事务的解决方式。作为构建全球治理的基础，治理机制问题是全球治理的核心问题之一，机制到位，就能为促进全球性事务的有序运作创造条件，为协同效应的充分发挥奠定基础。

全球治理理论影响了当前对国际河流水资源合作的研究。Agboola 和 Braimoh[1] 认为，为了促进国际河流合作开发，需要有一种跨越国界的反应机制来促进不同制度间的互动，即提高不同制度间的互动。在构建全球性制度的研究中，国际水法的研究始终围绕国际水法体系结构，特别是全球性公约的发展、演变和构建。作为国际河流合作治理的重要成果，国际水法的发展历程体现了各国围绕水权由一国单边管理观念向多边合作治理的观念演进的发展方向，它的表现形式逐渐由国际习惯向"条约化"和"文本化"发展，领域由航运和边界划分向水资源的利用、开发、保护发展，类型向专门性、流域性的国际水法发展，适用范围逐步扩大，整个过程也体现了全球合作而非孤立的思想。

（二）全球治理理论在国际河流水资源合作开发中的应用

现实中，水资源在政治边界上的分配和经济性开发利用之间具有不平衡性，而国际河流流域各国在水资源的开发利用方面存在客观需求。面对这一矛盾，国内外学者越来越倾向于认为国际河流的地缘政治属性决定了流域国家之间必须采取合作的政策才能维持和促进地区安全。围绕合作这一话题，国际河流合作开发理论经历了由"不合作"向"全面合作"，由"利己"到"共利"的演进过程，在这样的背景下，全球治理理论被应用到国际河流水资源合作开发中来。

全球治理理论的提出，为各国共同解决国际河流开发问题提供了一个新的思路。全球治理的核心理念是各国政府、国际组织、各国公民为最大限度地增加共同利益而进行的民主协商与合作，主要通过合作、协商、伙伴关系、确立认同和共同的目标等方式来解决跨国问题，全球治理的实质在于建立共同利益上的合作。所以，全球治理下的国际河流开发，应该是一种建立在最大限度增加共同利益基础之上的合作开发。从全球治理的各个要素出发，我们认为涉及多国的国际河流让不同的国家之间的相互依赖加深，国家与国家之间、国家与非国家行为体之间都需要通过超越地方、国家乃至地区局限的多层次、网络化的全球合作机制来解决国际河流水资源开发和利用过程中面临的问题。

---

① Agboola J I, Braimoh A K. Strategic partnership for sustainable management of aquatic resources [J]. Water Resource Management, 2009（23）：2761-2775.

所以，在国际河流水资源开发和利用过程中应从整个流域到国家、地方的多个层次上，以协调与合作代替冲突与暴力，以对话代替对抗，通过参与、谈判和协调，制定与实施各种正式或非正式的、具有约束力的合作机制，以解决开发利用过程中面临的各种问题，从而实现增加全流域共同公共利益的目标。各相关国家在合作开发国际河流的基础上，应该坚持平等地分享国际河流共同利益，追求可持续发展，保护人类共同资源等合作开发的共同理念。以河流涉及国家的政府组织为主导，以非政府组织为辅助，建立起包括合作开发原则、规范、标准、政策、协议和程序等在内的跨国性的国际河流合作开发机制。

全球治理理论一方面为国际河流水资源合作开发提供了合作的核心理念，即各国政府、国际组织、各国公民最大限度地增加共同利益。另一方面全球治理理论为国际河流水资源开发提供了可供选择的方式，即主要通过合作、协商、伙伴关系、确立认同和共同的目标等方式来解决国际河流开发问题。

四、网络治理理论及其实践意义

（一）网络治理

琼斯①认为网络治理是一个有选择的、持久的和结构化的自治企业（或者非营利组织）的集合，这些企业以暗含或开放契约为基础从事生产与服务，以适应多边的环境，协调和维护交易。利瓦伊安②把网络治理结构界定为一种不同于传统的科层治理结构与市场治理结构的第三种结构。网络治理以信任合作和互惠为基础，由此形成的相互依赖关系能够促使和维持网络各利益相关者之间的合作，从而长期保持网络内各成员的互利性关系，使得网络格局和网络状态相对稳定。

从实质看，与单边治理模式不同，网络治理是一种共同治理的模式。与自然资源治理、全球治理不同，网络治理更强调治理的形态和治理所依托的网络工具，这一理论汲取了企业网络理论与利益相关者理论的精华。网络治理理论吸取了企业网络理论中将网络视为使单个主体整合为一个连贯体系的社会黏合剂，并且认为网络与传统的市场、科层都是一种资源的协调方式。网络中的各主体不再是孤立的，而是会与许多关系主体发生交易行为的网络结点③。

---

① 刘戎. 社会资本视角的流域水资源治理研究 [D]. 南京：河海大学，2007.
② 李维安，林润辉，范建红. 网络治理研究前沿与述评 [J]. 南开管理评论，2014，17（5）：42-53.
③ 杨瑞龙，朱春燕. 网络经济学的发展与展望 [J]. 经济学动态，2004（9）：19-23.

网络治理理论被普遍应用于国际河流水资源合作各类型主体互动的制度安排上①。研究起点是国家面对全球问题无力自发形成有效治理的问题。由于政府无法独立有效完成国际河流治理，为了实现有效治理，社会、私人企业等主体需要参与到这一治理中。按照这一逻辑，政府经常高估自身管理国际河流水资源的能力，而低估自身以外其他主体构成的非正式管理系统。而调整的关键则在于，国际河流水资源治理的非国家治理主体的重要性和权威应当得到充分的提升和认可，与国家共享治理权威。俞可平②曾指出全球治理的主体主要有三类：其一是各国家或地区的政府部门；其二是正式的国际组织，如联合国、世界银行、世界贸易组织、国际货币基金组织等；其三是非正式的全球公民社会组织。由此可见，全球治理中主体类型众多，也就意味着全球层面的发言者众多，权威来源越来越分散，全球治理从而有了一个相对更加丰富的行动体系，这有利于不同利益主体要求的合理表达，也有利于全球化治理网络的形成。超国家层次、国家、全球社会层次三大类行为体之间应当存在良好的国际和跨国互动。从实践来看，目前欧洲、中亚、美洲和东非等地区国际河流已经开始着手发展自己的公众参与合作框架，并取得了初步的成效。其中欧洲的发展最为成熟，非洲的发展最为迅速。联合国、非洲联盟、非洲发展银行共同致力于非洲国际河流水资源管理改革，通过制定共同宪章、对水治理项目的贷款等方式与当地国家政府进行合作，并取得了一系列成果。

（二）网络治理理论在国际河流水资源合作开发中的应用

国际河流水资源的开发合作需要建立在信任、合作和互惠的基础之上。在国际河流水资源合作开发中，各利益主体共同构建并形成了一个巨大的利益相关者网络。这一网络是一个涵盖各类组织、个人的，多主体参与的合作平台。同时各利益相关者利益要求不同，利益关注点存在差异，因而为了促成国际河流水资源的合作，需要引导和鼓励各利益相关体在这一合作平台之上构建信任与合作的社会关系。因而国际河流水资源合作所需要的信任、合作，以及多主体参与网络治理的内在要求在逻辑上是统一的。

网络治理对于国际河流水资源合作的形成、稳定和维护的作用是非常重要的。治理与管理有诸多区别，但是核心在于权力运行方向的差异，自上而下的运行必定带有命令与权威的成分，权力的掌握角色由政府扮演，发挥主体作用

---

① Yasrmase K. Regional governance in east asia and the Asia-Pacific [J]. East Asia, 2009 (26)：321-341.

② 俞可平. 全球治理引论 [M]. 北京：社会科学文献出版社，2003：6.

的是政府。而自下而上的运行则包含妥协与协调的要求，决策权力方向逐步下移。网络模式比行政科层和市场两种模式更强调合作与信任，因此更符合治理的要求。世界上主要国际河流水资源治理发展至今已经成为多元主体共同参与的活动，信任与合作成为治理活动有效展开的基础。

从网络治理形成的资源依赖观点分析，网络之所以形成和存在，在于网络的参与方（结点）拥有独特的资源并且可以通过相互的联系而使这些资源更好地发挥作用，达至共同目标。对于国际河流水资源合作而言，处于各结点的利益相关者资源均以不同的形式控制着不同的资源。从传统的国际河流管理体系视角来看，并不缺少资源，而是缺少资源的集中与发挥作用的有效途径。因此，可以通过网络治理，设计相应的行使途径，使各利益相关体的资源得以集中和发挥作用。这些资源的运用对于优化国际河流水资源合作治理非常重要。按照社会网络理论的观点，组织间的分工形成了相互依存的网络，相互结合能产生协同效应。这种研究同样适用于以公共资源为对象的管理活动。在水资源治理中，如果缺少了使资源得以联结和发挥作用的结点，水资源治理的分工就将被分割，影响治理绩效。因此，网络治理模式就体现出它的优势。

总之，网络治理对于国际河流水资源合作而言，具有一些科层和市场模式所特有的优势。但是，是否选择一种组织模式不仅是由于它本身的优势，而且与对环境的适应有关。

五、国际河流水资源合作治理面对的复杂与多样性挑战

无论是自然资源治理，还是全球治理和网络治理，各种治理理论都是水资源及其他领域先进管理经验的凝练和借鉴，都从不同侧面提出了合作治理的成功要素。但是，国际河流水资源合作开发归根到底是一个实践探索的过程，任何合作模式或合作机制的确立都必须考虑国际河流的治理历史、治理能力以及人们的认识水平，必须关注合作治理的复杂性和多样性。

（一）参与主体的治理权力与治理能力脱节问题

治理理论的立足点是国际社会面对包括自然生态、国际安全等国际或者区域公共事务时的无政府状态，这一状态导致了面对公共事务时广泛的治理赤字，因而需要通过建立各种国际或者区域安排来应对。按照上述逻辑，目前公共事务不能得到有效治理的原因是在于过度依赖国家行为体的治理能力，忽视其他利益主体的功能和作用，从而引起治理中权力和能力的脱节，进而导致缺乏治理的现象。

　　上述逻辑对于部分国际事务的治理具有一定的理论适应性，但是在构建国际河流治理行动逻辑时，上述推导显然还不够全面。因为在国际河流治理中弱化国家治理主体的地位，过度强调非国家环境治理主体的地位，这与当前世界各国际河流所处的具体环境背景相背离。国际河流治理中需要面对层出不穷的跨国问题，很难想象脱离了最主要治理主体——主权政府的参与，治理能够取得成功。事实上在亚洲、非洲的多数国际河流，非国家行为体并非毫无参与，而是早就积极地参与到相关的涉水和非涉水事务中，比如联合国是较早参与到湄公河治理中的非国家行为主体之一，联合国参与治理湄公河的治理框架甚至成了后续下湄公河沿岸国家进行河流治理最初的行动框架，因此国际河流治理的现实与治理理论预设不符，治理理论的理论预设之一是非国家治理主体在全球或区域问题中参与度过低。

　　我们仍然能够观察到，世界上一些国际河流治理现实状态虽然与理论构想非常接近，却仍然没有改善国际河流的水资源合作，这显然不能简单归咎于国家政府主体在完全掌握治理过程。治理没有改善的问题是由于国家主体未能在这种剧烈变动的环境中及时适应和转变，还是由于非国家主体尚未能够承担国际河流合作的重任？对于这一问题的深入分析，将有助于治理理论在国际河流合作开发理论中进一步发展。

　　（二）治理的成熟度与内外部环境问题

　　治理理念基于西方社会的政治、经济以及文化形成，重点强调多元主体和多中心共治区域公共事务，社会中主要的三个主体：政府、非政府组织与公民之间是平等、协商的关系①。从某种程度上而言，西方国家的治理实践和理论发展是一个发展相对平衡的过程，治理实践与治理理论互动促进，这使得治理理论在西方国家具有强大的生命力，也使得欧洲国际河流在这一治理模式下取得了巨大成功。

　　从客观事物的发展轨迹来看，从统治到治理间是一个逐步递进演化的过程，这一过程既顺应治理环境的变迁，也促成了治理环境的转变，西方国家从某种程度上已经经历和部分实现了这一进程。但是从包括我国在内的多数国际河流沿河国家的国情来看，这一理论还不能完全适用，存在着一定程度的理论与现实脱节。换言之，由于不具备西方进行国际河流治理的内外部环境条件，在当今国际河流的应用中还存在一定的理论不适应性。目前在国际河流的涉水事务中，政府一般是公共事务治理的主导者，其他利益相关主体参与的广度和深度

---

① 陈春常. 转型中的中国国家治理研究［D］. 上海：华东师范大学，2010.

还不够，这是当前不可回避的事实。因而在较长的一段时间，在国际河流治理过程中政府仍然需要扮演治理的主导者和控制者角色，当然这并不意味着其他主体参与权的缩减。多主体参与在周边国际河流开发中的地位和话语权的提升将会是一个渐进的过程，这一过程将会与治理环境的演变、治理议题的深入、治理多主体的成熟发展具有紧密联系。

（三）共同治理目标的形成与流域治理多样性问题

治理理论强调多主体合作开发，多主体合作往往建立在多主体共同目标的基础之上，但是对于包括国际河流在内的多数问题，"治理的共同目的是什么其实相当含混"，存在治理目标严重抽象化的缺陷。治理理论中对于治理目标如何达成，不同利益主体在共同治理目标实现中如何互动，不同治理议题下治理主体共同目标实现的差异性均未涉及。治理各主体共同目标可能是对合作开发中"特定价值主张的包装"，也可能掩盖了全球治理各种目的之间的分歧①，还有可能是面对一些跨越国界公共议题的应激性反映。正是在这种意义上，人们在承认共同目的的重要性的同时，应该清醒地认识到对这些共同目的如果不加质疑，则有可能把"治理等同于某种特定的价值组合"，从而丧失目标的现实性，使治理流于形式。

在国际河流合作水资源合作过程的情境下，一方面不同流域存在很大的差异，如果仅仅关注共同目标的实现，则也有可能忽视保护多元价值和多元文化，从而丧失为共同目的的形成提供的某种机制上的保障②，这与治理本身所寻求的"协商""协调"的初衷也是相违背的。另一方面河流的治理目标对于不同国情的国家具有完全不同的目标评价标准，如何在国际河流错综复杂的利益集合中梳理出共同目标也具有极高的操作难度。

第三节　国际河流合作开发的利益相关者分析与治理结构

国际河流合作开发的利益相关者比较复杂，这些利益相关者不仅有各自的利益角色，而且有差异较大的国际政治与文化背景。阿克夫提出了"通过对社会系统中利益相关者的分析，找出他们之间的联系，重新构造利益相关者的合

---

① 任剑涛. 在一致与歧见之间——全球治理的价值共识问题 [J]. 厦门大学学报（哲学社会科学版），2004（4）：5-12.

② 王奇才. 全球治理、善治与法治 [D]. 长春：吉林大学，2009.

作途径，从而解决社会问题"。利益相关者分析是构建流域合作开发治理架构的基础工作。

一、利益相关者分析

利益相关者分析一般包括利益相关者分类、角色分析、行为分析、核心利益分析、权利及责任分析等，将一般的"利益相关者"理论与国际河流合作的特殊情景问题结合，可以形成国际河流合作的利益相关者分析框架。

（一）国际河流水资源开发的利益相关者构成及其相互关系

国际河流合作开发的利益相关者划分可以根据米切尔和伍德1997年提出的利益相关者分类和评价标准，该分类和评价标准有三个要素：合法性、影响力、紧急性①。借助这三个标准可以将国际河流合作开发的利益相关者划分为图2-2所示的关系结构，包括主要社会利益相关者、次要社会利益相关者、主要非社会利益相关者、次要非社会利益相关者四类。

图2-2 国际河流水资源合作利益相关者示意图

---

① MITCHEELA, WOOD D. Toward a theory of stakeholder identification and salience: defining the principle of who and what really counts [J]. Academy of Management Review, 1997, 22 (4): 853-886.

主要社会利益相关者为主权国家的各级政府、非政府组织、流域管理机构以及公众等，这些主体是国际主要协议和条约的主要缔结方，直接决定国际河流合作过程中相关规则的制定，是国际河流合作规则最有力的推动者，如表2-1所示。在合法性、影响力和紧急性方面同时具备显著性的无疑是主权政府，目前主要的合作还是由主权政府所主导的，流域管理机构和非政府组织在国际河流合作中正在发挥越来越大的作用，虽然影响力略弱于主权政府，但是近年来非政府组织在国际河流合作中呈现越来越大的影响力。近年来公众在国际河流合作中也开始扮演重要的角色，由传统的政策接受者成为政策制定的积极推动者。例如，在莱茵河治理中，公众一直是不可或缺的力量，积极参与流域治理，并提供积极的监督和决策参与，湄公河治理中公众也异常活跃。

表2-1　国际河流水资源开发主要社会利益相关者

	主权政府	非政府组织	流域管理机构	公众（当地居民）
关系角色	水资源开发的推动者和监管者	水资源开发的监管者	水资源开发的协调者	获益主体、补偿主体
权利	开发权、政策调控	监督权	协调权、监督权	资源开发获益权、补偿
责任	保护水资源的合理开发、使资源开发利用效益最大化、协调各利益主体间的矛盾	监督政府、提供人道主义援助、进行慈善服务	维护流域和平稳定、促进流域发展	提供土地产权、配合水资源开发的顺利进行
行为	推动开发、开发制定政策法规	监督	管理与协调	被动接受政策、申诉
利益所在	政治利益、经济利益	公共利益	流域经济、社会和政治利益	获得合理赔偿、增加就业机会

次要社会利益相关者主要包括主权国家地方政府、企业、媒体，他们直接或者间接参与到国际河流的治理过程中，是国际河流合作进程的影响者，也是国际河流合作的受益方。这一类利益相关者往往在合法性、影响力、紧急性单个指标上具有较高的天赋，一些利益相关者相互合作可能使得某利益相关者的力量迅速增强，例如媒体尤其是网络媒体的影响力会使得公众要求能够得到迅速的回馈，增强了公众利益相关者在合作中发言权的合法性、影响力和紧急性。

主要和次要非社会利益相关者可以参考威勒的观点，将自然环境、非人类物种划归前者，而将环境利益压力集团划归后者。

因此，国际河流水资源开发不再局限于主权国家之间的博弈关系，而是要进一步认识到水资源开发是由各利益相关者组成的系统内的利益协调，具体体现在权力和责任的分配、规划及决策过程中的角色、具体的行为等。社会结构的持续变化改变了多元利益主体进行博弈的空间范围，政府单一的利益相关者思想被遗弃，参与主体的平等性和参与行为的自愿性成为关注的重点。各种利益相关者的参与使得国际河流合作开发成为一个合作治理的过程，合作治理需要通过各方利益相关者的共同参与才能构建。

（二）国际河流合作主要利益相关者的利益需求、责任与行为特征

不同的利益主体对于国际河流水资源开发的利益需求有所差异，因此在开发活动中的作用和行为也有区别，水资源开发的目标是多元化的，代表了各利益方的利益需求。国际河流水资源开发需要关注的主要社会利益相关者包括以下四方：主权国家政府、非政府组织、流域管理组织和公众①。国家政府会直接参与水资源的开发，国家利益处于各种利益的第一位置，同时也要顾及与社会利益、生态影响等的相互作用；非政府组织扮演水资源开发的监管者的角色，更加看重的是对于政府行为的监督，谋求公共利益，在行为上监督政府、提供人道主义援助、进行慈善服务；流域管理机构是水资源开发的协调者，拥有协调权和监督权，注重维护流域的经济、社会和政治利益；当地居民作为弱势群体，获取资源开发获益权和补偿权，这一主体以往处于相对弱势的地位，近年来在国际河流治理中地位日渐重要。

1. 主权国家政府

主权国家政府是国际河流水资源合作中的重要利益相关者，对国际河流水合作进程的影响力最大，对于国际河流流域合作框架乃至全球水资源合作框架的形成具有关键性作用。

主权国家政府是国家利益的代表者，也是国际河流水资源合作开发中的主要参与者。一方面，作为主权的象征，主权国家政府独立制定各项与国际河流有关的政策和法律。以我国为例，我国政府代表国家发布各类水资源法律、法规，积极推进国际河流水资源开发战略，使得水资源的开发、利用和保护与国家经济发展相协调。另一方面，主权国家政府积极与国际上其他主体共同推进水资源合作。其中通过缔结国际河流水资源合作协议条约来推动合作是主权国

---

① 李雪松. 中国水资源制度研究 [D]. 武汉：武汉大学，2015.

家政府最主要的合作方式。从805年至1984年间全球共缔结3600多个国际水条约，这些条约绝大多数为预防和解决各主权国家间在国际水资源中的争端和冲突，促进国际水资源相互合作而签订。政府在国际河流合作中作用巨大，由主权国家政府参与制定的国际水法的基本原则和内容奠定了国际河流水资源合作文本和实践的基础①。另外，主权国家还通过参与国际河流水资源合作的各类管理组织来推动合作的深入。据统计，目前全世界根据多边和双边条约建立的国际河流常设流域管理机构有100多个，其中多数机构是为协调流域水资源管理由多个主权国家共同设立，这些流域管理组织为政府间长期合作和对话提供了稳定的平台。

与主权国家政府有关的是流域地方政府，它是水资源政策的执行机构。地方政府的作用与各国国家的水资源管理体制有关，不同国家的体制不同，地方政府的作用也不尽相同，因此可以将其可以划入次要利益相关者。美国的水资源属各州所有，全国无统一的水资源管理法规，管理行为以州立法和州际协议为准绳，联邦有关部门的工作主要放在水利基础设施的建设上，同时立法组建流域协调委员会，协调制定并监督执行州级分水协议②。我国在国际河流水资源管理方面，各级政府和相关部门是水资源管理的第一责任人，县级以上地方人民政府水行政主管部门按照规定的权限，负责本行政区域内水资源的统一管理和监督工作，进行本行政区域内水资源开发、利用、节约和保护的有关工作。虽然中、美水资源治理结构具有较大差异，地方政府作为执行水资源执行者这一地位却较为近似。

2. 流域管理机构

国内河流的开发利用一般以流域为单元加以管理，对跨界水资源事务进行协调。国际河流水资源开发合作也必须对水资源事务进行跨境协调，国际河流水资源合作需要各国的流域管理机构之间建立合作关系，或者建立统一的流域管理机构。通常流域管理机构的主要工作职能有流域内的水灾害防治、水利规划、治水工程建设与管理、流域内各国间的沟通协调、统筹实施全流域的保护和治理。国际河流流域管理机构从流域经济和环境利益出发，通过协商、谈判来最大限度地维护整个流域的利益，制定流域治理和开发政策以及协调流域各国之间的利益关系，是流域管理机构最重要的职责。

① WOLF A T, YOFFE S B. International waters: identifying basins at risk [J]. Water Policy, 2003, (5): 29-60.

② 王晓亮. 中外流域管理比较研究 [J]. 环境科学导刊, 2011 (1): 15-19

从管理范围看，流域管理机构有些是专为某项合作开发工程而建立的，有些是为协调管理一个流域、分支流域或某一河段的水资源而建立的，管理范围有可能涉及与之有直接利益关系的区域性活动。从管理职能来看，有些流域管理机构是永久性的或临时性的简单咨询机构，有些是具有独立行政权、决策权的混合组织机构。而从目的上看，流域管理机构有两种类型，一种是某一主权国家为了本国水资源协调而设立，另一种是多个国家为了协调管理流域水资源而设立。

目前一些大国际河流都设立流域管理机构进行系统性规划和管理，其中欧洲的莱茵河流域治理机构堪称目前全球国际河流合作治理的典范，亚洲的湄公河委员会也比较令人关注，北美洲的流域管理机构也发展较为成熟。有学者按照职能范围将对流域管理机构分为三个级别：

初级形态的流域管理机构。这一类流域管理机构理事会会不定期地召开会议商讨政策和未来发展战略，一般不会直接影响现行机构的正常职能，其主要目的是必要的协调、政策建议、数据处理和审计等，而不拥有任何实际的管理和控制职能。实质上，这类机构还不具备流域管理的职能，只是进行流域信息互通的机构。

中级形态的流域管理机构。这一类流域委员会的职能包括建立完善的数据收集和处理系统、制定流域用水和环境保护措施、制定水规划和开发政策与战略、建立监督和报告系统、监测流域功能和流域内的用水等。流域委员会围绕流域水资源的开发，具有明确的法律地位①。目前国际上美国和墨西哥国际边界和水委员会、湄公河委员会等就属于这一类型的流域管理机构。

高级形态的流域管理机构。这一类型的流域管理机构拥有更大的机构、更多的权力和更复杂的职能，拥有对流域水以及包括水资源在内的各类资源的监测、规划、配置、管理、监督、管制和实施其决定和活动的权力，监督涉及水和土地的污染防治、环境保护等相关法律中的政策和条款。与中级形态的相比，高级形态的流域管理机构还涉及一些虽属非涉水事务，但与流域环境生态紧密相关的自然生态领域的治理②。目前美国的田纳西流域管理局就是这一种形式。

3. 当地民众

由于国际河流沿岸适宜的自然环境，大量当地民众居住在流域内。在水资

---

① 沈大军，王浩，蒋云钟. 流域管理机构：国际比较分析及对我国的建议 [J]. 自然资源学报，2004（1）：86-95
② 李广兵. 跨行政区水污染治理法律问题研究 [D]. 武汉：武汉大学，2014.

源合作治理中，当地居民直面水资源开发的影响，近年来在水资源治理中越来越发挥重要的作用。

以湄公河为例，当地民众以农业和渔业作为主要生活来源，下湄公河国家的居民几乎最大限度地利用了湄公河流域的耕地，以生产水稻或其他作物供国内消费或出口。国际河流水资源的开发对于国际河流当地民众具有重要影响，尤其是对于水资源依赖巨大的农业和渔业。因此，在国际河流水资源开发中当地居民的参与是比较积极，这是因为水资源开发直接涉及他们的切身利益，治理的目标中必须含有协调民众之间的利益的要求。

根据国外的经验，当地民众参与流域管理的方式多样，既可以独立参与，也可以以社团组织形式参与，同时也会依赖与其他相关者的管道表达自身的要求。广泛认可的治理理念在积极的吸引社会公众参与社会管理活动中，在水资源开发中充分听取民众的意见，取得民众的支持，吸引其参与到决策和管理活动中，才能保证公共事务管理高效地进行，也才能得到民众的积极响应。

4. 涉水企业

国际河流涉水企业主要指在国际河流流域从事防洪、供水、排水、治污、水电资源利用的企业。其中对于国际河流流域安全以及流域中其他利益相关者影响巨大的最主要是水电开发企业和排污企业，对这两类企业的治理对于国际河流沿岸各国水资源安全，以及对流域的经济、社会和资源可持续发展意义重大。涉水企业中的水电企业直接影响着流域下游的农业灌溉、供水、渔业以及生态的维持和发展。这一类型企业包括跨国合营、国营、国民混营、国有民营等多种方式，控制的构架也比较复杂。各国政府、水利电力企业、流域居民之间存在复杂的政治和经济利益关系。主权国家的政府是国际河流大型水电开发项目的主体，因此涉水企业的性质取决于政府的价值追求，经济合作的背景具有复杂的政治特征。其他中小型涉水企业，如水污染企业等，更主要的是受商业利益背后的驱使，但是也不排除企业与当地政府利益体联系的可能性。从涉水企业主体对于其他利益相关者以及对于整个国际河流流域的影响看，企业不可能脱离国际河流流域整体治理的框架，因此必须纳入治理的主体范围。

5. 非政府组织

非政府组织对国际河流合作开发的参与是目前国际河流治理中的重要内容。非政府组织在国际河流水资源治理中扮演的角色非常特殊，它尽管与国际河流往往没有直接的利害关系，但是在国际河流开发中目前正越来越重要。在国际河流合作开发这一情景下，它们既非以管理者的角色出现，也非以被管理者的角色出现，而是以评价和监督者的形式出现，同时与企业利益相关者，特别是居民、小区等相结合，以调适整个水资源治理网络的资源，使其符合更广泛和更长久的利益，而不是让部门利益与短期利益取代整体利益。从治理的目标来看，非政府组织的广泛参与虽然可能带来决策效率的降低，但是以可执行性和更好的行政效益作为补偿，可以使得治理结果更具有一定的可预测性，并使其更能代表大多数人的利益，因此世界各国均十分关注。目前在国际河流治理中的非政府组织主要包括三大类：环境保护类组织、新闻媒体类组织和独立的技术评估机构，他们不隶属于某一主权国家的行政管理体系。以湄公河治理来看，二战后非政府组织的治理实践促进了湄公河委员会治理框架的形成，目前还继续对湄公河流域的水资源合作治理发挥着作用。

二、治理结构

国际河流水资源合作开发的治理结构涉及如何对各利益相关者进行制度安排问题，治理结构的形成与各流域国的国家行政制度、社会管理等制度有密切的关系，我国国际河流水资源合作的治理结构是一种多层次的治理结构，也是一种多维度的治理结构。

（一）国家层面的管控结构

水作为一种基本的公共资源，各国一般都是通过一整套制度对水资源实施管理。各国对国际河流水资源合作开发以及区域内的社会经济活动进行管控，以保证国家之间避免冲突，维护国际关系的稳定。因此，国际河流水资源开发合作存在国家层面的管控系统。

《中华人民共和国水法》明确规定"国家对水资源实行流域管理与行政区域管理相结合的管理体制"。从国家层面来看，中央政府、地方政府和流域机构共同构成了国家管控结构的主体。同时不同的业务范围由不同的业务部门专业管理，例如水污染防治由环保部门管理、航运由交通部门管理。不同国家在国家层面的管控结构有所不同，但是绝大多数国家都采取了流域管理为主的水资源管理体制，同时配合专业部门的业务管理。

中央政府及其代理人是国家层面管控的核心，在我国包括国务院及其下属各部委，如专业部委水利部、环保部（原环保总局）以及其他相关部委，国家发改委、农业农村部、交通部等。中央政府在国际河流水资源管理活动中起着决定性的作用，是最高主体。国务院是最高主体，在其授权下，水利部和环保部（原环保总局）履行相应职责，其他不同行政部门在各自权力范围内发挥管理职能。水利部是最为主要的从事水资源管理的政府部门，其主要工作是召集各相关部门共同解决问题，并拥有最终的决策权。中央政府相关部门都参与到国际河流水资源开发过程中，并且在其中起到了指导者和监督者的作用，对于开发的形成和实施都具有领导性。显然，中央政府及其代理人是国际河流水资源开发管理机制中核心的主体。

我国的流域管理机构作为政府下属部门，对于国际河流的管理也是一种国家管控方式，中央直属的流域管理机构目前有两类：第一类是水利部派出的流域水行政管理机构，代表水利部行使所在流域的水行政主管职能。第二类是环保部和水利部共同管理的流域水资源保护机构，管理范围与流域机构相同，但是在行政级别上低一级，且又都设在流域机构中。此外，环保部也在不同的流域设立水质监测机构和督察机构。流域管理机构是国家水资源行政主管部门的派出机构，它在所管辖的范围内履行法律、行政法规规定的和国务院水行政主管部门授予的水资源管理和监督职责。根据法律法规和国家有关规定，结合流域管理客观工作的要求，我国流域机构水行政管理职能主要包括流域管理机构规划类职权、流域管理机构行政审批类职权和流域管理机构执法监督类职权。具体而言它负责流域内水量配置、水环境容量配置、规划管理、河道管理、防洪调度和水工程调度等，不再参与水资源的开发利用等工作。它享有法定的水权，负责落实国家水资源的规划和开发利用战略，统一管理、许可和审批区域的水资源开发利用。根据工作需要，可在地方下设一级或二级派出机构，不受地方行政机构的干预，依法监督区域机构对水资源的开发、利用、排放、治污、工程建设等工作①。

国家层面的管控结构除了外交关系之外，最重要的是对地方政府的管控。地方政府在水资源管理过程中，不同程度地存在与中央政府利益争夺的现象。地方政府需要面对的是具体的水资源及社会经济开发活动，其中包含各种直接的利益关系。因此在国际河流水资源合作开发的达成以及推动，地方政府起着关键性的作用，地方政府是国际河流水资源开发的直接利益相关者，同时也扮演着管控角色，但是由于地方政府的职责和利益代表的局限性，地方政府在国际河流水资源合作中更多地扮演信息的收集、传递、决议的具体执行人的角色。这是因为在地方政府的层面上，我国地方政府会贯彻中央政府的治水价值观念，但是由于地方政府之间也存在各种类型的竞争关系以及受到达成经济建设目标

---

① 张志文. 流域管理机构水行政管理职权初探 [C] //. 水利部政策法规司，中国法学会环境资源法学研究会，中国海洋大学. 水资源、水环境与水法制建设问题研究——2003年中国环境资源法学研讨会（年会）论文集（上册）. 青岛：中国法学会环境资源法学研究会，2003.

和政府官员的考核方式等因素的影响，地方政府在水资源开发方面必然会形成保护地方经济利益的内在动力。并且水资源紧缺会使地方政府在缺乏监管的情况下采取竞争型开发行为，导致水资源管理的跨地区、部门的多主体协作难以实现。

（二）区域层面的治理结构

国际河流区域层面的治理以区域社会经济活动组织为核心，需要对流域水资源开发的社会经济活动中各参与组织进行有序的责权利安排，从而形成有效的治理结构。区域治理是涵盖经济、政治、社会、安全、生态、环境等的一个范围较广的概念。由于覆盖面更为广泛，参与区域治理的主体更为复杂，现实中具有极强的操作难度，目前还处于摸索阶段。区域层面的治理仍然认可政府起到的重要作用，但是建议政府应将自身难以有效实现的公共事务管理让渡给市场，政府只承担监管责任；同时又建议政府实行"善治"，通过谈判和反思加以调整目标，更加关注和强调公共部门或私人部门的价值取向和社会责任。在治理模式上强调政府和社会的互动和合作，共同分担社会的责任和权力，通过合作和协商构成治理体系，从而实现共同的目标①。

区域层面的治理结构具有以下特点。第一，治理主体具有多元性。虽然政府在区域治理的主体中仍然占据重要地位，但是强调具有多元性的治理主体参与式结构，即治理的主体应包括各类社会组织和公众。第二，治理主体具有互动性，区域治理中对公共事务管理的形式主要通过合作、协商以及认知目标相同等方式，这也决定了治理的方式可以多样化，既可以采用正式的制度安排，如政府的行政指令等手段，也可以采取非正式的约定，诸如平等合作、会议协商、伙伴关系等形式。此外，治理的社会结构体系是网络化的，这也意味着每个参与者在网络中都是有自主性的，而这种自主是建立在相互信任的基础上的②。最后，区域层面的治理仍然鼓励公众广泛参与，公众参与和监督可以有效地保证政府执政的效果，有助于促进与政府的互动，在一定程度上保证公共利益的实现。

以湄公河次区域为例，该区域除流域各国政府的参与外，构建了大量的国际性开发组织，这些组织依靠各国政府的支持，通过政府让渡的部分权限，在更为宽广的领域展开合作活动，以此补充政府管理能力的不足。这些组织包括

①　杨菊仙. 政府规制改革与高等教育发展空间的拓展［D］. 湘潭：湘潭大学，2005.
②　吴光芸，李建华. 论区域公共治理中利益相关者的协商与合作［J］. 中共浙江省委党校学报. 2009（3）：72—77.

由我国倡导构建的澜湄合作机制；亚洲开发银行发起的次区域中、柬、老、缅、泰、越六国参加的大湄公河次区域框架合作；东盟十国和我国的"东盟—湄公河流域开发合作框架协议"；区域个别国家间的合作，如大湄公河下游四国的湄公河委员会合作，连接越南中部、老挝中部和泰国东北部的东西走廊合作，柬埔寨、老挝、缅甸和泰国组成的"经济合作战略"等。此外，流域国家乃至次区域以外的一些国家也参与其中，形成了一些合作组织，这类组织需要高度重视，虽然其可能给流域发展带来有力的作用，但是也会损害流域的合作行为，这类组织主要由美国、日本等发达国家政府或者非政府组织组建，此外，联合国等国际组织也参与其中①。

与流域层面的治理结构相对清晰比较，区域治理结构上则显示出较多的复杂性和层次性，这主要与区域治理的复杂多主体目标有关，流域层面的治理在治理目标上则往往较为简单，涉水议题往往多于非涉水议题。随着区域治理的进一步推进和深入，区域治理结构有趋于进一步复杂化的倾向，各主体间的互动和联系会更为紧密。

（三）流域层面的治理结构

流域层面的治理结构主要是以流域管理组织为核心的治理结构，需要对各种利益相关者如何参与治理进行责权利安排，形成有效的治理结构。流域治理通常以水治理为中心展开治理，更侧重于灾害防治、生态维护、资源可持续发展的治理。以湄公河流域为例，这一流域的治理中发挥主导作用的是湄公河委员会。它强调以知识为导向，目标以澜沧江—湄公河全流域为研究范围（目前尚未实现对于全流域的治理），通过水资源综合管理促进在湄公河流域的环境保护与发展投资平衡②。其主要任务包括监测流域水环境、生态等方面的变化，协调规划湄公河下游的水能开发利用，评估水能开发项目的环境影响，提出水环境改善建议，促进对话和联系商议等，开展项目包括环境规划、应对气候变化计划、可持续水能开发行动、防洪减灾项目、信息和知识管理项目、抗旱计划、农业和灌溉项目、渔业项目、航运项目9个方面。湄公河各成员国还成立各自的湄委会联络机构，代表着各国的水资源利益，担负本国的水资源规划和协调。这一组织结构主要以"水治理"为中心，涵盖国际河流所有基本的涉水

---

① 贺圣达. 大湄公河次区域合作：复杂的合作机制和中国的参与 [J]. 南洋问题研究，2005，121（1）：6-14.

② JACOBS J. The united states and the mekong project [J]. Water Policy, 2000（1）：587-603.

问题。当然近年来随着湄公河委员会的进一步发展，流域层面的治理开始寻求流域计划的整体性愿望和方法。早期流域治理中更强调水电和灌溉，目前国际合作、环境变化、生物多样性的监督，提高社会和经济状况也开始逐步被纳入流域治理范畴。除了湄公河秘书处的核心传统工作外，如水利资料收集和建模、洪水预警，航行改善也开始被纳入管理范畴。在未来，湄公河委员会希望在组织强化、环境保护、跨国事务、适应性管理、生态模型、土著居民、食品安全等方面做出努力。这体现出在流域治理过程中，由涉水事务开始向非水事务延伸，从流域治理开始向区域治理的转变，随着流域治理的深入，流域管理与区域治理有趋同的趋势。但是由于湄公河委员会本身受到西方的影响，并且完全按照西方的模式运作，与流域的政治文化等环境存在一定的冲突，上游的中国和缅甸都没有加入，因此难以有效地在全流域发挥有效的作用。

三、参与治理与合作治理

国际河流水资源管理的政府主导型非常突出，各国政府非常关注本国的水资源主权权益，必然以国际政治的观点去推动对外的水资源合作，表现为各国政府之间的水外交活动和正式的政府间协议。但是跨境水资源合作毕竟不同于传统的国际政治活动，随着经济全球化的发展，各种社会力量纷纷加入以政府为中心的水资源治理之中，形成国际河流水资源的参与治理模式，而合作治理则体现为更高层次的合作模式，包括政府与非政府力量在内的各类利益相关者以更加平等地位开展合作，从而形成合作治理模式。

（一）社会参与趋势增强

在国际河流水资源开发有关政策的制定、执行与评估等领域，社会参与日趋广泛，包括许多非政府组织、跨国公司、全球性的大众媒体、公众等，社会参与的积极性不断提高。为了维护和争取切身利益，这些社会主体希望获得直接或间接的参与公共政策的发言权，他们主要通过独立的信息传播媒介发表自身的利益观点，或者通过与其他社会参与主体的协作进行利益要求表达。近年来涌现了大量代表不同利益要求的媒体、学者或学术团体，他们有力地影响着各国的公共政策，社会参与广度与深度的增加很大程度上撼动了国际河流水资源开发中主权国家之间单边治理的公共政策制定模式。

（二）社会参与的复杂性

从社会参与的利益层面看，虽将非政府组织、企业、公众等对于公共事务的参与统称为社会参与，但是各主体在利益、目标上并不完全一致。国际河流合作治理的初衷是通过多方协同合作实现资源开发和维护之间的平衡，实现流域的可持续发展。这需要综合平衡远期目标与近期目标，平衡全局与局部利益，力争使全局与局部、近期与远期利益最大化。但是社会参与主体成分各异，目标众多，一些社会利益主体，较多考虑自身私益、眼前利益，并且有限理性使其反映的问题常带有片面性或提出不切实际的要求，甚至为了实现己方利益，绑架其他利益主体，这使得利益协同极为复杂，在现实中形成巨大的协调成本。

水资源的社会参与是合作治理中的重要环节，社会各主体参与构成了水资源合作中的独特路径，但是由于社会参与主体同样存在利益间的竞争，这一过程是多方利益妥协的过程，同样是公利和私利博弈的过程。社会参与中对于利益的关心客观上调动了公众参与政策过程的主动性，激发了公众参与的热情，但是对不同利益的协同，甚至公利和私利间的妥协势必也会影响到政策的效率，影响到决策公平与公正，最终降低了公民参与的质量。

从社会参与的技术层面看，由于国际河流水资源开发信息收集成本巨大、信息透明度不高，社会参与主体很难获得进行社会参与必需的信息资源，在水资源管理活动中难以起到有效的作用，也难以充分、正确表达意见和观点。科学技术的迅猛发展，公共政策或公共项目的科技含量也在不断地增长，这也增加了社会公众参与公共事务的难度。这一背景下，当大量混杂着人为扭曲的、非系统性的失真信息涌向社会参与主体时，参与主体往往难以判断，极易受到感性、情绪性思维的干扰。再者，社会参与各主体中的影响力量不一，其中由于各种原因，公民主体对政府或其他利益主体的依赖性大，独立性弱，尚不能充分发挥其公民参与载体的作用，难以充分表达日益高涨的公民参与的要求。从影响结果看，参与者拥有不完备的信息，增加了政策、资源分配以及各类冲突的不可预见，导致了缺乏影响力的碎片化公民参与，也增加了非理性的集体参与事件的数量，影响参与质量和效果。由于对针对解决问题的各类政策的背景没有充分深刻的认识，对政策目标实现的可能性及途径也不清楚，对政策制定、调整所带来的利益格局的变化和可能引发的冲突不能预知，参与的效率大打折扣。国际河流开发中承载的信息量极大，远远超出了各类非国家主体的掌控范围，因而非政府主体难以进行比较全面的决策和判断。

（三）水资源合作治理

如果说参与治理更多体现为政府主导和中心性特征的话，参与治理就更加体现了多利益相关者之间平等的关系。各社会力量的参与可以使国际河流水资源开发合作更好体现流域内外公众的要求，这也是各国政府所期望的模式，但是参与治理所带来的决策缓慢和权利责任不匹配等问题也困扰着水资源管理者。合作治理需要各利益相关者建立共同的流域治理远景和目标，各个利益相关者在平等的基础上进行协商、沟通、谈判，最终实现共同决策、共同承担责任。在国际河流水资源治理领域，跨境水资源开发的利益竞争是非常突出的，除政府以外，大量的非政府组织、企业（工业、农业、渔业等）、公众、媒体（报纸、杂志、网络）都可能加入这一治理过程。显然，政府与非政府组织、公民等利益主体之间形成一种较为平等、协商的关系，并且可以共同做出决策和承担责任，必然是一种非常理想的治理模式，跨境河流的各种争端必然会因协商、平等参与而获得各方满意的解决。

显然，国际河流水资源开发的合作治理难度是很高的，它不仅需要有效的技术方法和组织方式，关键需要各利益相关方形成共识和共同愿景，例如，对于国际河流环境生态保护和水资源开发利用之间的可持续发展愿景究竟应该是怎样的一种水平？这种共识和愿景如果达不成，合作治理是很难实现的。目前，全球化发展的一些趋势在推动水资源合作治理的实现，包括跨国公司和全球公司的兴起、信息技术方面大大提升了人们之间沟通和协调的便利程度，使得共同决策不再是一种良好的愿望，全球化带来的交通便利和资源的全球配置使得各国之间的合作有了物质条件的基础，而更重要的是气候变化以及环境问题促使各国政府与社会之间必须采取合作态度。这些是未来国际河流水资源合作治理可以实现的基础，实际上世界上一些流域已经开始做类似的尝试，逐步积累合作治理的经验。

但是，从我国与周边国家的实际情况来看，在现实与理想之间更需要采取一些务实的做法。国际河流合作治理的结构并不需要单纯套用某种模式，而是根据现实的条件和理想模式要求，形成一种合适的治理架构。例如，对政府中心作用的关注，对各国之间不同水资源管理体制的关注，以及对各国社会经济发展水平和人们急迫发展需求的关注，从而逐步形成一种适合的跨境水资源治理架构。

第四节　国际河流水资源合作开发机制框架

世界主要国际河流的水资源合作开发机制都是在长期实践的摸索与理论探讨的过程初步形成的。我国与周边国家的国际河流合作仍处于起步阶段，需要借鉴各国的经验，也需要关注各种治理理论的发展，但最终合作机制框架的形成还必须结合国际河流及周边政治经济环境的特征。

一、合作目标与原则

国际河流水资源合作开发机制是一个极其复杂的体系，必须确立合作开发的目标和基本原则。在遵循国际河流水资源可持续发展的前提下，国际河流水资源合作开发目标可从长期合作愿景和价值塑造、中期战略和制度构建、短期策略和管理行为安排三个层面去考虑，相应地形成一些原则。

（一）长期愿景目标和价值层面的原则

国际河流合作开发涉及具有极大差异的各国主体及其背后的社会文化、价值，长期合作离不开精神与价值层面的目标树立。精神和价值层面的国际河流水资源合作开发的目标是一种愿景目标，主要是通过长期的非制度协商和沟通互动，形成合作各方对于水资源价值明确的认识，树立符合水生态原则的价值要求、价值规范和价值目标，关注和包容不同利益体的要求，形成对合作开发各主体之间价值观的认同，达到人水和谐、体制和谐、区域和谐，构建和谐的区域治理环境，为区域和平和政治、经济和社会稳定发展创造条件。

国际河流水资源合作的价值目标强调追求合作、协商、共赢、互信以及多边主义、发展优先、普遍受益等价值观，基于此应提倡致力于在国际河流开发过程中实现各国和谐共处，建设一个持久和平、共同繁荣的流域的理念。

国际河流合作开发应实现流域中所有民众的发展，建立包容的流域环境。要摒弃单边思维，致力于实现不同国家民众的共同发展和进步，以实现幸福稳定和谐的流域发展。我国传统文化提倡和合观，"和"指和谐、和平、祥和；"合"指结合、融合、合作。"和而不同"可以作为国际河流合作开发的出发点，国际社会中多国之间提倡互动、互补、互利、互尊，可以有效地营造流域国之间互相谅解、互相协调、互相帮助的国际河流开发环境的重要规则。"和而不同"的价值观意味着在国际河流开发中不是按一个标准和一个模式来要求一切开发与管理行为。差异、对立和矛盾的存在是事物的内在本性，国际河流合作也不例外，和谐观可以把合作开发中的差异、对立和矛盾通过自我调和和协同纳入有序远行的轨道。平衡规则是这种和谐有序化的产物，削弱了差异、对立和矛盾。

（二）中期战略目标和制度层面原则

国际河流水资源合作开发的战略目标是实现可衡量的可持续发展效果并建立有效的合作制度体系，这是具有一定约束性、阶段性的合作成果。一方面，通过合作方的协商,跨界水资源管理的竞争性行为转变为合作性行为,短期行为转变为长期行为,治标行为转变为治本行为,也就是制定国际河流水资源管理的战略目标体系;另一方面,通过多方协调,完善和健全现有的关于区域法律合作框架,并根据具体情况出台一系列新的合作指针,协同合作方的行为,使合作开发制度化和条文化,形成相对稳定的合作制度框架。

制度层面的原则应该是具有建设性指导作用的,一是坚持水资源的可持续利用原则,二是坚持稳定、机制化的制度建设原则。

可持续利用的基本原则是指在自然资源的开发中,因开发所致的不利于环境的副作用和预期取得的社会效益相平衡①。在国际河流水资源的开发与利用中,为保持这种平衡,应保护生物多样性不受干扰或遵守生态系统平衡发展的原则以及对可更新的水资源不过量开发使用和污染的原则。具体而言,对于水资源的开发必须优先满足国际河流流域中生物多样性繁衍、生态系统功能保护等可持续利用的需要。在水资源开发过程中,过度开发不仅会引起严重的生态危机,还会引起严重的社会问题,使人类社会发展受挫。因此在处理国际河流水资源矛盾和纠纷的相关利益配置与调整过程中,当生存权获得保证的前提下,要优先保证流域水资源的良好状态和可持续利用,不过度使用,使其不受污染和破坏,这是与国际河流相关的其他一切利益,包括区域利益、国家利益、个体利益的基础。由于国际河流的跨界性特征,在对于水资源的开发利用活动中仅仅依靠一方之力无法实现这一目标,这需要流域各方共同合作,维护健康的生态系统,为社会和经济发展提供所需的水资源,满足流域各国的用水要求。

国际河流水资源合作需要充分重视稳定的、机制化运作的合作框架的建立,从制度上形成处理国际河流水资源矛盾和水资源纠纷的基本原则,以充分维护相关方的权益,保障社会稳定和经济发展。虽然在面对跨界水资源矛盾和纠纷时,对比较突出、急迫的问题可以有针对性地进行协商和解决,但这是一种面向问题的应对方式;从长远的水资源合作开发治理来看,面向问题的方式应向制度构建的方式转变,使得双边或多边合作能够机制化,保证合作的稳定性和有效性。

从维持国际河流水资源合作的稳定性看,现行国际河流有关的国际法原则可以作为基础,但必须结合具体实际进行探索。合作框架的具体事项和框架内协议在符合有关国际法的规定的前提下,应当充分考虑各条国际河流的具体情况以及流域各国的具体要求。这样可以建立稳定、科学的合作机制,并在处理

---

① 陈家琦. 可持续的水资源开发与利用 [J]. 自然资源学报, 1990 (3): 3.

国际河流水资源管理问题时发挥作用。此外，还需要各国政府、非政府组织对各自的合作行为进行规范，提供良好的运行环境。

（三）短期策略目标和与行为层面的原则

在具体的策略和行为上，国际河流水资源合作开发的目标是形成使合作各方都能接受的结果，形成水资源合作开发的态势。在这一过程中既建立和谐的合作气氛，协调利益冲突，寻求互利点，需要妥善地识别和预防水资源合作中的各种危机和潜在冲突，突出对于潜在危机的防范，加强现实危机的应对，将各种水资源矛盾和冲突控制在最低程度。

策略目标和行为层面原则可以以现有国际法的原则为基础，以各国法律法规政策为基本框架，在协商机制和合作协议框架下实现合作开发，"公平和合理利用"成为这个层面合作的基本原则。

（四）合作中应遵循的主要国际行为规则

行为规则是负责保证国际河流开发双边或者多边合作顺利进行的一种行为指南。广义的国际河流合作行为规则除了是引导双边或者多边行为的指针外，也涉及讨论谁参与制定这些规则、谁来监督、谁有权力来修改这些规则；它不但涉及通过制定规则促使保证合作开发顺利进行，更重要的是它强调了合作开发是什么，谁通过什么方式和过程来规划和制定规则以实现合作目标。所以，国际行为规则背后本身暗含权力、权威和参与决策等问题。而从狭义的国际河流合作行为规则看，既体现了国际河流合作的一系列成果，更主要是反映了对于未来行动的一种行为指向。国际河流利用具有基本原则和规则之分，公平合理利用和不造成重大损害属于基本原则，而自由航行、事前通知等属于行为规则，行为规则需要在基本原则的约束下进行运用①。

1. 公平合理利用原则

公平合理利用原则，是指国际河流的流域各国在开发利用和保护国际水资源时，有权并应当以公平及合理的方式进行。公平合理利用不仅是指水量，而且是指水质，否则将会造成不公平的结果，或者对沿岸国带来损害。公平合理利用原则的出发点是基于国家对国际河流水资源的永久主权：只有在承认了流域各国对国际河流水资源均享有主权的基础上，才能够兼顾各方利益，规范各

---

① 胡文俊，张捷斌．国际河流利用的基本原则及重要规则初探［J］．水利经济，2009
(5)：1-5.

方行为，以公平合理的方式，使各方的利益达到最大化①。

2. 不造成重大损害原则

不造成重大损害原则，也被称为不损害原则、无害原则，是指国家在使用国际河流水资源时，采取一切适当措施，预防、减少和控制对其他沿岸国或其环境造成重大损害。不造成重大损害原则中的"损害"既指对水质的损害，也指对现行和潜在用水国用水量的剥夺。重大损害中的"重大"一词具有含糊性，它要求较多的是对事实的考虑，而不是法律上的确定。重大损害包括对人的生命或财产、对水的任何有益使用的损害，或对水环境造成实际损害的国际水道污染等。损害的"重大"与否还涉及价值判断，而价值判断往往依情况和时间而异，因此对重大损害程度的判断，最终需要沿岸各国依据水道的特殊性进行协商确定，或者依据案件的具体情况而定。

3. 自由航行规则

国际法学会在 1934 年制定的《国际河流航行规则》中规定：一切船只、木筏及其他水上交通工具有权在全部可航水道上自由航行，但必须遵守本规则的规定以及沿岸国制定的补充规定和实施条例。国际法协会在《国际河流利用规则》及《关于水资源法的柏林规则》中也都规定在遵守规则的各项限制条件的前提下即在限制范围内各沿岸国具有平等、无歧视地在整条适航水道上自由航行的权利。这些规定虽然提出自由航行权但也明确表明需要满足两个重要条件：一是国际性可航水道；二是沿岸国家独立自主地做出共同决定，包括对航道自由航行的经济、社会、生态、国家安全等因素的考虑以及对非沿岸国的开放问题。其实在第二次世界大战后，自由航行就逐渐限于一些特别的国际水道的沿岸国家（包括欧洲）。

基于上述情况，自由航行在当前只能作为国际性可航水道在航行利用领域的一项国际规则，而不适合作为所有国际河流及沿岸国家都适用的普遍性原则。

4. 事前通知规则

一个国家在其境内国际河流上计划采取新的开发利用措施可能会对其他沿岸国家造成不利影响，进而引起其他沿岸国家的关切甚至交涉，要求其提供相关信息与数据。在一些国际河流条约或协议中对计划的通知都做出了规定。如1960 年在印度和巴基斯坦签订的《印度河水条约》中规定，如一方计划修建的工程会对另一方造成实质性的影响，则应将此计划通知对方并提供可能得到的

---

① 何艳梅. 国际水资源公平和合理利用的法律理论与实践 [D]. 上海：华东政法学院，2006.

数据，以便对方能了解工程的性质、规模和影响；即使该方认为不会对另一方造成实质性的影响，如另一方提出要求时，该方仍应向其提供相关数据。《湄公河流域可持续发展合作协定》（1995年）规定沿岸国家进行流域内的用水或流域间引水，应按照相关规定向联合委员会及时地通知和提供补充数据与信息，以使其他沿岸成员国讨论与评价计划利用对其的影响，并构成达成协议的基础。

二、合作协议与合作组织

为了使国际河流跨界合作能够在稳定的制度框架下进行，合作各方需要在国际法的框架内，借助双边和多边协议的支持来强化合作。其中，通过谈判缔结条约是国际河流各沿岸国合作的重要途径。据统计，800—1985年全世界共签订了约3600个开发河流航运和其他用途的协议①。根据联合国粮农组织统计，自1814年起，通过国际谈判产生了305个国际河流水资源管理、防洪、水能开发和消耗性或非消耗性用水分配等非航行水利用方面的条约，其中全文涉及水本身的条约有149个②。条约的内容从最初的航运、边界划分和水产养殖，扩大到水力发电、灌溉用水、水量分配甚至水质保护等，内容不断丰富。

根据国际河流条约所覆盖的流域范围，可以分为全球性合作协议、区域性合作协议和流域性合作协议。

（一）全球性的合作协议

全球性的合作协议（也称"合约"）是指以全球各国为参与对象的合作合约，主要的国际协议如表2-2所示。相对而言围绕国际河流水资源的全球性协议较少，主要包括1921年的《国际性可航水道制度公约及规约》、1923年的《关于涉及多国开发水电公约》《联合国国际水道非航行使用法公约》。其中国际联盟1921年订立的《国际性可航水道制度公约与规约》是目前唯一确认国际水道航行制度的一般性国际协议，1923年订立的《关于涉及多国开发水电公约》规定如果缔约国计划兴建的水力发电工程有可能对其他缔约国造成重大损害，则有关国家应举行谈判以达成施工协议，1997年达成的《国际水道非航行利用法公约》是国际上被广泛认可的，最具权威性的对于国际水道非航行利用领域的国际公约。

---

① 胡辉君，陈海燕. 国际河流的开发与管理 [J]. 人民黄河，2000 (12)：41-42.

② WOLF A T. Criteria for Equitable Allocations：the heart of international water Conflict [J]. Natural Resource Forum，1999 (23)：3-30.

表2-2　国际河流的主要国际协议

序号	时间	名称
1	1815年	《河流自由航行规则》
2	1887年	《国际河道航行规则草案》国际法学会
3	1911年	《国际水道非航行用途的国际规则》国际法学会
4	1934年	《国际河流航行规则》国际法学会
5	1961年	《关于国际水域的非航行利用的决议》国际法学会
6	1966年	《国际河流利用规则》
7	1986年	《关于跨界地下水的首尔规则》
8	1997年	《非航行利用国际水道法公约》
9	2004年	《关于水资源的赫尔辛基规则和国际法协会其他规则的修订》（即《关于水资源的柏林规则》）

（二）区域性的合作协议

根据具体区域形成的国际河流合作协议立足于区域发展，以超越流域为地域范围的若干国家基于共同事项达成的协议，其成员国基本上是基于特定流域内的特定区域国家。区域性合作协议基本遵循着由低级向高级，由少数国家向全流域甚至更大的范围，由初级的通航合作到高级的生态环境合作和经济合作演变的原则。从合作协议的功能和作用上来看，国际河流区域性合作协议不仅肩负着维持和平与解决争端的职能，而且具有促进调整流域或区域内社会、经济及其他领域的关系的积极意义。

总体而言国际河流区域性的合作协议较少，表2-3所示的各大洲国际河流主要协议，南部非洲发展共同体的《关于共享河流系统的议定书》以及2000年订立的《南部非洲发展共同体关于共用水道的修订议定书》是典型。欧洲方面的此类合作协议比较多，一方面由于欧洲在国际河流合作方面比较早，以欧盟为框架容易达成相关的协议。欧洲的区域性合作通常通过联合国欧洲经济委员会水公约来进行约束。另一方面，一些国家跨国共同协议已经达成，包括欧盟环境立法和联合国欧洲经济委员会公约及议定。为了便于操作，这些协议还辅以建议和行动指导方针。1998年，欧洲委员会出版了水资源发展合作指导方针，命名为"面向可持续水资源的管理——一种战略方法"。这种战略方法是将整合水资源管理的国际一致转化为发展合作活动的一种主要方法①。欧盟 2000 年颁布的《欧盟水框架指令》标志着欧洲水资源管理从分散的、局部管理走向统一的、整体的以流域为单位的综合管理②。

表 2-3　各大洲国际河流的主要协议

地区	时间	各大洲典型的合作协议
欧洲	1948 年	《多瑙河航行制度公约》
	1992 年	《跨界水道和国际湖泊的保护和利用公约》
	1999 年	《莱茵河保护国际公约》
	2000 年	《欧盟水框架指令》
非洲	1963 年	《尼日尔河流域协定》
	1995 年	《关于共用水道的修议定书》
	2000 年	《南部非洲发展共同体关于共用水道的修订议定书》
美洲	1975 年	《乌拉圭河章程》
	1987 年	《五大湖水质协定》《美国加拿大大湖水质协议》
亚洲	1992 年	《关于恒河流域的条约》
	1995 年	《湄公河流域可持续发展合作协议》
	1996 年	《关于马哈卡利河综合开发的条约》
	2000 年	《澜沧江—湄公河商船通航协定》

（三）流域性的合作协议

流域性合作协议以流域为范围，围绕国际河流的管理在流域国之间签订的合作协议，主要是以流域为范围构建的合作协议。但是因全流域协议难以形成，就流域内若干国家先行达成的一些关于国际河流的合作协议更为常见。

欧洲莱茵河和多瑙河是比较早地形成了流域性合作协议的国际河流，相关协议也是流域性合作协议的典范。此外较有影响力的协议还有：1963 年非洲尼日尔河流域国家达成的流域性协议《尼日尔河流域协定》；1975 年南美洲的阿根廷和乌拉圭制定的《乌拉圭河章程》；1987 年北美的美国加拿大签订的《五

---

① WALMSLEY N. Towards sustainable water resources management：bringing the Strategic Approach up-to-date［J］. Pearce Irrigation Drainage System，2010（24）：191-203.

② 李雪松，秦天宝. 欧盟水资源管理政策分析及对我国跨边界河流水资源管理的启示[J]. 生态经济，2008（1）：38-41，55.

大湖水质协议》《美国加拿大大湖水质协议》，1961 年两国政府通过的共同开发哥伦比亚河水资源的协议。

相对而言亚洲的流域性协定较少，更多的是流域内一部分流域国家形成的协定。为了明确分水的水量，1992 年孟加拉国与印度签署了《关于恒河流域的条约》；1996 年印度与尼泊尔签署了《关于马哈卡利河综合开发的条约》。1959 年，为调节湄公河下游各国利益纷争，成立不久的联合国秘书处促成成立"湄公河下游调查协调委员会"。这是国际上第一次尝试通过多国协商机制对国际河流全方位管理。1995 年湄公河下游的泰国、老挝、柬埔寨和越南四国签署《湄公河流域可持续发展合作协议》。2000 年，湄公河上游的中国、老挝、缅甸、泰国交通部部长在缅甸签署了涉及四国的《澜沧江—湄公河商船通航协定》，约定了通航的相关原则。

（四）各国政府之间的合作是核心

无论从实践发展上还是从理论发展上看，政府始终是国际河流合作开发的核心主体。但是也需要认识到由于政府主体自身的局限性，政府间合作不可能也不应该替代国际河流中其他经济、政治主体的角色和地位。

各国政府在国际河流水资源合作上的战略动机正在发生变化，正有被动式的争端解决应对转向主动发展导向。从 805 年—1985 年间全球缔结的 3600 多个涉及国际水资源的各种条约①，在预防和解决流域各国针对涉及国际河流水资源的争端乃至冲突，促进流域水资源开发与管理的合作过程中发挥了积极的作用，并且也是当前国际上通行的国际水法的基本原则和内容的基础②。早期的国际水条约基于流域各国政府为预防和解决国际河流的水资源争端和冲突而形成，近年形成的各类国际河流水资源开发与管理的协议则充分尊重流域可持续发展理念，表明了国际河流流域各国从被动的减少冲突转向了寻求全流域的整体发展以及未来的发展。

（五）各主体之间构成合作组织和合作网络

除了政府主体之间合作外，非政府组织、公众、企业等国际河流利益相关者之间的相互合作越来越多，以网络式的多主体、多维度互动形成对传统政府主体治理下的线性或平行治理模式的补充。水资源合作治理的相关研究表明，

---

① SANDRAL L P, WOLF A T. Dehydrating Conflict [J]. Foreign Policy, 2001, 126 (9/10): 98-110.

② WOLF A T, YOFFE S B. International waters: identifying basins at risk [J]. Water Policy, 2003 (5): 29-60.

政府与非政府组织的国际河流合作正不断得到强化，同时非政府组织在区域治理中的作用也不断增强，因此，治理理论强调所有利益相关者都应成为国际河流合作开发的主体构成。在非洲，联合国、非洲联盟、非洲发展银行共同致力于非洲包括国际河流在内的水资源的管理，通过制定共同宪章、对水治理项目的贷款等方式与当地国家政府进行合作。在欧洲，欧洲国家具有跨国事务合作传统，对于国际河流争端能够在国际法的框架内，借助双边和多边协议、磋商的支持来强化合作，同时欧洲合作框架下的联合国欧洲经济委员会水公约、国家跨国共同协议及其行动指导方针对促进多边协调也功不可没。除了较为成功的多瑙河和莱茵河治理外，Francesca 等[1]通过调查发现东欧与中亚国家建立的联合机构采取了一些步骤来改善信息获取和利益相关者参与模式，从而得以加强对于国际河流的共同管理。在亚洲，东盟在湄公河的治理上发挥着重大作用，我国和东盟在湄公河合作上正形成积极的互动，最近提出的澜湄合作机制将水资源合作作为重要的合作领域。在美洲国际河流开发与保护的联合机构中，非政府组织以及活动中的其他利益相关者的参与在北美和西欧非常普遍，如国际联合委员会（五大湖、北美）和莱茵河、默兹河和斯海尔德河委员会。

三、合作开发内容与类型

从世界范围看，流域开发类型的选择与历史有关，也与不同国际河流流域的自然与社会经济特征有关，可以从不同角度划分类型，如：从目标的角度划分为单一目标开发模式、多目标协同开发模式。这里重点关注基于内容和基于层次的类型划分。

（一）涉水合作与非涉水合作

根据国际河流合作开发中对于利益的划分，可将利益分为涉水利益和非涉水利益，涉水利益在这里主要指与水直接相关的资源、环境、生态、交通航运、防洪、水电等利益，而非涉水利益则指与水不直接相关的但依附于"水"问题上的利益，这种利益虽然不是直接的水利益，但是无法与"水"问题彻底分割，包括国际形象、国家安全、国际关系、地缘政治等利益。围绕这两种利益，国际河流的合作开发的内容上有涉水合作与非涉水合作两种。

涉水合作即针对与水直接相关的水资源的各种形式的合作，包括上述的自然资源、生态、航运、渔业、防洪、水电等各个方面的合作，这种合作更多是以经济形态的合作表现出来。非涉水合作则直接针对上述的非涉水利益，即地

---

①　陈柯旭. 美国中亚战略研究［D］. 上海：华东师范大学，2012.

缘政治、国际形象、国家安全、国际关系等方面的合作，这种合作更多是政治层面的。

当然这两种合作也不是完全界限分明的，因为毕竟很多情况下的国际河流合作开发，在考虑和权衡涉水利益合作的同时，也要考虑非涉水利益的合作，很多国际上存在宗教、民族、领土冲突的流域更是如此。围绕两类利益的分类方法，目前国际河流合作内容可以主要划分为河流航道航运合作、水资源及环境合作、河流经济开发合作、河流安全合作等多种合作方式。

（二）涉水合作开发的主要类型

按照水资源开发内容来划分，国际河流水资源合作开发包括分配水量和灌溉、发电和防洪、航运、保护水质和防治污染以及综合管理水资源五种合作开发内容①。

1. 分配水量和灌溉

国际河流以水资源为核心，因此对于国际河流合作开发最核心的内容就是对于水资源本身开发的合作，即水量的分配。事实上，国际上国际河流水资源冲突也大多基于水量分配矛盾而形成。

水量分配的合作开发是指流域各国根据国际水法公约准则，将国际河流全流域内所有可供分配的水资源量按流域中的某一标准（如按多年平均径流量、权衡各流域国的实际产流量等）分配到各流域国，流域国在各自水量份额范围内可进行自由开发与利用，不必考虑地区的共同利益。这一模式以干旱半干旱地区或水资源比较紧缺的区域为适应物件，由于流域各国对于水资源高度关注，因此一般是通过协商谋求合理的解决方案。

2. 发电和防洪

对于一些拥有丰富水能资源和优越开发条件的国际河流，沿岸国大多选择适当河段修建水库大坝以满足其对电力的极大需求，同时达到防洪的目的。为满足流域各国的水需求和经济利益，流域各国通常通过签订协议的方式，按照确定的开发规划共同进行开发。围绕发电与防洪的合作开发的关键在于规划方案的完备程度，各流域国的合作与信任程度及其他技术、资金的支撑能力。

以发电和防洪为主的合作开发多为双边合作，就一个专门项目开发和涉及的水资源或产生的效益进行分配，并签订双边合作协议。协议共同开发的项目多采取各国共同投资、共同建设、共同管理的方式。对于共同开发利用的国际河流工程，参与开发的国家一般根据协定或条约建立国际河流联合委员会或其

---

① 柴方营. 国际河流概况及开发利用模式［J］. 水利天地，2005（5）：16-19.

他组织机构，然后由联合委员会或其他组织机构负责进行有关国际河流工程的研究、规划、设计、施工、运行、维护等。

3. 航运

航运是国际河流最早的开发利用方式，也是国际河流合作开发的首要功能。航运的合作开发对于流域各国都有利益，因此容易达成合作共识，同时对于流域生态等影响极微，因此极少引发争议。

4. 保护水质和防治污染

从 20 世纪 60 年代后期开始，人们的环境意识不断增强，国际社会对保护水生态系统的认识也不断深入，使得国际河流水资源的合作开发开始关注水质的保护和污染的防治。流域各国在缔结的协议或条约中也开始明确而详细地规定，应预防、减少和控制跨界水资源的污染和加强水生态保护。对于保护水质和防止污染的合作，大多以协议的方式，规定排污量，近年还尝试引入市场交易机制，实施排污权交易。

5. 水资源综合管理

以综合管理水资源为核心内容的合作开发是依据协约方认可的综合流域规划方案而进行的合作开发，以实现流域各国对于水资源的需求和保护生态系统为目标，在可持续发展的理念下对全流域的水资源进行系统管理和开发的模式。基于全流域制订综合流域规划方案并得到流域国的认同，并且不仅仅围绕水资源本身，还包括国际政治、经济和环境关系，实现难度显然也是最大的。典型的有多瑙河、咸海流域、尼罗河、维多利亚湖以及萨瓦河。

（三）合作开发的主要方式

根据历史实践，按照水资源合作方式主要可以划分为 5 种类型。

1. 按水量分配份额合作开发

流域国按照都能够接受的准则将流域内可确定的水资源量分配到各流域国，流域国在各自水量份额范围内进行开发。这种开发类型可使各国在其水资源分配份额内比较自由地开发利用，可以使流域国国内形成较大效益，但无法获得全流域最佳的利用和最大的综合效益。

2. 协议共同开发

流域国通过签订协议，按照确定的流域整体开发规划共同进行开发。协议共同开发的方式主要以发电与防洪为主。这一开发模式有效实施的关键在于：规划方案的完备程度以及各流域国的合作与信任程度及其他技术、资金的支撑能力。协议共同开发的项目多采取各国共同投资、共同建设、共同管理的方式。

对于共同开发利用的国际河流工程,参与开发的国家一般根据协议或条约建立国际河流联合委员会或其他组织机构,然后由联合委员会或其他组织机构负责进行有关国际河流工程的研究、规划、设计、施工、运行、维护等。

3. 协议分段合作开发

流域国(多见于双边合作)按某一个专门项目对所开发和涉及的水资源进行分配,这是一种局部的合作分配,而没有考虑流域的综合规划与全流域水资源分配,但要求合作各方进行密切的合作。这种分配模式通常可以满足合作方的用水需要,促进合作开发,但会受流域内其他开发项目或其他国家的影响。

4. 依托项目合作开发

双边合作的流域国为满足双方国家的水资源利用需求,就一个专门项目开发和涉及的水资源或产生的效益进行分配,签订双边合作协议。这种模式需要双方都有足够的资金实力和充分的信任与合作。由于一事一议的开发方式比较灵活,可加快开发进程,但也存在没有考虑全流域的水资源分配和综合规划的现象,易受到流域内其他国家水资源利用和流域其他开发项目的制约和影响。

5. 基于水交易制度的合作开发

水交易主要指水量的交易,交易方通过协议商定水量、水价、供水期和供水方式等内容。进行水交易的典型案例是新加坡和马来西亚之间的水交易。1961 年和 1962 年两国签署了两项供水合约,两项合约期限分别是 50 年和 100 年。议定由马来西亚的柔佛州向新加坡供应生水(即未经处理的淡水),2011 年前供水量为 32.5 万吨/天;2011—2061 年,供水量增加到 94.6 万吨/天;2061 年后,双方将根据新加坡的实际用水量另行商谈具体的供水量①。

(四)合作层次划分

以合作层次为标准划分,则可以将国际河流开发合作界定为"低层次合作""中层次合作"和"深层次合作",如表 2-4 所示。

---

① 李香云. 国外国际河流的主要开发方式 [J]. 水利发展研究,2010(1):69-71.

表 2-4 国际河流水资源合作开发的程度

合作特点	1. 初级合作： （1）涉水单一目标 （2）目标短期化 （3）参与主体少 （4）合作临时性 （5）合作领域包括涉水事务 （6）非制度性协商	2. 中级合作： （1）涉水领域多目标 （2）目标长期化 （3）多主体参与 （4）具有合作框架 （5）合作领域包括涉水事务 （6）协商与制度化约束	3. 高级合作： （1）涉水和非涉水多目标 （2）目标长期化 （3）多主体参与 （4）具有多维度合作框架 （5）合作领域包括涉水与非涉水事务 （6）协商与制度化约束 （7）嵌套于区域政治、经济一体化中
适用条件	流域各国具有合作的意向，但不具有深层次合作的基础。一般处于国际河流的合作初期，或者合作国之间尚未具备成熟的合作机制	合作国之间已经具有一定的合作基础，各合作国之间已达成一定的合作信任，各方普遍认为合作的收益大于不合作的收益	合作国之间拥有包括治理组织、治理法律协议等完整的水资源合作框架，合作国之间在水资源合作之外的经济、政治领域也具有深层次合作

1. 低层次合作

低层次合作主要是针对国际河流流域的突发情况进行的合作，具有类似于危机管理的特点，这类合作主要针对流域的灾害、安全等方面。这种合作的目标不是实现收益最大，而是避免损失扩大，属于水资源、水能单一目标、单一项目的合作开发。这一方式主要体现在一些国际河流的早期合作中以及在一些尚未具备合作传统的区域，这些河流多分布于南亚及非洲等发展中国家的国际河流。低层次合作主要是针对国际河流的一些常规管理以及流域的偶发情况进行的合作，往往由"点"议题构成，各合作事项间从形式上缺乏联结。这一形式的合作，各方尚未形成系统的合作框架，合作形式具有一定的临时性、应急性，同时还具有一定的不确定性，而且合作参与方较少，合作管道多依赖于各方正式与非正式协商管道。从合作范围来看，这类合作范围较窄，合作项目与水议题直接相关，涉及洪水预防、水预警等方面。

2. 中层次合作

中层次合作不仅着眼于"消防员工"的危机管理需要，而是围绕水合作话题，着眼于流域国之间在水资源方面的进一步合作，这一合作形式往往已具有或者正在建设制度性的合作框架，在合作目标上由单一目标向多目标转换，注重在水合作议题上的对话和合作领域的制度性建设。这一合作模式往往在合作国之间已经具有一定的合作基础，各合作国之间已达成一定的合作信任，在具有强烈的深层次合作意愿的前提下进行推进合作。与低层次合作相比，中层次合作范围和领域开始扩大，合作事项之间存在合作方开始增加。约束各方行动的合作框架在这一层次的合作中已经基本形成，合作中各利益方除了秉承传统的非正式协商的沟通方式外，一些合作事项的推进开始依据各方达成的合作协议进行推进。

3. 高层次合作

进一步覆盖至全流域合作的全面化、一体化合作，更强调合作的深度和广度，目标是区域政治、经济一体化，以自然资源、生态、航运、渔业、防洪、水电、旅游、安全等议题为点，以国际河流为线，以全方面合作为面，实现流域内含"水议题"在内的多领域范围的共赢。这一合作模式通常意味着流域国家之间已经由水合作依赖转化为非水领域合作依赖。高层次合作强调合作的制度化和常态化，具有成熟的合作框架和制度激励与约束。目前西欧的莱茵河、多瑙河已经基本达到这一层次。

合作程度的差异并不是合作优劣的评判标准，某一特定水平的合作程度需要与流域特定的合作环境紧密联系才有效。从静态看，合作程度的选择必须与特定的合作环境相匹配，二者之间的对应才能够有效地推进国际河流的水资源合作。从动态看，合作环境处于不断的变化中，需要根据环境的变化调整合作程度以适应环境。但是从目前国际河流案例看，高级合作形式往往具有一定的"合作刚性"，即已经处于高级合作阶段流域各国的合作框架往往具有一定的稳定性，出现合作倒退、合作形式水平下移的可能性极小。而处于低级合作形式的国际河流相关管家则有可能随着治理环境的日趋成熟，对于合作具有更强的依赖性，进而会寻求高阶的合作层次，这些案例非常多，在世界各大洲均有分布。

四、合作开发的参与动力

国际河流水资源合作开发需要分析与明确各国参与的动力，动力主要来源于各国面对的压力和合作可以带来的利益，可以概括为以下几个方面：

（一）生态与社会可持续发展的压力

人类社会可持续发展的最基本的条件是包括水在内的生态资源的可持续性。自然资源普遍具有不可再生性，自然资源的衰竭将意味着社会再生产将会终止，社会发展将无法存续。各国都面临这样的压力，水资源的不可再生性和的流动性特征，意味着水资源的利用、河流系统的保护必须要与流域各国的可持续性发展密切关联。只有通过资源生态方面的合作，与水资源有关的目标竞争与冲突才可以在更广泛的目标中得以协调，促进社会可持续发展目标的实现。

（二）单边开发与治理难度大

由于国际河流的跨界性特点，对于水资源的开发利用中的诸如农业灌溉、国际河流航道开发、大型水电工程开发等项目，仅仅靠一方努力往往很难实现，需要上下游国的整体行动，才能够有效果。一方面由于水资源的流动性特征，合作中的开发和管理需要涉及几个国家的利益，上游的大规模调水会引起下游的径流变化，如果没有对径流控制的要求与水质要求等目标以及协商和条约，将导致相关的流域国之间发生摩擦。同时目前水资源短缺是人类社会普遍面临的问题，因此有必要在一个流域范围内通过对水资源的综合管理来改善其使用情况。如果河水流域所覆盖的区域属于两个或两个以上国家，依靠单边政策不能解决问题，就需要进行水资源整体管理来开展国际合作。另一方面，对干旱、洪涝、严重污染等紧急状况或灾害，一方往往难以解决和应对，需要依赖于流域各国建立的多方合作机制来提供预警信息、灾害防控信息。因而面对危机时可以促成流域各方联合行动，通过合作解除灾害，减小危害，这在人类历史上无数次得到验证。

（三）合作的高收益

国际河流合作的动力还主要来源于合作可以获得的高收益，从某种程度上而言，这是国际河流合作的内在动机，对于解读现实政治具有一定的可行性。面对合作中的收益，Sadoff 和 Grey 曾经提出国际河流收益的范围涵盖经济、社会、环境和政治四方面，他们认为可以通过合作来获取四种收益，这是合作的利益所在。第一种收益来自合作自身，因为通过合作可以促使生态系统得到更好的管理，这一利益源于河流增加的收益，这是最基础的获益，可以保障其他利益的实现。第二种利益来自高效合作的管理和对国际河流的开发，可以促进食物和能源产量，这是从河流中增加的收益。第三种收益来自合作引起的紧张局势的减缓，这会使得相应的成本降低，也称作河流降低的成本。第四种来自国家间更高层次的合作，甚至包括经济一体化在内的超越河流之外的收益，称为超越河流的增长的收益。在 Sadoff 等人观点的基础上，流域国家之间通过不断合作，集体意识不断增强，通过共同的声音扩大在国际社会中的影响力也是一种潜在的利益①。

---

① 郭思哲. 国际河流水权制度构建与实证研究 [D]. 昆明：昆明理工大学，2014.

（四）不合作的高投入成本

在国际河流开发中，很多领域不合作所带来的成本远远高于合作所带来的成本，例如水污染防控分散的水污染控制与全流域综合的水污染控制相比较形成的成本投入明显会增加许多，能源远距传输与相邻国家能源联网相比较形成的高投入也是有目共睹。因此在国际河流合作水资源开发中需要互通有无，满足能源需求、产品的互补需要、追求资源开发的经济效益和市场可得性，使得每个国家都能取得净收益，或受损方获得相应的补偿，实现区域利益更广泛的合作关系。

（五）来自国际社会的外部压力与激励作用

在一个日益全球化和信息发达的时代，各国的公众及各类非政府组织对水资源、环境议题的参与越来越积极和便利，全球气候变化加深了各国之间的环境相互依赖。国际社会的各种力量对国际河流水资源合作的参与程度大大提高，尤其是一些非政府组织、企业和研究机构开始介入一些国际河流的开发，要求一国对于国际河流的资源开发考虑对其他国家的影响，尤其是环境影响；国际财团、捐赠者、贷款者也开始从流域整体观出发，重点资助双边或多边联合项目，促进合作。这些构成外部的压力和激励。

第三章

中国国际河流水资源合作开发的战略环境

我国是亚洲主要大河的发源地，除了国内的长江、黄河之外还有黑龙江、额尔齐斯河、雅鲁藏布江、澜沧江—湄公河、伊洛瓦底江，它们都孕育了亚洲灿烂而多样的文明。我国不仅要从自己的国情出发，也要从亚洲的视角去认识国际河流的合作开发。我国周边国家社会经济发展水平各异，政治经济体制和文化差异很大，在全球化、各种文明交流与冲突的转型变化时代，我国与周边国家的水资源合作开发机制建设面对的是复杂的战略环境。我国广阔的内陆腹地所分布的国际河流水资源安全对我国的水安全以及未来的发展极为重要，构建国际河流水资源合作开发机制必须考虑面对的战略环境，包括政治经济格局、各国水资源政策、流域自然与生态环境约束、国际水法和治理规则等。

第一节　周边国家的经济发展格局及影响

一、周边国家的社会经济发展特征

我国国际河流流经之地多属于边疆地区，北接东北亚腹地，西达中亚地区，南临中南半岛、印度半岛，流域广阔，流经国家众多。地区间政治、文化、民族、资源、地理、气候等条件的差异也使不同地区经济发展呈现不同特征。

（一）西南地区相邻国家/地区的社会经济发展特征

我国西南地区的国际河流各流域，由北而南主要流经大湄公河次区域与印度半岛（主要是印度）。这一地区地域广阔，控制海上交通要道，是"陆上丝绸之路"与"海上丝绸之路"的交汇地区，具有重要战略意义。20 世纪 80 年代末以来，随着世界局势特别是东南亚地区形势的日趋缓和，国际关系中经济优先的原则日益凸显，澜沧江—湄公河流域的综合开发引起了流域各国的高度重视，近年来流域各国的跨境经济互动频繁，经济一体化发展趋势明显。

1. 湄公河流域的多边区域经济合作

澜沧江—湄公河流域的多边经济合作非常活跃，由于特殊的历史、地缘经济和政治特点，该流域范围内的合作国际参与度很高，不但湄公河流域各国，还有东南亚的东盟各国，乃至流域外的日、美、欧等发达国家、地区以及亚洲开发银行等国际组织也纷纷参与其中，形成了多重合作机制并行的状况。

冷战之后东南半岛终于迎来了和平，以湄公河流域为核心的区域经济开始崛起，以泰国和越南为代表的各流域国，顺应全球经济发展潮流，推动国内经济改革，主动融入全球经济一体化与区域经济一体化的过程中，凭借优越的地理位置与资源禀赋（如廉价劳动力）纷纷承接部分跨国企业（包括一些我国企业）从我国转移出的产业，大力发展出口加工业，使地区经济发展进入快车道，成为21世纪全球具有发展活力与潜力的地区之一。2013年，大湄公河次区域国民生产总值实际增长率为5.9%，除泰国以外，大湄公河次区域各国国民生产总值实际增长率均高于世界平均水平，次区域经济发展水平潜力很大①。

但是，区域经济一体化进程受制于区域地缘政治的不稳定性，该区域历史遗留问题严重，民族冲突、宗教冲突、边界争端纠缠交织，虽然冷战后中南半岛国家的关系逐步修复，进入稳定时期，但各国政治依然脆弱，为地区一体化发展增添了变量②。

区域经济发展严重依赖域外大国的支持，长期的殖民历史以及二战以后旧有殖民体系瓦解、贫弱国力所导致的"权力真空"使得各国无法解决区域治理问题，域外各国纷纷介入大湄公河次区域事务。首先是20世纪50年代的法国，然后是美国介入湄公河次区域，甚至直接干涉越南内战。奥巴马当选美国总统后，大力推进"重返亚太"战略，在湄公河地区构建起亚太战略的新前沿，以遏制其认为的"潜在威胁"③。20世纪80年代，日本开始全面介入次区域事务，通过其主导的亚洲开发银行影响次区域开发，试图与次区域建立更密切的关系争夺东亚地区合作主导权④。印度在陆路联系方面拥有天然优势，正日益深入

---

① 李丹，李跃波. 大湄公河次区域经济发展水平比较与分析 [J]. 新西部：中旬·理论，2015 (6)：53-54.

② 何跃. 中南半岛地缘政治发展态势 [J]. 云南社会科学，2008 (2)：27-30.

③ 王庆忠. 大湄公河次区域合作：域外大国介入及中国的战略应对 [J]. 太平洋学报，2011，19 (11)：40-49.

④ 朱陆民，陈丽斌. 地缘战略角度思考中国与中南半岛合作的重要意义 [J]. 世界地理研究，2011，20 (2)：20-28.

地介入湄公河次区域开发，谋求修建连接缅、泰、柬、越的陆上通道，打造"湄公河-印度经济走廊"，实现战略空间从印度洋到西太平洋的延伸①。此外，澳大利亚、韩国、欧盟等也积极参与大湄公河次区域事务。

可见，中南半岛的地区合作呈现"外部主导性"，这些域外国家虽然为次区域社会经济发展提供了数量可观的资金以及较为先进的技术，但是往往会附带本国战略意图，增加了援助的政治色彩。多种合作机制并存，相互交织，相互制约，未能得到有效的安排，不仅增加了区域内政治谈判成本与交易成本，也破坏了统一的集团身份认同，妨碍合作深化②。

2. 中国与流域各国的双边经济合作

中泰贸易与投资合作方面，我国是泰国第二大贸易伙伴，泰国是我国在东盟国家中第三大贸易伙伴。两国双向投资情况良好，双边贸易保持快速增长势头，2016 年两国双边贸易额约 1200 亿美元。中泰两国贸易的特点呈现为进出口商品结构渐渐趋于一致，贸易商品主要有原材料、能源，机电产品，消费品，农副产品，电子产品五大类，贸易商品的种类与数量都在持续增长；中泰双边贸易呈现互补性，主要体现在热带水果、橡胶产品、大米等农副产品及原材料等方面；贸易商品主要倾向于劳动密集型企业的产品；中泰两国贸易发展程度不断加深，相互的贸易依存度也不断增强。此外，两国在科技、文化、卫生、教育、体育、司法、军事等领域的交流与合作也有稳步的发展。早在我国改革开放初期，泰国就积极进入我国展开投资活动。时至今日，泰国投资的企业既包括资源和劳动密集型的中小企业，也包括具有一定技术含量的大中型企业，产业领域包括了食品、纺织、服装等工业项目以及饲料、家禽家畜和水产养殖业等农业项目。投资形式多以与中方合资、合作的方式展开。投资类型则主要分为两种类型，一种是利用泰国原料的加工业；另一种是泰国薄弱的工业，如化工、机械等制造业。大多以设备、技术和劳务折价投资为主。

中缅贸易与投资合作方面，近年来，中缅经贸合作持续深化，双边贸易额也逐年递增，合作领域已经扩展到工程承包、投资和多边合作。我国对缅主要出口成套设备和机电产品、纺织品、摩托车配件和化工产品等，从缅主要进口原木、锯材、农产品和矿产品等。缅甸已经成为我国在东盟地区的重要工程承包市场和投资目的地，也是缅甸最大的外资来源国。

① 宋效峰. 湄公河次区域的地缘政治经济博弈与中国对策 [J]. 世界经济与政治论坛，2013（5）：37-49.

② 李巍. 东亚经济地区主义的终结？制度过剩与经济整合的困境 [J]. 当代亚太，2011（4）：27-30.

中越贸易与投资合作方面，我国已经成为越南最大的贸易伙伴国，同时也是越南第一大进口来源地和第四大出口市场。我国对越南主要出口原材料和机械设备；越南出口我国的产品则主要以农副产品为主。我国对越南的投资排名为第 20 位。我国在越南投资的项目主要在轻工机械、化工、建材、电力以及交通设施等领域。

中老贸易与投资合作方面，我国对老挝主要出口的商品是机电产品、纺织品、服装、高新技术产品、汽车、摩托车等；自老挝进口的主要商品是铜矿、铜材、农产品、锯材、天然橡胶等。老挝作为云南重要的贸易合作伙伴，已成为云南对外投资的第一大市场。老挝国内一些投资集团近年也积极前往云南投资贸易、物流等行业。

中柬贸易与投资合作方面，两国经贸关系发展较快，合作领域不断拓宽。1996 年两国签订了贸易、促进和投资保护协议，并于 2000 年成立两国经济贸易合作委员会。我国长期以来一直向柬提供一定数量的经济援助，涉及成套项目、物资项目和农业、教育、体育、警务等领域的经济技术合作项目。我国是柬埔寨最大的外资来源国和第一大贸易伙伴。我国在进出口贸易中呈贸易顺差。

3. 其他国家之间的经济合作

柬老越"发展三角区"。柬老越三国领导首届峰会于 1999 年在老挝举行，此后一般每两年在三国轮流举行一次。通过历届领导峰会，三国在推动经贸投资、确定优先发展项目、举办贸易展销会、推动旅游、加强青年交流以及寻求其他合作伙伴支持等方面达成一致，同时还签署了一系列三角区发展规划与优惠发展政策协议，进一步扩大了经济合作。截至 2014 年底，越南是柬埔寨第五大外资来源地，越南在柬埔寨共有 134 个投资项目，注册资金总额达 33.6 亿美元，集中于经济作物种植、采矿、油气勘探与经营、电信、金融、银行等领域①。据统计，2014 年，越柬贸易额达 30 多亿美元，其中越南对柬出口额达 26.6 亿美元，越南已成为柬埔寨第四大贸易伙伴②。

柬泰贸易与投资合作。据泰国驻柬使馆经商处统计，2014 年柬泰双边贸易额突破 50 亿美元，其中柬埔寨从泰国进口额为 40 亿美元。柬埔寨发展理事会数据显示，在该理事会注册的来自泰国的公司共 162 家，注册投资额约 3.8 亿美元，在国际公司投资中排第 8 位。仅 2014 年就有 17 家新的泰资公司进入柬埔寨

---

① 编辑部. 越南国家主席张晋创明日访问柬埔寨，进一步深化柬越全面友好合作 [N].
　金边晚报（柬），2014-12-23.

② 编辑部. 越南驻柬使馆举办"在柬投资经营的越南企业"座谈会. 金边晚报（柬）
　[N]. 2015-4-9.

进行投资。2014年，柬泰跨国铁路桥正式开工建设，竣工后将柬泰两国铁路网连接起来。铁路桥建成后，将成为连接柬泰边境地区的柬埔寨班迭棉吉省和泰国沙缴府的重要交通枢纽，对加速柬西部省份经济社会发展，改善当地交通运输状况，提高当地民众生活水平等都具有重要意义。

老越贸易与投资合作。越南与老挝一直保持着传统友谊。两国双边贸易额在2013年达12.5亿美元，比2012年增长27%；2014年上半年双边贸易额达到8.88亿美元，比上年同期增长33%。"老越贸易展"是两国工业与商业部为推进两国间的贸易和投资合作共同举办的一项活动，截至2014年已举办数届，成为老越两国企业交流与合作的一个重要平台。越南长期保持老挝外资来源前三位，截至2014年底，越南对老挝的投资项目共400个，投资总额累计达到50亿美元。越南也是老挝出口商品的主要目的地，2014年，老挝对越南出口同比增长64%。

越缅贸易与投资合作。越南与缅甸的关系一直稳步推进中，双方积极促进政治、经济、文化等方面的交流。2014年，越缅贸易额达4.8亿美元。其中，越南对缅甸出口额为3.5亿美元，进口额为1.3亿美元。2012—2014年，越南对缅出口额平均增长率达150%以上。两国元首会面，缅甸承诺为越南企业对缅甸投资提供便利条件，并促进两国农业、金融业、信息通信、能源产业、电力等多个方面的合作。越南的化肥、家用塑料、食品、电器、化妆品、药品、建材等生产企业也开始日益重视缅甸市场。

（二）西北地区相邻国家/地区的社会经济发展特征

我国西北毗邻的中亚地区地域辽阔，东临我国新疆，南接伊朗、巴基斯坦，北靠俄罗斯，西至里海，连接东亚与西亚，是"陆上丝绸之路"西出我国的第一站，历来是货运贸易的大通道，战略意义极为重要。在众多的中亚国家中，与我国直接相邻的是哈萨克斯坦、吉尔吉斯斯坦和塔吉克斯坦，这三个国家的社会发展历程有一定相似之处，但在经济发展水平、未来经济发展趋势以及各自的发展战略方面存在较大差异。

1. 中亚地区

中亚各国以资源驱动型经济为主，容易受大宗商品价格周期的影响。中亚地区国家还处于工业化的初级阶段，国民经济高度依赖于资源型产业，以油气、矿产的开采和加工为支柱产业，因此容易受全球大宗商品价格周期影响，可持续发展问题比较突出①。进入 21 世纪以来，全球经济在中国、印度等新兴经济体高速增长的带动下持续发展，助推全球资源市场价格的急剧上涨，使中亚国家积累了大量财富。2000—2014 年，中亚五国人均国内生产总值扩大了 8 倍，中亚地区外汇储备也增长 11 倍。但是，2008 年受金融危机影响，全球大宗商品市场低迷；2014 年下半年原油价格出现暴跌，使得以资源开采、初加工和贸易为主要驱动力的中亚面临着严峻的困难和挑战，境况日趋恶化。

中亚地区各国经济发展受益于全球大国博弈。中亚地处连接欧洲和亚洲、中东和南亚的十字路口，在欧亚地缘政治格局中地位十分重要。早在 19 世纪，中亚地区就已经成为全球性大国之间博弈的舞台。20 世纪上半叶，中亚五国先后成为苏联的加盟共和国，属于落后的边远地区，经济发展缓慢。冷战结束以后，国际形势发生了根本变化，五国纷纷获得独立，俄罗斯势力后退，形成了政治真空，各大国都欲扩大势力。目前，中、美、俄三国战略博弈也在中亚地区体现得尤为突出②。三国都非常重视中亚的战略地位，重视通过多边途经实现自己的战略目标，使中亚博弈可能成为走向未来多极世界的窗口。20 世纪末，美国开始酝酿"新丝绸之路"计划，2006 年继续推进"新丝绸之路"计划，并全面启动"大中亚计划"推动中亚、南亚在政治、安全、能源和交通等领域的合作③。1995 年俄罗斯开始将中亚在外交中的"次要"地位转变为"优先"方向，1995 年 1 月关税同盟条约成立，俄罗斯、哈萨克斯坦、吉尔吉斯斯坦、塔吉克斯坦等先后加入该条约。2000 年欧亚经济共同体成立，地区一体化进程开始加速。2013 年欧亚经济联盟启动，作为主要成员国的俄罗斯与中亚地区各国开始进行更紧密的经济和货币政策协调。2008 年以后为了应对美国"战略东移"，我国进一步向西开拓战略空间，并于 2013 年提出"一带一路"倡议，创立亚洲基础设施投资银行，以期联通欧亚大陆。虽然，中、美、俄博弈的核心目标不同，实现方式各异，甚至有所冲突，但都致力于将中亚融入全球的发展格局中，推动中亚地区的经济发展④。

中亚地区各国的水资源和能源资源分布不均，产业用水结构不同，水资源

---

① 李红强，王礼茂. 中亚能源地缘政治格局演进：中国力量的变化、影响与对策 [J]. 资源科学，2009，31（10）：1647-1653.

② PETER PHAM J. Beijing's great game：understanding Chinese strategy in central eurasia [J]. American Foreign Policy Interests，2006，28（1）：53-67.

③ 高科. 地缘政治视角下的美俄中亚博弈——兼论对中国西北边疆安全的影响 [J]. 东北亚论坛，2008，17（6）：15-20.

④ 高飞. 中国的"西进"战略与中美俄中亚博弈 [J]. 外交评论，2013，30（5）：1-12.

利用率普遍较低。中亚自然资源丰富，但是在各国的分布不平衡。就水能而言，中亚地区河流多发源于高山冰川地区，上游国家海拔高，地形落差大，有着世界上最为优越的水电开发潜力。水电潜力主要集中在塔吉克斯坦和吉尔吉斯斯坦。上游国家对于水的主要用途在于水力发电，吉尔吉斯斯坦和塔吉克斯坦的水电站发电量所占比重分别为 83.5% 和 92.7%。但是，上游国家多以山川和高原地形为主，土地贫瘠导致种植业并不发达，化石能源储备也十分贫瘠，吉尔吉斯和塔吉克 40%~50% 的能源依赖进口。相反，就可耕种土地与能源而言，下游国家则拥有巨大优势，农业耕作业发达①。油气资源则主要蕴藏在哈萨克斯坦、乌兹别克斯坦、土库曼斯坦②，不仅能够自给自足还能随着能源价格的不断提高大量出口化石能源，欧洲、俄罗斯以及中国都是这些能源的主要出口国。此外，由于中亚地区的经济与科技发展水平较为落后，地区用水量远远超出了实际所需的用水量，用水效率普遍偏低，尤其以农业用水浪费最为严重。该地区的农业灌溉多以地表灌溉为主，地表大水漫灌的灌溉面积占到了总面积的 98.4%。

2. 哈萨克斯坦

自从哈萨克斯坦独立，其经济发展经历了多个阶段，1991—1997 年开始从计划经济向市场经济转型，发展私营企业，吸引外来投资，致力于私有化和自由化；1998—2011 年开始深化改革，哈萨克斯坦政府通过了《"哈萨克斯坦 2030"经济发展战略》，制定了经济、社会、民生等领域的发展目标与方向，并且对工业、农业、卫生教育、社会保障体系等领域持续深入推进改革；基于前期的改革，2000—2011 年哈萨克斯坦经济年均增速达到了 8%，成为世界上发展较快的三大经济体之一③。哈萨克斯坦是典型的资源型国家，矿产资源的开采、加工和出口在国民经济中占主导地位。近年来，哈政府开始致力于调整产业结构，加快实现经济多样化。由于哈萨克斯坦的企业规模小、投资能力不足、科技创新能力差、国际竞争能力弱的局面在短期内很难改变，外国直接投资在哈萨克斯坦经济发展中发挥的作用就非常重要。

3. 吉尔吉斯斯坦

苏联时期，吉尔吉斯斯坦的经济发展相当迅速，其当时的经济实力在中亚

---

① 高永超. 中亚水资源博弈的外交视角 [D]. 北京：外交学院，2015.

② 杨恕，王婷婷. 中亚水资源争议及其对国家关系的影响 [J]. 兰州大学学报（社会科学版），2010，38（5）：52-59.

③ 赵常庆. 哈萨克斯坦的 2030/2050 战略 [J]. 新建师范大学学报（哲学社会科学版），2013（3）：37-42

仅次于哈萨克斯坦和乌兹别克斯坦。当时，在全苏"劳动区域分工"中，吉尔吉斯斯坦主要发展有色金属冶金、水力发电、机器制造、轻工业、食品工业和畜牧业、种植业，经济结构比较单一①。吉尔吉斯斯坦独立后，对原有的经济体制进行了重大改革，逐步建立市场体制和计划体制相结合的由国家调节的社会经济制度。自 1991 年独立以来，吉尔吉斯斯坦的经济形势由迅速恶化到逐渐好转，经历了一个"V"字形的发展过程。独立后，吉尔吉斯斯坦的产业结构调整方向首先是发展农业，减少低效牧草的种植面积，扩大粮食作物的种植面积，争取粮食自给。其次，解决能源问题，依靠拥有丰富水力资源的优越条件大力发展水电事业。修建本国的炼油厂，减少能源进口。再次，发展食品工业和轻工业，开发无污染食品和旅游资源。

4. 塔吉克斯坦

塔吉克斯坦人口多，国土面积小，农业用地更为紧缺；各类金属资源以及水电资源都比较丰富，但是开采难度比较大，这就导致了国民经济存在较高的对外依赖度。燃料、能源、轻工业产品、日用消费品和部分粮食及食品都依赖进口。1995 年塔吉克斯坦制定了经济改革纲要，将粮食和能源作为优先发展部门。经过持续的改革，逐步实现了经济的稳定，并且建立了信贷和税收体制，大型企业私有化逐步完成，国民经济逐步从独立之后的混乱之中稳定起来②。

（三）东北地区相邻国家的社会经济发展特征

我国国际河流在东北地区的周边国家主要有俄罗斯、蒙古国、朝鲜。这些国家的经济发展水平不一，但在与我国临近地区的社会经济开发程度均相对较低。

俄罗斯从苏联解体后至今经济发展模式发生了转型。苏联解体后，俄罗斯开始了以大规模私有化和全面自由化为核心的激进经济改革，短期内出现了经济的极速下滑。长久以来，资源性产品出口是其经济增长的最重要支撑。2000年，开始推行社会经济稳定政策，加紧推行税制改革，简化税种，减轻税负，促进国内经济从资源型经济向创新型经济转变。普京任总统后，俄罗斯在注重提高人们生活质量、扶植和鼓励国内产业发展、努力与欧盟建立更密切的经济伙伴关系的同时，制定了开发和振兴远东和西伯利亚地区经济的总体规划。俄罗斯远东地区，开发程度较低，明显落后于俄西部欧洲地区，属于欠发达地区。特别是在阿穆尔河（黑龙江）流域，工业以资源开发和加工工业为主，燃料动

---

① 王雅静. 哈萨克斯坦经济发展情况分析 [J]. 大陆桥视野. 2012 (7)：80-87.
② 萨密. 中国对塔吉克斯坦投资影响因素研究 [D]. 哈尔滨：东北农业大学，2016.

力工业和采矿业是其支柱产业，是典型的重工业主导型经济。由于长期缺少中央财政支持，配套基础设施相对落后。进入 21 世纪以后，随着全球政治经济形势的发展，俄罗斯逐步开始重视远东地区的战略地位，旨在大力发展远东地区的经济，为阿穆尔河（黑龙江）流域经济发展提供动力。

蒙古国经济以畜牧业和采矿业为主，已经完成了从计划经济向市场经济的过渡。矿产业作为支柱产业，带动了其他行业的发展，也吸引了大量的外资进入，投资国以中国、日本、韩国、俄罗斯等远东国家为主。此外，畜牧业是蒙古国民经济的基础产业。蒙古国最大的贸易伙伴是我国，我国以出口畜产品为主，进口方面则主要是机器设备、燃料和生活日用品等。

二战结束以前朝鲜是典型的农业国，独立后才逐步建立了一定的工业基础。但是其后的朝鲜战争又导致国民经济被严重破坏。朝鲜战争结束后，朝鲜政局稳定，在计划经济体制下，依靠俄罗斯和我国的帮助，经济得到了快速发展。朝鲜经济以国有工业占绝对控制地位，重工业以及国防工业得到优先发展。20 世纪末，苏联解体的背景下，朝鲜经济陷入衰退期，为了改变这一局面，朝鲜开始引进外资建立合资合营企业。1991 年朝鲜在靠近中朝、朝俄边境的罗先地区设立自由经济贸易区。但是此后朝鲜经济逐步游离于世界经济舞台之外，无论是政治还是经济都逐步孤立。

二、周边地区的经济合作机制

我国周边的区域经济合作发展迅速，我国也积极推进在周边地区构建区域经济合作机制，推动区域内贸易与投资合作。但是，周边地区的区域经济合作也呈现国际竞争的局面，以美国、日本和欧盟为代表的发达国家积极介入甚至主导相关合作机制。

（一）丝绸之路经济带

2013 年 9 月，中国提出"丝绸之路经济带"的设想，是在古代丝绸之路概念基础上形成的当代经贸合作升级版，"一头连着繁荣的亚太经济圈，另一头系着发达的欧洲经济圈，但是在中国—中亚地区之间形成了一个经济拗陷带"被认为是世界上最长、最具有发展潜力的经济大走廊。中亚经济带又是"丝绸之路经济带"的核心区域，经济发展水平相对比较落后，社会文化差异较大，矛盾也比较多，而与我国则共有 3000 多千米的边境线，共同面临暴力恐怖主义、民族分裂主义、宗教极端主义这"三股势力"的威胁，各国都致力于保持区域社会稳定、增进能源资源与经济贸易合作的迫切需求。环中亚经济带是"丝绸之路经济带"的重要区域。该区的国家经济发展差异较大,同时,我国与该区的经贸往来比重较小,亟须提升。亚欧经济带是"丝绸之路经济带"的拓展区,其经济整体繁荣稳定,经济发展水平高,对外贸易活跃。

（二）中蒙俄经济走廊

中蒙俄经济走廊是丝绸之路经济带战略构想中落实的第一个多方经济互联互通合作计划。我国在 2014 年 09 月提出打造"中蒙俄经济走廊",倡议对接丝绸之路经济带、俄罗斯跨欧亚大铁路和蒙古国草原之路倡议,获得俄方和蒙方响应。2016 年 6 月 23 日,中国、蒙古国、俄罗斯三国在乌兹别克斯坦首都签署了《建设中蒙俄经济走廊规划纲要》,标志经济合作走廊正式实施。

（三）东北亚经济圈

近年来,东北亚各国在多领域合作势头良好,东北亚经济合作的内生动力不断增强。东北亚是指亚洲的东北部地区,包括俄罗斯的东部地区,我国的华北、东北地区,日本的北部、西北部地区,韩国、朝鲜、蒙古国,即整个环亚太平洋地区[1],战略位置十分重要。与欧盟、北美等较为成熟的经济圈相比,东北亚是一个正在成长中的经济圈。东北亚区域国家之间差别比较大,既有经济发达的国家,也有新兴的工业化国家,还有发展中国家,各国发展水平、经济结构类型都有着较大的差异,各国的资源优势也差别很多并且具有一定的互补性,为加强合作提供了良好的基础。20 世纪末,该区域内各国的经济、技术、贸易等领域的合作迅速发展。当前,东北亚已经成为全球经济中重要的构成部分,并且发展潜力巨大。东北亚各国的国民生产总值之和占世界经济总量的 1/5,中日韩三国的国民生产总值之和也占到了亚洲国民生产总值总和的 3/4。

（四）欧亚经济合作联盟

2014 年 5 月,俄罗斯、白俄罗斯和哈萨克斯坦三国总统签署了《欧亚经济联盟条约》,决定于 2015 年 1 月 1 日启动欧亚经济联盟,涉及能源、交通、工业、农业、关税、贸易、税收和政府采购等领域,致力于在 2025 年前实现商品、服务、资本和劳动力的自由流动,建立类似于欧盟的经济联盟是其最终目标,由此形成拥有 1.7 亿人口的统一的大市场。

（五）大湄公河次区域经济合作计划

在亚洲开发银行倡议下,1992 年大湄公河次区域内的柬埔寨、越南、老挝、

---

① 张英,刘晓坤. 新形势下东北亚经济合作分析 [J]. 黑龙江对外经贸论坛,2004 (10): 5-7.

缅甸、泰国和中国举行部长级会议，发起了六国七方的大湄公河次区域经济合作机制。该次区域经济合作以项目为主导，逐步构建了由领导人会议、部长级会议、高官会议和工作组与论坛及国家协调员组成的完整机制，设立秘书处作为常设机构。该计划分为三个层次：一是事务部长会议，原则上每年举行一次；二是司局级高官会、各领域的论坛与工作会议，每年举行一次，并向部长会议报告进展情况；三是领导人会议，每3年举行一次。2002年11月在柬埔寨金边举行了首届领导人会议，会议制定了《次区域发展未来十年战略框架》。大湄公河次区域经济合作计划的主要投资合作领域包括交通、能源、通信、旅游、投资贸易、人力资源开发和环境保护等9大合作领域，每个领域分别成立了相关的专题论坛和工作小组。

（六）湄公河流域可持续发展合作

1995年湄公河流域的泰国、老挝、越南和柬埔寨签署了《湄公河流域可持续发展合作协议》，并成立了湄公河委员会；1996年我国和缅甸以对话国身份参与其中。湄公河委员会下的多国合作以湄公河水资源的开发利用为核心，涉及灌溉与干旱治理、航运、水电开发、洪水治理、渔业、流域管理、环境、旅游8大领域。

（七）中、老、缅、泰毗邻地区增长四角

1993年由泰国政府提出的"黄金四角"，领域范围包括澜沧江湄公河的结合部、中老缅泰四国的毗邻区，涉及我国、老挝、缅甸和泰国，总面积约18万平方千米，人口近500万。"黄金四角"的建设目标为扩大与北部周边国家的经贸合作，推动泰北地区的发展，并维护与改善自身在大湄公河流域的战略地位与利益。涉及航运资源开发、水电资源开发、旅游资源开发、交通道路建设、生态环境保护、贸易与投资以及替代种植等方面，相对该区域的其他合作，"黄金四角"更侧重于澜沧江—湄公河的交通运输合作。

（八）东盟—湄公河流域发展合作机制

1996年6月，东盟成员国及湄公河流域国中国、老挝、缅甸和柬埔寨达成了构建东盟—湄公河流域发展合作机制的协议，致力于推动湄公河流域社会经济的发展。合作机制以年度的部长级会议为基础，设立了由11个成员国高官与东盟秘书处代表组成的指导委员会作为运营组织。2009年8月，东盟第十一届部长级会议将合作机制进一步落实，强调促进建立东盟经济共同体，在东盟—湄公河流域发展合作机制框架下，加强贸易与投资、人力资源开发以及运输基础设施等方面的合作。

合作机制围绕 8 个领域的合作项目，包括在运输、通信、灌溉和能源等领域的基础设施能力；发展贸易与投资活动；发展农业、加强农业生产，支持国内消费与出口等。与国际河流水资源相关的东盟—湄公河流域发展合作机制内容包括：充分开发资源，确保经济稳定、可持续发展，提升自然资源管理与保护环境；补充湄公河委员会、援助国和其他多边机制的合作倡议；动员私人部门积极参与，集体实施计划与活动。

（九）澜湄合作机制

2014 年 11 月，我国政府在第 17 次中国—东盟领导人会议上呼应泰国提出的澜沧江—湄公河次区域可持续发展倡议，提议建立澜湄合作机制。2015 年 11 月澜湄合作首次六国（中国、缅甸、老挝、泰国、柬埔寨、越南）外长会在云南西双版纳景洪市举行。会议发表了"澜湄合作概念档"和"联合新闻公报"，宣布启动澜湄合作进程，并将在政治安全、经济和可持续发展、社会人文三个重点领域开展合作，全面对接东盟共同体建设三大支柱。2016 年 3 月 23 日，澜沧江—湄公河沿岸六国——中、泰、柬、老、缅、越领导人聚首海南三亚，从领导人层面正式启动澜湄合作机制，共同打造澜湄国家命运共同体。

澜湄合作机制强调由流域内各国共同主导、共同协调，采取政府引导、多方参与、项目为本的合作方式，推动本地区发展，这也是我国倡导建立亚洲命运共同体的具体措施。目前澜湄合作机制已经确立了政治安全、经济和可持续发展、社会人文三大重点领域，互联互通、产能、跨境经济、水资源、农业和减贫五个方面的优先合作领域。澜湄合作机制由于依托澜沧江—湄公河联系纽带，强调域内各国共同主导，而且强调流域水资源合作作为重要的合作领域之一，因此，未来我国更可能运用该机制与各国开展跨境水资源的协调与合作。

三、社会经济发展与水资源的关系

人类的社会经济活动会给水资源带来一定程度的影响，无论是农业生产、工业制造，还是城市化、人口增长等都会影响到水资源的方方面面。反过来，一国的水资源现状同样也会影响其社会经济的发展，这种影响可能是推动也可能是约束，不同时期也会表现出不同作用。所以，社会经济发展与水资源的关系是双向的。对于国际河流，各流域国都会非常重视国际河流水资源在其社会经济发展中的重要战略作用。社会经济发展与水资源的相互影响关系，正是国际河流流域国之间发生用水争端的根本原因。

（一）水资源对我国边疆地区社会经济发展的影响

我国西南地区、西北地区和东北地区的水资源丰歉程度不同，相应地三大地区的社会经济发展程度亦不同。水资源对社会经济发展的影响主要表现为：水资源丰富的地区，社会经济发展水平较高；水资源缺乏或水资源条件脆弱的地区，社会经济发展水平相对落后。

1. 西南地区和东北地区较为丰富的水资源为当地的社会经济发展提供了基础保障

我国西南地区和东北地区，河流水系发达，气候湿润，水资源较为丰沛。西南地区由于多数为少数民族聚居地区，虽然水资源和水力资源丰富，但是长久以来开发利用程度较低，社会经济发展相对落后。东北地区的水资源丰富、开发条件优良，促进了该地区社会经济的发展。长期以来，在西北、西南和东北三大地区中，东北地区的社会经济发展水平相对较高。在水资源和水力资源丰富的地区，各行业经济部门之间的用水竞争性较少，各流域国家对共享国际河流水资源的竞争也较少。

2. 我国西北地区的水资源短缺制约着当地的社会经济发展

我国西北地区地处干旱内陆地区，水资源短缺，水资源条件和生态环境条件较为脆弱，"有水即为绿洲、无水即为沙漠"。长期以来，我国对西北地区国际河流的开发利用程度较低、开发历史也较晚，在干旱缺水的条件下新疆地区的社会经济发展水平相对落后。正是因为水资源这一重要的战略性基础资源对当地的社会经济发展造成了制约。在社会经济发展中，既要根据水资源条件来布局社会经济发展结构，又要注重不断提升各行业经济部门的水资源利用效率。因此，在有限的水资源条件下，为了发展社会经济，既存在不同用水部门之间的用水竞争，又会存在不同国家对共用水资源的竞争。

3. 三大区域近几年频发的极端水安全事件对当地社会经济发展造成影响

近几年来，在我国边疆地区及其周边经常发生突发水污染、极端干旱、极端洪水等极端水安全事件，对当地的社会经济发展造成了严重的不利影响。2005年，松花江发生重大水污染事件，沿岸数百万居民的生活受到影响；污染物随着水流进入黑龙江干流后对黑龙江干流水质造成影响，又引致俄罗斯的关注并与我国进行交涉。2011年7到10月份，持续多月的暴雨造成流经东南亚多国的湄公河水位上涨，泰国、越南、柬埔寨和老挝等国部分地区遭遇严重洪水侵袭，其中以泰国最为严重，其境内的湄公河和湄南河发生了百年一遇严重洪水。洪水造成300多人死亡，230万人受灾，仅10月18日，就造成51亿美元的经济损失。洪水淹没了600万公顷的土地，其中有300万公顷是耕地，涉及泰国58个省，包括首都曼谷地区也被洪水浸泡。2014年，我们境内的伊犁河谷遭遇62年不遇的大旱，严重影响了伊犁当地的农业和畜牧业，伊犁州直的灌溉水量不足正常年份灌需水量的七成，大量农作物灌溉用水不足。

（二）我国边疆地区社会经济发展对水资源的影响

1. 边疆地区相对落后的社会经济条件容易造成水资源不可持续性利用

与内地相比，我国边疆民族地区的社会经济发展程度普遍较低，技术条件相对落后，对水资源的利用方式多是粗放式的，用水效率较低，造成了水资源量的浪费。同时，生活污水、工业废水、农业面源污染等未经达标处理就随意排放，又容易造成水资源质上的退化或恶化。特别在水资源紧缺和生态环境条件脆弱的地区，水资源量和质的下降又会进一步造成生态系统的退化。

2. 不同的社会经济发展水平决定了不同的水资源利用方式

一个地区或国家对水资源的利益要求及其利用方式在很大程度上取决于其社会经济发展水平。比如，在西南地区，由于水力资源丰富，众多出境的国际河流主要用于水力发电以满足西南地区及我国东部的电力需求。在西北地区，伊犁河的水通常被用来进行粗放式的农业或畜牧业灌溉，额尔齐斯河的水则主要被引导至乌鲁木齐或克拉玛依供给城市用水和重化工工业用水，新疆当前的社会经济发展阶段决定了这两条河流的水资源利用方式。

显然，在我国主要国际河流流域，社会经济发展正进入或处于工业化和农业规模化发展阶段，经济发展极度依赖于水资源开发利用，而且水资源消耗处于长期增长阶段，因此这一阶段的国际河流流域可持续发展矛盾比较突出。

第二节　周边国家的国际政治格局及影响

水资源是基础性的战略资源，在一些水资源缺乏的国家直接涉及国家的安全，因此，周边国家的政治和对外关系的新发展对我国国际河流的发展存在着许多影响，需要关注这些国家的政治体制、局势与发展态势，以及与这些邻国的外交关系。

一、周边国家的政治现状与态势

（一）西南地区周边国家

我国西南地区国际河流面对的周边国家是缅甸、越南、泰国、老挝、柬埔寨。五个国家的社会制度、政治经济发展和民族、文化具有不同的特点，除泰国之外的其他四国都属于所谓"转型国家"，并且都于1996年以后加入东盟。

　　缅甸的政治体制为总统制共和制，议会选举制省是缅族主要聚居区，邦多为各少数民族聚居地，联邦区是首都内比都。目前有六大主要政党，其中以昂山素季为主席的全国民主联盟是缅甸第一大党。缅甸于 2010 年结束了军政府统治，进行民主改革，2016 年 3 月 15 日，缅甸联邦议会选出吴廷觉为半个多世纪以来缅甸首位民选非军人总统，这也标志着半个多世纪的缅甸军政府统治结束。缅甸的政策趋向是推进经济改革和改善民生，整编各地方武装实力；同时实行开放，注重多边外交。但是，缅甸军队力量的影响力依然强大，政府同少数民族地方武装的关系仍然比较紧张。就在 2021 年 2 月 1 日，缅甸再次发生军事政变、推翻了民选政府，军方重新控制了国家。

　　越南的政体是一党制的人民代表大会制度，国体为马克思列宁主义社会主义共和制人民共和国。越南是世界上经济增长速度较高的国家之一，并且致力于改革开放，低廉的成本吸引了各国企业前往投资。由于越南的改革开放成效比较显著，经济实力和对周边湄公河流域国家的影响力逐渐增强。

　　老挝是东南亚唯一的内陆国，也是东南亚地区中仅有的两个社会主义国家之一。老挝相对其他湄公河流域国家而言极其稳定，因此老挝政府的国际外交政策相对其他国家而言十分稳定。同时作为我国的近邻，老挝对我国的态度在湄公河五国中最为亲近、友好。政治发展平稳，在经济上也保持了比较快的发展。

　　柬埔寨实行君主立宪制，以自由民主制和利伯维尔场经济为基础，并且仿照美国实行三权分立。在政局逐渐稳定后，柬埔寨经济迅速发展。柬埔寨政府积极推进国家发展"四角"战略，十年以来，柬埔寨经济保持平均 7% 的高速增长，2017 年 GDP 接近 200 亿美元，逐渐成为"亚洲经济新虎"，以制衣制鞋业出口、房地产建筑业、服务业和农业的增长以及政府支出的增加推动经济发展。

　　泰国在政体结构方面是典型的西方民主制度，与英美等西方国家民主架构基本相同，被认为是"西式民主"的东方范本。然而泰国的政治相对动荡，在2006 至 2016 的十年间，泰国历经了 7 位总理，现在逐渐趋于缓和，经济呈缓慢发展趋势，但根本的矛盾并没有解决。泰国政局的发展仍然会受到两派斗争的影响。泰国连续多年的政治动荡降低了这个湄公河流域经济最发达的国家在该区域的地位和威望以及实际影响和行动能力。

　　印度是我国西南区域的大国，政治为英国式的议会民主制，基本维持了其政治制度的稳定与连续。印度的政治发展有如下特点：第一，政党众多，是世界上政党较多的国家之一；第二，种姓、宗教以及地方因素影响政治；第三，印度的议会民主制产生了积极的和消极的两种结果，但积极为主流；第四，印度各政治力量有着较强的影响力，影响着印度的政治经济①。

（二）西北地区周边国家

我国西北地区周边主要是哈萨克斯坦、吉尔吉斯斯坦与塔吉克斯坦。近年来，中亚国家政治局势基本保持稳定，但也出现了一系列比较复杂的问题，如突发的群体性事件和恐怖事件依旧困扰着各国政府，极端势力对中亚国家来说是现行政权的最大敌人。尽管领导人的稳定对政局的稳定有利，但这种稳定如果没有社会公平、和睦作为支撑，就变得比较脆弱。中亚五国在近期内政治局势将继续保持基本稳定，但面临的政治风险也将会进一步增大②。

近几年哈萨克斯坦的政局发展前扬后抑。2010年总统纳扎尔巴耶夫顺利连任，2011年哈政治举措频繁，说明哈领导人决心利用相对有利的时机为今后一段时间做好政治布局，把稳定的局面保持下去。虽然国内时有恐怖袭击事件与政治骚乱事件的威胁，但哈政府及时采取了相应措施，总体政治局势比较平稳。

2011年10月30日，吉尔吉斯斯坦举行第三次总统选举，时任总理的阿坦姆巴耶夫以绝对优势首轮胜出，并在当年12月1日完成了自独立以来的第一次国家元首和平交接，这种结果有利于吉政局的稳定。但近年来国内民族冲突时有发生，目前吉最大的挑战是如何弥合南北矛盾和民族仇视。

塔吉克斯坦在2010年下半年国内安全形势急剧恶化，随着阿富汗局势变量的增多，塔内外的安全压力进一步增大，武装反对派再趋活跃。塔吉克斯坦国内的宗教极端势力一直以来对当局来说都是较大的威胁。在通货膨胀不断加剧的情况下，解决好国内长期存在的失业和贫困问题非常迫切。同时，其政治上的封闭影响了经济的对外开放。

（三）东北地区周边国家

我国东北地区的周边国家有俄罗斯、蒙古国和朝鲜。

俄罗斯是典型的也是当前全球范围内具有重大影响力的转型国家，基于《2020年前俄罗斯社会经济发展战略》，俄罗斯致力于实现国家的现代化，在现有制度基础上增加合理的民主形式、实现高速和高质量的经济增长，创造更有生命力的社会生活，实质性地提高居民生活水平③。

---

① 卢正涛．文化印度政治发展道路的特点［J］．贵州大学学报（社会科学版），2002（1）：6-11.

② 孙壮志．当前中亚五国政治形势及未来走向［J］．新疆师范大学学报，2012（5）：22-28.

③ 李福川．结束制度转型，进入现代化建设新阶段［N］．中国经济时报．2012-05-10.

蒙古国在苏联时期从经济到政治都是仿效苏联体制。1992年2月12日，蒙古国实行多党制，开始从专政制度向宪政民主转变。在2008年的政治危机爆发之前，一直被视为转型为宪政民主制度的中亚国家中较稳定的国家之一，其每次政权更迭都是以和平方式进行的①。

朝鲜在冷战结束后一直追求政权和主权的持久安全。朝鲜现在的内外政策总体思路是确保政治稳定，谋求国家安全，促进经济发展。

二、国际河流水资源合作开发机制的含义

机制在《现代汉语词典》中解释为：泛指一个系统中，各元素之间的相互作用的过程和功能。这一概念多用于自然科学，指机械和机能的互相作用、过程、功能等。社会科学中的机制更多地指的是机构和制度。在学术研究中，机制包含机器的构造和工作原理；有机体的构造、功能特性和相关关系等含义；在研究政府政策或管理行为时，机制更多地应用在探讨外部的、人为的作用（政策、法规、规章制度及机构设置等）是否符合社会经济的客观规律，它是使制度能够正常运行并发挥预期功能的配套制度。一般而言，机制有两个基本条件：一是要有比较规范、稳定、配套的制度体系；二是要有推动制度正常运行的"动力源"，即要有出于自身利益而积极推动和监督制度运行的组织和个体。显然，机制不同于制度，制度是机制的外在表现，机制还需要考虑制度构建以及主导其实施的机构，这就回到了《现代汉语词典》对于机制的基本解释。基于国际河流水资源合作开发的界定，国际河流水资源合作开发机制可以视为"国际河流流域各国从流域整体利益和自身利益结合出发，为保证对国际河流水资源进行共同开发利用及管理的合作行为得以顺利实施，在照顾各方利益相关者利益要求的基础上，组建的相关组织机构以及制定的相关政策体系的集合"。

相对于传统的国际河流水资源开发活动，宏观上看，构建国际河流水资源合作开发机制目标是实现可持续的满足流域各国社会经济的发展以及改善环境对水的需求；微观上看，则是最终达到使流域各国以及不同利益相关者共同认可的结果，合理有效地分配水资源利益。具体来说，通过合作开发机制，使国际河流水资源开发的竞争性行为转变为合作性行为，短期行为转变为长期行为，治标行为转变为治本行为。

从国际河流水资源合作开发机制的内涵分析看，我国对于合作开发机制的构建应关注以下基本方面。

---

① 思源. 蒙古国政治转型记［J］. 海外事，2010（11）：80-86.

第一，必须在尊重流域各国现有水资源管理体制的基础上建立，单纯模仿国际上成功的国际河流合作开发的模式并不符合我国乃至我国国际河流流域国的实际情况，我们应借鉴发达国家的先进经验，在现有水资源管理体制基础上，针对我国国际河流开发的现实条件以及不同国际河流的开发现实，构建适应我国实际的国际河流水资源合作开发机制。

第二，国际河流水资源合作开发机制应该是我国现有水资源管理体制的补充和完善。我国现有的水资源管理体制虽有流域管理之名却并没有真正发挥流域管理之实，而实际运行的行政区域管理也无法对水资源进行有效且全面的管理，这一问题对于国际河流的管理更为突出，极大地影响了我国国际河流的开发。应借助国际河流水资源合作开发机制实现我国国际河流流域管理与区域管理有机结合，把国际河流乃至境内河的水资源管理提高到新的水平。

第三，管理层面的合作开发机制和非管理层面的合作开发机制有机结合。国际河流开发涉及利益主体多样，利益要求复杂，完全依靠政府的行政管理体系难以有效地实现水资源的开发，因此应重复认识到合作开发机制中的行政管理和市场机制各自的特点及有效性，不仅要解决宏观层面的问题，还要解决微观层面的具体冲突，针对不同的开发活动采取不同的合作方式。

第四，合作开发机制构建过程中要充分考虑各利益主体的利益要求，尊重多元价值的存在共识，引导利益相关者共同参与，所有涉水利益相关者都应能在开发过程中发表意见，甚至参与决策与实施开发活动。

第五，合作开发机制需要实现信息广泛交流。在合作开发机制下，既可以有有关各方就已经发生的纠纷寻求解决途径和就此达成一致意见的实际解决过程，也可以有有关各方对于潜在争端问题进行信息沟通和相互交流，以避免其进一步恶化或升级的预防过程，因此信息能够最大限度地共享，是保证决策科学、管理有效的关键。

第六，合作开发机制应是对国际河流水资源开发全过程的管理，既有对开发内容的预先谋划、制度安排，也有开发活动正在发生以及发生之后，甚至引发矛盾之后的纠纷处理。

三、中国与周边国家的外交关系

（一）西南地区周边国家

湄公河流域国家在政治、经济、文化等方面与我国西南地区都有着密切的联系。

在中国—东盟自由贸易区和湄公河区域合作的基础上，我国与缅甸、越南、老挝、柬埔寨四国都构建了全面战略合作伙伴关系，经贸合作持续深入，工程承包、劳务合作等业务也广泛开展，我国企业纷纷投资区域的交通、通信、电力等基础设施建设①。

我国和巴基斯坦外交关系极为坚固。在军事、经贸、科技、人文领域都有着密切合作，形成了全天候战略合作伙伴关系。

中印两国是战略合作伙伴关系。两国同是迅速崛起的发展中国家，在区域范围内有着巨大的影响力，并且同属金砖五国之列，总体来说，近几年来，中印经贸发展平稳，但边界谈判继续僵持，边界冲突仍然制约着两国的关系深化。

1949 年中华人民共和国成立，越南即与我国建交，20 世纪 90 年代初中越关系正常化以来，两国在政治、经济、人文和科技等方面的合作有了很大的发展，目前我国已经连续 10 年成为越南的第一大贸易伙伴。但近几年，中越有关南海岛礁之争，给两国关系蒙上一层阴影，尤其是在美国重返亚太的背景下，两国关系更加复杂化。

缅甸是较早承认中华人民共和国的国家之一，我国与缅甸一直保持着睦邻友好关系。近年来，中缅关系总体上保持着平稳良好的发展势头。但由于缅甸正在进行的政治改革、中缅能源合作分歧及美国"重返亚太"等因素，中缅关系出现了一些不确定因素，包括两国边境民族地区武装问题等。

老挝和我国是山水相连的友好邻邦，两国人民一直和睦相处。自 20 世纪 80 年代后期以来，老挝与我国的经贸合作不断深化，双边贸易额持续增长。老挝和我国在政治、经济、军事、文化、卫生等领域的友好交流与合作也不断得到加强。老挝有着丰富的农业、矿产资源，但缺乏资金、技术与人才，而我国有资金、有技术、有人才储备，但资源不足，因此，老中之间经济互补性强，合作潜力巨大。随着经济日益全球化，我国和老挝形成了以经贸为中心的国家战略伙伴关系。

（二）西北地区周边国家

我国是较早与中亚五国建立外交关系的国家之一。1991 年 12 月我国外交部就承认中亚五国独立，之后与中亚五国建立大使级外交关系。1991 到 1997 年之间合作领域主要集中在政治和安全方面。2001 年通过"上海合作组织"，我国

---

① 贺圣达．中国周边大湄公河次区域国家形势新发展对中国西南边疆的影响及中国的应对 [J]．创新，2011 (5)：9-14.

确定了与中亚国家发展全方位合作关系的政策①。

在中亚五国中，哈萨克斯坦对我国的意义和地位最突出。哈萨克斯坦是中亚五国中对我国利益最大的国家，我国在哈萨克斯坦的利益涉及领域最广，程度也最深。中哈关系密切，彼此间的问题多且复杂。1992 年 1 月中哈两国正式建立外交关系；2005 年两国建立战略伙伴关系。

吉尔吉斯斯坦是中亚地区的小国，1992 年 1 月两国建交，在联合国、上海合作组织等框架下，两国在多边领域互相支持，积极合作，两国关系发展迅速。我国是吉重要的经贸合作伙伴，对吉经济发展具有重要作用；我国是吉通向亚太地区的重要枢纽；中吉两国在打击三股势力方面具有共同利益。

1992 年 1 月我国与塔吉克斯坦建交，我国在塔吉克斯坦的主要利益是安全，该安全的内容包括三个方面：一是"东突"问题；二是地区安全；三是战略稳定。经贸是我国在塔吉克斯坦的另一主要利益，我国与塔吉克斯坦经贸合作的重点是在交通、通信、电力、地质和矿产资源勘探开发、轻纺、农业、基础设施建设等领域。而中塔经贸合作总体比较弱，两国的贸易额很低，这是两国关系最突出的问题。

（三）东北地区周边国家

中俄建立了面向 21 世纪的战略性伙伴关系，但是更多是政治层面，两国有着密切的合作关系，在国际政治舞台保持着相互配合的状态，但是另一方面经济合作相对较弱。中俄最大的贸易项目就是两国间的能源合作，但仍然出现过中俄石油管道线改道风波。

1994 年中蒙两国签署《中蒙友好合作关系条约》，建立了良好的外交关系，政治、安全、经济、文化等各方面的合作不断扩展和深入。2003 年两国建立中蒙睦邻互信伙伴关系。2008 年，中蒙两国签订《中蒙经贸合作中期发展纲要》，为中蒙两国在基础设施建设、矿业开发、货物贸易等方面的深入合作定下基调。2011 年更是建立了中蒙战略伙伴关系②。

四、国际政治与国际河流水资源的关系

我国与周边国家基本都建立了良好的合作关系，特别是与俄、印、哈、越、老、柬、缅等国形成了全面战略合作伙伴关系，这为我国国际河流的开发提供

① 法赫利. 中国与中亚的关系（1991—2011 年）：合作与共赢［D］. 济南：山东大学，2013.
② 郜军. 冷战后中蒙关系评估与展望［J］. 才智，2013（19）：12.

了良好的环境，有利于国际河流水资源开发利用的对外合作。此外，国际河流水资源也会影响流域国家的政治安全，国际河流水资源对一国政治安全的影响主要体现在国家间的关系上。例如，中东地区的水资源问题一直是影响该地区各国关系的重要原因。

（一）我国周边国际政治关系复杂，造成水资源合作的复杂性

我国西南周边国家与我国的关系可以分成三种类型，一种是巴基斯坦这样的全天候兄弟国家，一种是老挝及缅甸这样的"中间"国家，还有一种就是印度、越南这样的与我国有领土争端的国家。东南亚这种复杂的政治环境和国际关系，决定了我国与这些国家在国际河流水资源开发及合作中的复杂性。

（二）国际河流区域为边疆民族地区，水资源关系对边疆安全稳定很重要

我国西北地区是少数民族自治区，由于经济基础薄弱，该地区和内地的经济存在较大差距，再加上一些宗教极端组织和恐怖组织的威胁，该地区社会形势并不稳定。而水资源问题容易引起相关的国际纠纷和民族纠纷，水资源不当利用所造成的生态、生产环境的改变更容易引起流域内居民的不满。西北国际河流的水资源开发合作中一个基本的战略要求是促进区域社会稳定，保持边境的安宁。

（三）界河涉及国家边界，与国际政治关系联系紧密

在东北亚地区，中俄两国作为世界大国都在努力构建全方位的平等合作关系，黑龙江、图们江等国际河流涉及两国的边界，良好的合作可以促使其成为两国合作的纽带，反之则会带来麻烦。因此，东北国际河流的合作开发将直接促进两国边界的稳定和信任。中俄两个世界大国在国际河流合作开发上的成果毫无疑问将有力促进两国的战略关系，对于东北亚的和平与稳定具有举足轻重的作用。

第三节 我国与周边国家水资源开发政策及影响

由于经济发展水平和政治体制原因，我国周边各流域国的水资源政策存在比较大的差异，认识和理解各流域国的水资源政策对国际河流合作开发机制的构建具有重要意义，尤其应考虑我国不同区域国际河流的流域国开发政策差异。

一、西南地区流域国水资源开发的政策及影响

西南地区国际河流以澜沧江—湄公河最为典型，流域国也最多，因此以澜沧江—湄公河来分析开发政策与影响。

（一）我国在澜沧江—湄公河流域水资源开发政策

1. 我国的澜沧江水电开发政策

澜沧江流域水资源的开发利用，对于资源优化配置、促进电力结构改变，加快"西电东送""云电外送"意义重大。我国对澜沧江的水资源开发是以水能利用为主的经济合作开发。在澜沧江—湄公河流域国际河流水资源开发的合作上，我国坚持国家主权原则，对于澜沧江—湄公河流域水资源位于我国境内部分的处置，坚持属于我国主权范围内的事务，自主决定对澜沧江进行开发利用，但是另一方面也会考虑下游国家的利益要求①，在上游水电开发规划、建设和运营中充分考虑对下游的影响，并主动提供防洪抗旱的调度支援。其次在我国境外部分，我国的众多企业拥有技术和资金优势，积极参与开发活动。20世纪90年代之前，湄公河下游国家的水资源开发项目基本依靠国际组织投资，包括世界银行与亚洲发展银行等，当前我国在湄公河下游的水电开发中发挥举足轻重的作用。据估测，在老挝、泰国、柬埔寨、越南这些下游国家，未来几年将要修建的干流支流水利大都能够见到我国企业的身影。

2. 澜沧江水电开发政策对下游国的影响

我国对于澜沧江水资源的开发利用，引起了下游国家的极大关注。湄公河流域目前水资源开发的主要矛盾在于下游国家担心上游国家的水电开发会对下游的河流径流产生影响，大坝建成后将改变河流的自然和水文属性，破坏河流的季节性，进而威胁到下游地区的生态、经济以及国家安全②。

不可否认的是，我国在澜沧江—湄公河流域的水资源开发为下游国家带来了诸多好处。首先，我国所进行的水利工程建设从一定程度上为流域下游国家解决了洪水泛滥的问题。其次，我国在澜沧江干流和支流进行的梯级水电开发所产生的电力，除了供应给我国境内，还将出口到其他沿岸国家。在一定程度上解决了下游国家所需的电力，促进了整个西南地区经济的发展。

---

① 汪霞. 澜沧江—湄公河流域水资源合作机制研究 [J]. 东南亚纵横, 2012 (10): 73-76.

② 郭延军. 大湄公河水资源安全: 多层治理及中国的政策选择 [J]. 外交评论（外交学院学报）, 2011 (2): 84-97.

3. 湄公河—澜沧江流域相关国家对我国水电开发政策的态度

澜沧江—湄公河流域下游国家大多担心在上游地区建造大坝威胁到下游地区的生态、经济以及国家安全。2010年湄公河下游发生严重干旱时，我国在上游的水资源开发就备受争议，很多人认为此举是造成下游大旱的原因。而事实上，2010年湄公河下游干旱并非上游的原因，并且上游中国境内同样发生严重干旱。此后我国政府为了减少争议，多次邀请湄公河委员会官员及湄公河国家的技术人员到上游澜沧江进行考察；此外中国水利部官员在湄公河峰会上通过客观数据展示上游水电开发对下游的影响。对此，湄公河委员会公开发文回应下游国家对上游的质疑，并澄清下游干旱与中国建坝无关。因此公平、合理、合法地利用国际河流水资源，并开展有效的沟通交流，对有效解决国际河流争端、避免引起周边国家的不满显得极其重要。

（二）下游国家在澜沧江—湄公河流域的水资源开发政策

1. 下游国家的水电开发政策正在发生变化

长期以来，由于流域国家政治经济因素的影响，湄公河下游干流的水电资源没有进行开发。下游国家在湄公河流域的水资源开发多以航运、灌溉、养殖为主。但是近年来，下游国家从之前的反对建设大坝，到现在的主张利益分享，在湄公河干流的水电开发已经成为一种客观发展趋势。湄公河下游的水电开发可以有效地推动下游国经济发展，进一步推进社会发展和人民生活水平提高。2012年，泰国出资在老挝沙耶武里开始建设大型水电项目，这是湄公河下游的首座干流坝，标志着湄公河下游水电开发开始启动。虽然下游四国社会经济差异较大，但是在当前环境下，他们都有着积极开发的动力。湄公河委员会秘书处完成的"湄公河干流水电站"规划，下游四国在干流共规划11座水电站，分别是老挝境内的本北、琅勃拉邦、沙耶武里、巴莱四个水电站；老挝、泰国交界河段的萨拉康、巴蒙、班库三个水电站；老挝、柬埔寨的栋沙宏水电站、柬埔寨境内的上丁、松博、洞里萨三个水电站。这些干流大坝规划正反映下游各国开始注重经济发展的现实①。

2. 下游国家的水电开发政策对我国的影响

下游国家启动在湄公河上开发水电的项目对我国而言既是机遇也是挑战。首先是机会，由于我国电力投资与建设企业的资金及技术实力，这无疑给我国的企业集团建设成为有"国际竞争力的跨国企业集团"提供了有利条件，使我国水电在东南亚推进"走出去"战略，同时也为我国与流域各国的水资源基础

---

① 许正. 大湄公河次区域安全机制构建研究 [D]. 苏州：苏州大学，2017.

设施合作提供契机。其次，应关注未来水电开发政策可能带来的挑战。鉴于我国在澜沧江已经完成梯级开发，下游湄公河的水电开发将会对上下游的工程调度提出新的挑战，尤其面对洪水和干旱等自然灾害，澜沧江—湄公河流域工程调度和运营合作必然要提出要求。因此，在主张湄公河水资源开发利益分享的"后沙耶武里"时代，我国应该清楚认识和预测下游国家的水资源开发政策可能发生的变化，主动考虑全流域水资源合作的战略构想，尽量掌握主动权，避免陷入下游国对上游国提出限制要求的被动局面，在未来根据流域各国的水资源开发进程，主动而有步骤地提升与下游国家合作的层次。

二、西北地区流域国水资源开发政策及影响

（一）我国对西北地区水资源分配政策

1. 我国西北地区的加大推进水资源分配和利用政策

我国西北地区的国际河流主要是伊犁河和额尔齐斯河，这两条都涉及哈萨克斯坦。我国西北地区与哈萨克斯坦都属于干旱缺水地区，水资源是支撑当地经济发展、生态环境和社会稳定的基础资源。因此，国际河流的水资源分配政策成为西北地区国际河流关注的焦点。我国目前正加强对这两条河的水资源利用规划和相关工程措施建设。我国积极探索新疆地区的水权制度改革，致力于把水量合理分配作为建立水权制度的基础。目前我国水量分配依靠政府授权实施，国家层面和流域层面的水资源分配制度为建立国家水权制度奠定了基础[①]。我国长期以来在额尔齐斯河和伊犁河的水资源工程缺乏，水资源利用滞后，落后于下游的哈萨克斯坦，造成一定的被动局面，当前我国正在尽力推进相关工程措施。但是，在开发伊犁河和额尔齐斯河这两条河流时，应秉持公平合理利用的原则，首先预留生态需水，优先满足流域内人民的基本需要，然后根据本国缺水区域经济的发展需要，向域外流域调水。基于中方对水资源的贡献及当前用水需求等因素，这一用水标准符合国际惯例和准则。

2. 我国的水资源分配政策对下游国家的影响

我国在对这两条河流水资源进行开发利用时，面临着来自下游邻国和国际社会的压力。哈萨克斯坦的中部地区极度缺水，因此对伊犁河和额尔齐斯河水量的分配问题极其敏感。对于伊犁河，作为哈萨克斯坦境内巴尔喀什湖的主要补给河流，哈萨克斯坦认为我国对伊犁河用水量的增加导致流入巴尔喀什湖水

---

① 于文静，王宇，熊争艳. 中国探索构建新型"水战略"，推进水权制度改革［EB/OL］. 中国新闻网，2016-01-19.

流量的减少，直接威胁了湖区鱼类资源，还影响本国南部电力供应、灌溉和其他一些基础设施，严重影响该地区经济发展与生活对此湖的依赖①。然而，事实上，巴尔喀什湖入湖径流量的减少并非我国所致，相反主要是由于哈萨克斯坦境内对巴尔喀什湖各入湖河流径流的利用。对于额尔齐斯河，哈萨克斯坦将该河看作支持首都阿斯塔纳及周边区域发展的一个大水源，认为中国对于该何水资源的作用给哈萨克斯坦境内的卡拉干达、阿斯塔纳市以及俄罗斯的鄂木斯克市的水源供应造成严重影响，同时还将威胁鄂木斯克的航运。而我国认为哈萨克斯坦的这种观点并不合理，没有考虑我国在额尔齐斯河流域的用水权利。

（二）境外国家对我国水资源分配政策的态度

我国在新疆建设额尔齐斯河和伊犁河的引水工程，引起俄罗斯和哈萨克斯坦严重关切，哈萨克斯坦积极推动要与我国开展分水谈判。2007 在联合国欧洲经济委员会引导流域国家举行"伊犁河—巴尔喀什湖流域实施一体化管理"会议，会议要求我国取消伊犁河上的规划项目，最终没有成功②。俄罗斯、美国、印度等国也常拿我国的水资源开发作为话题讨论，认为我国过度使用跨境河流将给其他国家造成生态灾难，损害相关国家利益。

三、东北地区流域国水资源开发政策及影响

（一）我国在东北地区的水资源开发及生态环境保护政策

我国东北地区的界河总体开发程度较其他地区高，但相继产生的水资源生态环境问题也随之而来。我国在东北地区界河的开发政策多以水资源生态环境保护为主。水资源生态环境保护不仅仅是水质的保护，还包括水生物保护、沿岸生态保护、水土保持、植被恢复等。我国在国内出台了一系列涉水法律文件，包括《中华人民共和国水土保持法》《中华人民共和国水法》《中华人民共和国水污染防治法》等。对于国际界河的中国一侧，按照国内的相关涉水法律进行开发和保护。

在与周边国家的合作中，关于东北地区的国际界河签署了一系列协议，也制订了一些共同开发利用的计划，但是共同合作开发程度总体上仍然较低。1992 年，在中国、俄罗斯、朝鲜、韩国和蒙古国的建议和参与下，联合国开发计划署制定了图们江地区发展规划，旨在保护跨界生物多样性和国际水域。针

---

① 李志斐. 中国与周边国家跨国界河流问题之分析 [J]. 太平洋学报，2011，19（3）：27-36.

② 卢昌鸿. 历史与现实：俄罗斯东进战略研究 [D]. 上海：上海外国语大学．2014.

对中蒙界河的利用和保护问题，我国与蒙古在 1994 年签订了《中华人民共和国政府和蒙古国政府关于保护和利用边界水协定》。就中俄界河问题，两国都认识到"利用和保护跨界水具有同等的重要性和不可分割的联系"，就界河的利用和保护问题经过了长期谈判，在 2008 年 1 月签署《中华人民共和国政府和俄罗斯联邦政府关于合理利用和保护跨界水的协定》。这些协议基本上都规定了缔约双方在保护和利用跨界水方面应当遵守的基本原则，即公平和合理利用、不造成重大损害、保护跨界水、国际合作等。合作的内容涉及信息交流、预防/减少和控制污染、水质监测、统一水质标准、水文及防洪减灾方面的合作、利用和保护跨界水的联合行动等。

（二）水资源开发及生态环境保护政策对邻国的影响

由于东北地区的国际河流多数都是界河，每一流域国在其境内进行水资源开发或生态环境保护政策对另外一国不会有直接影响。但是界河两岸国家的水资源开发利用行为都会对界河干流产生一定程度影响。截至目前，在黑龙江干流，中俄双方尚没有合作开发项目，中俄双方关心更多的是黑龙江干流的国土防护及水质和生态保护。在东北地区的国际界河问题上，我国所采取的水资源开发或生态环境保护政策首先有助于保护跨界河流生物的多样性，维持沿岸地区的生态安全；其次，我国与朝鲜、俄罗斯明确以界河中心线为国家陆地分界线，明确了各自领土范围，倘若因为河流冲刷、河岸坍塌引起航道变化进而造成国土资源的流失，将会给各沿岸国带来不必要的国际纠纷。因此，我国对于水土保持方面的保护有助于维护国家主权，从总体上也维护了东北亚国家边界的稳定。

第四节 流域生态环境保护的约束

一、国际河流水资源开发对流域生态环境的影响

河流水资源开发对流域生态环境的影响主要体现在水质、水生物、沿岸生态环境和水土保持等方面，这些环境影响反过来形成了对水资源开发的约束。

（一）对水质的影响

水资源生态环境的破坏不仅仅指水质的污染，更多的是整个生态系统的破坏。河流水资源开发带来的水质污染的影响主要发生在我国东北地区。东北地

区是我国重要的重工业区，松花江沿岸有着十多家石油化工企业和大型纸张加工企业，企业排放的污染物常常不经治理达标就直接排放，因此就从境内的支流水体污染转变为国际界河黑龙江的水体污染。2005 年的松花江水污染事件便是典型。河流水体污染、水质恶化，进而导致河道内及河道外生物生存环境的退化、土地生产力的退化。

（二）对水生物的影响

河流上修建水利工程后，对河流生态系统最大的影响就是不仅改变了河流天然水文情势，更是拦截了鱼类的洄游通道。世界野生动物基金会发现，湄公河水力发电大坝计划的推进会导致湄公河标志性物种——巨型野生鲶鱼濒临灭绝。巨鲶一般从柬埔寨的洞里萨湖出发，沿河北上，抵达泰国和老挝的南部地区进行产卵。沿河修建大坝，将阻断洄游性鱼类游回上游产卵地的路径。

（三）对水土保持方面的影响

对于国际河流水土保持问题最为重要的就是国际界河。河道冲刷、水土流失、河岸崩塌进而导致河流主泓线改道，航道的变化就使得国际界河的分界线偏移，从而使得国家的边界也随之改变。在这一方面最为典型的就是黑龙江。在俄罗斯一侧，黑龙江沿岸做了大量的护岸工程，并不断使河岸向中泓线推进，就使得黑龙江在黑河市段不断向我方一侧凹进，严重损害了我国的领土主权。又如，1995 年 7 月到 8 月发生的一场洪水，冲毁了吉林省鸭绿江千余座大堤，5处河流改道，造成了国土面积的流失达 1300 万平方米。边界问题关系到国家和领土的主权问题，导致国土和边界的得失，具有相当潜在的危险，容易造成国际纠纷。

二、我国不同区域国际河流开发的生态环境约束

河流上游地区一般河谷狭窄、地势崎岖、落差大、水流急，这种特点使其具有进行水力发电的天然优势。但是，上游的水利工程建设又往往因为拦截水流而改变河流的生态水文情势，并造成下游水量的减少或年内分配规律的改变，造成河道内生物栖息环境的改变，进而影响河道内和河道外的生态环境状况。特别是水利工程（特别是大坝）在拦截水流的同时，也阻隔了洄游性鱼类的洄游通道，影响鱼类的上溯产卵，这对洄游性鱼类而言是极其不利的。因此，当流域上下游地区分属不同国家或不同行政区时，这种上游水电开发对下游生态环境的影响就由自然影响转换为政治或经济影响。

（一）西南地区水力资源丰富、生物多样性丰富，但是上游的水资源开发容易受到来自下游生态环境影响的约束

我国在西南地区澜沧江—湄公河上游进行的梯级开发，曾经引起了流域下游国家及诸多非政府组织的反对。其反对的原因主要是我国在上游建设大坝，改变了下游河流的生态水文情势，造成了河道内生物栖息环境的改变，进而影响下游湄公河流域的渔业、农业等。因此，西南地区国际河流水资源开发受到的生态环境约束往往来自下游国家。对于流经多国的国际河流，有时候这种由上游国家水电开发对下游生态环境造成的影响又往往会转变为国际政治或经济影响。

（二）西北地区脆弱的生态环境条件为水资源开发利用提出了先天性制约

西北地区气候条件恶劣、水资源总量不足且时空分布不均、生态环境脆弱，往往是"有水即为绿洲、无水便成沙漠"。因此，生态环境条件为水资源的开发利用提出了先天性制约。在国际河流流域区，不同的流域国家之间往往为了争夺水权而忽视或轻视生态环境的保护，或者下游国家往往会拿生态环境问题限制上游国家的合理开发。比如，在中亚地区，由于干旱缺水，中亚各国曾经对咸海流域的水资源进行掠夺式的竞争开发，而不顾咸海流域生态环境恶化的事实，以至于酿成了现在的咸海生态危机。再如，我国在伊犁河进行的水资源开发程度非常低，并且开发利用也仅限于支流上，下游哈萨克斯坦就拿最下游的巴尔喀什湖生态水位保障问题要求我国加大出境水量，以此限制我国对境内伊犁河水资源的合理开发。

（三）东北地区水量充足、生物多样性丰富，水资源开发利用的生态环境约束较小

我国东北地区所涉及国际河流区域，水系发达、水资源充足、生物多样性较为丰富，而且我国东北地区的国际河流基本上为界河，各流域国在其境内支流上进行的各种水资源开发对干流水生态环境的影响较小。在此地区，虽然河流流域生态环境条件受水资源开发的影响较小，但是容易因工业废水排放造成水体污染和突发大洪水。因此，水污染或洪水淹没问题带来的生态环境影响是约束东北地区国际河流开发的最大影响因素。

第五节 国际水法律与治理规则及影响

一、国际水法与治理规则概述

(一) 国际水法

国际水法是指国家之间在国际水域开发、利用和保护、管理方面所缔结的国际公约，双边或多边国际条约、协议以及国际惯例而形成的一般原则、规则的总称。国际河流的开发利用和保护是国际水法的重要内容和领域，国际水法的精髓在于为国际水资源的利用和保护制定基本原则，为国际河流综合协调开发及国际河流保护提供理论依据和政策保障。国际水法包括普遍性国际水公约和区域性或流域协议等，其中关于"合作"和"争端解决"的规定，为国际河流的共同开发和保护提出了更为具体的义务性要求[1]。

世界淡水资源日趋紧张，国际河流水资源利用权有可能被国家或者利益组织竞争利用从而引发各国矛盾。国际水法是协调国际河流及水体的开发利用的法律，它是唯一能够影响重大国际水争议结果的重要因素。国际水法的目的是强调国际河流开发时应采取多国联合行动的策略，保证水资源有效保护并维持健康的生态环境，保证地区和平并且能够实现流域水资源的持续利用。流域每个国家都有合理利用境内水资源的权利，但是国际河流的开发会影响流域各国的社会、经济、政治与环境等方面的利益，因此流域各国为解决国家间矛盾，会通过外交活动，依据国际水法的原则与条款进行协商与调解。并且为避免国际纠纷，各国大多依照国际水法的有关原则，对国内水法等进行修订并考虑境内段的管理行为。可见，国际水法的实施需要流域国家开发国际河流时遵循国际水法的原则条款，履行义务并承担责任，以维持国际水法的效力；而国际河流的开发又需要国际水法作为各国的行为准则，以协调各国的用水利益[2]。

(二) 国际上的跨界水资源治理规则

国际跨界水资源治理规则是在国际河流开发过程中指导开发各方行动的行

---

① 王志坚，邢鸿飞.国际河流法刍议 [J].河海大学学报（哲学社会科学版），2009 (9)：9-10.

② 冯彦，何大明，包浩生.国际水法的发展对国际河流流域综合协调开发的影响 [J].资源科学，2000 (1)：81-85.

为指向和规则。国际河流开发的国际治理规则理论上与国际法或国际法的原则具有关联性，二者对于相关国际事务指导性和引导性的逻辑从根本上讲是一致的。但是国际法更侧重于国际交往中的法律规范，即主要的国际治理主体或国际法主体（主权国家和政府间国际组织）在国际社会所享有的权利和应履行的义务；国际河流开发基本行为原则侧重于所有的国际河流开发各主体在处理相互关系时所应遵循的道德规范和行为准则，它可以用文字表达的形式，也可能仅仅是一种默契或共识。

广义的国际河流合作治理规则除了是引导双边或者多边行为的指针外，也涉及讨论谁参与制定这些规则、谁来监督、谁有权力来修改这些规则；它不但涉及通过制定规则促使保证合作开发顺利进行，更重要的是它强调了合作开发是什么，谁通过什么方式和过程来规划和制定规则以实现合作目标。所以，国际行为规则背后本身暗含权力、权威和参与决策等问题。从狭义的国际河流合作治理规则看，它既体现了国际河流合作的一系列成果，更主要是反映了对于未来治理的一种治理指向。基于国际河流合作开发的基本治理规则，国际河流利用既有基本原则也有规则，公平合理利用和不造成重大损害属于基本原则，而自由航行、事前通知等属于行为规则，行为规则需要在基本原则的约束下进行运用。常被国际河流条约引用的规则如下：

1. 自由航行规则

国际性可航水道的自由航行在欧洲 18—19 世纪比较盛行，当时国际河流的利用以航运为主。《美茵兹公约》是 1831 年由莱茵河国际国家签署的世界上第一个国际航运条约。之后随着航运的发展，世界一些国家签订了一系列与国际河流航行有关的协议。在早期的国际河流开发中，各国需要充分利用国际水道扩大国际贸易，国家之间的经济交流与合作需要借助于国际水道，因此国际河流的可航性和商业价值开始被重视。当前，国际法协会在《赫尔辛基规则》及《关于水资源法的柏林规则》（2004 年）中都明确规定，在遵守规则各项限制条件的前提下（即在限制范围内），各沿岸国具有平等、无歧视地在整条适航水道上自由航行的权利。这是当代对于自由航行的最新一次阐述。自由航行主要限于诸如欧洲的一些拥有国际河流的国家。随着海洋运输的崛起，河流国际运输地位逐渐下降，国际河流作为国际运输通道的重要性大为减弱，因而现在这一规则已不再是国际河流合作中的主导原则①。

① SALMAN M A. Conflict and cooperation on South Asia's international rivers [M]. Washington, D. C.: The World Bank, 2002: 8-31.

2. 事前通知规则

当一流域国在其境内国际河流上的开发利用可能会对其他流域国造成不利影响时，必然会引起其他流域国的关注，这在流经多国的国际河流流域，特别是上游开发对下游开发产生跨境影响的流域内表现明显。为了避免和消除这一消极影响，往往需要主动实施开发措施的国家向受影响国家提供相关信息与数据。在实践中，在国际河流水资源利用项目开始后，除了实施开发行为的国家主动通知外，有着影响关系的各国应当及时交换有关该项活动的信息和数据。这在一些《赫尔辛基规则》《国际水道法公约》等国际协议和国际河流的流域协议中均有规定。提这一规则实质上是考虑到相邻国家在国际河流的利用、开发和保护上的相互依赖性。

3. 数据与数据分享规则

数据与数据的分享规则是国际河流水资源合作的一项重要规则，只有在流域国之间就数据与数据交换的必要性、用途、范围、规范标准、费用及具体执行程序等相互协商一致的基础上达成有关协议，才可以实施。根据 Hamner 和 Wolf 的统计分析[1]，当前全球 140 多个国际河流协议中有一半以上与国际河流信息数据的收集和分享有关。数据与数据分项规则是国际河流合作发展到一个特定阶段而形成的。这一规则对于国际河流合作中的许多方面均会产生重要的积极影响，国际河流合作各方定期和不定期的相互交换数据与数据是其开展国际河流合作与解决矛盾冲突的基本条件，交换的资料可以为协商谈判提供坚实的基础。当然在实践中，数据与数据是一种重要的稀缺资源，因此共享数据和信息难免会带有限制条件，并非信息拥有国无条件的信息分享，以保证数据与数据拥有国的政治和经济利益。

二、国际水法与规则对我国的影响

（一）国际公约虽然对我国不具法律效力，但是我国仍不能忽视周边下游邻国及国际舆论的影响

1997 年联合国大会通过的《国际水道非航行使用法公约》（以下简称"《公约》"）历经 17 年才生效（2014 年 8 月 17 日生效），足以显示制定一部全球国际河流普遍适用的公约是非常困难的。其推行困难的主要原因是该公约并未全

---

① HAMNER J H, WOLF A T. Patterns in international water resource treaties: the transboundary freshwater dispute database [J]. Colorado Journal of International Environmental Law and Policy, 1997 (2): 161-177.

面考虑上游国家的利益。该公约一方面确认了主权平等、公平合理利用以及不带来重大损害等原则，但忽略了主权原则下上下游国家地理位置不同、气候条件不同因而提供水量不同的情况，对国际河流水量的主要贡献国是不公平的。该公约虽然对我国不具法律效力，但是我国仍然不能忽视该公约生效的影响。我国周边的老挝、泰国、柬埔寨、越南都已是《公约》的签约国，在此背景下，我国应该考虑《公约》生效带来的潜在不利影响。

（二）国际水法与国际惯例中的有益成果，已经成为我国与周边国家处理国际河流问题的重要参考

我国虽然没有加入《公约》，但是在国际河流开发方面有着众多的经验，具体体现在我国与周边国家签署的各种双边跨境水条约、边界条约、边境事务协议和若干谅解备忘录中。比如，中蒙《关于保护和利用边界水协议（1988）》、中哈《关于利用和保护跨界河流的合作协议（2001）》、中俄《关于合理利用和保护跨界水的协议（2008）》等，后两个协定都是在1997年《公约》开放签署之后签订的，受《公约》的影响较大。从内容上，这些条约都不同程度地体现着《公约》中的一些基本原则和精神，包括公平合理利用原则、不造成重大损害原则和和平解决争端原则等。在处理跨界水争端方面，我国已经在条约实践中贯彻着《公约》的基本要求。《公约》中的一些基本原则和精神考虑了所有流域国利益在我国处理国际河流问题时有借鉴意义。

（三）作为上游国家，我国亟须从充分考虑流域各国利益的角度出发，积极研究和推动制定更为合理的国际水法公约，提升我国在国际水法领域的话语权

由于《公约》没有充分尊重上游国利益，我国才没有加入，但是我国周边已有部分国家加入。在此背景下，作为处于多条国际河流上游的大国，我国有责任代表和鼓励更多的上游国家从考虑全流域各方利益的角度出发，推动制定更为合理的国际水法公约。一方面可以充分维护我国在国际河流中的主权及应得利益，另一方面也可以提升我国在国际水法领域的话语权。

第六节　国际舆论对我国国际河流开发的影响

我国作为多数河流的上游国，对国际河流水资源开发的一举一动都会引起国际舆论的关注，而且在以西方为主导的国际舆论环境中，以负面舆论居多，

这是我国不可忽视的问题。然而这些负面舆论的形成并非仅仅由于跨境水资源问题，更多的是国际复杂政治外交格局的一种反映，因此与我国的外交和国际政治关系发展息息相关。由于国际河流水资源合作的技术性、经济性和政治性交织，我国需要关注国际舆论应对之策。

一、国际舆论中的我国国际河流开发形象

西方国家由于同我国在政治体制、经济体制和文化上的差异性，对我国国际河流开发的舆论具有很多攻击性，以"水霸权"言论为主要特征，而周边国家与我国总体政治与经济关系保持良好，舆论友好性与不友好性参半，不友好的舆论主要体现在"水威胁"言论，体现的主要是担忧和缺乏信任。

（一）西方发达国家舆论关于中国的"水霸权"言论

我国的崛起，引起美国等西方国家的警觉。我国一直保持着负责任的大国形象，但有关"中国水威胁论"的舆论以及美、日等西方国家不友好的态度使我国成为"众矢之的"。美、日等西方国家对我们的努力视而不见，总拿我国国际河流开发问题说事，宣扬"中国用水牵制亚洲地区""中国过度使用跨境河流将给其他国家造成生态灾难""中国在出口污染""中国利用生态武器制造洪水"等不实言论。英国报纸指责我国追求"水霸权"，联合国在相关的报告中提出，我国澜沧江的水资源开发活动将对湄公河流域形成更大的威胁。美国和日本等西方国家在诸如湄公河上的言论及所作所为和它们在我国南海搅局如出一辙，目的只有一个，这就是通过各种手段，借助各种机会，遏制我国的发展与崛起。

（二）周边邻国舆论对中国的"水威胁"言论

由于西方国家及媒体对于"中国水威胁论"的炒作，加之对自身利益的顾虑，周边邻国纷纷向我国发难。周边邻国主要是哈萨克斯坦、俄罗斯、印度以及下湄公河流域国家等曾对我国发表不友好言论。它们有可能只是泛泛地指责我国，也有可能是针对某一具体河流上的问题指责我国。围绕我国在国际河流上的开发活动，周边国家的"中国水威胁论"主要集中于两点：一、我国在国际河流上游修建水电站在旱季拦截河水，导致河水枯竭，下游国家民众饮水困难，雨季到来，水坝蓄足水后大规模泄洪，导致下游国家洪涝灾害。二、我国通过在上游修建水坝调节水流量，从而控制下游国家的经济和政治。

我国开发额尔齐斯河，哈、俄多次表示导致了境内水量降低。在 2007 年上海合作组织峰会上，哈萨克斯坦总统纳扎尔巴耶夫对我国在额尔齐斯河与伊犁

河上水资源需求公开发表不满意见。俄罗斯也对此表示担心，俄罗斯《消息报》曾刊登一则题为"中国将夺取西伯利亚水资源"的报道，称我国将把额尔齐斯河支流黑额尔齐斯河的水资源引向我国西部地区，导致俄罗斯和哈萨克斯坦两国的水资源减少。

我国开发雅鲁藏布江的意愿引发了印度的高度关注，印外交部敦促我国"不得在上游进行任何有损下游利益的活动"。为减少印度的不满，2002 年我国主动跟印度加强沟通，共享雅鲁藏布江汛期的水文信息，但印方并没有认可。

我国开发澜沧江曾招致湄公河四个下游国家的强烈反对。2010 年中国西南五省遭遇大旱，这四个国家也出现了严重旱情。部分下游国家由此认为是我国修建水坝造成的。越南《青年报》称，我国在湄公河上游建设的 8 座水电站，在旱季拦截河水，导致河流枯竭，饮水困难；雨季到来水坝蓄足水后开始大规模泄洪，导致洪涝灾害。

二、国际舆论对我国国际河流开发的影响

（一）制约我国对国际河流开发主权的行使

主权是一个独立国家的根本属性，一个独立的现代国家，对其领土内的自然资源，都享有永久主权，这是一项早已确立的国际法基本原则。1962 年联合国大会在通过的《关于天然资源之永久主权宣言》中郑重宣布"各民族各国行使其对天然财富与资源之永久主权"。作为一种极其重要的自然资源，跨界水资源的上游国家对位于其境内的水资源享有包括所有权、利用权和处置权在内的永久主权①。

按照国际法理的精神，我国在开发国际河流水资源时应考虑境外流域国家的利益要求。虽然在一国内部开发国际河流水资源属于国家的主权和内政，但也应该展现合作的意愿。2000 年我国与湄公河委员会就湄公河水资源开发举行对话，2002 年我国开始向湄公河委员会提供澜沧江汛期信息。2003 年我国同意缩减以及调整澜沧江的水资源开发规划。这些都是对下游国家及舆论的回馈以及改进，制约了我国对国际河流开发主权的行使。

（二）影响我国对国际河流水资源的调配与规划

我国南水北调工程的东线和中线调水方案已经基本完成，西线的调水方案

---

① 白明华. 国际水法理论的演进与国际合作［J］. 外交评论（外交学院学报），2013（5）：102-112.

仍然在规划。2010 年 11 月，我国雅鲁藏布江成功实现截流。但这引发印度舆论哗然，舆论纷纷抨击我国的截流行为。其舆论批评主要是害怕我国在雅鲁藏布江上游建成水电站会直接影响下游印度的用水安全。我国西南地区由于地处青藏高原，是许多跨界河流的发源地，西藏高原素有亚洲"水塔"之称。对于我国境内国际河流的开发利用，印度等南亚国家保持着高度的警惕。我国南水北调的西线方案也给印度等国的"中国水威胁论"提供了借口，这必然影响我国对国际河流水资源的调配与规划，甚至影响我国水资源整体的开发利用布局。

（三）增加了我国对国际河流开发的阻力

国际舆论对我国国际河流开发造成的阻力常常通过各种政治力量和经济力量而转变为现实的障碍，而国际舆论形象事关我国在国际关系中的大国声誉和地位的塑造，尽管我国处于上游，但我国政府不得不加以考虑。这些阻力主要体现三个方面。

第一，在国际河流流域内的其他国家（特别是下游国家）围绕水资源权益协调分配问题对中国的水资源开发行为提出质疑或反对，对我国造成外交压力。我国基本处于上游地位，具有天然的开发优势以及受到下游质疑的条件，当国际间利益冲突加剧、国家与民众之间的信任缺乏的时候，上游总是会受到下游各种质疑和阻碍的。

第二，是流域外国家或第三方国际组织利用我国开发国际河流问题故意制造对我国不利的国际舆论，破坏我国的国际形象。这类问题是借助国际舆论进行国际政治操作的典型做法，国际河流水资源问题由于涉及环境和可持续发展，是非常好的话题，往往域外力量更可能以此介入。

第三，是国内或国外的环保主义组织（或个体）对我国开发国际河流行为发表反对观点，制造国际热点和舆论声势。这些环保主义舆论随着各国公民社会的形成发展得很快，具有影响力。

第四章

中国与周边国家水资源合作开发的战略框架

我国与周边国家国际河流的水资源关系复杂而多样，建立一个具有整体性而又兼顾不同区域国际河流水资源特征与社会经济条件的合作开发框架非常重要，保证我国对外水资源合作政策的一致性。在我国实施"走出去"的发展阶段，跨境水资源合作关系到我国与周边国家的经济与政治关系的稳定，对于国家发展、经济繁荣和社会稳定都具有极为重要的意义，跨境水资源合作需要与国家的外交战略保持一致性。因此，亟须改变当前应对性的管理思路，系统地思考和构建国际河流的水资源合作开发战略及合作机制框架。

第一节　战略定位

我国与周边国家开展国际河流水资源合作开发需要与国家安全与发展战略一致，应符合我国的总体安全与发展战略，符合我国与周边国家共同的利益需求，这两个原则是明确战略定位的前提。国际河流水资源作为我国基本的战略性资源，对我国的社会经济发展、边疆区域的开发和周边政治与经济合作非常重要，可以促进我国与周边国家的战略合作。国际河流水资源作为与周边邻国的共享资源，开发利用与保护也必须符合包括我国在内的各共享国的利益要求，才能有效开展。

一、建立国际河流开发的利益共同体

在《推动共建丝绸之路经济带和 21 世纪海上丝绸之路的愿景与行动》中中国政府提出与沿线国家一道，打造政治互信、经济融合、文化包容的利益共同体、命运共同体和责任共同体。我国与周边邻国共享 15 条重要的国际河流水资源，尤其西南与西北的国际河流流域范围直接是"一带一路"倡议的重要合作区域，国际河流水资源合作开发是构建我国与周边国家利益共同体的重要载体

和方式。

（一）国际河流开发利益共同体的基础是共用水资源

无论是边界河流还是跨界河流，流域水资源的整体性和共享性构成了流域内各国人民之间天然的联系与交往，我国与周边国家的边界多数以山川河流划界，历史上各民族的经济、文化交流主要依托天然水系，许多国际河流流域内的民族、经济、文化非常密切，国际河流的天然纽带作用十分明显。虽然主权边界划分、区域性的经济资源竞争会造成水资源争端，但这种天然邻居与共享资源的现实不可改变，正是因为共用水资源，才可能构建基于共用水资源的利益共同体。

我国提出国际河流利益共同体原因在于：一般除了在边界河流上，我国与邻国具有非常密切的水资源共享和联系以外，在跨界河流上主要处于上游国地位，相对于下游国对上游水资源保护的利益要求，上游国在合作上处于相对主动地位。没有上游国参与，流域合作就是不完整的。但是上游国参与合作往往就会受到约束，因此，上游国必须基于领导地位提出合作主张才有合作的积极性。我国提出国际河流水资源合作必然会在水资源开发方面受到约束，但可以在更高层面的经济与政治安全合作方面取得主导权。另一方面，上下游合作的地位还需要经济与技术能力的支持，尤其是水资源开发工程能力，这是我国提出利益共同体的能力基础。

（二）国际河流开发利益共同体的核心是保障水资源安全与可持续发展

随着社会经济的发展，水资源的安全问题成为当前社会广泛关注的话题，特别是我国国际河流周边国家目前都处于社会经济发展的高速增长阶段，对于水资源量的需求极为旺盛，并且在相当长的一段时间内将持续呈现增长的态势。如果完全由各个国家依靠自己利益要求对国际河流实施开发活动，形成竞争开发的局面，必然会导致整个河流生态的破坏，进而也会影响自身对于水资源安全的需求，各方皆输，甚至有可能类似中东因水资源而走向战争之路。因此，通过构建国际河流开发利益共同体，保证国际河流水资源开发的安全以及维护流域可持续发展，寻求流域各国共赢的局面，应成为我国国际河流水资源开发利用共同体的核心主张。这一核心主张要求流域各国坚持对国际河流进行整体综合开发，并遵守公平合理利用原则，致力于各国承担不造成实质性危害义务。同时将维护河流生态系统的最基本功能和流域内民众生活用水作为最高用水优先权，首先给予满足，体现各流域国的水权。对于我国而言，一方面要求下游国承认我国作为部分国际上游国的正当合理权利，同时我国也积极承担保证下游水安全的责任；界河方面则要求各国平等互利地开发利用水资源。这样就要求流域各国对于国际河流的合作项目或行动，从规划、开发到管理都贯彻流域整体发展的出发点，把社会、经济、环境等多种因素纳入一个系统综合考虑，实现可持续发展，保证流域各国发展所需要的水资源供给。

（三）国际河流开发利益共同体是多层次利益合作

1. 水资源综合治理的利益合作

从整体考虑，国际河流流域各国有着相互影响的利益关系。虽然国际河流的自然属性造成了不同流域国地缘政治有着不一样的地位，但水资源对于区域社会经济的战略性作用，导致不同地理位置的国际河流流域国都积极地通过共用水资源的方式获得自身的利益最大化。国际河流流域构成了一个具有系统性的自然地理单元，同时也是具有独特属性的流域经济系统，因此流域国在开发国际河流水资源时需要系统考虑、互相合作。流域各项活动的统一管理的需求形成了流域综合治理的理念。

2. 流域社会经济利益合作

国际河流流域内的自然资源、生态环境和社会经济是一个相互作用、相互依存和相互制约的统一完整的生态社会经济系统，流域内的社会经济活动具有密切的联系，形成竞争与合作交织的局面，以水资源管理为核心的流域经济和社会活动管理需要进行社会和经济利益的协调，才能保证流域可持续发展，这就需要构建利益共同体，以实现流域内各方的利益要求。

国际水道的整体性要求国际河流水资源开发利用的社会经济合作项目或行动，从规划、开发到管理，都要协调和合作，努力避免单方面、片面或单独目的的开发行为，以共同追求流域整体的最大效益，实现可持续发展。

3. 水安全利益合作

水资源安全是国家和区域社会经济安全的基础，水资源过度开发造成的灾害影响各国的社会稳定和政治关系，水资源安全伴随着国际政治安全形势的变化而出现泛政治化趋势，使得国际河流引发冲突事例，往往触发国际安全冲突，成为影响区域安全的重要问题。因此，国际河流的水安全合作是我国与周边国家安全合作的重要内容。

我国在大力开发国际河流的过程中也必然面临诸多争端。在缺乏流域协调机制的前提下，流域各国按照自己的利益与意愿实施开发，无法实现流域利益的最大化，甚至引发地区性安全危机。因此，通过构建国际河流流域水资源合作，促进流域范围内各国利益共同体的实现，保障我国与周边的安全与稳定。

（四）国际河流开发利益共同体的开放性

国际河流开发利益共同体首先是主权国家政府之间的合作，更多的决策权掌握在政府部门手中。但是国际河流有着大量的利益相关者，我国与流域国家的流域管理体制差异性较大，各自对多方利益要求的考虑和参与模式也不同，这是建立利益共同体需要考虑的现实问题。

从长远看，利益共同体应该是有序开放的，需要根据国际河流水资源利益的先后次序实现有序参与治理。全球化环境中，跨国公司的投资、居民生存环境和基本利益保障、环境保护主义团体的要求等，构成了复杂而多元的利益结构。因此，我们所倡导的利益共同体应该具有开放性，通过将政府等公共部门主体、各类国际非政府组织、政府间国际组织、学术界、社会团体、金融机构以及公众等利益相关者融合成一个利益共同体。通过合作机制，促进其积极参与到国际河流开发与保护活动中，促进合作广度和深度的拓展和延伸，才能实现各方的利益要求。

二、服务于"一带一路"共建行动

2013 年中国提出"丝绸之路经济带"和"21 世纪海上丝绸之路"的倡议，并于 2015 年 3 月发布《推动共建丝绸之路经济带和 21 世纪海上丝绸之路的愿景与行动》，详细阐述了"一带一路"建设的总体规划和具体合作领域，并成立了推进"一带一路"建设工作领导小组，标志着"一带一路"建设正式启动。加快"一带一路"建设，有利于促进沿线各国经济繁荣与区域经济合作，加强不同文明交流互鉴，促进世界和平发展，是一项造福世界各国人民的伟大事业，对于我国社会经济发展具有重大意义。"一带一路"建设是一项系统工程，虽然得到了沿线诸多国家的支持，但是也面临许多困难。我国三大国际河流聚集区中西南和西北都属于"一带一路"的地理领域，国际河流水资源合作开发需要服务于"一带一路"倡议，是我国现阶段发展战略的要求。

（一）国际河流合作开发可以加强"一带一路"沿线国家的合作意识

国际社会尤其是沿线国家对于"一带一路"倡议存在矛盾的心理。"一带一路"倡议的实现取决于我国与沿线国家形成相互信任密切合作的关系，而要建立这种关系的前提是我国与沿线国家之间的安全争议或冲突能否得到有效缓解或最终解决。

作为"一带一路"建设的两个重要方向，我国西北地区国际河流流域国和东南亚地区国际河流流域国的态度在推进"一带一路"建设过程中发挥着极其重要的作用。但是这两个区域的国际河流属于我国目前重点开发的河流，由此也引发了诸多矛盾，这些矛盾如果不能有效解决，必然会对"一带一路"倡议产生不良影响。例如与在中亚有着巨大影响力的哈萨克斯坦存在水资源开发方面的争议；我国与湄公河下游国家也有着水资源开发方面的矛盾。国际河流的水资源问题已经成为影响我国同周边国家关系的一个重要因素，而且已经超越了双边乃至地区层面，牵动着相关各方的政治、外交和战略走向。

如果我国能够充分利用自身在地缘、经济和技术等方面的优势，积极主动地与周边国际河流流域国家在水资源开发利用方面展开有效的合作，减少矛盾，增加合作范畴，必将加强"一带一路"国家的合作意识和合作互信程度，在国际河流水资源合作开发的基础上推动"一带一路"合作。

（二）国际河流合作开发可以为"一带一路"倡议提供合作机会

水资源问题也是"一带一路"沿线国家共同面对的基础设施问题，水资源基础设施的开发与其他能源、交通等基础设施问题一样，是沿线国家社会经济发展的瓶颈，因此，围绕水资源开发将会形成一系列的合作机会。

"推动共建丝绸之路经济带和 21 世纪海上丝绸之路的愿景与行动"明确提出"一带一路"倡议坚持市场运作，遵循市场规律和国际通行规则，充分发挥市场在资源分配中的决定性作用和各类企业的主体作用。因此"一带一路"倡议带动了我国企业产能转移和"走出去"投资热潮。水资源开发领域我国企业具有较强的优势，可以成为"一路一带"倡议的先行军，率先在境外展开运作，积累经验；另一方面我国水电企业具有较强的竞争优势，也能够取得一定成效，为我国企业树立了良好的形象。

改革开放以来，我国开始了大规模水电开发的热潮，经过 40 年的积累，我国水电开发企业积累了丰富的水电开发经验，同时也掌握了先进的水电开发技术。另一方面，在大规模的水电开发完成后，国内河流基本完成了水电的开发，我国水电开发企业开始面临无水电资源可以开发的现实。而与我国共享国际河流的缅甸、老挝等东南亚国家水电资源丰富，由于国家实力较弱，资金短缺，开发水平也比较落后，难以开发丰富的水电资源。近年国内诸多水电开发企业开始走出国门，首先前往东南亚选择新的开发项目。我国水电开发企业在东南亚国家投资的水电项目，为企业带来了利润，支撑了企业的发展，也提升我国水电开发企业在国际水电开发市场的声誉，促进了水电项目所在国的社会经济发展，改善了当地的民生，并且为"一带一路"倡议的实施起到了良好的示范作用。

（三）国际河流合作开发有助于加深各国对我国发展的理解

"一带一路"倡议不仅仅是基础设施建设、互联互通和经济合作，更是多元文化之间的理解。国际河流合作开发的多层次性可以促进各国对可持续发展与水生态文明方面的交流、认识和深化，这种基于共同家园生存环境的合作，可以触及国际河流流域各国人员最基础的民生发展、人文沟通和精神上共鸣，所以国际河流合作开发不仅仅是经济利益的共享，更是展现我国和平发展以及追求共同平等、共赢的机会。

我国在湄公河流域是东亚最具发展潜力的国家，同时在该区域具有一定的影响力，是推动"一带一路"建设的前沿，美国、日本等国近年致力于加大对该区域的介入，引发了该区域的利益冲突，也对我国在该区域的影响力产生制约。在此背景下，我国倡导建立澜湄合作机制以解决域内合作与域外参与的关系问题，如果我国对流域水资源的开发能够有效地兼顾下游国的利益，处理好与流域沿岸国家之间的关系，化解国际水资源争议和矛盾，实现对流域水资源的有效合理开发，就可以在流域内构建良好的互信与合作环境，并且在此基础上引导各国设立相关的协调机制甚至协调机构，逐步实现流域的全面合作，这可以增强流域各国对于我国的信任以及增加合作意识，这一示范作用可以进一步地加深"一带一路"沿线国对于我国发展的认识与理解，促进"一带一路"倡议的顺利实施。

三、维护边疆稳定与发展

国际河流都处于边境地带，民族关系复杂，安全问题突出，水资源开发直接关系边境的稳定，同时对于边境的发展具有重要的作用。维护边疆稳定与发展是我国水资源合作开发的主要战略要求。

（一）国际河流合作开发可以促进边疆稳定

边境地区安全实现的基础是地区间没有现实的冲突存在，甚至形成了解决潜在冲突的相关机制或协议。国际河流合作不仅仅是解决因国际河流开发引发争端的有效方式，甚至还能够以此为契机实现全面的合作。因此需要国际河流流域内的流域各国致力于构建水资源合作机制，实现流域地区的安全，维护各国边境的安全，有效解决国际河流竞争性开发引发的问题，使流域内国际河流争端得到有效的控制与解决。

国际河流的地缘属性是流域国家采取合作政策，化解冲突，寻求地区安全与稳定的客观要求。目前我国主要的三大国际河流区域都存在着较大的不稳定因素，如果能够有效地通过国际河流的合作开发促进各国合作，则能够增强边疆的稳定态势；而如果因国际河流开发引发更多的矛盾，则对边疆稳定带来不利影响。因此需要通过有效的国际河流合作保持边疆地区的稳定性。

国际河流流域地区国家间通过合作展开良性互动，不但可以解决国际河流冲突，还能够推动流域各国开展密切的经济合作，提升流域国家之间的相互信任，甚至将有冲突矛盾的国家转变为合作伙伴。国家间合作关系能够支援构建区域性合作机制，建立起国家间有效的沟通管道，促进地区在经济甚至政治层面上实现合作，保持流域地区的结构性稳定。在这种安全进程中，流域地区会孕育出有效的地区安全机制，最终呈现政治、经济与社会一体化的整体性特征①。

（二）国际河流的共同开发可以推动边疆区域的发展

国际河流由于地处边境地区，因自然地理以及政治因素，开发相对较晚，一般都属于贫困地区，也隐藏着诸多的不稳定因素，特别是西北国际河流区域。而通过国际河流开发可以带动当地社会经济的发展，为当地社会经济提供发展动力，给各方带来重大利益。例如水电开发作为大型的投资项目，不仅可以为当地提供清洁能源，并且在建设运行过程中以及带动的相关产业还可以招工当地居民，提高居民收入水平。此外，航运、旅游等依托国际河流的产业也能为边疆地区提供经济发展的契机。当社会经济得到了发展，边疆地区的稳定也就得到了保证，因此通过国际河流开发为边疆地区的社会发展提供动力也是国际河流开发的要求之一。

例如，中缅泰老四国倡导建立的"黄金四角"合作机制所关注的区域均是以澜沧江为纽带的各国边境地区，包括"金三角""绿三角"地区。由于地理条件限制，社会经济发展滞后于各国其他地区，经济贫困、社会安全问题突出，以澜沧江航运、水电开发、灌溉基础设施合作的共同开发可以对当地的社会经济发展起到积极的作用。

第二节　合作原则与战略主张

我国国际河流开发在遵循国际相关惯例和准则的基础上，还应根据我国的实际情况，提出我国的合作原则与主张。

---

① 阮宗泽. 国际秩序的转型与东亚安全［D］. 北京：外交学院，2005.

一、合作开发的基本原则

在国际河流合作开发中，为了减少水争端，提高各国在利用和使用水资源时的效率，国际社会以公约、判例、条约等方式确定了一系列合理利用、分配和保护水资源的措施和原则，被世界各国广泛认可，这应该是我国国际河流开发的基本原则。另一方面，也要根据我国的实际情况，在遵守国际基本准则的基础上提出我国国际河流开发的基本原则。

（一）主权原则

国家主权的完整是国际河流合作开发的前提，坚持国家主权的完整是国际河流开发合作的基本原则，相互尊重主权完整是我国一条基本的外交准则，同样适用于国际河流合作开发。

国家对本国领土范围内的自然资源（包括国际水资源）享有永久主权。流域各国均有权利开发属于本国的流域水资源，不受他国的威胁和损害；另一方面，国际河流流域国家对水资源的开发利用，也不应损害相关其他国家主权、领土的完整和独立①。因此，我国在进行国际河流的水资源开发的过程中，在充分考虑上下游影响的情况下，开发利用境内水资源具有决定权，而不受任何外国势力的干涉。我国作为许多国际河流的上游国，这一原则对维护我国的基本国家利益非常重要。

（二）共享原则

在保持国际河流的主权完整不受侵犯的前提下，坚持国际惯例中的公平共享原则，尊重流域内的其他各国的正当权益，追求共同利益。尊重和享有公平合理利用原则赋予流域内每个国家在其领土范围内合理且公平地分享水资源的权利，当事国公平合理地参与国际河流水资源的使用、开发和保护的原则。此项原则也是我国进行国际河流水资源开发时应该秉承的重要原则，在我国和流域内各国进行合作开发的过程中要坚持在流域利益最大化前提下共享的基本原则，在坚持主权利益的同时，流域各国积极维护流域的整体利益，积极共享资源与利益。

（三）全面原则

国际河流水资源开发涉及面广，影响也大，与当地的社会经济发展紧密联

---

① 郝少英．跨国水资源和谐开发十大关系法律初探［J］．自然资源学报，2011（1）：166-176．

系，相互关联，因此国际河流的合作开发不应该仅仅围绕水资源本身，而应该纳入整个流域社会经济的发展范畴。由此，国际河流水资源合作开发应包括三个层次合作的有机融合：国家、区域和流域层面，同时也应将水资源开发的多个领域有机结合在一起，在考虑流域整体利益的前提下，避免单方面单层次单领域的开发以及由此引发的问题。充分考虑不同的利益主体有着不同的利益要求，在其共享国际河流水资源的过程中，充分认识到不同的利益需求和开发行为，综合考虑各利益相关者的利益要求和责任承担，从可持续发展的视角出发，实现利益平衡。

（四）协商原则

国际河流的跨界属性导致国际河流的开发难免带来争端，特别是近年不同利益主体的形成，更容易引发各类争端。历史上因国际河流引发大量的战争，带来巨大的破坏，因此国际河流的开发还应该遵守和平协商的基本原则。因国际河流开发引发的水争端只有通过和平方式解决，才能保证国际河流水资源能够得到有效的利用，流域生态得到有效的保护，保证流域区域社会经济的稳定与发展。以不顾流域其他国家利益，以自身利益最大化实施水资源开发，必然引起水争端，激化流域国之间的矛盾，甚至引发战争。

二、共同开发与保护的基本主张

我国需要依据周边国际河流的现实状况确立我们的基本主张。第一，我国国际河流众多，不同流域国发展状态不同、经济发展阶段的不同导致利益要求不同，我国对于不同区域的国际河流利益要求也不相同，因此利益要求差异较大。第二，周边国际河流流域国由于社会发展的需要，大多数国家仍然选择以"先发展后治理"的思路推进社会经济的快速发展，目前处于水灾害频繁发生的阶段，可持续发展面临的挑战突出。例如东南亚历来是水资源丰裕的地区，但是近年多次爆发全流域性的旱灾，西北地区缺水问题随着社会经济发展日趋严重，过度取水造成的生态危机难以在短期内得以改善，可以说，我国国际河流可持续发展面临巨大的挑战，而我国社会发展的现实又要求必须以可持续发展为出发点和落脚点，保证流域利益以及我国利益的最大化。第三，国际河流流域，是世界上政治体制最为复杂的区域，多种政治体制并存，同时在全球政治体制变化过程中，该区域又是一个热点，民主化进程加剧，民间力量崛起，外部因素干涉，国际政治环境处于快速的动态变化过程中。如何在复杂多样的国际政治环境中寻求合作的途径，是我国国际河流开发需要高度关注的问题。

基于以上现实要求，我国国际河流合作开发需以"共同开发与保护"作为基本的战略主张。"共同开发与保护"主要体现在以下方面。

（一）必须维护国际河流开发与保护的平衡

开发国际河流水资源是流域国家在发展过程中的必然举措，也是主权的体现。特别是我国相邻的国际河流流域国都是发展中国家，社会经济水平相对落后，提升居民生活水平需要放在特别优先的地位来考虑，因此国际河流水资源的开发是必然。另一方面国际河流水资源开发的底线是生态得到有效保护，因此也不应该过度强调保护生态等而反对合理的开发，二者要有一个合理的平衡。这一平衡的前提就是实行共同的开发与保护。国际河流水资源保护主要包括国际河流的生态系统和自然环境的保护以及在进行水资源利用上的节约和高效，在进行水资源开发的过程中，合理分配水资源，并充分保护国际河流的生态系统和自然环境免受破坏和污染。国际河流的开发需坚持对环境的保护和对水资源的合理利用，这是国际河流开发必须坚持的基本原则之一。

（二）流域国联合行动

流域国所有国家在国际河流水资源开发过程中应联合行动，以确保各方利益都能得到切实保障，同时寻求流域利益的最大化。国际河流的自然属性要求国际河流的开发必须寻求全流域的共同参与和联合行动。作为一类以河流为纽带、以水资源利用为核心的区域，国际河流的流域具有整体性极强、关联度极高，各国必须参与其中而不能独立行动，才能实现流域可持续发展以及有效实现水资源保护的基本要求。但是另一方面，作为主权国家，有着最大化本国利益的要求，自然也包括了国际河流的水资源开发利益。因此为了实现区域的整体利益最大化，在主权原则基础上，通过让渡部分主权"解决相互依存所带来联合行动的交易费用以促进区域的整体福利"。

（三）流域国平等参与和尊重各方利益要求

要求流域国所有利益相关者平等参与国际河流的开发活动，尊重其利益要求，保障其话语权。不管流域国大小或者所在的地理位置，都应该平等对待，尊重其利益要求，只有如此才能达成最大范围的共识，实现对于国际河流的有效开发。国际河流的共同开发不仅仅局限于流域国政府之间的联合开发，需要吸引更多的利益主体，包括社会组织、企业和民众等参与到国际河流的开发中来。但是国际河流开发的多主体性也带来秩序和效率问题，各利益相关者如何有序参与治理是一个需要探索的问题，尽管这是一个复杂的挑战，但是平等参与和尊重各方利益要求可以作为我们构建新的治理秩序而倡导的一个基本主张。

欧洲、中亚、美洲和东非等地区的国际河流开发高度重视公众的意见和诉求表达，通过构建参与机制吸引公众参与到国际河流开发决策中来。因此通过合理的制度安排，可以使每个利益主体都能够参与到国际河流的开发行动中，维护自身利益同时实现国际河流的共同开发。

三、战略关系的处理

我国在与周边国家进行国际河流水资源合作开发进程中面对的利益相关者复杂，需要处理好各种利益相关关系，同时，我国不同方向的国际河流差异性大，政策制定需要顾及整体性与差异性，这是我国国际河流水资源合作战略的难点。厘清各种战略关系并谨慎处理，可以影响国际河流合作开发的成效。

（一）与流域各国的关系

处理流域国之间的关系是国际河流战略关系中最核心的内容，国际河流开发涉及主权问题，因此开发活动基本都是在政府的主导下实施。虽然国际上已经形成了针对国际河流开发的一般性原则，但是这些原则是历史经验的凝练，并没有形成系统性。流域国之间倾向于选择和解释符合自己利益的原则。例如上游国家往往偏向公平利用原则，坚持开发本国内的国际河流，并没有告知下游国家意愿；下游国家往往偏向不造成损害原则，通过已建工程、既有权利、事后认可等依据索求更多水资源使用权利，使上游沿岸国丧失了开发境内国际河流公平的权利。

因此，我国在处理流域国之间的关系时，既要引用国际性一般原则，又需要根据我国与周边各国面对的现实状况，明确一些我们需要关注的核心问题。

1. 关注国际河流不适当开发引起的生态环境破坏和跨境影响

这是我国国际河流开发利用经常面对的挑战，上游国的地位以及经济快速发展所带来的开发冲动，都可能引起流域国的跨境争议，引起双方或多方的国际纠纷，因此，需认真对待国际河流的开发问题，本着公平协商的原则，以利益相关国为主进行协商，借鉴国际成功经验，兼顾各方利益要求，制定相关的合作协议。

2. 水资源分配是国际河流开发利用中的核心问题之一

由于我国大部分国际河流都处于上游，因此国际河流水资源首先要考虑水资源的所有权，即资源所有国对归其所有的资源享有优先分配权，体现国家主权，这是我国在对待流域各国时应坚持的原则。此外，水资源的流动性和流域一体性决定了一国对河流的开发利用都可能影响流域其他国家的利益。因此，任何一国对于国际河流水资源的所有权实际上是受到一定限制的所有权。

3. 正视开发能力与资源所有权的不平衡

相对于我国国际河流其他流域国，我国具有较强的河流开发能力和资源，因此我国应积极寻求在此优势下如何与流域其他国家进行有效的合作，实现流域水资源的科学有序开发。不能受制约于下游国因能力和资源所限没有能力开发就限制我国的开发行为。我国可以通过各种类型的合作开发形式，积极走出去，在全流域范围内与流域国进行共同开发，并积极地输出技术与资源，保证河流开发的科学与健康，保证可持续发展目标的实现。

4. 积极考虑不同利益主体的利益分配，保证开发活动不对任何一方带来重大伤害

在国际河流水资源进行开发利用时，既要考虑对水资源本身的利用带来的利益分配问题，也要考虑应对水灾害造成的投入和损失问题。在国际河流开发中既要考虑水资源的合作开发，又要考虑水灾害风险的合作共担，实现上下游在投入和收益之间的平衡。因此无论是何种类型的国际河流，我国都应考虑构建利益补偿机制，例如东北界河方面的防洪防污合作，都应建立在利益补偿机制的基础之上。

（二）与流域外参与国家的关系

西南和西北地区的国际河流流域，西方大国势力纷纷介入，已经成为全球敏感的地区。这些西方大国对于国际河流区域的介入使流域国水资源开发的利益更加复杂，流域国一般根据自己的实力状况采取不同的态度。在这种背景下，国际河流的开发就不能仅仅考虑流域国之间的关系，还必须考虑如何处理与流域外国家的关系，坚持流域内国家合作治理的基本原则，通过主导构建一系列合作机制，容纳有效的合作，排除流域外国家对流域水资源开发的不良影响。

湄公河流域具有典型的"地缘经济—地缘政治"特点，在经济全球化和政治多极化的背景下，域外大国积极参与流域的水资源开发活动。域外国家提供的各类资助一般会附带政治条件，这就导致流域国在流域开发过程中出现了复杂的政治博弈，进一步加剧了水资源开发的难度。这一背景下，我国应积极引导流域国构建全流域的合作机制，并且考虑构建涉及社会经济发展的合作机制以增加流域国之间的信任，形成开放但由域内各国主导合作的局面。

（三）与民众与非政府组织的关系

民众与非政府组织对水资源合作开发的参与有两面性，一方面可以促进对环境保护的流域当地居民利益的关注，从而增加水资源治理的开放性，但是另

一方面，单一、分散、模糊化的利益要求实际上加大了开发难度，难以形成统一的发展方，从而阻碍了区域发展和民众生活水平的提高。这种情况在湄公河流域最为突出。

我国应关注流域内各国民众权益意识增强、相关非政府组织的崛起的趋势，需要高度关注、有效应对民众与非政府组织的要求。因此，与民众与非政府组织的关系也是需要妥善处理的关系之一，可以通过设计一些措施，例如基于流域管理机构构建多方参与的联席会议、战略协商机构、应急协调机构等，在不同层面不同领域实施监督；还可以设立构建能够吸引公众以及非政府组织参与开发决策的管道，以便在重大决策时能够保证获得他们的意见；构建舆情监测机构，实时监控关于流域开发的舆情，并及时将舆情回馈与相关部门，避免问题扩大化。

（四）不同区域国际河流开发之间的关系

我国国际河流分布在我国的西南、西北和东北三个区域，不同区域国际河流的特点不同，面临的环境不同，利益要求也不同。我国在处理不同区域的国际和地区关系以及不同国际河流时，也要根据相关国家的具体情况以及国内区域的不同需求来分别对待。

1. 西南地区的国际河流

东南亚和南亚各国在经济发展方面有着较大的要求互补和契合。所以该地区水资源的合作开发还是以经济合作为准则，而且我国和东盟诸国有着良好的政治基础，要以合作为主。但近来伴随着区域外势力的干预，在大国政治的影响下，我国与部分流域国的合作开发也遇到一定阻碍。中印作为亚洲的新兴大国和邻国，有着广泛的合作和交流，但中印之间存在领土争端，以及国外势力不断干预，中印之间在国际河流的合作开发方面需重点考虑国家安全的影响。

2. 西北地区的国际河流

我国和中亚诸国有着良好的政治基础，在上合组织的框架下，保持着较高层次的合作交流。本地区的国际河流主要涉及水资源的分配问题，我国西北地区和中亚各国对水资源都有较大的需求，而气候因素所引起的水资源季节性分布不均则要求各国加强合作和协商，将合作视角从水资源向更为广阔的领域拓展，以求获得最大程度的共识。

3. 东北地区的国际河流

中蒙是战略合作伙伴，而且在水资源方面的争端较少；中俄朝之间的图们江属于界河，朝鲜受限于落后的经济，无力开发，而我国的要求则主要将其作为航运的出口，各方加强沟通就可以实现合作共享。就黑龙江流域合作而言，在战略协作伙伴关系基础上，中俄之间有多种高质量和高规格的沟通管道，可以通过沟通、交流有效解决防洪和治污等主要问题。同时，我国提出"振兴东北老工业基地"，而俄开始实施"远东开发战略"，双方在资源、经济等方面有较大的互补性。

（五）不同开发行为之间的关系

水资源开发涉及水资源管理行为、经济开发行为、政治外交行为。我国所提出的"新国家安全战略"要求"构建集政治安全、国土安全、军事安全、经济安全、文化安全、社会安全、科技安全、信息安全、生态安全、资源安全、核安全等于一体的国家安全体系"。我国在处理水资源合作、经济合作和政治合作三者的关系时，要以经济合作为前提，以经济合作促进政治合作和水资源管理的合作；进一步通过政治合作和政治互信，促进经济合作和水资源合作。国际水资源合作也是一种加强国际经济和政治合作的纽带，这些关系需要处理好。

第三节　我国国际河流的战略单元与管理体制

迄今为止，我国对周边诸多国际河流在境内的流域管理仍然按照一般国内河流的管理模式，具体的水资源管理主要放在水利部直属流域委员会或各省水利厅局，其他相关的环境保护、航运等涉水管理则在相应的中央职能部委所委托的单位或各省相关职能厅局管理。这种管理体制与我国基本行政管理体制相适应，但需要开展很多协调。国内河流的流域整体性和跨界问题处理可以交给上级政府处理和决策，国际河流的对外协调就会出现困难。

因此，我国需要兼顾现有的流域水资源管理体制和分布广而多样化的国际河流实际特征，建立既统一又兼顾差异性的整体战略和协调机制。这实际上要求我国充分重视这一类河流的管理，既不能独立于国内河流的管理，又要一定程度上区别于它，否则我国无法明确在这些国际河流上的长期利益和战略，也难以系统应对已经和可能出现的各种争端挑战。

一、国际河流战略单元划分与分类管理

总体而言，在明确我国国际河流的战略定位，实施推动国际河流水资源开发与保护合作进程中，除了解决我国水资源管理体制中流域管理与区域管理如

何结合这样一个普遍性问题外，我国国际河流管理还需要面对三个主要挑战，一是我们需要基于国际视野的全流域开发与保护战略；二是我们需要针对某条国际河流建立统一的对外开发与保护合作战略；三是我们需要面对周边三个方向不同自然与社会经济特征的国际河流，建立协调的对外合作战略。

应对这三个方面的挑战，在《中华人民共和国水法》所明确的水资源管理体制框架下，我国的国际河流水资源开发与保护对外合作可以通过构建国际河流战略单元的方式进行顶层的战略协调。

（一）国际河流战略单元

在面对这些众多国际河流水资源开发与保护问题时，需要根据我国对国际河流水资源合作的战略定位、各条国际河流的战略特征，按照战略相似性原则进行战略单元的划分，相似战略特征的河流作为一类战略单元考虑，制定相似的开发与保护战略，这种战略相似性可以保证对外合作和争端解决时保持政策的一致性。我国对如此众多国际河流的管理从战略上划分为国家跨境河流水安全战略、国际河流战略单元一致性战略、各条国际河流的流域合作战略三个类型的战略体系。

国际河流战略单元设立的目的是提高我国各国际河流水资源开发合作的协调性，同一战略单位的各国际河流应该具有相对一致的对外合作政策，这些河流可以是位于某一区域具有自然地理特征的若干国际河流，也可以是位于不同区域具有相似社会经济特征或跨境特征的若干国际河流。国际河流战略单元对应形成具有相似战略特征的对外合作政策矩阵，从而达到整体协调的目的。

不同国际河流战略单元也可能产生政策矛盾和协调需求，这种协调可以在国家安全战略层面进行。每条国际河流尤其是那些国际影响巨大的国际河流，应该建立有针对性的对外合作政策，但需要在战略单元层面进行政策协调。

国际河流战略单元并非对应具体的管理机构实体，而是起到战略政策协调的作用，是国家水安全战略的管理对象。但是，从长远发展角度，我国主要的国际河流应该设立独立的流域管理机构，这些国际河流都是亚洲的大河，具有战略意义，不能仅仅看到这些国际河流流域的国内部分和我国邻接的部分，例如澜沧江、黑龙江、额尔齐斯河、伊犁河、雅鲁藏布江等，其他较小的国际河流需要明确流域管理机构。那些大型国际河流的流域管理机构需要及早开展流域综合治理的研究、规划和流域开发的战略制定，以期在未来的国际河流合作开发中在战略研究、技术储备、能力准备、机构设置等方面居于主动地位，甚至影响和引导周边国家的水资源开发与保护制度建设。

（二）我国国际河流战略单元的划分设想

国际河流的每个战略单元可以设立单独的流域机构，或者明确一个流域管理机构，实行以流域为主的管理模式。每个战略单元具有以下特征：第一，在地理位置上接近，属于同一个区域。第二，水资源的各项业务具有相似性，有区别于其他河流的业务内容。第三，国家和地方对于国际河流的战略定位也相同或者相近。第四，可以独立地展开管理活动，与其他河流的管理不存在直接的冲突。由于我国国际河流流域的社会经济发展水平与自然条件比较匹配，以地理接近性为主划分战略单元比较符合我国的实际情况。

1. 西南国际河流战略单元划分

西南地区国际河流众多，是我国国际河流的主要聚集地，主要包括澜沧江、雅鲁藏布江、元江、怒江、伊洛瓦底江、印度河、北仑河、红河等。该地区国际河流我国基本都是处于上游，水资源丰富，水电开发成为该区域合作的重点，目前已进入大力开发水电资源的阶段。但是另一方面该地区国际河流流域国众多，关系复杂，这些国际河流对于流域国的社会经济发展影响巨大，因此在开发过程中也引发了诸多的矛盾。基于前期我国对于澜沧江等河流开发的经验与教训，通过科学的战略单元划分保证该流域国际河流合作开发的顺利进行意义重大。目前该流域的国际河流大部分归属长江水利委员会管辖，红河则归属珠江水利委员会管辖。西南地区主要国际河流见表4-1。由于该地区国际河流面临的现实问题，成立专门的流域管理机构进行专职管理更为有效。

表 4-1　西南地区主要国际河流概况

区域	河流名称	流经国家	所属流域机构
西南地区	澜沧江	中国、缅甸、老挝、泰国、柬埔寨、越南	长江水利委员会
	雅鲁藏布江	中国、印度、孟加拉国	长江水利委员会
	怒江	中国、缅甸	长江水利委员会
	伊洛瓦底江	中国、缅甸	长江水利委员会
	印度河	中国、巴基斯坦、印度	长江水利委员会
	北仑河	中国、越南	珠江水利委员会
	元江（红河）	中国、越南	珠江水利委员会

西南地区国际河流由于我国都处于上游国，因此按照流域国划分战略单元比较现实。

雅鲁藏布江是发源于青藏高原，流向南亚的主要国际河流，无论是地理位置、流域生态还是流域国特征都具有特殊性，水能蕴藏量丰富，仅次于长江，维持生态以及水电开发是合作的核心内容。因此可以单独划分为一个战略单元。雅鲁藏布江战略单元的特殊性还在于我国与下游的印度在外交关系上存在特殊性，由于都属于亚洲大国，并且又存在领土纠纷，因此目前雅鲁藏布江也是合作机制最为薄弱的国际河流，如何加强合作，是雅鲁藏布江流域管理的重心。

澜沧江、怒江、伊洛瓦底江等都是发源于我国境内，向南流经东南亚半岛的国际河流，具有较高的相似性，合作以水电开发为主，因此可以划分为一类战略单元。这一战略单元目前是我国国际河流水电开发的热点区域，并且不仅仅局限于我国境内，我国大批企业开始进入东南亚各国进行水电开发。相对其他国际河流而言，该区域还是各种合作机制相对集中的地区，特别是2016年达成的澜湄机制，对于这一战略单元的合作起着积极的推进作用。由于这一地区水电开发比较集中，并且与境外流域国的交流也日趋频繁，这一战略单元也是目前流域管理问题最为严重的地区，因此建议组建专门的流域机构实施流域综合管理。

元江（红河）是我国与越南共享的国际河流，相对而言面临的问题较少，并且目前基本完成了水电开发，因此少有矛盾冲突。但是另外一方面，我国与越南的外交关系的复杂性又导致这条河的合作存在一定的不确定性，需要高度关注，因此应单独划分为一个战略单元。

2. 西北国际河流战略单元划分

西北地区的国际河流基本都在新疆境内，主要包括额尔齐斯河、伊犁河、额敏河、阿克苏河。全疆由境外入境的水量为88亿立方米，出境水量为240亿立方米，出入境水量占新疆河川径流总量的36.7%[1]。具体的河流概况见表4-2。由于该区域属于内陆水资源稀缺的地区，因此水资源以及流域生态成为合作开发的核心内容，我国合作政策的出发点则是保证境内的水安全。目前西北地区国际河流的代管流域机构为黄河水利委员会，但是由于西北地区国际河流的典型特点，构建新的流域机构更为有效。

---

① 马颖忆. 中国边疆地区空间结构演变与跨境合作研究［D］. 南京：南京师范大学，2015.

表 4-2　西北地区主要国际河流概况

区域	河流名称	流经国家	所属流域机构
西北地区	额尔齐斯河	中国、哈萨克斯坦、俄罗斯、蒙古	黄河水利委员会
	伊犁河	中国、哈萨克斯坦	黄河水利委员会
	额敏河	中国、哈萨克斯坦	黄河水利委员会
	阿克苏河	中国、吉尔吉斯斯坦	黄河水利委员会

西北地区国际河流流域国主要包括哈萨克斯坦和吉尔吉斯斯坦，同时又分为下游河与上游河，因此可以以流域国以及上下游河来划分战略单元。

额尔齐斯河主流发源于阿尔泰山中国境内，为中、哈跨界河流；伊犁河发源于中国与哈萨克斯坦边境地区天山，为两国跨界河流。额敏河发源于中国，流入哈萨克斯坦，额尔齐斯河、伊犁河和额敏河情况复杂且相似：主流由中国出境，部分源头又在境外，并且还有部分支流为界河；同时出境国都是哈萨克斯坦，因此这三条河可以视为一个战略单元，合作围绕生态用水保持展开。

阿克苏河发源于吉尔吉斯斯坦，流入水量占全疆入境水量的 56%，是天山南坡最大的河流，也是我国比较少的处于下游的国际河流，具有较高的特殊性①，其合作政策与内容与我国其他国际河流存在较大的差别，因此阿克苏河应单独视为一个战略单元，其合作政策以维护我国水资源流入量为核心。

3. 东北国际河流战略单元划分

东北地区我国国际河流绝大多数是界河，包括 10 条界河和 3 个界湖，水域国境线长 5000 多千米，主要的国际河流包括黑龙江、乌苏里江、图们江、鸭绿江。目前东北地区的国际河流都归松辽水利委员会管辖。具体的河流概况见表 4-3。由于东北的主要河流大都是国际河流，因此松辽委员会具有管理国际河流的长期经验，在进一步确立国际河流战略单元的基础上，可以基于松辽委员会的主体地位构建东北国际河流的管理体系。

---

① 蒋艳，周成虎，程维明．阿克苏河流域径流补给及径流变化特征分析［J］．自然资源学报，2005（1）：27-34.

表4-3 东北地区国际河流概况

区域	河流名称	流经国家	所属流域机构
东北地区	黑龙江	中国、俄罗斯、蒙古国	松辽水利委员会
	鸭绿江	中国、朝鲜	松辽水利委员会
	图们江	中国、朝鲜、俄罗斯	松辽水利委员会
	乌苏里江	中国、俄罗斯	松辽水利委员会
	绥芬河	中国、俄罗斯	松辽水利委员会

由于东北地区国际河流都属于界河，因此战略单元的划分可以基于流域国以及国家对于河流的定位进行划分。

黑龙江流域包括蒙古国、中国、俄罗斯，其中黑龙江、额尔古纳河、乌苏里江、绥芬河等为中俄界河，兴凯湖为中俄界湖。另蒙古国也是部分国际河流的流域国。显然，黑龙江流域的这几条河流可以划分为一个战略单元，其合作的重点围绕界河展开，重点包括边境管理、取水与水污染防治、防洪、通航等内容，同时积极推进水电开发业务。

鸭绿江为我国和朝鲜界河，以鸭绿江为干流的相关国际河流可以构成一个战略单元，这是我国与朝鲜特殊的外交关系所决定的，其合作政策以及合作内容都存在一定的特殊性，因此可以单独归为一个战略单元。

图们江为中国、朝鲜、俄罗斯界河，我国对其的战略定位与其他几条国际河流存在显著不同，并且目前已经成立了涉及多个国家的图们江经济区，希望图们江作为东北的一个出海口，带动东北地区的经济增长。由此，图们江可以作为一个单独的战略单元考虑其合作政策与合作内容。

（三）开展国际河流技术与管理特征基础调研和分类管理

我国周边还分布许多小型的国际河流和湖泊，它们与国土资源一起构成我国各种跨境小流域。由于国土辽阔，这些跨境河流或界河的开发与保护合作无法精心顾及，但是这些国际河流流域与周边的地方经济发展、生态环境保护和民族和谐息息相关。

国际河流战略单元的划分不仅可以为大型国际河流的管理提出系统的战略指导和管理思路，也可以逐步将各种国际河流的管理纳入进来，这样就需要开展一项基础性的工作，就是针对我国国际河流的各种技术特征、开发利用与保护的管理特征进行有计划的调研，开展国际河流技术特征与管理特征的分类分析工作，形成不同的技术模型和管理特征模型。

国际河流特征分类工作与国际河流战略单元的结合，可以为我国国际河流管理的政策制定提供预测分析和指导。实际上，我国目前国际河流对外合作的许多困境是由于技术资料的缺乏，但是国内河流的基础资料调研不能满足国际河流对外合作的需要，国际河流的技术特征和管理特征分类调研需要为特定的对外合作战略服务。一个显而易见的问题是，国际河流基础资料的精细化程度需求要高于国内河流，否则难以制定针对性的政策。

二、国际河流的流域综合管理体制改革

在考虑不同国际河流的类型和开发与保护任务，对不同国际河流进行分类战略政策制定之后，我国需要考虑与周边各国的国际河流合作的具体制度建设。其中，最重要的是开展流域综合管理体制改革试点，从而推动与周边国家的合作对接。

（一）国际河流开发的现实需要加强流域综合管理体制改革

总体而言，我国对于国际河流的管理还没有形成一个统一的、全面的、系统的管理政策和体制，目前大都是就事论事展开合作与协调活动，缺乏系统应对的整体战略和思路。随着国际河流水资源开发的深入以及我国国力的崛起，我国与周边国家的关系必然会发生一系列深层次的变化，这将形成诸多新的国际河流水资源开发问题。我国有着许多已成为国际合作开发的热点和重点的国际河流区域，目前缺乏统一的开发计划和有效的管理机构。在国际上，也没有与流域国建立国际河流开发或管理的组织机构或开发协议。这种状况对于维护国家主权与民族利益将会带来不良影响，当发生利益冲突时也难以及时寻找解决措施。

在流域管理与区域管理相结合的体制下，国内跨界水资源矛盾的协调解决可以由中央派驻部门实施，例如流域管理委员会对各省界河流水资源开发与保护的协调。但是这种管理体制没有办法针对国际河流进行有效对外协调，目前解决的方式是由外事管理部门牵头协调，但外事管理部门并没有法律授权针对各种水资源开发行为的管理，也就是说国际河流缺乏一个可以统一内部水资源开发与保护行为的治理机制。

（二）国际河流对外合作需要国家层面主导，便于实施流域综合管理改革

流域管理与区域管理相结合的体制造成国际河流水资源开发的利益协调非常困难。这种体制本身就需要各种协调，协调是一种常态。对于国际河流而言，

由于存在对外的国家利益要求，凡是与国家利益冲突的都应该被高度重视，而且必须通过国家之间协商予以解决，相对境内河，难度加大很多。因此，国际河流开发可以由国家层面主导，直接建立流域综合管理体制实施管理，对流域整体进行开发与保护规划，中央直属的力量足以调控各方面资源和力量，对国内各方的行为进行协调。

在当前环境下，国家不需要对所有国际河流实施流域综合管理体制，而只需要针对国际性大河、对国家发展有重要战略影响的国际河流进行试点改革。这种选择重点国际河流改革的方式可以不影响我国基本的水资源管理体制。

（三）以流域综合管理为主的模式为国际所接受，也更适合河流自身属性

流域综合管理是以流域为单元进行水资源统一管理，包括对各种社会经济开发活动、环境保护等进行统一的协调管理，这也是国际较为普遍的做法，特别是在国际河流管理领域，流域综合管理的初级发展阶段是构建跨国流域管理委员会进行各国水资源事务协调，开展流域整体的水资源规划，高级发展阶段则是建立由各国法律授权的对流域各种水资源开发与保护行为进行统一管理的机构①。

随着流域综合管理理念的盛行与管理模式的成熟，越来越多的国家开始实施流域化管理，在这一背景下，我国构建以流域管理机构为核心的国际河流水资源综合管理模式必然更为便利于与周边国家的水资源合作与管理。

（四）以专业性的流域管理组织为核心实施国际河流利益相关者管理，沟通更容易取得效果

相对境内河流，国际河流涉及的利益主体更为多样，因此其利益要求也更为复杂，完全通过中央政府官方层面实施沟通和利益管理难度较大，难以有效地考虑其他利益主体的利益要求，也容易引起矛盾激化和转移，因此通过专业的流域治理组织实施利益相关者管理，可以将战略层面的决策与具体管理层面的实施适当分开，从而获得利益相关者管理的灵活性。例如，流域管理组织可以通过构建全流域的沟通协商机制，更为有效地兼顾各方利益要求，实现流域整体利益的最大化。

---

① 王海燕. 葛建国等. 欧盟跨界流域资源对我国水环境资源的借鉴主义［J］. 长江流域资源与环境，2008（6）：945-947.

第四节　水资源合作开发的政策体系

国际河流合作政策是落实合作战略的行动指南，国家间合作政策一般由各国政府提出各自的对外合作政策以指导本国的行动，或者由相关各国政府通过谈判达成的合作协议以指导相互之间合作行动，同时对内具有约束作用。合作政策在战略与行动之间起到桥梁作用，其内容既包含一些需遵守的战略原则，也可以包含具体的措施和方法①。水资源外交合作政策、流域经济合作政策以及水资源管理合作政策构成我国与周边国家国际河流的水资源合作开发的三类主要政策。

一、国际河流的外交合作政策

（一）国际河流外交合作政策的含义与形式

国际河流的外交合作政策是在一国外交政策框架下，规范国家之间关于国际河流水资源权属、开发利用相关权利、责任、行为的方针与原则、制度与规范、方向与策略等，通过合作政策保证国际河流的科学合理开发，维护各国以及流域整体的利益。国际河流的外交合作政策可以有效地指引跨国境的国际河流的水资源开发活动，同时也是解决国际河流水资源矛盾的基本原则。

我国外交政策以维护世界和平、促进共同发展为宗旨，始终不渝奉行互利共赢的开放战略，致力于在和平共处五项原则的基础上同所有国家建立和发展友好合作关系，推动建设持久和平、共同繁荣的和谐世界②。这也是我国国际河流外交合作的基本宗旨与原则。自中华人民共和国成立后，围绕18条国际河流，我国与周边14个毗邻的流域国签署了约100条关于国际河流边界、航行、防洪、渔业、灌溉、水电、水量、水质、水管理机构等领域合作的双边（多边）条约。我国目前的国际河流合作政策既有专门针对国际河流水资源的协议，例如中印两国2002年签署的《中华人民共和国水利部与印度共和国水利部关于中方向印方提供雅鲁藏布江—布拉马普特拉河汛期水文资料的谅解备忘录》，也有

---

① 刘志云．国家利益理论的演进与现代国际法——一种从国际关系理论视角的分析［J］．武大国际法评论，2008（2）：12-55.

② 胡锦涛．中国外交政策的宗旨是维护世界和平、促进共同发展［EB/OL］．人民网，2011-07-01.

在政府间合作政策中包含特定涉水的政策条款，例如中哈 2002 年签订的《睦邻友好合作条约》以及后续《中哈 2003 年至 2008 年合作纲要》和《中哈经济合作发展构想》都有涉及水资源合作的具体条款。

我国目前国际河流外交合作政策主要体现在以下一些合作档中：

1. 战略合作伙伴框架协议

该类协议不仅仅围绕国际河流的水资源签订，而且针对区域性的合作达成共识，其中水资源的合作是其中一项重要的内容。当前，我国与周边国家战略合作伙伴框架协议层面的国际河流开发以中国与"东盟"的合作框架最为典型，包括香格里拉对话会、东盟以及最新的澜湄机制等。其中在国际河流水资源安全合作机制方面最具实际意义的是东盟与中国的（10+1）合作机制，这一合作机制确定了农业、信息产业、人力资源开发、相互投资、湄公河流域开发、交通、能源、文化、旅游、公共卫生和环保 11 大合作领域，涵盖 5 大重点合作领域，而湄公河流域开发是其中一项重要领域。澜湄机制作为新近成立的机制，涉及面最广，层面最高，将会在未来取得良好的成效。

2. 合作协议、协定与备忘录

这是我国国际河流水资源外交的主要政策体现。我国政府一直以来都在与周边国家进行着与边界河流、跨界河流有关的各种合作，我国与周边国家签订的一系列协议有效地维护了国家利益，也促进了流域国家间的信任与合作。我国各条国际河流所处地理区位不同，存在主要争议不同，合作模式不同，缔结的协议也有差异。中华人民共和国成立后签署的涉及国际河流合作的 100 多条合约中，完全规定国际河流本身权利义务合作的条约有 30 多条。

3. 联合专家工作组、联席会议等双边或多边谈判磋商

工作组、联席会议等谈判磋商形式的合作涉及较多的具体合作细节，一般针对保证具体的合作项目交换意见，形成磋商纪要和相关文档，一般双方或多方的合作项目从开始到该项目结束都有仔细的商量和研究并交换意见。目前我国和俄罗斯等国已经建立了针对国际河流的工作组和联席会议。

（二）我国国际河流外交合作政策的特点与问题

1. 尚未形成统一的国际河流水资源外交合作政策体系

虽然我国国际河流众多且多为世界大河，但长期以来并没有被纳入我国水资源开发利用和对外关系的战略视野。外交部、水利部等职能部委对于国际河流的管理工作付出了巨大努力，但是总体而言还没有形成一个统一的、全面的、系统的政策体系，目前大都是就事论事地展开合作与协调活动。随着国际河流

水资源开发的深入，我国与周边国家的关系必然会发生一系列深层次的变化，这都会形成许多新的国际河流水资源开发问题。因此需要建立健全国际河流管理的政策体系，避免仍然依靠经验解决，缺乏原则与政策规范的局面延续。

2. 国际河流水资源外交合作政策以双边合作为主

由于我国当前国际河流开发的外交合作处于初始阶段，因此我国政府的主导思想是希望在涉事两国层面解决，不涉及其他国家或组织，因此国际河流的管理基本上都是以双边合作机制展开运作，更多地依靠在传统双边合作基础上寻求水资源开发的合作，因此国际河流合作政策大都基于双边合作，以与我国直接相邻的国家，在共同的河流流域内积极稳妥地展开。因此双边合作政策是我国国际河流合作政策的核心，目前在西南、西北和东北的水资源合作政策基本都是围绕双边合作而形成。从国际河流开发的长期治理考虑，以全流域为范围的多边合作是必然形式，这也是国际上国际河流合作的经验，因此在条件成熟时，我国应积极开展涉及全流域的合作开发政策制定工作，以此实现流域的长期稳定以及可持续的发展。

3. 国际河流水资源外交合作政策的内容以传统合作内容为主

当前针对国际河流合作的全领域合作政策比较缺乏，真正意义上成文的国际河流合作协议数量偏少，大量的国际河流开发合作内容散落在双边边界合作协议或者环境合作协议中。无论是双边还是多边的国际河流合作政策，主要侧重点还局限于对国际河流的航行利用以及水电开发利用上，并且以在两个领域的合作政策框架下的若干项具体条款为主。对于国际河流水资源的分配、国际河流水资源的保护以及国际河流水生态环境治理等方面的规定则相对薄弱。随着国际河流水资源开发活动的深入，深层次的合作必然成为合作的核心内容，因此国际河流水资源合作的专门政策以及全方位的合作政策应加强。

（三）加强我国国际河流外交合作政策制定的建议

1. 制定我国水外交及国际河流外交的合作政策原则和要点

随着我国企业对外投资、居民跨界交流和境内水资源开发的跨境影响增多，单纯以事项驱动的外交活动将难以应对复杂的局面。当前我国及周边国家在一些国际河流流域中的水资源开发利用行为越来越频繁，这就要求对流域内的跨境水资源开发与保护、水资源开发的跨境影响进行系统的应对，必须制定系统的外交合作政策。

在积极"走出去"的发展阶段，国际河流水资源外交不可能仅仅是问题应对性的外交，需要主动考虑流域内各国的外交利益关系，考虑域内和域外各国的外交关系，同时，在我国各方面"走出去"的阶段，如何明确传递我国的水资源外交政策原则，加强各国对我国水资源合作的理解，也是非常重要的。

2. 借助既有的区域合作平台制定合作框架内的水资源外交政策

从双边合作向全流域合作推进，可以充分利用现有区域的合作平台，目前西南有东盟，西北有上合组织，东北也可以在一定范围内借助上合组织的力量。这些合作平台已经有了良好的合作基础，平台涉及国也基本形成了互信谅解的关系，也有进一步合作的意愿，因此基于共同的利益要求和发展目标，在适当时机，将更为详细的国际河流的合作条款纳入这些合作平台，以此推进全流域的合作协议的达成，这是实现全流域治理的便捷之路。在既有的合作平台中推动水资源外交，同样以水资源外交推动更广泛的合作，应是我国国际河流水资源外交政策制定的重点。

3. 平衡水资源外交的双边政策和多边外交制定

我国主张建立双边的水资源外交政策，但对待不同国际河流应根据我国的战略发展有所区别，平衡使用双边合作和多边合作。由于我国居于上游国和相对领先的地位，这种地位很容易引起所谓"水资源霸权"的疑虑。虽然我国必须争取并保护国际河流开发的水资源权益，但越来越需要建立全流域合作共赢的观点，倡导建立国际河流利益共同体，在全流域范围实现我国的水资源利益。我国需要在全流域范围考虑我国的核心利益以及可以提供的公共产品，否则就难以获得全流域的话语权和主导权。这种向全流域水资源外交政策转型的过程需要与我国的水资源开发能力和经济实力的增强匹配。

我国作为主要上游国，对下游国有特殊的责任，我国的经济实力、区域影响力都在整个流域属于领先地位，因此应当从全流域角度出发，稳步推进流域水资源综合管理，但这里需要抓住规划的主导权，以合作态度开展利益分享交流与谈判，积极为周边邻国组织开展技术培训，发展睦邻友好的外交合作关系，保证我国在全流域具有较高的话语权。

二、国际河流经济合作政策

（一）国际河流经济合作政策含义及内容

国际河流经济合作政策是指中央政府或在中央政府授权下地方政府为实现以国际河流为纽带的跨境经济合作目标，在特定的流域范围内由所制定的一系列相互联系、综合协调的单项政策共同组成的政策体系，包括行动准则、行动方针、制度与规范、方向与策略等内容，旨在规划国际河流流域的涉水产业重点及方向、协调区际关系的政策总和。

国际河流经济合作政策主要表现为对国际河流水资源的利用以及围绕国际河流和水系进行的边境贸易、种植业的发展，具体包括在国际河流上建设工程，如水能开发、航运与往来贸易、旅游资源、水生生物资源、水利工程等。政策所指导和规范的经济行为主要是以国际河流为纽带的区域层面的经济合作。

我国国际河流经济合作政策主要包括投资合作政策、航运与往来贸易、产业合作政策3个领域。

1. 国际河流投资合作政策

主要指水电工程、电网联网等基础设施投资合作行为的引导与监管政策。投资合作政策是为了落实对外投资战略、促进投资合作和风险管控的投资管理措施，该措施属于一种预防性的管理措施，对于大型和有风险的投资一般需要构建投资合作政策，这是目前我国合作政策比较多的一种类型，也是重点发展的类型。

2. 国际河流航运与往来贸易税收政策

基于对外开放原则，国际河流航运与往来贸易政策要求中央政府按照客观经济规律的要求，制定综合运用各种税收手段来调节、控制、诱导往来贸易经济活动的基本规范和准则。包括航运交通运输业税收政策、产品税政策、贸易进出口税政策等。

3. 国际河流产业合作政策

主要指国际河流交通运输沿线相关合作产业发展、合作产业结构演变的政策目标和政策措施的总合。包括产业结构政策、产业组织政策和其他有关产业发展的政策。产业结构政策主要是中央政府为促进国际河流沿线各区域合作产业结构的调整、优化、升级所实施的一系列政策。产业结构政策的主体是产业扶持政策。产业组织政策是中央政府采取法律法规的性质来制定市场规则，从而规范企业行为，有效配置国际河流交通沿线市场资源的效果。

（二）我国国际河流经济合作政策的特点与问题

我国国际河流流域的经济发展水平不一样，流域经济合作的成熟度不同，因此，经济合作政策应该围绕特定的合作目标分类制定。

1. 一般性的国际经济合作政策居多而缺乏与国际河流水资源特点的结合

国际河流航运与往来贸易政策是最为传统的国际河流经济合作政策，流域内各国政府通过综合运用各种税收手段来调节、控制、诱导往来贸易经济活动的基本规范和准则。包括航运交通运输业税收政策、产品税政策、贸易进出口税政策等。目前这一方面的合作政策比较成熟，图们江流域、湄公河流域等经济合作政策在这方面居多。但是，国际河流除了是各国贸易通道外，各类丰富的自然资源开发、环境生态保护的约束是国际经济合作需要考虑的目标。例如，农业开发与水资源合作、水电资源开发的经济合作、环境保护与水污染治理的经济合作等，这些涉水的经济合作往往是国际河流领域比较基础的经济合作。

2. 我国具有水电开发等基础设施对外投资优势，但风险管控政策缺乏

水电工程、电网联网等基础设施投资合作行为的引导与监管政策是国际河流经济合作政策的重要内容，对于流域多个方面影响巨大。这种投资合作政策是为了落实对外投资战略、促进投资合作和风险管控的投资管理措施，该措施属于一种预防性的管理措施，对于大型和有风险的投资一般需要构建投资合作政策。目前尚未有比较成熟的针对水电工程建设而形成的经济合作，更多地依靠市场机制的调节作用。构建具有战略性质的针对水电工程建设的区域经济合作政策才能保证市场机制的有效运行。

3. 我国需要更多关注产业合作政策和模式创新，实施环境友好的产业转移和结构调整

国际河流产业合作政策主要是指国际河流交通运输沿线相关合作产业发展、合作产业结构演变的政策目标和政策措施的总合。包括产业结构政策、产业组织政策金和其他有关产业发展的政策。产业结构政策主要是中央政府为促进国际河流沿线各区域合作产业结构的调整、优化、升级所实施的一系列政策。产业结构政策的主体是产业扶持政策。产业组织政策是中央政府采取法律法规的性质来制定市场规则，从而规范企业行为，有效配置国际河流交通沿线市场资源的效果。

（三）加强我国国际河流经济合作的建议

1. 根据流域经济合作的成熟度制定不同的流域经济合作政策

不同国际河流流域的经济发展水平不同，应该根据各个流域经济合作的成熟度分别制定经济合作政策。在欠发达和环境脆弱地区如西北国际河流，实施以环境保护为主导的国际河流经济合作，对产业投资的类型和程度进行控制。对于经济活跃和环境保护压力较小的国际河流流域，以建立更紧密联系的经济合作政策为导向，向经济共同体的方向努力，通过深化合作实现环境保护与经济发展的协调。

2. 重点推进水资源利用及交通基础设施投资促进合作政策

我国在水电工程、电网联网等基础设施领域具有资金、技术等方面的优势，

因此借助"一路一带"倡议以及亚投行，通过加强中央级别的会晤，针对目前的国际河流基础设施建设状况、双方国家的政策，进行磋商谈判，围绕流域基础设施建设方面的合作，以此带动流域其他领域的合作开发。

以水资源为纽带和轴心，通过区域内水资源、资金、技术、信息等要素的优化与整合的国际河流航运合作与贸易往来，促进经济区域内部的分工协作、优势互补，是各国合作开发国际河流经济合作的另一个主要目的，通道基础设施建设是合作的重点，例如，图们江的合作开发主要是交通、港口等基础设施建设，可以有效促进流域乃至东北地区的经济发展。

3. 重点考虑制定与流域国的产业合作政策

我国与周边国家的经济发展水平具有一定梯度，在国际河流境内外市场实现产业转移是我国现阶段和未来的发展趋势。因此，我国需要在国际河流经济合作中重点考虑产业合作政策，从而推动我国的产业升级和企业"走出去"。例如，相关的政策可以包括在河流沿线设立出口型工业区、技术和产业园，甚至适当考虑自贸区，创新产业合作模式，探索新型的发展路径。

我国国际河流流域大都属于经济欠发达地区，应加大对国际河流流域国的产业结构调整的投资，促进口岸、经济开发区和自由贸易区的基础设施建设投资，从而提升我国企业在国际河流经济合作区的投资力度与经营水平。

4. 重点推进对投资的环境保护引导政策

尽管周边流域国家的社会经济水平发展相对落后，但以破坏环境为代价的经济合作难以受到欢迎，这就要求更高环境保护水平的投资和国际经济合作。另一个要考虑的因素是周边流域国家的市场制度和环境保护制度并不成熟，对于我国企业对外投资而言，没有环境保护约束的对外投资会招致更大的反对声，国家层面必须建立环境保护约束的对外投资管理和引导政策。

5. 积极主导和参与各类国际河流流域经济合作区

我国与周边已经形成几个依托国际河流的经济合作区，这一类经济合作由于有天然的水资源联系而容易获得更广泛和深入的合作基础，我国应积极参与并且主导相关的经济合作，建立流域经济合作区域，推动实现共同市场。但是国际河流流域经济合作一般都是开放的，不仅流域内国家，流域外国家也积极介入和参与甚至希望主导合作进程，我国如何起主导作用也是未来要考虑的重点。

三、国际河流水资源管理合作政策

（一）国际河流水资源管理合作政策的含义与内容

国际河流水资源管理合作政策主要是流域各国之间关于水资源开发与保护业务方面如流域规划、水源保护、水污染防治、供水等方面所形成的双边或多边合作方针与原则、制度与规范、方向与策略等。

水资源管理业务的特点是较强的专业性，一般由专业部门如水利部门、环境部门等实施，属于政府水资源专业性公共政策范围。国家相关政府职能部门需要根据水资源保护与开发、工程条件以及国家政治与外交的需要，系统思考和制定对外的水资源管理合作政策。由于国际河流水资源的主权属性，合作政策的制定者是中央政府职能管理部门，但政策实施执行主要在具体的流域管理部门或区域水行政主管部门。

国际河流水资源管理合作政策主要涉及基本的水资源业务范围以及环境管理业务范围，具体如水资源规划、防洪、水土保持、水污染防治、供水、水电开发等，这些业务在不同国家可能由不同政府部门管理。目前国际上水资源管理合作政策的主要类型可以划分为以下三个方面：

1. 流域规划、水资源规划、水环境规划等方面的合作政策

由于我国对于国际河流合作政策秉承双边合作的基本原则，因此对于流域规划等方面的合作，尚处于起步阶段，目前仅与俄罗斯签署了不涉及第三方的国际河流的合作协议，开展联合规划工作，并且这是建立在与俄罗斯较早的合作基础之上而形成的。在其他国际河流流域，流域涉及多个国家，因此基本没有建立流域规划、水资源规划、水环境规划等方面的合作政策，仅仅在东北、西北地区少数国际河流实施初步的专家联合考察。由于缺乏流域规划方面的合作，也缺乏流域其他国家的水文、地理、水资源等情况的一手数据，只有西南地区部分勘测设计院自行展开了国际河流境外段的水资源摸底工作。

2. 水资源与环境开发行为监管及流域水资源监测方面的合作政策

目前我国专门针对国际河流的水资源与环境开发行为的信息监测尚处于起步阶段，并未形成系统的监测合作政策体系，对于国际河流的相关监测基于传统的行业部门、流域管理和区域管理层面分别展开。并且对于大部分国际河流而言，其监管与监测方式与方法基本停留在境内河监管与监测水平，缺乏针对国际河流特征的监管与监测。在水资源监管与监测方面，界河先行开展了部分层面的合作，例如我国与俄罗斯达成了联合监管与监测的机制，对于防洪防污

等管理活动起到了较好的效果；对于上下游型的国际河流，目前监管与监测的合作政策尚未正式构建起来。

3. 水资源管理信息合作和工程技术合作政策

目前我国境内河流已经有一套相对完善的信息发布机制，而国际河流水资源管理信息的发布通常同内河信息混在一起，并且由于涉及主权问题，相对而言信息较少。特别是西南和西北地区的国际河流，由于我国都处于上游，从加快开发减少纷争的角度出发，信息的合作处理不好反而使得我国处于被动地位。因此目前我国信息合作更多地采取被动应对的态度，尚未形成双向的合作政策。目前仅仅少数国际河流实施常态化的信息发布政策，例如出于人道考虑对印度发布雅鲁藏布江的部分水文信息、对湄委会定期发布澜沧江的部分水文信息。随着我国企业境外投资热潮的兴起，对于下游国际河流段的水文等方面的信息变得越发地重要，因此考虑如何实现双向的信息合作需要提上议事日程。在工程技术合作政策方面，特别是在"一带一路"倡议背景下，实施积极的工程技术合作是未来的发展趋势，可以在政府间多领域的合作机制下，以企业为主开展工程技术合作，推进企业境外投资。

（二）我国国际河流水资源管理合作政策的特点与问题

1. 以技术层面和局部业务环节合作政策为主，缺乏流域规划等战略合作政策

我国及周边流域国大都属于发展中国家，国际河流开发较晚，政治体制复杂多变，因此目前基本都没有建立全面的合作机制，更多是从具体的业务层面，根据具体的开发需要展开相关的合作，例如信息沟通、联合监测等内容，而较高层面的，如流域规划、流域综合治理等高层面的合作基本尚未展开，并且针对境外段的相关合作基本未建立。随着我国国际河流开发的深入以及我国企业走出国门开展境外投资，适时地开展全流域范围的，高层面的合作越发重要，流域规划合作是关键步骤，在此基础上建立全面的、常态化的合作政策。

2. 以双边合作政策为主，缺乏多边合作政策

对于因国际河流引发的问题，我国政府目前的主导思想是希望在两国层面解决，不涉及其他国家或组织，因此国际河流的管理基本上都是以双边合作机制展开运作，这从体制上为国际河流水资源开发过程中避免出现恶性冲突提供了保证。但是基于国际经验，从流域层面构建合作机制才能从根本上保证国际河流整体利益的最大化，我国除了东北国际河流外，其他国际河流大多数都是上下游河，流域有多个国家，从可持续发展以及流域综合利益最大化出发，我

国都应尽快考虑构建涉及全流域的多边合作机制。随着我国社会经济实力增强，全流域合作机制的形成更利于从长远的眼光实施对于国际河流的开发与管理工作。

3. 政策工具比较单一，没有考虑多元工具的综合运用

世界范围内普遍认可水资源管理合作的政策工具应包括法律、市场、信息政策等多个类别，如水费、水权交易、受益补偿、国际河流水法、国际跨界河流流域组织等。通过各种政策工具的互补利用，保证水资源管理合作的有效性。目前我国缺少有效的水资源合作开发政策工具。以法律工具为例，我国加入或签订的有关国际河流管理的国际条约、双边或多边协议数量有限。长期以来，我国国际河流水资源的开发大都以国内河的开发模式或思想进行管理，未能认识到河流的国际属性，没有有效的制度安排，甚至整个国内水法对于国际河流管理的规定都很不完善。

4. 合作政策的利益相关者参与较少，缺乏公众沟通

国际河流水资源管理合作政策的复杂性在于利益相关者非常复杂，虽然水资源政策主要是针对水资源本身开发和保护的规范制度，必须符合流域自然系统的演化规律，尊重自然，但实际政策制定和执行中利益相关者的影响非常大，必须构建有效的治理机制，尊重不同利益相关者的不同要求，在以国家或者区域利益为重的前提下，尽量考虑不同利益相关者的要求，形成一种适当的参与机制，积极采取有效的公众沟通方式。

（三）国际河流水资源管理合作开发政策的改革方向

国际河流水资源管理合作政策需要兼顾国内水资源管理政策和国家外交政策的协调，一方面是外交合作政策在水资源业务合作方面的体现，另一方面需要服务于流域经济合作政策。我国合作政策的改进可以关注以下几个方面：

1. 政策的价值取向服从于国家战略与外交政策

国际河流的水资源具有国家主权特征，必须在政策制定时与国家战略一致，在具体实施时必须与外交政策保持协调。对于我国这样一个发展中国家而言，既要服务于自己的发展战略，又要兼顾其他价值取向。在合作政策的价值平衡中，政策价值观对政策问题的认定、政策目标的确定、政策方案的选择、政策的执行和政策的评估都有着直接的影响。

2. 完善水资源管理合作的政策工具，综合运用国家法律、市场化工具

首先是法律合作政策的完善，我国在国际河流管理中应根据国内的实际情况，参考国际水法的原则修订和完善我国水法中关于国际河流的相关规定，增

加我国国际河流管理的专项立法，条文中需明确规定国际河流管理的基本原则，厘清各水法律法规之间的关系，增强管理机构的运行机制和程序的可操作性①。其次，是市场化政策工具的完善，借鉴西方发达国家水资源市场政策工具的经验，考虑水资源价值、洪水及污染处理成本、新增供水能力投资，建立合理的水价格杠杆，完善水权交易制度、受益补偿机制等，使得沿岸国开源和节流成为市场机制调控的自觉行动，促进我国国际河流水资源可持续的合作开发利用。

3. 未来应制定水资源管理的公众参与政策

世界各地的国际河流合作实践证明：让公众参与到有关水合作政策执行的过程中，有助于提高水政策的执行力，而这方面的不足正是我国国际河流合作政策实践中许多问题的症结所在②。未来如何吸收代表不同利益的多种主体参与决策过程，兼顾流域公共利益以及各区域间、各相关利益主体间的利益，将是合作政策改进方向之一。

4. 加强对外沟通并争取有关涉水国际规则制定的主动权

为了保障政策执行的效果和效率，我国应利用各种媒体平台开展水资源公共外交，大力宣传跨境水资源管理的方针、政策，定期公开发布水资源情况，及时向共同沿岸国发布境内水资源开发、利用和保护的战略目标、规划和活动，消除沿岸国的顾虑，争取有关涉水国际规则制定的主动权。通过大力宣传，在流域整体合作政策的实践中改变信息不对称的情况，在沿岸国之间充分信任的环境下，让所有的利益主体都能够公正、公平、公开地了解我国合作政策的意图，参与到跨界河流流域整体合作开发中来并自觉拥护政策。

第五节　水资源合作开发机制的层次与维度

一、水资源合作开发机制的层次

由于国际河流的开发涉及面非常广泛，具有一定权限的管理机构上至国家最高管理部门下至最基层的管理部门，这些不同层级的管理部门构建了一个非常庞大复杂的管理体系，因此梳理这个体制中不同层级的管理部门的责任、管理目标、管理要求就显得非常重要。根据我国河流管理体制以及国际河流管理

---

① 张婷. 国际河流管理的国际法问题研究及对中国的启示［D］. 北京：外交学院，2012.
② 钱冬. 我国水资源流域行政管理体制研究［D］. 昆明：昆明理工大学，2007.

的现实，可以将国际河流对外合作机制划分为三个层级，即国家层面、地方层面和流域层面，相应的管理部门在各自的层级中从事国际河流对外合作管理活动。

（一）国家层面的国际河流合作开发机制

国家层面国际河流水资源合作开发机制可以看作国际行为体（主要是主权国家）为保障边境国家利益与跨界水资源安全，通过制定法律、达成协议、约定章程等手段建立起来的明确各方义务和权利、约束各方行为、维护相互间水资源协调合作开发关系的规则体系。国家层面的合作机制是宏观战略性的，合作关注点涉及国家安全问题与国家主权利益等方面的问题，如国家主权、国土安全、边境管理、涉水跨国争端的外交处理、各种涉外经济合作、水业务合作的主权管辖等。水政治关系与外交合作是国家层面水资源合作机制的核心内容。

随着国家总体安全观的提出，作为政治安全、国土安全、军事安全、经济安全、社会安全、生态安全和资源安全集合体的国家层面国际河流水资源合作将进一步得到国家最高决策层的重视，国际河流水资源管理被纳入国家资源管理与非传统安全体系，成为我国国家总体安全观框架的重要组成部分。

国家层面水资源合作机制一般以条约、协议以及各种合作组织的形式构成，或者单独的协议和组织，或者作为综合协议和组织的一部分与国外政府谈判和签署，国家层面合作机制以中央政府为主导，从国家层面洽谈与协商，并以国家名义签订合作协议。国家层面的合作机制构建必须系统而全面理解跨境水资源与其他国际事务之间的关系，以总体的国家外交、安全战略作为指导。

（二）区域层面的国际河流合作开发机制

区域层面国际河流水资源合作开发机制体现在流域所在的区域地方政府以水资源开发为着力点开展区域经济合作，通过推动区域经济一体化促进地方社会经济发展，并通过在国家层面机制的框架下以及中央政府的授权下，不同国家地方政府之间通过合作协议建立的一套激励和约束各方行为、协调各国地方政府水资源合作开发行为的长期、稳定的管理体系。区域层面的合作主要涉水经济合作，国际河流流域各地方政府直接应对各类跨境市场、开发活动。水资源直接利用者或经济开发受益者直接影响水资源保护和跨境水资源纠纷的形成。

区域层面水资源合作的重点是涉水经济合作，主体是地方政府和涉水企业，市场机制在区域层面水资源合作开发过程中发挥基础性作用，合作开发主要内容包括涉水经济活动的合作、水资源社会与经济利用的合作。区域层面跨界水资源开发的合作要求地方政府之间构建流域全局观，形成利益统一体，构建相互信任的良好关系，致力于长期的合作。区域地方政府需要在中央政府的授权下具备相对独立的参加国际活动的经验和权利，要求地方政府间的合作以国家合作协议为前提。

（三）流域层面的国际河流合作开发机制

流域层面国际河流水资源合作开发机制主要是流域管理机构为协调各方水资源开发行为，保障流域水资源的可持续性利用，通过某种协议建立的激励和约束各方行为的长期、稳定的管理体系。流域层面的合作机制的主要内容是水资源管理业务和水资源开发管理合作，具有较强的专业性、技术性，是国际河流水资源业务的常规性合作。

流域综合管理是被普遍认可的河流水资源管理模式，根据这一模式，国际河流水资源开发合作的主体是流域机构或水资源管理机构。流域层面水资源合作的重点是水资源业务合作，主要内容包括水资源生态环境保护、水电开发规划、水资源分配等方面。我国不同国际河流流域由于自然资源、社会经济发展和对外关系的不同，合作机制重点也有差异。流经我国东北部的国际河流合作的重点是水资源生态环境保护，最具有典型性的是黑龙江；水资源分配问题集中出现在我国西北部的跨国界河流上，以额尔齐斯河和伊犁河为主；水资源开发问题是我国与周边国家之间有关跨国界河流问题中的主要问题，涉及我国与周边国家关系的互动，最有代表性的是雅鲁藏布江水域和澜沧江—湄公河水域。除了俄罗斯、哈萨克斯坦、乌兹别克斯坦等少数国家，我国周边邻国多数没有设立专门的跨境河流管理机构，因此，我国与周边邻国在流域层面的水资源合作开发仍有巨大发展空间。

二、水资源合作开发机制的维度

我国水资源管理体制框架下形成的"九龙治水"的管理格局，具有专业化管理的优势，但协调难度大。由于专业职能部门分管国际河流各项业务工作的局面也不会在短期内取消，国际河流水资源开发需要在多层次的基础上同时注意形成多维度合作。我国国际河流水资源开发维度可以主要分为合作途径维度、合作空间维度和合作业务维度等。

（一）合作途径维度

1. 水资源政治与外交维度的合作

国际河流涉及国家主权，国际河流水资源既是地缘政治的重要变量，又是流域国间政治博弈的重要筹码，水资源政治与外交合作构成一个重要维度，主要体现在国家层面。在该维度下，与周边邻国建立战略合作框架、签订双边或多边合作协议、开展公共水外交交流，可以解决因国际河流水资源冲突而引起的外交政治问题，维持与周边邻国的良好关系，维护我国根本利益。

2. 水资源经济开发维度的合作

国际河流流域的经济基础设施建立在国际河流各类资源开发利用基础之上，水资源经济开发维度的国际河流合作是建设的重要内容。流域经济合作围绕国际河流流域内，由流域国围绕商品、资本、技术、人员、资源等生产要素的合理流动和优化配置组合而展开的多形式经济活动，以促进跨境河流流域地区的共同繁荣。流域经济以河流为纽带，而河流是复杂的多功能系统，意味着包含诸多潜在经济合作领域，即涉水基础设施、航道运输、边境贸易、水力发电、农业等。流域经济合作就是要通过充分挖掘河流系统的诸功能，协调开发流域资源，有效合理地布局流域生产力，以此推动流域经济增长。

3. 水资源国际法律维度的合作

几乎所有的国际河流合作成果都是以签订明晰的协议或条约为标志，绝大多数协议或条约中都约定成立国际组织、综合管理机构或联合公司，建立共同制度和框架协议，或者清晰阐明流域国在合作中应履行的义务以及成本分担与利益共享的比例[①]。协议或条约大致分为三类，一类是综合性的，涉及航运、环保、防洪等多方面，如《中蒙关于保护和利用边界水协定》等。为协调落实协议，我国与周边邻国建立了相关涉水联合委员会，如中俄合理利用和保护跨界水联合委员会等。一类是专项性的，是针对某一专业领域的具体协议，如《关于黑龙江、乌苏里江边境水域合作开展渔业资源保护、调整和增殖议定书》等。一类是其他涉水协议，即协议部分条款涉及水资源开发，如《上海合作组织宪章》等。

4. 水资源工程技术维度的合作

水资源工程技术是指应用科学知识或利用技术发展的研究成果于水资源开发、利用、保护工程，以达到工程预定目的的手段和方法。上游水电梯级开发项目及控制性调蓄工程会因其对整个流域水资源循环利用的有效管理而使流域各国受益，使下游国产生外部利益，也会因其对下游生态环境的破坏而遭到反对，下游国对此极为敏感[②]。边境河流的大型水利水电工程多分布在支流上，

---

① 周海炜，高云. 国际河流合作治理实践的比较分析 [J]. 国际论坛，2014，16（1）：8-14.

② 张军民. 伊犁河域综合开发的国际合作 [J]. 经济地理，2008，28（2）：247-249.

对干流水量所造成的影响并不显著，但需要与流域国协调调度、合理分配和有效调控。此类合作机制较为通行的做法是，在水利水电工程影响评估的基础上，构建有效的投资补偿机制，以减少工程建设给邻国所带来负面损失，同时，从邻国的客观受益中要求部分投资，减少我国对外大型水利水电工程的资金投入与风险。

此外，由于历史原因，我国与周边国际河流流域国相关技术标准和方法存在一定差异，这也使得我国与流域国在工程技术领域的合作出现矛盾和冲突。为有效解决这一问题，我国与流域国正逐步加强相关技术性合作，协调相关工程技术与标准。水电水利工程建设主要由市场机制主导，相关工程技术与标准可以通过企业间的合作加以协调，"展览会""博览会"等是我国与周边邻国进行工程技术交流的重要平台。

5. 流域社会与文化维度的合作

社会组织与文化的重要性在解决跨境水资源问题上受到越来越多的关注，非政府组织的兴起以及国际河流合作中专业和技术上需求的多元化，单一的政治强制力已不足以应对复杂和变化的现实[1]。通过跨境文化的沟通、宗教等社会组织的引导可以解决许多难以谈判的问题，关键是如何在政府与社会之间形成良性互动的伙伴关系[2]。我国与周边邻国在社会组织与文化上的沟通合作机制具有天然、历史优势，需要在国际河流水资源合作中融入人文的因素。一方面，可以充分发挥边疆地区高校的科研优势，加强与邻国的合作，促进这些研究机构与流域邻国在探讨跨境水资源利用保护合作有关的技术、信息合作机制等方面的深入研究，另一个方面促进边境地区各民族的交流和民间组织合作，以非官方方式，加强与流域国非官方组织的交流合作，着眼于国际河流水资源合作开发软环境构建，是对官方组织功能的重要补充。

（二）合作空间维度

不同的国际河流具有不同的属性，在空间维度看，有的河流涉及多个流域国，有的河流仅仅涉及2个流域国，因此在空间层面合作机制会涉及双边合作、多边合作等类型。从合作空间看，不管什么类型的合作都涉及国家利益，这是因为国际河流水资源涉及国家主权，只有中央政府有权限与流域国签署相关协

---

① 周海炜，郑莹，姜骞. 黑龙江流域跨境水污染防治的多层合作机制研究 [J]. 中国人口·资源与环境，2013（9）：124-130.

② 李智国. 澜沧江梯级开发的水政治：现状、挑战与对策 [J]. 中国软科学，2011（1）：100-106.

议。但是在协议之下，两种类型的合作机制都涉及区域层面和流域层面，其诸多的合作内容都是由地方政府和流域政府所主导。

以我国已经达成的合作机制为例，前者主要包括我国与周边邻国参与或组成的区域合作组织，如上海合作组织、中国—东盟等，水资源开发与保护是这些区域性合作组织关注的重要议题。后者主要体现为中国与周边邻国所建立的双边合作关系，如中俄战略协作伙伴关系、中印战略合作伙伴关系等。

双边与多边合作没有优劣之分，主要基于国际河流的特点，从长期而言，对于多个流域国的国际河流，构建保护全流域国的多边合作是必然之举。

（三）合作业务维度

水资源管理包含许多专业领域，我国目前按照业务维度进行水资源的管理，因此合作业务维度也是我国国际河流水资源合作开发的重要维度。合作业务主要包括航运合作、水电开发合作、水资源分配合作、水污染防治与环境保护合作等方面。

航运是国际河流最早的开发利用方式。航运的合作开发为实现国际自由航行，沿岸国自发建立国际组织或者区域组织，制定法律、达成协议、约定章程等，明确自身的航运义务和权利，并以组织为载体，通过明确的途径或方式，实现国际共享河流的平等互利的航运合作。根据国际河流性质，航运可分为界河航运与上下游河流航运。我国与周边邻国的界河航运合作主要集中在东北地区，包括黑龙江、图们江、鸭绿江等河流。界河涉及流域国的主权领土完整，国界水域分界线的确定是发展界河航运的基础与起始点。目前，我国与周边邻国尚未就界河航运合作成立相关专业委员会，但中俄、中朝之间均已签订相关航运合作协议，这是指导界河航运的法律框架。

水电开发是国际河流重要的开发利用方式。我国国际河流丰富的水电资源尚待开发，目前开发程度约为经济可开发的 32%，技术可开发的 23%[①]，远低于发达国家水能开发利用比例。国际河流水电开发往往会引发诸多衍生效应，对沿岸诸国都会带来一定影响。因此，为满足用水需求和经济利益，流域国通常通过签订协议的方式，按照确定的开发规划共同进行开发。我国与流域国联合开发水电资源的历史可以追溯到 20 世纪 50 年代。但总体而言，我国与周边国家的国际河流水电开发尚未能进入实质性阶段。

水资源分配合作对国际河流（尤其是干旱地区）非常重要。国际河流水资

---

① 编辑部. 水能资源是我国履行温室气体减排承诺的重要保障 [N]. 科学时报，2009-09-30.

源在流域国之间的公平合理分配，日益成为国际关系中的一个重要议题。根据联合国宪章等国际基本法，每个主权国家对其领土上的全部水资源享有充分永久主权。但是，作为多国共享的跨境水资源，其所有权也将为多国共同享有。

水污染防治与环境保护是重要的国际河流业务合作内容。应对水污染事件的突发性和过程性，需要构建一整套合作流程和规范，建立相应的合作组织和机制。环境保护则是一种长周期的合作，依赖国家之间的战略协调和长期的基础研究、监测和信息沟通。

第六节 不同区域的国际河流合作战略与合作重点

我国在东北、西北和西南三个方向都存在国际河流合作问题，且这三个区域的国际河流水资源条件和社会经济发展条件均各有差异，尤其国际河流的上下游、左右岸的跨境特征与社会经济发展在各个区域之间差异较大，因此，我国在构建整体的国际河流水资源合作战略的同时应有针对性地建立区域合作战略，并且与国家整体的合作战略保持协调一致。

一、西南国际河流合作开发战略与合作重点

我国西南地区重要的国际河流主要包括澜沧江—湄公河、怒江—萨尔温江、伊洛瓦底江以及雅鲁藏布江—布拉马普特拉河等，都属于出境河流。我国西南国际河流境外合作国家主要是东南亚和南亚国家。其中东南亚都是发展中小国，政治环境复杂，境外势力影响强烈；南亚则包括唯一与我国具有领土纠纷的印度，因此这一地区的国际河流开发相对比较复杂。

（一）我国的利益要求

西南地区国际河流我国都处于上游，以开发水电为主要开发内容，因此如何把握好我国战略利益要求的运用以及处理与他国利益要求的矛盾，将是对我国的战略利益管理的挑战。

1. 开发利用西南国际河流上丰富的水能资源是直接的利益要求

我国西南国际河流水能资源丰富，但是目前开发程度不高。我国对境内西南国际河流水能资源的开发目前主要集中在澜沧江上，规划在怒江、雅鲁藏布江上建立水电基地。此外，我国还积极开展对中南半岛上的水电开发投资与建设，主要涉及缅甸、老挝等国，已成为中南半岛水电开发的积极参与者。

2. 我国西部开发尤其是西南社会经济发展的利益要求

西南区域是我国西部开发的战略重点区域。以云南、广西为基地构建面向东南亚的经济发展区域，是我国发展的重要战略方向。西南水电基地的建设既是该区域发展的资源基础，也是国家能源发展战略的重要部分。

3. 我国与东盟区域经济合作的利益要求

东盟已经成为我国重要的经济合作伙伴，我国与东盟自由贸易区和澜湄机制都已经正式启动。以澜沧江—湄公河次区域合作为主体的西南国际河流流域的经济合作是其重要的经济区域，我国在流域中所拥有的巨大经济利益将深刻影响该区域国际河流水资源合作。

4. 我国与东南亚各国的周边外交与安全利益要求

我国与东南亚的政治关系是我国对外国际关系的战略环节，东南亚是我国周边安全的重要区域。西南国际河流的安全利益是我国对东南亚重要的非传统安全领域，所涉及的复杂国际关系直接影响我国周边安全利益。

5. 处理好中印关系和实现西藏稳定发展的利益要求

我国一直希望通过发展流域经济确立我国的战略地位，消除各种势力对流域的负面干预，从而实现边疆的长治久安。雅鲁藏布江水资源开发是西藏地区经济发展的重要动力，符合战略利益要求，同时印度与我国存在领土争议，因此处理我国与南亚各国的关系也可以从国际河流合作开发入手。

（二）合作开发战略目标

由于西方各国在中南半岛有长期的殖民史，牵涉大量经济利益，中南半岛各国的水资源开发合作的参与主体复杂，是我国参与流域周边国家水资源合作开发面临的挑战。

1. 建设我国西南水电能源基地，拓展我国在中南半岛的水能合作空间

水能作为一种清洁能源在我国能源结构优化的战略中处于重要地位，西南国际河流则是我国未来发展重要的水能基地。西南国际河流的水能资源开发是具有战略性的举措，建设西南水电能源基地仍是我国水资源合作开发的能源战略目标。中南半岛水能开发和合作由流域经济发展推动，具有明显的内生动力。我国与中南半岛有先天的地域优势，且水电开发技术成熟、资金充沛，拓展我国在中南半岛的水电开发合作领域势在必行，也是我国能源战略目标的体现。

2. 保护西南国际河流各国的流域生态、经济交流与文化多样性

西南国际河流历史上天然形成的社会、经济与文化交流是我国促进国际河

流合作开发的重要战略目标。西南国际河流流域内各国的民间交流是自然形成的，依托河流与水系的合作是西南国际河流流域最基础的合作层面，需要积极促进社会生态演变、促进合作与交流。

3. 促进我国与西南国际河流流域各国的经济合作与一体化进程

西南国际河流水资源的合作开发目前以水电开发为主体，但更广泛的合作领域包括流域内的农业、基础设施、城市化和工业发展。我国在西南国际河流水资源合作开发上长期的经济战略目标是促进我国与流域各国经济一体化。我国应拓宽西南国际河流各国的水资源开发合作领域，逐步转向以水资源开发为核心的全方位经济合作，带动流域国家社会经济的发展。

4. 以水资源合作为纽带促进我国在东南亚区域的周边安全

西南国际河流水资源合作是一种非传统安全领域的合作。与传统的安全合作不同，非传统安全合作更容易获得相关各方的认同和参与，因此，以水资源合作为纽带的非传统安全合作能促进我国与东南亚各国的周边安全合作，是我国西南国际河流水资源合作开发的政治战略目标，促进湄公河流域安全共同体的形成，增强我国在该领域的影响力。

（三）合作开发战略重点

西南地区水资源合作应以水电开发为主，但下游对生态环境的跨境影响十分担忧，因此需要通过制定水能资源开发合作的战略规划，制定明确合作政策，适当公开相关信息，消除下游国家的担心，为进一步的开发打下良好的基础；同时，为了避免水电开发带来的质疑，积极合作开展生态与环境保护的研究与合作治理，规范开发行为。

1. 充分利用上游工程体系，与下游在流域防洪、灌溉、航运改善等方面开展规划合作

为了实现对于全流域的影响力，积极引导我国企业在流域国家进行水电投资和建设项目，如何充分利用我国的优势开展相关合作，将是未来西南国际河流境外水资源开发合作的重点。应积极开展西南国际河流的流域水资源治理，重点关注农业灌溉、防洪技术与工程合作，改善农业、渔业发展基础条件。加大航运合作的力度，重点提高澜沧江航道的通航能力，促进当地经济发展。创新水资源合作开发模式，协同我国对外投资，在国际河流沿线培育经济增长极，推动区域社会经济的发展，并增强我国的影响力。积极开展流域性的水资源利用与保护研究合作，开展流域规划合作，为实现流域统一管理做好前期工作，并处理好与湄公河委员会以及各国水资源管理机构的合作关系。

2. 建立战略投资援助计划，积极推动生态环境保护以及民生基础设施合作

针对上游开发引起的生态环境跨境影响争议以及沿岸居民的反应需要高度重视，应制订相关的生态环境保护合作投资计划，将整体的投资与援助计划同国家对外政治与经济合作战略有效衔接，形成整体的有影响的环境保护战略计划。

3. 推进下游水资源基础设施投资合作

湄公河下游的老挝、柬埔寨以及缅甸境内的国际河流水资源基础设施非常落后，防洪工程、农业灌溉、饮水工程、水污染防治设施、渔业和其他农业设施缺乏，严重影响了这些国家的社会经济发展，但这些国家均缺乏资金、技术和管理，对类似的公共基础设施难以做到自己投入，严重依赖国际投资。传统上这些国家依靠亚行的投资、西方的援助等，随着亚投行、澜湄合作机制的建立以及我国对东南亚投资的增加，我国需要从全流域合作的角度系统构建这些公共基础设施的投资援助计划，将技术设施投资与我国资本"走出去"和产业转移有效结合。

二、西北国际河流的合作开发战略与合作重点

我国西北重要的国际河流主要包括额尔齐斯河、伊犁河以及塔里木河流域的阿克苏河等，兼具出境和入境特征。我国西北国际河流境外合作国家主要是哈萨克斯坦、吉尔吉斯斯坦等国。由于中亚各国在水资源开发上长期存在争议甚至冲突，西北国际河流水资源的合作开发还受到俄罗斯及其他中亚各国水资源开发的影响。

（一）我国的利益要求

我国西北部整体较为干旱缺水，经济产业以农林牧为主，生态系统较为脆弱，且经济基础薄弱，电力供应不足，因此，我国对西北国际河流开发的战略定位是满足该流域国民经济可持续发展用水及生态环境保护用水，兼顾发电、防洪，同时边疆稳定、经济发展也是我国对西北国际河流水资源合作开发的基本战略利益要求。

1. 促进国际河流水资源的稳步开发利用和高效利用支撑区域经济发展

在水资源缺乏地区实施水资源的合理配置至关重要，随着经济发展对水资源利用需求的增加，我国对西北国际河流的水资源合理配置和利用是一种必然的要求，但是，必须进行有效管理和引导。生态环境的脆弱性和国际河流的跨境性质，使得跨境水资源问题将长期存在，国际合理水资源合作开发必须坚持

可持续发展原则，提高水资源利用效率，转变区域经济发展方式。

2. 保障西北边疆地区的长治久安和社会稳定

我国西北地处边疆民族地区，由于经济基础薄弱，经济存在较大差距，加之三股势力交织，地区社会形势并不稳定。而水资源问题容易引起相关的国际纠纷和民族纠纷，生产环境的改变更容易引起流域内居民的不满。西北国际河流的水资源开发合作中一个基本的战略要求是促进区域社会稳定，保持边境的安宁。

3. 建设我国与中亚国家合作的水资源纽带，促进区域安全

我国与中亚国家开展了全方位的合作，国际河流水资源合作将是重要的合作纽带。该地区对水资源的需求一直比较迫切，我国位于额尔齐斯河和伊犁河上游，开发活动承受更多的非议，但是在我国和中亚诸国的合作中，我国拥有优势和话语权，能够更加主动地促进区域稳定；我国处在阿克苏河下游，缺乏这方面河流管理的经验，但是吉尔吉斯斯坦一直将水电开发作为国内的能源战略，也在谋求向我国出口电力。此外，域外势力不断寻求在中亚的经济、军事存在，一定程度上影响我国的国际政治和能源战略，因此，我国须在上合组织的框架下与中亚诸国保持团结和合作，发挥水资源合作的纽带作用，维护区域安全。

（二）合作开发战略目标

目前我国和中亚诸国在西北国际河流上的合作并不密切，还有较大的合作空间，但是鉴于该地区的经济、社会和自然生态的实际情况，我国在进行西北国际河流水资源合作开发时应该坚持以下三个方面的战略目标：

1. 保证我国西北区域的生态安全与经济可持续发展

我国西北地区的生态环境较为脆弱，水资源的不合理开发利用易造成不可修复的破坏，不但影响当地居民的生活环境，也破坏当地的经济基础。西北地区是以农林牧业为主要经济结构的区域，再加上干旱的气候，水资源对当地的居民生活和经济发展有着特别重要的作用。因此，开发西北国际河流的水资源时必须坚持保护当地生态安全，实现经济可持续发展的基本战略目标。

2. 与我国的能源战略协调

水资源作为重要的清洁能源在国家的能源战略中正占据着愈发重要的位置，加强水资源的开发利用是未来的趋势，也是我国能源战略的发展方向。我国西北地区的国际河流开发较晚。因此，加大地区国际河流的水资源开发力度，更多地满足我国西北地区的能源需求；另外，中亚诸国的能源种类多样，储量丰

富，也和我国有着很多的合作，因此，在进行国际河流的水资源开发时，也要符合我国的能源战略的要求。

3. 保证边疆地区社会稳定与政治安全

水资源的开发利用会影响国家政治，而且也会产生国家间国界的纠纷，因此，开发国际河流要充分考虑其国际影响，维护流域内各国的国家安全与和平。我国西北地区是少数民族的聚居区，薄弱的经济基础，艰苦的气候条件，再加上宗教极端主义等非传统安全威胁，增加地区不稳定因素，而国际河流作为地区水资源的主要来源，对区域的稳定安全有着重大的影响作用，因此，国际河流的合作开发要坚持区域的安全稳定。

（三）合作开发战略重点

1. 加强水资源的开发利用协商，实现水资源合理分配

在对西北水资源的合作开发过程中，最大的分歧就是水资源的分配问题。我国的西北国际河流同时拥有上游河与下游河，这与其他两个国际河流聚集区不同，同时流域各国都大力开展开发活动，因此，各国应加强合作协商，在各自开发利用的同时，共同协商各河流的水资源分配，避免由此引发更深层的矛盾。

2. 加强水资源规划合作，促进区域经济发展与结构调整

目前我国的西北地区和中亚诸国都是以农业为主，消耗了大量水资源，且流域水资源的利用率不高，水资源浪费严重。加强水资源规划的合作，更加高效地利用现有的水资源，以较少的消耗实现更大的经济产值，是流域内各国的共同期望。同时由于流域内的产业经济对水资源有着高度的依赖性，可以通过水资源的规划和布局来促进区域经济的发展和结构的调整，这样也有助于区域的社会稳定，维护边疆安全。

3. 加强国家层面的政策指导，为合作开发创造良好的政治环境

在国际河流的涉水管理方面，亟须在中央政府层面以涉水部门为主，加强国际河流管理工作与国际交流合作，从战略高度上形成一个综合水资源安全、生态环境安全、经济安全、政治安全的战略指导框架，加强国际河流涉水管理部门与外交部门的合作。为适应国际河流开发和保护工作的需要，建立国家、流域与区域有机结合的管理体制，为我国国际河流的涉外谈判、技术研究、政策研究、涉外管理等提供支撑平台。我国应在国家层面和战略层面制定清晰的开发思路和框架，以便作为开发工作的指导；同时也应加强对他国开发政策的分析和开发实际信息的搜集，以便我国制定更加合理的开发政策。

4. 加强水资源开发技术的合作和资金的扶持

我国西北地区国际河流的流域国虽然迫切希望开发水资源，但受限于开发技术和资金，水资源开发并不顺利。在维护我国的水资源安全的前提下，可以加强与中亚诸流域国水资源开发的技术合作和资金扶持，这不仅能促使我国更好地开发流域的水资源，而且可以扩大我国的政治影响，维护我国的区域安全，促进区域经济发展。

三、东北国际河流的合作开发战略与合作重点

东北区域重要的国际河流包括黑龙江及其上游的额尔古纳河、乌苏里江及兴凯湖、图们江、鸭绿江等。境外流域国包括俄罗斯、朝鲜和蒙古国。在东北诸多国际河流中，以黑龙江和图们江最具典型性，黑龙江是中俄两国的界河，是北亚最长的河流；图们江是中俄朝的界河，被联合国定位为东北亚最具发展活力的区域。

（一）我国的利益要求

东北地区国际河流虽然都属于界河，但是由于具体的环境不同，对于国际河流的利益要求也不相同。

1. 黑龙江

我国开发流域水资源需求程度高于俄罗斯，水资源利用利益要求主要体现在防洪需求、水污染防治需求、航运需求、水资源供应需求、水电开发需求等方面。这是由于黑龙江流域的社会经济发展程度不同，黑龙江之于中俄国家战略地位也不同。总体而言，鉴于我国境内社会经济发展程度较高、人口密集，我国对防洪合作的需求更大一些。黑龙江是界河，水污染极易产生跨境影响，2005年松花江水污染事件之后，治污合作越来越受到关注，但是流域各国对于防污的标准不同，我国因发展需要，防污标准相对低。航运对中俄边境贸易和社会运行十分重要，作为东北亚大河，黑龙江航运合作有助于推动中俄区域经济发展。我国东北人口众多，生产生活用水需求大，而俄远东地区人员稀少，供水需求远小于我国。东北能源紧张，水电需求极大，但是俄罗斯方面能源丰裕，并且售电给我国，因此俄方没有水电开发的动力，这也引发了一些矛盾。

2. 图们江

图们江水资源合作开发的主要问题是航运，相对于水资源开发而言，图们江区域的贸易与经济合作是最主要的合作内容，而经济合作首先需要解决的是交通运输问题。图们江区域发展规划被纳入国家战略层面的区域规划，图们江

区域合作涉及中俄朝三国的利益协调问题。我国希望打造东北亚的国际通道，助力东北经济发展。图们江入海口位于中、俄、朝三国的交界处，图们江入海通道连接日本海，与地区港口、铁路、公路运输体系构成我国东北地区重要的运输通道，也构成中国、俄罗斯远东、蒙古、朝鲜、韩国、日本的欧亚货物运输通道，图们江在东北亚交通运输的重要地位使之成为区域各国经济合作的首选之地①。由此，我国对于图们江的利益要求主要包括：将图们江合作开发提升为国家战略规划，着眼于东北老工业基地振兴的战略需要。通过图们江合作开发构建东北亚的国际运输通道，使我国东北地区成为连接欧亚内陆及日本海的重要枢纽。

（二）合作开发战略目标

东北国际河流水资源合作开发的主体是中俄合作，重点是黑龙江流域合作开发。我国应以黑龙江流域合作开发为重点构建东北国际河流合作开发战略框架。

1. 保障边界的稳定、维护中俄战略协作伙伴关系是东北国际河流合作开发的政治目标

黑龙江、图们江等涉及中俄边界，是促进两国合作的重要纽带，东北国际河流合作开发能保障两国边界的稳定，维护两国间的政治互信，深化中俄战略协作伙伴关系，有助于东北亚地区的和平与稳定。

2. 寻求新的经济增长极是我国东北国际河流合作开发的经济目标

我国对黑龙江流域的开发较早。提高我国与俄罗斯在黑龙江等国际河流流域的合作水平有助于我国东北地区的发展及经济的外延辐射。黑龙江流域资源丰富、农业发达，工业具有深厚的基础，长期以来经济潜力未被充分挖掘，国际河流合作开发应以促进经济发展为战略目标。

3. 东北国际河流合作开发的水资源目标体现在防洪、水污染防治以及航运贸易合作

随着流域社会经济的发展，防洪合作的需求成为重要的合作要求，改善流域的工程性措施和非工程措施，构建流域性的合作防洪体系是国际河流合作开发的重要战略目标。东北国际河流水网密集，水污染在局部地区非常严重。水污染合作治理超出两国水资源部门的责任范畴，应是流域社会各方的共同责任。此外，东北国际河流具有良好的航运条件，是两国边贸的重要通道，中俄需建

① 毛健，刘晓辉，张玉智. 图们江区域多边合作开发研究［J］. 中国软科学，2012（5）：80-92.

立更加便捷和高效的航运贸易体系，加快东北亚地区自然资源开发、工业发展和商业贸易。

4. 东北国际河流的水电合作开发应成为未来重要的合作目标

丰富的水电资源是流域社会经济发展的重要支撑。在边界河流上的水电开发必然要求两国积极合作，基于平等关系和市场合作的水电开发合作已具备资金、制度、技术等条件，可以构建水电开发的合作战略，开发国际河流的水电资源。

（三）合作开发战略重点

我国东北国际河流未来水资源合作开发的重点集中于防洪、防污、航道航运，黑龙江干流水能资源尚未开发，未来流域合作重点是加强防洪、防污，同时关注堤岸防护合作。

1. 黑龙江流域及图们江流域的流域防洪合作

目前，中俄东北国际河流防洪合作已相对比较成熟。首先，中俄已就跨境水资源签订一系列双边协议，明确防洪合作的法律指导框架；其次，在战略协作伙伴关系的基础上，中俄从中央到地方就黑龙江洪灾防治应加强多层次并拥有回馈的合作关系；再次，中俄已建立较完善的应急合作机制，如水文资料日通报（信函）机制、紧急情况电话联络机制等，应进一步完善应急沟通管道。

2. 黑龙江流域水污染防治合作

在黑龙江流域随着我国振兴东北老工业基地战略的实施，以及俄罗斯经济开发的重心已开始向远东地区转移，黑龙江流域是其开发的重中之重。黑龙江流域中俄双方原主要侧重土地、矿产和森林资源的开发利用，以及由于受中俄双方流域内采金作业和水土流失的影响，悬浮物变化明显，这些要素都造成了黑龙江流域的污染。黑龙江干流上、中游水质良好，但流域内的一些支流受到严重污染并对干流的下游造成影响；同时由于河流的不可分割性，任何一国造成的污染都会影响到另一国，所以双方必须在河流防污方面加强合作。要加强流域内水污染的监测和水污染治理的合作。

3. 航道与航运合作

东北地区的黑龙江和图们江天然的航道成了联系流域各国的重要途径。我国东北地区和俄国远东地区的贸易逐年增长，图们江的次区域合作辐射范围可以达到韩国、日本，构成一个包含中、俄、朝、韩、日在内的经济圈。加强东北国际河流上的航道和航运的合作是流域内各国的共同要求，航运是流域内各国进行贸易和交流最经济、最环保的方式，所以流域内各国要加强航道的合作建设和疏通，重视航运在流域内的发展。

4. 黑龙江等边界河流的堤岸防护合作

边界河流都存在各种塌岸而可能造成的纠纷，一方面是洪水等自然原因，另一方面是人工工程的影响，边界一般以中间线为分界，这些会造成河流的变动、岛屿的形成或消失，从而引起边界纠纷。虽然一些变化是长期而微小的，但涉及两国的边界划分，形成外交问题。因此，如何开展相关的堤岸监测和防护方面的合作，减少外交纠纷，对界河两岸国家是非常重要的。

第五章

水安全合作与国家层面水资源合作开发机制

国际河流水资源合作开发在国家层面涉及的主要是水安全以及相关的国际政治问题，需要形成一系列国家之间的水安全合作机制，保证边界区域安全稳定、促进国际政治与经济合作。我国边疆地区分布着众多的国际河流，这使得我国与各流域国建立水安全合作机制显得尤为重要，可以保障我国周边有一个稳定的经济发展和国际政治环境。

第一节　国际河流水安全与水安全合作

一般河流的流域性水资源安全问题主要包括由于洪旱灾害、水污染以及与水土资源密切联系的环境生态灾害而引起的安全问题，而"安全"实际上是针对人类社会而言，由于这些水问题威胁到人类基本的生产生活、经济发展和社会稳定，从而形成水安全问题。但是，国际河流水安全问题不同于一般河流，具有国际政治特殊性。国际河流的跨境特征使得一般意义上的水资源安全问题触及主权国家之间非常敏感的国家利益之争，成为一种国际政治问题。

上述国际河流水安全问题可以划分为广义和狭义两类。从狭义来看，国际河流水安全局限于国际河流水资源领域，强调在国际河流环境生态承载能力内，国际河流水资源供给保证流域内人类社会生存发展的需要的状态。从广义来看，国际河流水安全是由狭义水安全所直接引起的国家政治、经济及其他领域安全问题。国际河流水资源开发所形成的跨境影响、水灾害及其他人类活动所引起的各种跨境矛盾会引发相关国家之间的争端，从而引起国际政治与经济矛盾，使相关区域的稳定、和谐受到威胁。

一、国际河流水安全的自然属性

国际河流水安全是与流域水资源及环境生态灾害密切联系在一起的，水安全具有鲜明的自然系统特征和发生发展的规律，因此，要理解每条国际河流的水安全是不能抽象地考虑的，必须结合每条河流的具体水资源问题。一般而言，流域性的洪旱灾害是经常发生的水资源危机，当前气候变化下这种水资源危机对流域生态环境以及社会经济活动影响极大，除此外，各种水污染在流域系统中形成的环境生态灾害、水资源过度开发所引起的各种水资源短缺问题是比较集中的水安全问题，这些水安全问题的解决必须依赖于对流域自然系统特征的深刻认识。

（一）气候变化与流域性洪旱灾害所引发的水安全问题

近年来随着人类改造自然能力的增强，全球气候持续发生着变化，水资源作为资源环境中重要的构成部分，气候的变化也对各类水资源，包括国际河流的水资源产生各种影响，并进而对自然生态系统和经济社会系统产生各种深远影响。统计数据表明，我国北方占有的水资源总量持续下降，南方则上升。由此导致北方的供水紧张局面进一步加剧，此外，气候变暖还会使大气水循环的速度加快，从而更容易产生一些气候极端事件，例如暴雨、干旱、台风等，同时极端天气事件的频率和强度都有可能增大，一些局地性的暴雨增多加强，一些区域则少雨天气增加，流域性洪旱灾害暴发的频次与强度都在增强。由于国际河流流经不同的国家，人为分割的行政主体导致难以从全流域的层面统筹考虑由此带来的各种水安全问题，本来可以通过流域性协调解决的问题，在国际河流的背景下这类安全问题比境内河流更为严重。如果说洪灾还具有时间性，由于全球水资源总量是恒定的，地方性间断性的洪灾会导致供水问题的突出，供水日趋紧张的大背景下，国际河流供水安全问题越发严峻。因此，以气候变化为主要因素的流域性洪涝灾害对于国际河流的水安全带来了严重的影响。

（二）水污染所引发的流域生态环境灾害问题

由于水资源系统是由一定的地质结构组织而成的具有密切水力联系的统一整体，地表水、土壤水、地下水之间存在密切联系，是一个有机整体。河流的流动性和水系的连通性决定了对它的开发利用及保护和管理需要从全局性进行考虑。水以流域为单位进行汇集，在汇集过程中不断吸纳沿途各种物质，如果这些物质污染物含量超出流域水资源自身净化能力，水体就会形成污染。由于国际河流流经不同国家，经常出现的局面是上游造成的污染严重影响下游，一岸造成的污染同时影响另一岸，国际河流人为分割的水资源管理主体无法从根本上解决国际河流的水污染问题。此外，气候变化，气温升高对水体生物的生活环境会产生影响，水体生物的分布会发生变化；水体容易产生蓝藻、富营养化等问题，再加上降雨减少，径流减少，对水的稀释能力变小，自净能力减弱，流域生态环境就会遭到破坏，并且经常会影响整个流域范围。水污染以及环境变化导致的流域生态环境灾害也是国际河流面对的水安全问题，国际河流的跨境属性导这一问题的致解决难度更大。虽人类社会工业化历程并不长，但是因国际河流水污染引发的国际争端却经常发生，欧洲多瑙河莱茵河的合作治理很大程度上就是因为水污染导致的流域生态灾害，使得流域各国形成了共同治理的共识；2012 年吉化"11·13"特大爆炸事故以及由此引发的松花江水污染事件也是引发了流域性的环境灾害，导致水安全问题，引发俄罗斯的高度关注，也由此促发了中俄两个在国际河流突发事件上的合作。

（三）过度水资源开发利用所引发的水资源短缺问题

水资源不仅是人类及其他一切生物生存的必要条件和基础物质，也是国民经济建设和社会发展不可缺少的资源。从自然角度看，水资源既不同于固体矿产资源，也异于石油等液体资源①，具有不可替代的特点。其他物质可以有替代品，而水资源无替代品。在社会经济持续发展的背景下，人类对于水资源的需求日趋增长，由此造成了全球性的水资源短缺问题。而对于国际河流而言，水资源短缺问题则更为严重，更难以有效解决，也是国际河流水安全的体现。国际河流水资源短缺问题主要体现在两个方面，第一是由于人类对于水资源的需求与水资源的供给之间的绝对短缺问题。特别是对于内陆干旱地区，水资源的短缺尤为显著。但是国际河流的跨境属性，导致难以从全流域层面系统考虑水资源的分配问题，引发跨国的争端，历史上已经多次发生争夺国际河流水资源而引发的国际争端甚至战争。第二是由于在一国内过度开发水资源导致下游国水资源短缺问题，引发水安全问题，这一情景主要发生在上下游型的国际河流中。上游国没有从全流域层面考虑水资源分配，通过建设大坝或者取水通道等工程设施控制或者极大影响出境水量，引发下游国水资源减少，甚至短缺，由此引发跨国的争端。

二、国际河流水安全的政治属性

国际关系领域的传统安全特指主权国家系统内的国家之间的关系，一般指与国家间军事行为有关的冲突，包括领土安全、主权安全以及与领土和主权安全相关的政权安全。传统安全的边界是国家主权，保证国家主权的自我安全感是主权国家的第一要务。与传统安全相比，非传统安全的内涵较为广泛和复杂，

---

① 宁立波，徐恒力．水资源自然属性和社会属性分析［J］．地理与地理信息科学，2004，20（1）：60-62．

涉及政治、经济、军事、文化、科技、信息、生态环境等方面，范畴相对复杂，涉及的问题不再是单一线性的主权问题，还涉及大量的其他领域问题；涉及的主体也更为复杂，大量的非政府主体也参与到非传统安全的治理和维护中。非传统安全中有两个重要议题，一是环境，即人类活动直接作用于自然生态系统，造成生态系统的生产能力显著减少和结构显著改变，从而引起的环境问题。二是能源安全，即如何保证社会发展所需要到各类能源。国际河流的开发问题与这两个议题紧密相关，因此国际河流与非传统安全存在紧密的联系。

（一）国际河流水安全的非传统安全特征

国际河流水安全实质上属于国家安全中的非传统安全，这种非传统安全问题在一定程度上是由河流的流动性特点所造成的。河流的流动性使得国际河流的跨国安全影响并不是针对某个国家的安全威胁，而是关系整个流域内的居民的全体利益的特殊安全。国际河流水安全的非传统安全特征体现在以下几个方面：

1. 国家主权特征

国家主权一般可分为独立权、管辖权、自卫权等权力。按照主权的影响力又可分为内部主权和外部主权，其中内部主权是指国家对内享有最高和最终的政治权威，外部主权是指国家在国际社会中享有独立自主权。从国家主权视角看，国家对于国际河流既拥有管辖权也拥有内部主权，特指一个国家对本国领土范围内的国际河流水资源享有永久主权。然而，由于国际河流中的水资源具有流动性的特点，一国对国际河流的开发利用势必会影响这一流域其他国家的权利，这构成了流域中各国的共同利益关切。因此国际河流的主权特征不同于其他排他性资源①。目前，水资源对世界各国社会经济和政治生活的影响日益严重，由于国际河流水资源开发引发的冲突不可避免地成为各种国际安全问题的诱因，并成为国际冲突的重要组成部分。如何在维护本国主权的同时，公平和合理且不损害相关国家主权、领土的完整和独立就是国际河流水安全要解决的问题。

2. 利益导向特征

水资源是国家经济社会能否实现可持续发展的关键和核心的要素，确保国际河流水资源的安全就是保证国家利益不受侵犯的一种形式。许多国际河流是流域国家民众的重要甚至唯一的生活用水，如何获得国家生存和发展所必要的水资源，对于水资源短缺的国家来说就有着关乎生死的意义。当今世界有五分

---

① 郝少英. 跨国水体和谐开发法律问题研究［D］. 西安：长安大学，2012.

之二的人生活在国际河流流域，这些流域面积占到全球河流径流的 60%。如何在国际河流水资源的开发和利用中既维护本国的国家主权利益，又能兼顾流域整体利益以及他国利益，是国际河流合作开发中始终不能绕开的命题。这也使得国际河流合作开发具有显著的利益导向特征。

3. 跨国性特征

国际河流的跨国性影响使得国际河流的开发成为一个区域性乃至全球性问题。对于国际河流跨国性问题影响的防范和应对既是流域各国的共同利益，也是流域各国的共同责任和长期任务。在人类历史进程中，源于国际河流自身以及开发导致的各种灾害造成了无数的人员伤亡和财产损失，这些灾害多数跨越国界，在灾害预测预防以及开展救灾时仅靠一国之力已经很难应对，加强国家间的灾害救助合作是国际社会面临的重大课题。

4. 转化性特征

转化性特征包括两层含义，一是非传统安全与传统安全间的转化；二是应对手段上的转化。由于非传统安全与传统安全之间没有绝对的界限，如果非传统安全问题矛盾激化，有可能转化为依靠传统安全的军事手段来解决，甚至演化为武装冲突或局部战争。不论国际河流水资源自然循环系统的完整性和水资源的丰富与否、是否满足国家经济和社会可持续发展的要求，国际河流水主权问题都是存在的，因此传统安全问题与非传统安全问题在国际河流领域极易发生转化和迁移。军事手段是应对传统安全威胁的主要手段，然而应对国际河流非传统安全威胁的方式远远超出了军事领域的范畴。面对国际河流水资源管理中非传统安全威胁，虽然可能需要采取一定的军事手段进行应对，但它们与传统安全意义上的战争、武装冲突仍有很大不同，而且单凭军事手段也不能从根本上解决问题，需要由单一手段向多手段进行转化，这一问题的解决更多地依赖于政治、经济、军事乃至文化等多种手段的结合。

（二）解决国际河流非传统安全问题的基本思路

国际河流水安全的非传统安全特征决定了流域国之间在解决跨境问题、实施合作开发时应遵循一些基本的非传统安全合作的要求，而不是将其与一般的传统安全问题混为一谈。

1. 国际河流合作开发应树立新的安全观，更加注重共同安全的理念

对于国际河流开发面临的新问题，传统安全观面临越来越多的挑战，难以有效应对。传统安全观视角下国际河流开发习惯于从"零和"游戏出发来考虑开发事项，经常以牺牲他国的安全利益来实现部分国家自身的安全，具有很强

的排他性。这种安全观显然不能适应当前国际河流开发的问题。非传统安全威胁的超国家、超地区特征要求重新认识国际安全合作①。对国际河流非传统安全的威胁不是仅针对个别国家，而是流域所有国家共同面临的问题，因而非传统安全威胁使各国在安全问题上的共同利益增多了而不是减少了。因此，应对非传统安全威胁的一个重要前提是应在安全观念上淡化排他性的安全合作，强化共同安全，通过加强国家间的对话与协作，建立防范和解决传统与非传统安全威胁的国际安全新体系。

2. 解决此类非传统安全挑战不仅依靠政府主导，更需要利益相关者参与

水安全这类非传统安全问题利益关系复杂、影响关系复杂，任何开发行为都具有很强的外部性。国际河流的相关衍生问题不仅需要依赖政府力量，而且需要吸引流域居民及各类利益相关者积极参与，采取集体行动。由于水资源的公共性，以政府为主体去谈判、合作和解决又是不可少的，因此应对这类问题时政府与社会力量的合作非常重要。在国际河流主权特征十分显著的领域，有时寻找一种广泛合作的机制非常困难，往往一定程度的争端反而促使合作谅解达成，从而逐步机制化、规范化。

3. 国际河流水安全问题更倾向于寻找综合解决措施

国家河流水安全问题的跨国性使得流域国之间相互影响和相互依赖，引发的问题大都具有历史积累特性和流域性，问题爆发时影响范围广，有时靠任何一种单一措施都难以彻底有效地予以解决，必须依靠多国力量，采取多种措施，通过多种方式的相互配合，才能实现有效治理。流域综合治理是国际上所倡导的流域治理模式，对于此类非传统安全问题，必须在流域范围内由流域国进行系统、整体应对，各国之间在流域综合治理上的合作是解决国际河流水安全问题的有效途径，但是这一治理模式需要各国进行密切而富有信任的合作。

4. 防止非传统安全问题的激化和转化

国际河流安全问题多样化、复杂化趋势不断加强，各种不安全因素相互交织，相互影响，尤其是与其他传统安全问题之间存在着可能转化的情况。历史上由水安全争端引发的冲突乃至战争并不少见，但主要是各种安全争端相互作用形成的，单纯的水安全争端很难引起冲突。因此，尽力防止非传统安全问题的转化和激化始终存在于国际河流水争端解决和合作开发之中。

---

① 柏松. 中国新安全观及其安全战略选择研究 [D]. 长春：东北师范大学，2013.

三、国际河流水安全合作与水外交

（一）国际河流水安全合作机制的含义与特征

国家间安全合作机制一般指在国际安全领域里，行为主体对合作预期而形成的一整套明示或默示的原则、规范、规则和决策程序。国际河流水安全合作机制具有一些基本特性。第一，国际河流水安全合作机制解决的是水资源安全及其所引起的相关安全问题；第二，国际河流水安全合作机制的参与方是不仅包括主权国家政府，而且包括水资源利益相关方，需要非政府力量的参与，包括非政府组织、企业、公众等。因此水安全合作机制可以是多层次的，如双边合作机制、地区性合作机制、全球性合作机制；第三，国际河流水安全合作机制是指导流域各利益相关者行为的原则、规则和规范，针对合作各参与方具有约束作用；第四，国际河流水安全合作机制不仅需要有合作的期望和规范，而且要有合作形式，但是否具备组织形式并不是国际合作必要的构成因素，定期或者不定期的会晤、会议形式也可以是一种合作机制。第五，国际河流水安全合作是建立在互信互利的基础上对于共同利益的认知，促使国家抛弃短期自利的企图，从而追求长期的合作和共同利益。

2. 国际河流水安全合作机制的类型与我国的选择策略

参考国际安全合作的概念和分类标准，国际河流水安全合作机制可以分成不同的类别。我国在致力国际河流水安全合作时，应充分了解不同类型机制的特点，根据实际需求，构建起适应流域水资源特点和开发需求的策略类型。

第一，按照其表现形式，将国际河流水安全合作机制分为国际河流水安全正式机制和非正式安全机制。正式机制包括政府之间达成的各类多边、双边协定。目前我国与流域国中直接接壤的国家都构建了双边协议，保障了国际河流开发的顺利进行。但是目前面临的诸多问题也显示出仅仅依靠政府的协议难以有效地解决各类国际河流水问题，这就需要各利益相关者之间的大量合作。近年来，虽然非正式的安全机制在国际河流水资源合作中发挥越来越大的作用，不过我国目前尚未重视该方面机制的重要性。因此，为了避免矛盾与纠纷，重视各利益相关者的利益要求，在正式安全机制框架下应加强非正式的安全机制的构建。

第二，按照其作用的范围和层次，水安全合作机制可以分为全球性安全机制、地区性安全机制和双边安全机制。我国需要重视的是地区性安全机制和双边安全机制。目前我国也主要围绕这两种安全机制展开与流域国的合作，相对而言我国较为重视双边安全机制，这是我国当前面临的外部环境所决定的。但是从非传统安全的视角看，构建包含全流域的地区性安全机制需要在适当时机被提上议事日程，只有如此才能实现流域整体利益与个体利益的双赢，才能从根本上解决国际河流水问题。

第三，按照其正式程度和期望汇聚程度的高低，可以把水安全合作机制分为正式程度高、期望汇聚程度也高的经典安全机制，正式程度高而期望汇聚低的字面上的安全机制，以及正式程度低而期望汇聚程度高的心照不宣的安全机制。长期以来我国在正式程度低而期望汇聚程度高的心照不宣的安全机制方面获得了巨大的成效，保证了我国的发展。但是新的环境下，正式程度高、期望汇聚程度也高的经典安全机制对于国际河流水问题更加具有现实意义。因此我国应积极借鉴国际成功经验，通过各类型的合作框架，构建正式的合作机制，作为保证国际河流开发的支撑。在此前提下，可以发挥我国外交的特长，继续加强正式程度低而期望汇聚程度高的心照不宣的安全机制来处理各类应急事件。

（三）通过国际河流水外交促进水安全合作

"水外交"的概念形成较晚，2010年以后才开始出现在国际组织、区域组织的相关报告中。目前对于"水外交"一词的解释有两类，一类认为水外交是在科学论证以及对社会约束条件保持敏感性的基础上，形成的一种水问题解决新形式；一类认为水外交是通过谈判交易和交换途径来缓和并解决国家间水资源准入及使用冲突上的一种方式①。

水外交有狭义与广义之分。狭义的国际河流水外交是指代表国家的机构和官员，为了执行对外政策，通过交涉谈判等和平手段，围绕国际河流水议题处理国家关系和参与国际事务的一种政治性活动；广义的国际河流水外交是政治与经济结合，双边与多边交织，政府与民间并举，政策制定与实施兼备，包括各有关部门、综合各有关领域的多层次全方位的总体水外交。当前我国国际河流水外交实践应更侧重于广义的外交，强调包括经济和政治在内多管齐下的治理方针。但是当前我国处于国际河流开发初期，因此以狭义的水外交为指导更为现实②。

国际河流水外交具有典型的公共外交特征。对"水外交"的重视是伴随着全球范围内气候变化、人口增长、经济发展与社会转型等所造成的水资源短缺而形成。水外交不仅要解决水资源争端可能造成的区域冲突和国际政治关系恶

---

① 张励，卢光盛."水外交"视角下的中国和下湄公河国家跨界水资源合作［J］.东南亚研究，2015（1）：42-50.

② 张励.水外交：中国与湄公河国家跨界水合作及战略布局［J］.国际关系研究，2014（4）：25-36，152.

化问题，也要面对越来越多的公众参与挑战。在全球化时代，水资源问题已经成为世界各国所关注的重点问题，对国家和区域社会稳定、经济繁荣、粮食安全和环境长期可持续发展都起着至关重要的作用。随着我国社会经济发展，能源、水资源与环境问题日趋突出，并且随着国家实力的增强，更加需要一个稳定安全的周边环境，国际河流水外交是推动周边合作的良好切入点。从全球视角，我国的水外交也需要响应国际水资源保护、环境生态可持续发展的全球合作趋势，因此我国与周边国家在国际河流领域的水外交最具有现实意义。

国际河流水安全是国际河流水外交的政策落脚点。国际河流水外交是在解决国际河流水安全威胁这一非传统安全威胁的过程中产生的，它淡化排他性的安全合作，强化共同安全，通过加强国家间的对话与协作，树立以互信、互利、平等、协作为核心的观念，强调建立防范和解决传统与非传统安全威胁的国际安全新体系，其中包括强调流域综合安全，即在国际河流流域内主张超越单纯军事安全，扩大国家安全视野，全面综合地谋划国家安全战略；强调合作安全，在互信基础上发展广泛深入的有效合作，和平解决在国际河流开发过程中国与国之间的分歧和争端，防止水冲突的发生。

（四）我国国际河流水外交的重点

在我国周边地区安全环境的构建过程中，我国面对两类水外交挑战，第一是如何解决国际河流水资源争端而直接引发的安全问题，需要当事国之间通过外交活动加以解决；另一类是以水争端为议题的国际政治较量，这种情况流域内外各种政府与非政府的力量往往都参与，其最终目的是争夺国际关系的主导权。这种国际政治较量反映了各国对外交影响力和主导权的竞争。中国的综合实力要远远超过周边国家，作为一个负责任大国，中国需要在周边地区适时提供更多的公共产品，同时积极开展文化、经济、环境等公共外交活动，政治、经济与文化等结合多管齐下，才能应对水安全挑战。

我国国际河流水外交可以围绕水冲突预防、水危机管理和推动合作三个方面进行①，关注三个方面的行动策略。

1. 推动国际河流水资源议题的专业性外交

国际河流水外交虽然具有很强的公共外交特征，但水资源与环境生态问题的复杂性和专业性使得水问题的解决必须借助专业力量和长期的监测与科学研究，水问题的解决既需要利益相关者的参与和有效的激励约束机制，也需要专业与科学的解决方案，国际河流水问题不同于一般政治问题，并非只要解决利

① 李志斐. 水资源外交：中国周边安全构建新议题 [J]. 学术探索，2013（4）：28-33.

益机制就可以了，而是需要科学的解决方案。因此，专业的外交和专业的水资源管理需要有效结合，我国面对众多国际河流外交问题，需要构建专业性的水外交团队，建立专业性的水外交机制，开展更多专业性的外交活动。

2. 推动经济与文化结合、公众参与的国际河流公共外交

政府外交对于国际河流冲突预防、危机管理与国家间的合作非常重要，但国际河流外交问题常常体现在日常、琐碎和看似平凡的事件上，那些危机和冲突看起来是突发事件，但都是长期积累形成的。水资源问题的产生是典型的量变到质变的过程，而且是一个漫长的过程，一些问题必须借助平常的、公众参与的公共外交加以预防和及时解决，必须运用经济手段、文化交流和居民之间的交往多种方式进行解决。现代社会的公共外交还包括传播迅速的新媒体运用和舆论的引导，这些都需要构建国际河流公共外交的体系。我国长期以来专注于政府外交，但面对如此广泛的国际河流流域复杂的水问题，必须建立公共外交引导政策。

3. 推动国际河流水外交与我国周边外交战略的对接

随着我国周边国际河流水资源开发的推进，各国之间在水安全合作上的需求不断提高。一方面跨境水资源问题迫使各国之间加强沟通、协调与合作，另一方面，共同的水资源纽带促进了流域的经济合作、环境合作和文化交流，在全球化进程中，基于流域合作的一体化进程具有明显的天然优势。但是，长期以来，我国的国际河流水资源对外合作局限于非常狭窄的技术与信息合作领域，并没有进入外交领域，从而使我国在水资源这一非传统安全领域的外交活动非常缺乏，国际河流水外交未来将是我国周边外交的一个新兴领域。

国际河流水外交从最基本的水冲突预防、危机管理，到水资源开发与环境保护合作，再到流域国命运共同体的构建，有着广泛的内容，完全可以和我国周边外交战略加以对接，使得水外交合作机制与周边国家的国际政治合作机制之间形成互动关系。其中，一种模式是通过国际河流水外交促进我国周边外交的深入，进而形成以国际河流水安全合作为基础的周边外交合作机制；另一种模式是在我国现有的周边国际合作框架内加入国际河流水外交的内容，从而为我国的一些跨境水问题解决打开一个新的合作空间。

四、国际河流水安全合作的基本动因

各国之间的国际河流水安全合作需要解决基本动因问题，历史经验表明，国际河流各种争议和争端的出现在经过长期摸索和努力之后反而促进了国际河流的流域国合作，而且这种趋势在全球化进程中得到进一步加强，通过合作解

决国际河流争端已经成为流域国家的共识。

（一）国际河流流域国合作可以促进地区安全的实现

从地缘政治上来说，国际河流流域地区国家由于处在同一个国际河流的地理单元，安全方面的相互依存程度很高，存在着大量的不同类型的积极的或者消极的社会互动，这些互动塑造的地区环境既可构成流域地区国家最直接的外部威胁，也有可能成为流域各国发展的有利条件。因此，国际河流问题的解决，就绝不是某一个国家或者几个国家间仅限于国际河流的事情，而是涉及地区内所有流域国家和各个领域，它的解决要以流域内所有国家形成的共识和集体的行动为基础。

国际河流流域国之间签订各类国际河流条约，形成多种国际河流合作理念和模式，进行全流域合作或者区域有限合作，在一定程度上促进了流域和地区安全。传统的水资源危机导致地区冲突的观点认为，流域国在对国际河流的开发利用上只考虑本国利益，利益的获得完全取决于国家在流域地区的地缘政治地位和实力，国际水资源冲突不可避免并且不可调和，具有零和的性质，各方必然陷入安全困境之中，其主要案例是中东约旦河、阿拉伯河。但是，冷战后经济的全球化增加了国家间的相互依赖，改变了以国家安全和军事竞赛为核心的传统安全观，更加理性的安全思维逐渐取代了狭隘的权势政治思维。在国际河流流域，由于流域国家相互依赖程度较高，相互之间存在着共同的安全利益，传统的"零和"竞争思维已经不符合国家利益。

从实践上说，国际河流冲突较为频繁的地区是国际安全局势比较混乱的地区，比如中东地区、非洲地区，恰是国际安全局势本身影响了国际河流，而不是相反；在整体国际政治和安全局势比较稳定的地区，比如美洲、欧洲，往往不存在或者很少存在国际河流冲突，国际河流合作进展良好。这种现象说明，国际河流水资源争端并不是引起地区安全问题的根源，相反，是地区安全问题引发了国际河流水资源争端。

很多情况下一旦找到各方解决国际河流利益共享问题和解决争端的方法，各方的态度就会改变，常常从对手转变为合作者。例如，联合开发水利工程对于参与国家有很多好处，如果把流域看作一个整体进行开发，通常有助于寻求创新的工程解决方案。例如，一般上下游国家在建坝上总是存在争议，但是如果这类项目建立在联合开发基础上，就可以给所有参与国带来实质的利益，也可促进各国间积极地合作。我国与湄公河下游国之间可以拓展许多利益共享方式，湄公河下游流域的季节性洪水每年都造成数百万美元的损失，最好的防洪方法就是在上游修建调节水坝，但同时将粮食和电力等重要资源的进出口从流域整体去考虑利益分配和共享，才能实现区域稳定与发展。

（二）国际河流合作符合流域国家的根本利益

国际河流本身具有的跨境流动性使其成为流域各国的共有资源，而共有资源的存在、流域国家地理上的邻近，使流域国家存在相互依赖的关系。"相互依赖指的是国家之间或者不同国家中行为体之间相互影响的情形"，意味着"一国以某种方式影响他国的能力"。在相互依赖的情形下，国家之间必定存在相互交往的关系，而且这种相互交往中各方尽管不一定对等，但都要承担一定的责任。国际河流各流域国家地理位置邻近，又因共享同一条河流而处于同一生态系统内，国家间危机相互转化的可能性大大增加，一国面临的安全问题，往往会向流域地区渗透，影响整个国际河流流域安全。

国际河流合作可以带来直接利益，例如河流洪涝和污染等灾害治理，灌溉与发电等方面的合作可以为流域国带来巨大的直接利益。在南亚，印度资助了不丹的塔拉水力发电厂：印度得到了一部分能源，而不丹得到了印度能源市场准入的保证。在南美洲，巴西和巴拉圭 1973 年的伊泰普协定约定在两国界河——巴拉那河上联合建立庞大的伊泰普水电站，共有 18 台发电机组，总装机容量 1260 万千瓦，年 790 亿度发电量由两国均分，两国均从合作中受益匪浅。

国际河流合作可以产生的睦邻关系从而减弱的邻国间的紧张和冲突。1992年以来，我国参加大湄公河流域次区域国际合作增进了我国与东南亚一些流域国家的睦邻友好关系①，流域国之间不但开通了湄公河交通航线，陆上交通、边境贸易也正顺利地进行。

国际河流合作带来了无形的政治利益，各国是否能公平、公正地与邻国共享河流，也影响着他们的国际声望。虽然流域国之间可能存在不对等的实力关系，但如果占支配地位的国家主动积极地倡导公平合理的流域国合作，可提升该国的国际形象和"软实力"，甚至主导构建地区安全共同体。尼罗河流域倡议就是从经济和政治上将埃及与一些撒哈拉的贫困国家联系在一起的，这种联系产生了"溢出"效益，埃及通过尼罗河流域倡议获得的政治声望可能会提升其作为世界贸易组织中非洲代言人的地位。

（三）流域国存在着共同利益

国际河流流域国家之间由于天然水系而联系在一起，这种联系从历史上的生产与生活交流到共同或相似文化的形成，从贸易交通往来到形成现代的分工体系和经济一体化，虽然由于各国之间政治实体差异形成了不同的利益格局，

---

① 吴世韶. 中国与东南亚国家间次区域经济合作研究 [D]. 武汉：华中师范大学，2011.

但是流域国之间的共同利益在全球化的时代得到进一步加强，这种共同利益基础促成了国际河流合作。

首先，各国都需要解决可持续发展问题。为了实现流域各国可持续发展的目标，流域国必须共同开发国际河流，并对河流进行系统的保护。例如为了发展农业生产，流域国就必须解决发展农业生产导致的灌溉用水增加与水供应减少之间的矛盾。这个矛盾的解决必须通过国家间的合作，通过提高用水效率，才能达成目的，从而使农业生产得到持续稳定的发展。国际河流的单方开发极易引发冲突，从而导致地区动荡，使流域国家安全和利益得不到保障，可持续发展的目标也不能实现

其次，各国都需要解决流域航行自由和生态环境保护等问题。要解决国际河流流域的航行自由、生态环境等问题，仅靠单个流域国家是难以达成目标的。只有流域国家通力合作，上下游国家整体行动，通过跨境控制和联合开发，才能在实现国际河流航行自由以及各种非航行利用的同时，妥善保护国际河流的生态环境，降低干旱、洪涝、严重污染等灾害造成的损害，最大限度地实现各自国家的利益①。多瑙河流域国的实践深刻地说明了这一点，流域国之间必须通力合作，才能有效解决多瑙河的航行、防洪和环境生态等问题。

再次，流域国都有维护地区安全与稳定的愿望。虽然流域国家在地缘政治和环境方面存在一定的差异，在国际河流上追求的利益也不完全相同，但有一个重要的利益共同点，那就是希望流域地区稳定。只有地区稳走，才能维护国家安全环境，从而使经济持续发展。没有哪一个流域国家希望国际河流问题演变成一种危害国家间关系的"存在性威胁"，因而合作必然成为流域各国对外政策的基调。

第二节　我国国际河流水安全合作的内涵、要求与目标

国家层面水资源合作机制的构建首先需要明确应坚持怎样的水安全观念，明确我国水安全的基本，制定清晰的水安全合作目标。水安全观是指导水资源对外合作的基本观念，表明国家对国际河流水安全的基本理解。水安全合作要求是表明国家对外水资源合作的基本利益要求点，水安全合作目标是对国际河流合作希望达成的预期合作成果。

---

① 刘文淋 . 国际水道环境侵权民事责任研究［D］. 成都：西南政法大学，2013.

一、构建我国的国际河流合作安全观

国际河流水安全观是在历史实践中形成的，我国需要逐步总结各国区域国际河流水资源合作的实践，凝练并提出自己的国际河流水安全观点，反映我国对外水资源国际合作的基本理念和思路，符合我国的国际河流水资源合作的实际状况，并获得周边国家的广泛认同。在我国国家战略的指导下，借鉴世界各国的国际河流水资源合作经验，结合我国周边具体国际河流实际状况和历时经验，我国的国际河流安全观可以表达为三点，即建立以合作促安全的共识、以水资源合作促进周边地区合作、坚持权利义务对等原则。

（一）建立以合作促安全的共识

经济的全球化增强了国家间的相互依赖，改变了国家的安全观，更加理性的安全思维逐渐取代了狭隘的权势政治思维。特别是冷战后新的国际形势改变了以军事安全和军事竞赛为核心的传统安全观，出现了强调合作安全的新安全理念。

合作安全以国家之间的平等互信为基础，以渐进的双边或多边合作方式来实现共同安全和综合安全目标①，是一种广泛的安全取向。它在范围上是多向度的，在方式上是渐进的；是包容性的而非排斥性的；喜好多边主义胜于双边主义；在军事解决办法和非军事解决办法之间并不偏爱前者；认为国家是安全体系中的主要行为者，但也接受国际组织扮演重要的角色；从共赢而非零和的角度看待问题；此外，强调在多边基础上形成对话的习惯②。

冷战时期，国家普遍认为通过建立军事同盟来实现国家或地区安全保障，是一种很自然的安全措施。另外，通过建立各种排他性的结盟来增强自身在本地区的实力以形成地区均势，也获得了国家普遍的认可。这种观念体现在国际河流争端上，就是在流域地区普遍存在着以流域国家各自利益为中心，通过提升国家的实力、结盟、引入外国势力等来增加流域国家在地缘政治中的优势，寻求国际河流流域地区的均势。

然而，20世纪80年代末到90年代初，国际安全形势发生了根本性的转折。随着东欧剧变、苏联解体，冷战宣告结束。冷战的结束改变了国际政治格局，也改变了以军事安全为核心的传统安全观。安全的概念越来越宽泛，非传统安

---

① 杜农一. 合作安全——后冷战时代安全思维的理性回归 [J]. 世界经济与政治论坛，2009 (5)：1-5.

② 宋林飞. 高度关注与控制台海风险 [J]. 世界经济与政治论坛，2007 (5)：1-7.

全成为安全问题的重要内容，并对国家的安全战略施加着重大的影响。非传统安全包括除军事、政治和外交这些传统安全议题以外的所有其他的、对主权国家及人类整体构成重大影响甚至是严重威胁的因素，主要包括经济安全、金融安全、生态环境安全、信息安全、能源安全、恐怖主义威胁、大规模毁伤性武器扩散、疾病蔓延、跨国犯罪、走私贩毒、非法移民、国际海盗以及洗钱活动等。在应对这些非传统安全威胁的过程中，国家逐渐认识到合作是解决争端、实现地区安全的必由之路。

国际水资源争端在各流域国家之间普遍存在，在冷战后的新形势下凸显。它不但会引发流域国家之间在水量分配上的争端，还会在开发河流时引发环境问题和生态问题。据不完全统计，国际河流流域生活的人口约占全球人口的40%。在世界性能源紧缺的今天，开发利用国际河流的水资源，满足流域各国的经济和人民生活，成为区域国际合作的热点问题之一。处于国际河流下游的国家或地区总希望上游能够提供充足的水量和优良的水质，而上游国家或地区出于发展经济和维持社会生活等原因进行的对国际河流的开发利用，必定会减少下游国可得水量，甚至会造成水质或生态的改变。因此，为避免矛盾的激化、升级，对国际河流的开发，非常需要有关国家更加密切配合，针对地区人口、经济、社会的实际发展状况，本着互惠互利、可持续利用的原则合理来进行。

（二）以水资源合作促进周边地区合作

通过合作解决国际河流争端已经成为流域国家的共识。在这种背景之下，国际河流流域地区的合作已成为全球区域经济合作、跨境生态环境维护和治理的重点地区。国际河流合作已经成为地区合作的基础，也是体现国家合作诚意的底线。如在中国与"上海合作组织"其他国家的多个政治档中，在跨界河流上的合作都成为其重要的组成部分。

流域地区的安全是流域地区所有国家集体选择的结果。流域地区国家间通过合作而展开的良性互动，不但可以解决国际河流冲突，而且还可能形成有效的可以消除未来潜在冲突的地区合作机制，建立起正常而有效的沟通管道，促进地区在经济甚至政治层面上展开合作，使地区进入一个结构稳定的进程。在这种安全进程之下，流域地区会形成有效的地区安全机制，最终呈现政治、经济与社会一体化的整体性特征。流域地区内的冲突将会得到进一步的遏制，流域国家间的安全感上升。

大湄公河次区域经济合作是东亚经济合作进程的重要组成部分，也是发展中国家用国际河流合作促进流域间全面合作、互利合作、联合自强的典范。湄公河争端主要体现为各流域国对河流开发的目标冲突，集中在水量分配、水生生态两个方面。水量矛盾主要集中于湄公河下游国之间。而水电开发可能引发的生态问题则是流域各国关注的热点。然而目标冲突背后存在的是各国对于因湄公河水资源开发利用与环境生态关切的共同利益。

由于各流域国在湄公河拥有共同利益与关切，流域各国认识到合作是巩固地区安全局势的重要因素，20世纪90年代初，流域的合作开发受到流域国家的重视。1992年10月，在亚行总部马尼拉召开了首届大湄公河次区域合作会议（从第二届起正式称为"部长级会议"），确立了合作的总体框架，明确界定了以澜沧江—湄公河为纽带的"大湄公河次区域"的地理范围：柬埔寨、老挝、缅甸、泰国、越南和中华人民共和国云南省①。会议本着先易后难、先单项后综合、由双边到多边的合作发展思路，将合作定为"交通、能源、环境与自然资源管理、人力资源开发、经贸和投资、旅游和通信等七大领域，后来增加禁毒合作，形成了八大合作领域"。经济合作及其开发项目主要是在湄公河流域各国的毗邻地区这一特定的区域内实施，湄公河自然地把流域各国维系在一起，湄公河航运更加强了这种联系。

总之，国际河流水资源合作不但是解决国际河流争端的最佳途径，而且还可以成为通往全面合作的桥梁。在历史上国际关系不睦的地区，达成国际河流水资源上的合作往往是实现地区国际关系正常化的第一步。

国家间的良性互动还可能形成有效的可以消除未来潜在冲突的地区合作机制，建立起正常而有效的沟通管道，促进地区在经济甚至政治层面上的合作，保持流域地区的结构性稳定。

国际河流流域地区的合作已成为全球区域经济合作、跨境生态环境维护和治理的重点基础。亚洲国际河流流域各国也正在积极进行合作，特别是大湄公河流域国家的合作。

（三）坚持权利义务对等原则

"一切有关合作的努力，都是在某种制度背景下发生的。"国际河流制度和法规不但影响着国际河流的合作方式，也影响着国际河流公平合理利用的程度，最终决定了国际河流水政治共同体是否能够形成，合作能否进行。

流域国家的权利义务对等，是流域国家以平等的身份参与协商、以流域国家水权确定为基础的结果。权利义务对等的条约既能顾及河流生态，又能平衡所有流域国家的利益，因而结果是公平合理的。我国处于周边大部分国际河流

---

① 付瑞红. 湄公河次区域经济合作的阶段演进与中国的角色［J］. 东南亚纵横，2009
(5)：65-69.

的上游位置，这种地理特征决定了我国必然要面对下游各国的各种水资源与环境保护要求，因此，充分利用已有的国际水法原则并结合我国的实际情况，需要确立权利义务对等原则。

从实践看，条约能否体现流域国对等的权利义务，是条约是否合法有效的最核心标准。那些执行情况良好的国际河流制度，都能够体现流域国对等的权利义务。例如美加哥伦比亚河条约，就是成功的国际河流条约的典范。美国与加拿大签订的 1909 年边界水条约，是以分水为基础的综合性水条约。条约的适用范围包括美国和加拿大自治领土国际边界沿线两岸之间的湖泊、河流及其相连的水道等相关部分，包括一切港湾，但不包括天然水道流入或流出上述湖泊、河流和水道的支流，或流经边界的溪流。1961 年美加哥伦比亚河条约是在 1909 年双方水条约基础上对哥伦比亚河的特别规定。条约的内容十分广泛，双方引水量的限定是条约的核心内容之一，条约非常详尽地规定了美加双方的引水量和方式，较好地解决了双方的水量分配问题。实际上，该条约的成功很大程度上得益于将分水与防洪、发电紧密结合，确定了双方的收益，体现了上下游国家之间的权利义务对等。

那些不能得到有效履行的条约，都具备权利义务不对等的特征。例如中亚咸海流域五国 1992 年的《中亚五国水协议》虽然由新成立的五国协商制定，但其水量分配制度并没有同步更新，而是沿用了苏联时期的水量分配制度，将阿姆河和锡尔河的水量大部分分配给下游流域国，以保证这些国家的农业灌溉用水需求。下游国家在接受这些水量时却不愿意承担义务，哈萨克斯坦和乌兹别克斯坦都不愿意对吉尔吉斯斯坦进行能源补偿，反而要求吉尔吉斯斯坦按国际市场价格购买能源。这样，上游国承担了释放水量、维持水库运转等义务，而下游国家则没有义务，由此造成了上下游国家权利义务的不对等，条约的执行力也近于无。

从实践上看，在当前存在的各种类型的国际河流水条约中，只有权利义务对等的条约才会使流域国家的合作动力强，因为这种类型的条约对所有国家的利益都进行周全的考虑；而在权利义务不对等以及以结果平等为目标的平均分配机制中，大部分国家缺乏合作动力。

二、我国国际河流水安全合作基本要求

（一）支持国家发展的政治安全

国家政治安全是指国家主权、领土、政权、政治制度、意识形态等方面免受各种侵袭、干扰、威胁和危害的状态，简言之就是在政治方面免于内外各种

因素侵害和威胁的客观状态①。这是国家安全层面国际河流合作开发的基本要求所在，政治安全始终是合作要求的核心和根本保证②，国际河流的合作开发必须围绕这一要求展开，在国际河流合作中，只有维护和保证了政治安全，才能有效地谋求和维护国际河流合作中经济、科技、文化、社会、生态等其他领域的利益要求③。

从当前我国国际河流开发的宏观形势来看，国际河流合作开发中政治安全要求主要表现为地缘政治地位和与流域国间的关系要求、河流边界的安全稳定。这一特定的要求由我国特殊的地理位置所决定：我国处于多数国家河流的上游，上游水资源的开发与下游水资源的利用存在一定的关联。在这一过程中，一旦利益关系协调不当，会影响我国的地缘政治地位和与流域国间的关系，从而对国家政治安全造成影响。例如我国对于西南地区的雅鲁藏布江和澜沧江的开发受制于下游国家的质疑和争议，并受到流域外国家的影响，在一定程度上影响了我国与下游国家的外交关系。以界河为主的国际河流在合作开发过程中必须维护国土的完整与边界安全，边界问题在国家安全中具有敏感性，国际河流合作必须响应这些基本要求。

（二）保障国家发展的经济安全

国家的经济安全要求是国家安全诸多驱动要素中的关键力量。我国的国际河流主要分布于社会经济发展落后地区，这些相对落后地区的经济发展成为我国经济能否健康持续发展的关键。在我国的发展战略中，这些地区的水资源保障和水电能源是地区和国家经济发展的支撑力量，尤其西南地区的国际河流是我国水电能源基地，西北地区的国际河流是新疆水资源供给主要基地。因此从国家安全层面看，国际河流合作开发需要为流域乃至全国的经济发展提供支撑，这是经济安全要求的内容。

国际河流的经济安全要求很大程度上与国家资源禀赋以及所处国际河流的地理位置相关，主要内容包括水资源供给、水电能源开发和流域社会经济发展。西南西北地区的国际河流的水能开发与水量需求成为核心要求，通过水能开发可以带动当地经济的发展，同时支撑东部沿海地区的能源需求；水量需求则是

---

① 马振超．当前维护国家政治安全问题的思考［J］．江南社会学院学报，2009（1）：8-11.

② 王志坚．新安全观视角下的国际河流合作［J］．湖南工程学院学报（社会与科学版），2011（6）：89-92.

③ 肯康克，董晓同．水，冲突以及国际合作［J］．复旦国际关系评论（增刊），2007：11-15.

保证当地乃至可能的跨域调水地区社会经济发展的根本。因此这些区域的国际河流水资源合作开发要以围绕水能开发和水量供给，保证相关地区的经济安全为利益出发点。对于东北部地区的界河型国际河流而言，其特殊的地理位置（没有出海口）和当地经济特点（重工业为主，经济增长趋缓）要求通过水道航运为经济发展提供支持，通过水能建设支持重工业的发展等。

（三）保障国家发展的社会安全

在国际河流合作开发中的社会安全要求表现为社会稳定与和谐。我国国际河流多处于边疆多民族地区，与周边国家的社会与民族关系复杂，维护和保证边境地区的和谐、有序、稳定地发展构成了国家层面合作开发的基本社会要求。社会稳定是政治安全的社会基础。目前我国国际河流开发面对的社会稳定基本要求有两个重要方面，一是遏制极端势力利用水争端而挑起矛盾，二是因水资源开发而引起社会利益结构的深刻调整和变化可能诱发的利益冲突和民族矛盾。水资源是当地居民生存发展所依赖的资源，长期历史可发展中积累的问题可能因水资源矛盾而触发，新的河流开发改变了当地的社会结构、利益结构，也可能引起冲突，对社会和谐稳定构成潜在威胁。考虑到边疆区域的社会稳定是国家社会发展的基本战略要求，因而为了维护社会安定团结，必须要全面、综合考虑开发与合作所带来的各种问题，进行积极应对挑战。

（四）保证国家发展的生态环境安全

生态环境安全是指人类社会经济活动对自然资源超常利用或排污对生态环境破坏所造成的环境安全问题。忽视环境安全会对经济发展的环境基础构成威胁，诱发严重的生态连带危机，对区域稳定和国家安全构成威胁。因此环境安全也应该被纳入国家层面的国际河流合作开发要求中。

国际河流开发过程中造成的生态破坏、环境污染问题已经不仅对本国个人、社会、国家的利益造成严重威胁，而且跨境影响所波及的范围会超出流域，形成跨国生态危机。例如黑龙江的污染事件已经是一次生态危机，直接影响国家的发展，影响了国家的对外关系。

另一方面，环境安全一旦受到影响，会对我国其他领域的安全造成连锁损害，甚至引起经济恶化、社会紧张和政治对抗，从而成为冲突之源，在一国之内可能导致社会失序和动乱，在国家之间则会导致紧张局势或敌视关系。国际河流生态问题爆发对于国家的安全危害极大，甚至造成国家间的争端和冲突。我国周边多为发展中国家，处理各类环境问题的能力比较差；其中一些邻国领土狭小，环境问题以及可能导致的环境恶化对国家生产生活的影响十分突出。因此，在各类环境问题处理失当极易引起国家间的争端甚至冲突。

三、我国国际河流水安全合作目标

我国国际河流水资源在国家层面合作战略目标是努力与各流域国构建水安全共同体。传统上我们强调维护自己的利益是我国外交的重要任务，但是随着我国的经济崛起和实力增强，也面临着如何有序扩大国际影响力，承担大国责任的挑战。我国需要从被动地维护水资源权益的水外交向积极主动塑造区域水资源安全的战略转型。寻求在国际河流流域建立一个水安全共同体，符合我国的基本战略，也符合周边国家的需求。

（一）水安全共同体要求寻找国际河流流域国共同利益点

我国处于多数国际河流的上游，上游国在开发利用水资源方面享有基本主权，我国在涉及国际河流的双边、多边和区域国际环境合作中必须坚持主权原则，维护国家权益，合作的立足点必须放在维护国家的主权利益上，这一点必须坚持而不能有任何动摇。

但是另一方面，国际河流的水资源共享性需要各国采取协调合作的行动，寻求行动的共同利益点。共同利益不是一个口号，而是各方深刻的认同，因此将是一个长期实践探索的过程。我国作为上游国应该主动寻求与流域国的共同利益，在国家主权利益和流域整体利益之间寻找平衡点，通过寻找共同利益、相互尊重、相互信任，通过经济交往、政治谈判、军事对话等和平方式求得共同利益。

（二）水安全共同体需要营造和谐的非传统政治安全环境

环绕我国三个方向的国际河流流域构成了具有天然联系的周边地缘政治环境，保持周边政治安全是我国安全战略的重要一环，我国与周边国家的许多外交活动均围绕此目标进行。在当今气候变化和水资源日渐匮乏的状况下，国际河流水资源的利用极可能成为不同国家、不同地区、不同利益集团间竞争利用并引发冲突的导火线，成为影响地区和平与稳定的关键因素。加强国际河流合作有利于促进我国实现周边政治边境稳定目标的实现，尤其在非传统安全领域如水资源经济开发活动、文化交流、环境生态保护等方面发挥作用。

在国际政治与外交活动中，对于流域外力量，我国充分利用国际河流水资源合作促进周边政治安全环境构建具有独特优势。但是，反之国际河流开发争端也可以成为流域外力量介入的机会，因此，在国际河流合作开发领域存在着国际政治外交斗争。因此应着重非传统安全环境塑造，围绕国际河流加强与流域国家间各层次的合作，展开深入的良性互动，消除彼此间意识形态、宗教、民族、对国际河流认识等方面的差异，促进流域国家间更广泛更深入的合作，建立相互信任关系，使冲突国家从竞争对手转变为潜在的合作伙伴，进而营造和谐的周边政治环境，为我国发展营造良好的国际空间。

（三）水安全共同体需要强化以水资源为纽带的经济合作

国际河流水资源合作开发不能仅限于水资源本身，基于经济利益的水资源合作才是长久的，必须将水资源作为天然纽带，促进我国与周边国家建立全方位的双边和多边经济合作框架。

经济全球化和经济区域集团化成为世界经济发展的大趋势，我国周边区域经济发展也必然走上区域合作的道路，尝试建立区域化机制。目前一些流域已经形成了国际经济合作机制和共同体，水资源纽带作用除了传统的航运纽带之外，全流域水资源开发、生态环境保护、水电及农业基础设施开发等均是非常实际的合作纽带。我国周边多为发展中国家，且各国经济相互间依赖性很强，许多水资源矛盾只有通过经济合作和经济发展才能打开解决的空间。

（四）水安全共同体需要生态功能定位，维护流域生态系统的共同安全

水生态是生态系统的核心，环境退化和资源短缺对经济发展的环境基础构成威胁；会造成环境难民并引起暴力冲突，从而防范环境问题对区域稳定和国际安全构成威胁。鉴于国际河流流域占据我国三分之一的国土面积，维护国际河流流域生态是国际河流国家安全层面的目标之一。维护生态系统要求明确国际河流在国家生态系统的功能定位，划定明确的水资源开发红线。同时，明确的生态环境政策可以消除流域各国的疑虑，同时作为基础政策宣誓，推进与周边国家进行全流域的合作开发谈判。

流域生态系统安全需要全流域各国的合作，我国处于上游，有保护生态环境的责任，但必须强调全流域的共同安全责任，即各国在生态环境保护中应共同负责，共同分担。

（五）水安全共同体需要利益相关者有序参与形成新型合作治理

国际河流水资源合作开发的开放性越来越强，如何形成有序参与的机制对我国和周边国家而言非常重要。由于具有经济技术实力和长期的国际河流开发经验，西方各国对我国周边国际河流开发与保护的参与力度都很大，影响力也很大。另一方面，国际交流与沟通的便捷化和环境保护理念被广泛接受，民众广泛参与已经成为基本的发展趋势。我国未来必须面对这两种国际社会参与的力量，在国家层面建立应对机制。

国家层面应关注逐步建立有序参与的合作治理机制，强调有序性在于我国处于社会经济转型过程之中，必须在转型中维护一定程度的稳定，形成一个渐进变革的过程。水资源合作参与机制的游戏规则需要逐步制定，但是长期建设

目标要明确。根据具体情况出台一系列新的合作指针，协同合作方的行为，使合作开发制度化和条文化，形成相对稳定的合作治理框架。

第三节　国家层面的水安全合作形式与内容

自从水资源问题进入人们的视野以来，合作的努力就一直没有停止过。在尼罗河流域、非洲大湖地区、北美地区、地中海地区、大湄公河流域都已经围绕共用水资源进行了多种形式的合作，部分已经取得了相当的成效。从国际政治与法律的角度看，国际河流水资源合作的行动包括两种类型，即流域国之间制定各种类型的条约，建立国际流域合作组织机构。

一、制定各种类型的条约与合作协议

国际河流流域国的政府之间主要通过签订各种类型的条约或者协议来推动合作。这类条约大致可分为三类。第一类是全球性条约，如《非航行利用国际水道法公约》，它是框架协议，为流域各国之间订立双边或多边条约提供指南；第二类是区域性条约，这类条约在区域性国际组织的主持下缔结，典型的有赫尔辛基公约、欧盟水框架指令、南部非洲发展共同体的《关于共享水道系统的议定书》等；第三类是流域地区条约，是流域中的两国或多国就国际河流的利用、保护等问题签订的条约，是目前国际河流条约的主体。这类条约根据缔约方数目，可分为双边条约和多边条约；根据其所覆盖的流域范围，可分为全流域条约和流域部分条约；根据条约规范的事项和目的，可分为水量分配条约、航行条约、水质保护条约、边界条约、联合开发条约和多目的条约等。历史上世界各国共签订了 3000 多个水利条约和协议，正在实施的条约大约有 286 个，其中 2/3 在欧洲和北美洲①。20 世纪 90 年代以来，我国加快了与国际河流流域国谈判和签订双边有关国际河流条约的步伐：1992 年，中俄签署《关于黑龙江和松花江利用中俄船舶组织外贸运输的协议》；1994 年，我国与蒙古国签订《中国与蒙古界水利用与保护协议》，与哈萨克斯坦签署了《中华人民共和国政府与哈萨克斯坦政府关于利用和保护跨界河流的合作协定》。在这些合作协议中都含有建立有关合作机构的条款。

① NURIT K, DEBORAH S. Development of institutional framework for the management of transboundary water resources [J]. Global Environmental Issues, 2001 (1): 307

与周边国家签订合作协议是国家层面构建合作机制的重要工作，但是签订什么样的合作协议，基于什么策略去谈判协议，这些需要确立一些基本立场与策略。

（一）以签订双边合作协议为重点，同时逐步考虑构建多边合作协议

我国国际河流流域涉及 19 个国家，其中 14 个为毗邻的接壤国，鉴于国际河流对我国的重要性，我国一直致力于与流域接壤国构建双边的合作协议。但是对于多流域国的国际河流而言，要实现流域利益最大化以及保证流域的可持续发展，构建全流域国参与的多边合作协议是必然选择，因此随着我国国际河流合作机制的发展，适时构建保护多流域国的多边合作协议是必然趋势。

（二）以支撑国家发展为基点推动河流协议

我国各条国际河流所处地理区位不同，存在主要争议不同，可能的合作模式不同，缔结的协议也更有差异。中华人民共和国成立后我国与周边国家签署并生效的涉及国际河流合作的条约有 100 多条，其中完全规定国际河流本身权利义务合作的条约有 30 多条。这些协议虽然历史阶段不同，但是在维护我国主权，维护边境社会发展方面都起到了积极促进作用，也促进了流域国家间的信任与合作。因此未来国际河流的合作协议应继续围绕国家的统一战略展开，保证合作协议能够在较长的时间内支撑国家的发展战略实现，避免随着国家发展国际河流协议可能形成的制约作用。

（三）完善国际河流合作协议的国内法律基础

目前我国对于国际河流的管理以及合作机制基本处于政策层面，尚未上升到法律层面，这就导致在实施管理以及构建合作机制时缺乏法律支持。例如澜沧江—湄公河的开发在应对跨境矛盾时可以依据的主要是国内法。这固然有从我国国情出发进行流域治理探索的初衷，但是从另一个角度来看，这也是我国国际河流水资源利用立法的一大缺失。构建适应国际河流合作的法律基础是保证我国国际河流科学高效开发的必然选择。

（四）逐步转向水资源分配和生态环境保护合作协定

从区域性的双边或多边协议的内容来看，无论是双边还是多边的国际河流合作协议，当前主要侧重点还局限于对国际河流的航行利用以及水电开发利用上，对于国际河流水资源的分配、国际河流水资源的保护以及国际河流水生态环境治理等方面的规定还非常薄弱。根据其他国家国际河流合作经验，随着国际河流开发的深入，水资源分配和生态环境保护将成为国际河流纠纷的重点。因此我国对于国际河流相关协议的制定，应逐步考虑水资源分配和生态环境保护等方面问题，保证后续水资源开发能够在良好的制度体制下实施，避免矛盾

与纠纷。

（五）逐步转向以国际河流为主体的合作协议

虽然我国构建了一定数量的国际河流合作协议，但是真正意义上成文的国际河流合作协议数量还偏少，大量的河流合作内容散落在双边边界合作协议或者环境合作协议中，这与我国拥有 15 条国际河流的国情极不相称，立法上缺失势必会造成合作治理中的困境和不利局面。因此积极与国际河流流域国沟通协商，从双边协议开始，从最容易达成共识的合作内容开始，逐步构建以国际河流为主体的合作协议，是保证国际河流持续开发的必由之路。

二、建立国际河流合作组织机构

建立国际河流合作组织是落实合作的重要行动，也是合作的保障。根据水条约缔约国的合作程度，流域组织机构可以分为四类。第一类机构如美国与加拿大根据《美加界水条约》建立的国际联合委员会，覆盖全流域，职能广泛。第二类机构如根据 1815 年《关于欧洲河流航行规则的公约》建立的莱茵河航行委员会，覆盖全流域，但是职能范围单一，仅限于航行或防治污染等。第三类机构如湄公河委员会，仅覆盖流域一部分，但是职能广泛。第四类机构如根据《印度河水条约》成立的印度河委员会，仅覆盖部分流域，职能单一。目前全球为开展国际河流合作而设立的组织机构很多，在亚洲地区有印度河常设委员会和湄公河委员会；欧洲地区有 1948 年设立的多瑙河委员会、莱茵河委员会和莱蒙湖国际委员会；非洲地区有乍得湖流域委员会、尼日尔河委员会、塞内加尔河开发组织以及埃及—苏丹尼罗河常设联合技术委员会；北美洲地区有美国—加拿大国际联合委员会和美国—墨西哥边界和水委员会；在南美洲地区有银河流域国家政府间协调委员会和亚马孙合作理事会。

目前，跨界水资源共享国之间签订条约、成立协调机构已经成为主要趋势。虽然这些条约和机构在实践过程中存在着一些问题，如签订的条约存在着排他性、执行困难、规范事项单一、缺乏监督等问题，有关国际河流协调和组织机构的运作效果受到包括合作精神、经济差异、覆盖范围等多种因素的制约等问题，但制定条约和建立各种组织本身就说明了流域国家为进行国际河流合作所做的努力是巨大的，尤其在那些局势动荡的热点地区。

我国现阶段的国际河流合作组织还处于比较初级的阶段，但合作组织的设立应该根据合作需求和实际的条件而定，不能理想化。

（一）灵活选择运用国际河流事务协商组织和流域治理合作组织

国际河流流域治理合作组织是常设性合作组织的主要表现形式。此外，基于各种合作协议，还存在一些非常设性的合作组织，比如定期的协商会议，我国与俄国等国就建立了部级的非常设性合作组织，每年定期协商。这种就属于国际河流事务性协商组织。两种组织形式各有适用范围及优劣势，应更具国际河流自身特点及开发要求采取适当的合作组织形式。

（二）逐步通过国际河流协商组织构建来推动合作

国际河流协商组织构建起来较为容易，因为大都是针对具体的事项展开交流与协商，并且不需要设立常设性的组织机构与工作人员，基于达成的协议，定期举行相关人员的工作会议，以解决出现的问题为目标。因此对于国际河流水资源合作组织，可以从易到难，先致力于构建协商组织，保证国际河流开发过程中出现的问题能够得到及时有效的解决。

（三）推动基于流域直接利益相关国为主体的流域治理组织

目前全世界根据多边和双边协议建立的国际河流常设流域管理机构有100多个。通常流域管理机构的主要工作职能有流域内的水灾害防治、水利规划、治水工程建设与管理、流域内各国间的沟通协调、统筹实施全流域的保护和治理。从管理范围看，流域管理机构有些是专为某项合作开发工程而建立的，有些是为协调管理一个流域、分支流域或某一河段的水资源而建立的，管理范围有可能涉及与之有直接利益关系的区域性活动。从管理职能来看，有些流域管理机构是永久性的或临时性的简单咨询机构，有些是具有独立行政权、决策权的混合组织机构。而从目的上看，流域管理机构有两种类型，一种是某一主权国家为了本国水资源协调而设立，另一种是多个国家为了协调管理流域水资源而设立。

从性质上看，以促进流域合作为目标的流域管理组织往往超越单一主权国家的利益，代表着整个流域的利益，从流域经济和环境利益最大化出发，通过制定流域治理和开发政策以及协调流域各国之间的利益关系。我国也应逐步由双边合作组织转向构建全流域直接利益相关国参与的流域治理组织，以争取全流域最大利益以及保证流域所有利益相关者的利益要求。

三、我国国际河流水安全合作的重点领域

我国目前面临的国家层面水安全合作内容主要是一些涉及国家公共资源和公共管理事务方面的领域，涵盖资源与环境危机、重大工程与涉水经济活动、边境社会与居民、国际舆论等。

（一）国家间水争端危机管控合作

国际河流领域对国家政治安全构成威胁最大的是跨境水资源冲突以及相关

联的传统与非传统性的政治危机。国际上的水冲突事件引起边界争端甚至引发战争，构成最高程度的水争端危机，水冲突事件引发广泛的民意冲突、边界社会冲突乃至影响政府的稳定，构成不同程度的非传统性政治危机，这些都是对政治安全的威胁。

国际河流的水争端危机会改变流域国的地缘政治地位、流域国之间的关系，对国家政治安全造成很大的影响。在当代国际政治中，很多国际国内冲突是由国际河流引起的，例如印度和巴基斯坦因为印度河水分配与利用以及把河水用于军事、政治目的等问题，埃及、埃塞俄比亚、苏丹为尼罗河水资源开发及政治利用而产生的国际国内问题等。因此我国需要高度关注国际河流的政治安全。

除此之外，一些国际河流争端往往和其他的因素结合在一起，形成涉水争端与非涉水争端交织的局面，这一形式的冲突比单纯的水资源冲突更为复杂，解决起来也更加困难。对于流域国来说，国际河流不但关乎淡水资源，还额外附带着其他的利益。例如，阿以水资源冲突主要围绕以色列和阿拉伯国家对约旦河和戈兰高地水资源的争夺。我国需要高度重视的是西部民族问题有可能与国际河流水资源问题交结在一起引起的政治问题。除此以外，河流的利用会引发领土现状的变动，由河流争端演变为领土争端，这在界河方面特别明显。

因此，各国对水争端危机的管控历来是国际河流对外关系的重点领域。我国与周边国家都进入了一个社会经济转型的重要阶段，经济发展对资源环境的挑战加大，社会经济规范和国际经济合作规范并没有形成完善，水争端易于发生。跨境水争端形成的危机一般有一定的地域范围，但全球化条件下水争端危机所引起的舆论危机容易快速扩散，在国际外交斗争的助推下，更容易形成国内和国际政治和外交危机。因此，我国应及早在水争端危机管理上做好准备，水资源合作的重点内容之一就是国家之间危机管理合作。

（二）水生态环境危机监测与管控合作

生态环境安全已经成为国家层面上突出的非传统安全问题，与国土安全、环境安全、生物安全、水安全等多个方面有关。广义的环境安全是指人类赖以生存发展的环境处于一种不受污染和破坏的安全状态，或者说人类和世界处于一种不受环境污染和环境破坏的危害的良好状态，它表示自然生态环境和人类生态意义上的生存和发展的风险大小。1987年，世界环境与发展委员会在《我们共同的未来》研究报告中首次使用了"环境安全"的概念。国际河流在国家各类资源中的定位决定国家层面的合作机制内容首要的就是资源与环境方面的合作。

我国处于多数国际河流的上游地位，从国际河流环境和生态角度来看，我国目前既承担上游对下游生态保护的义务，也具有合理利用资源和发展经济应有的权利，以及获得国际跨境生态补偿的权利。但是从国际河流开发历史经验看，相应的上下游权利和义务并没有形成很好的平衡机制，上游国面临更大的资源与环境合作国际压力。前期澜沧江水能资源开发已经显露这一问题，下游国和其他环境保护组织对我国上游的开发提出许多环境保护要求，雅鲁藏布江水电开发面对印度以及国际各种环境保护舆论的压力，我国必须面对国际河流环境保护的压力，在环境保护与水资源开发之间取得平衡，在上下游开发和环境保护之间形成合作。

从目前的发展趋势看，国际河流生态环境全面合作难以做到，对我国目前的发展也存在不利因素，但跨境影响的监测合作作为一个重要的战略步骤已经非常必要。没有科学、客观的环境监测，就难以开展环境保护规划，也难以推动水资源开发。水利水电工程建设、水量减少、水流改道、水质污染和洪涝灾害等都可产生跨境影响，成为这些地区潜在的不安全因素。国际河流资源与环境跨境危机容易引起连锁反应，从而影响社会、经济和政治安全，对这样一类非传统安全因素，国家有必要对内开展监测与管控协调，对外开展监测合作。

（三）流域国社会与民生涉水基础设施合作

社会稳定依赖于民生发展，我国与周边国家在国际河流流域的民生基础设施都比较薄弱，主要依赖农业和自然资源开发，而涉水基础设施建设往往是国际基础公共设施，必须依赖国家的投入。因此在进行国际河流开发时，为了维护和保证边境地区和谐、有序、稳定地发展，从国家层面需要关注国际河流流域内社会与民生基础设施的建设，不仅重视国内的民生基础设施，也要积极关注对外的合作。这部分工作只能在国家层面加以规划和解决，在区域政府间合作框架内以及我国与邻国的双边合作框架内，积极推动相关的投资计划。

在与下游国家进行投资合作中，尤其需要关注直接影响当地社会民生的项目。当国际河流合作开发符合民众利益或者与民众利益不发生冲突时，民众会支持河流开发，但是当开发与民众利益相违背时，就会遭到反对，目前我国在一些国际河流的开发中已经遇到类似的困境。国际河流多处于边疆地区，在大开发背景下社会利益结构的深刻调整和变化有时会诱发当地利益阶层之间的矛盾和冲突。这会对社会和谐稳定构成潜在威胁。因而必须要全面、综合考虑到当地居民的切身利益要求，在此基础上积极地应对。

（四）积极塑造国际河流合作的国际舆论

随着我国在区域和国际经济、贸易和外交等方面的影响力日益上升，“中国水威胁论”随之形成。在这一舆论话语下，我国在国际河流上游修建的水利工程被一些邻国称为中国实现国家利益的有利政治工具。我国在国际河流水资源的开发利用过程遭到下游国家与民众的"妖魔化"式批评，除了某些具有西方背景的非政府组织的支持，还有另外一个重要的原因是，我国不太注重在水利开发中的话语权建构。因此，我国要加强在国际水资源开发中的话语权建设，不仅要做得好，还要说得好。注重负责任大国的形象构建，要以积极主动的姿态阐明我国在水利开发中如何确保国家利益和国际利益的平衡，阐明我国如何在满足自身水利的同时维护和促进地区的可持续发展。除此之外，如何处理好周边水利投资与邻国可持续发展要求之间的关系，避免我国投资效益与负责任大国形象遭到损失与破坏，是我国未来睦邻外交的新内容和新要素。

第四节　水安全合作机制的设置

一、水安全附属性合作机制与衍生性合作机制

国家层面的水安全合作属于专业领域的合作，其核心是流域国的洪旱灾害防治、水生态保护、社会经济发展的水资源保障等方面，这些方面的合作机制往往与国家之间政治与经济合作的战略框架联系在一起，需要在国家之间的战略合作框架内设置相应的合作机制作为落实国家间战略合作的重要内容。我国在三个方向与周边国家几乎都有国际河流的联系，因此，如何在我国与周边国家之间的国际政治经济合作中设计水资源合作的内容，成为国际河流管理面临的重要课题。

另一方面，从国际上国际河流合作的经验看，国际河流的合作从早期的水道航运合作，发展到水资源共享和水灾害防治合作，经历了一个合作深入和范围扩大的过程，例如，欧洲的国际河流合作密切了各国之间的社会经济关系，对欧洲各国的国家之间的合作具有巨大的推动作用。因此，我国在设计国际河流水资源合作机制时，应选择适合于流域国共同利益的水资源合作机制作为起点，推动国家之间的政府和民间信任、交流，促进我国与流域国的经济融合和一体化发展。这是另一条国家层面水资源合作机制建设的路径。

（一）国际多边战略合作框架下的水安全附属性合作机制

因为我国处于许多国际河流的上游且目前开发程度较低，将在相当长时期内仍然处于一个工程性开发利用阶段，同时，相对于下游国而言上游国倾向于推动双边水资源合作，以避免多种力量的牵制，因而缺乏建立多边水资源合作

框架的动力。但是，我国与周边国家之间的合作正在发展和建立更广泛的多边合作关系，由此周边各国希望将水资源安全纳入多边的合作之中。面对这样的矛盾，我国应平衡总体战略需求与水资源开发需求之间的利益要求。在与周边国家的多边安全合作中以合作的主导性、国际河流工程开发利用水平以及我国对不同国际河流流域的合作战略意图等为判断因素加以选择。

我国目前已经积极与周边各国建立了各种不同的多边安全合作框架，通过这些合作框架可以推进一些水资源相关合作安排，形成一种附属性合作机制，也就是说以多边合作框架为指导设置水资源安全合作机制并协调与其他领域的合作机制。我国不同区域的国际河流自然地理条件和社会经济条件差别很大，多数仍应以倡导双边合作为主，避免域外力量介入，但是在具有典型性的跨境水资源问题、可以塑造合作主导性、流域工程能力已经达到一定水平的国际河流流域，可以考虑将其纳入区域性的国际多边安全合作框架下，构建相关水资源合作机制，从而以水资源合作为切入点提升我国在多边安全合作框架中的战略主导性。

（二）水安全合作的衍生性合作机制设置

衍生性合作机制是指在已有的水资源合作机制基础上拓展和衍生新的合作机制。长期以来我国在国家层面签订的国际河流水资源合作机制有几个特点：一是层级比较低，例如只是在若干国际河流的水文信息方面签订了合作协议，而且非常具有专业性；二是比较散，例如，自20世纪90年代以来，我国与湄公河流域5国在航运、水资源开发、水灾害防治、环境保护、水上安全执法等方面开展了多方位的交流与合作，签订了多种涉水合作机制，但基本上是各自领域内的对外合作；三是应对性，以出现矛盾解决问题为导向。但是，未来随着我国对外投资和企业"走出去"以及日益密切的周边社会文化交流，我国周边几个国际河流流域将凸显其跨境合作的重要性，单纯的水资源领域合作必须加以拓展，我国需要系统性地考虑如何由现有的水资源合作机制向什么方向，以什么方式拓展。这种衍生性的合作机制可以和附属性合作机制建设一起，从两个方向拓展我国国际河流合作的深度与广度。

二、参与性合作机制和主导性合作机制

流域各国的综合国力、国际政治环境、国际水资源制度、区域合作机制、第三方参与、观念文化差异等因素会直接影响国际河流各种区域合作模式、合作路径与方法。澜湄流域是我国与周边国家开展合作最多、最成熟的地区，兼有参与性合作机制和主导性合作机制，因此，选择澜湄流域作为例子，以探索

我国选择不同合作机制的一些原因。

（一）我国选择参与性合作机制及其原因

在湄公河流域，地区合作机制类别多样，功能多元，层次多级，其中，以湄公河委员会、大湄公河次区域经济合作机制与澜湄合作机制最具代表性。我国通过湄公河委员会与大湄公河次区域经济合作机制，加强与湄公河下游5国的经济联系，促进次区域的经济和社会发展，扩大我国在澜湄流域的影响力。20世纪90年代，我国正式开始参与湄公河流域水资源合作，由于多种因素的限制，在澜湄合作发起以前，更多地倾向于参与其中，以避免被孤立于其外。

1. 我国参与时间较晚，错失主导合作机制的时机，无法参与合作规则的制定。湄公河委员会成立于1995年，我国在1996年以前对湄公河委员会一直采取不重视、不参与的态度。1996年，我国和缅甸成为湄公河委员会的对话伙伴国，但依然没有正式表露过要加入湄公河委员会的意向，也就意味着无法通过湄公河委员会来主导湄公河流域的水资源合作。此后，我国虽然与湄委会保持着良好的对话协商机制，但限于非成员国的身份，对湄公河委员会的影响相对较小，合作内容也多限于水灾害防治与水文水情交换等领域。

2. 机制建立时，我国国力有限，缺少主导合作机制的能力。湄公河委员会与大湄公河次区域经济合作机制均成立于20世纪90年代中早期。彼时，由于经济发展尚处于起步阶段，综合国力不足，没有雄厚的经济实力与广大的对外影响力，加之缺乏有益的水外交经验，因此，在20世纪末，我国未能主导湄公河流域水资源合作，只是以湄公河委员会对话伙伴国或大湄公河次区域经济合作机制成员国的身份参与其中。

3. 美日等域外国家资助湄公河流域开发，限制了我国发挥主导作用的空间。20世纪70年代以前，美国曾较多地参与了湄公河的开发，促成了湄公河下游调查协调委员会（旧湄公河委员会）。1992年，在亚洲开发银行（由日本主导）的倡议下，由澜湄流域6国共同发起，建立大湄公河次区域经济合作机制。可见，以湄公河委员会和大湄公河次区域经济合作机制为代表的湄公河流域水资源合作受到美日等域外国家的影响，呈现明显的"外部主导性"，使我国在湄公河委员会和大湄公河次区域经济合作机制下所能发挥的作用与影响受到了限制，缺少必要的拓展空间。

（二）我国选择主导性合作机制及其原因

《澜沧江—湄公河合作首次领导人会议三亚宣言》确定了澜湄合作初期五个优先领域，即互联互通、产能、跨境经济、水资源和农业减贫合作。澜湄合作是湄公河流域由我国发起的第一个涉水合作机制，是我国寻求更多国际合作倡导权和话语权的尝试，通过各种活动加强澜湄国家水资源可持续管理及利用方面的合作，如在我国建立澜湄流域水资源合作中心，作为澜湄国家加强技术交流、能力建设、旱涝灾害管理、信息交流、联合研究等综合合作的平台。

1. 我国经济崛起对湄公河流域下游国贸易影响力很大，已经具备了构建主导性合作机制的能力。此外，随着美日等国家的综合实力出现相对衰退，其对湄河流域各国的实际影响力也有所降低，为我国开拓水合作、发挥主导作用提供了必要的外交空间。

2. 目前我国积极参与湄公河流域合作机制，熟悉湄公河水资源合作的规则，也发现了合作机制的相关问题，为我国发起主导性合作机制提供了大量的经验与教训。从 1992 年开始，我国加入大湄公河次区域经济合作机制，正式参与湄公河流域水合作，此后，以对话伙伴国的身份，与湄公河委员会保持着良好的对话协商机制。经过 20 多年的参与和探索，我国已经熟悉了水合作机制的规则、技巧、功能，同时随着我国水外交的日益成熟，构建以我国为主导的合作机制成为可能。

3. 由我国发起的国际金融机构为我国构建主导性合作机制提供了更为多元的选择与必要的金融手段。2015 年，由我国发起的亚洲基础设施投资银行成立，湄公河流域国家均是正式成员国。亚洲基础设施投资银行的建立不仅为湄公河流域水合作提供了更便捷的融资管道选择以及雄厚的资金支持，也为我国主导澜湄合作提供了更多的参与途径。

因此，在未来的水资源合作中，我国应注重规则制定和机制创设，以此实现在区域水资源合作中的主动权，将区域问题纳入地区和制度层面解决，防止地区问题复杂化和国际化。统一、规范的跨境水资源谈判机制将增强我国进行跨境河流治理的合法性、权威性和话语权，有助于澜湄合作治理朝着更加科学、有序的方向发展①。

三、推动国际河流水资源公共外交

国际河流水资源公共外交指为了有助于本国国际河流水资源的对外利益与目的，提高本国的地位和影响力，提升国际形象，加深对本国国际河流水资源的理解，通过与国外的个人及组织建立联系、保持对话、传递信息、相互交流等形式而进行的相关活动。为了指导公共外交而形成的一系列政策体系则是国

---

① 邢伟. 水资源治理与澜湄命运共同体建设 [J]. 太平洋学报，2016，24（6）：43-53.

际河流水资源公共外交政策。国际河流面临的主要水资源问题如水资源开发利用水平较低、水污染日趋加重、河流生态负面影响增多、部分边界河流国土变更等引起的跨境争议或冲突①，在全球化时代容易引起各种社会组织、民众和舆论的反应，从而导致对各国决策和合作的影响。各国在水资源领域的合作与争议涉及一些技术、标准、环境伦理等非常具有专业性的内容，也容易与各国的社会文化差异、法律和政治态度交织在一起，这些问题单纯依靠政府之间的谈判是难以解决的，必须引入公共外交的合作方式。但是国际河流水资源公共外交又不同于其他领域的公共外交，需要专业技术的支撑、知识共享和利益相关者的积极参与。

（一）我国国际河流水资源公共外交面临的问题与挑战

我国经济快速崛起在国际河流水资源问题上，部分国家利用上下游的位置差异性以"水威胁"论对我国实施舆论压力。我国的水资源总量大，但人均量少，这一矛盾使得我国在国际和区域水资源的权利和义务存在争议，这些都是摆在我国水资源公共外交面前的难题和挑战，尤其是我国作为综合实力强国，肩负着更多的责任和期望，如何使得我国在水资源问题上的努力和成绩得到国际和区域的认可，这也成为我国水资源公共外交的重要内容。

水资源公共外交建立在跨文化的沟通上，我国和周边的国家都有着悠久的历史和文化，虽然在过去的时间里几乎没有中断联系，但也因此存在着诸多历史的和现实利益的水资源争议，这使得我国水资源公共外交面临的环境更加复杂，语言、宗教、民族等因素都成为跨文化沟通的内容，也成为我国水资源公共外交的重要挑战。

我国对水资源公共外交缺乏足够重视和投入，缺乏国际舆论的引导能力和话语权，换言之，我国缺乏对其他国家有影响力的舆论媒介和公共外交行动。水资源公共外交不仅需要政府努力，还需要各种社会力量的参与，因此必须有所统筹规划。

（二）我国国际河流水资源公共外交的策略与政策

将水资源公共外交上升到战略层次，有利于从宏观上改善我国在水资源领域的国际形象，增进其他国家对我国的了解，为我国水资源外交政策和活动营造良好的国际环境。从策略上来看，通过借鉴西方国家在水资源公共外交上的做法和经验，协同政府外交和民间外交，充分发挥社会大众、媒体、企业和学

---

① 谈广鸣，李奔. 国际河流管理［M］. 北京：中国水利水电出版社，2011：127-128.

术界的介质作用，有助于进一步塑造我国全方位、大纵深、多领域和多层次的外交框架。

1. 建立健全我国水资源公共外交框架和内容，传播水文化理念

目前水资源公共外交还并未被广泛理解，通过我国水资源公共外交框架和内容的建立健全，做到水资源公共外交有据可依，有流程可以执行，覆盖基本水资源公共外交常见问题的应对办法，这是我国软实力继续修炼的内功。我国自古有"水善利万物而不争"的水文化和水理念，这在当今国际水资源公共外交中仍具有重要的时代意义，对各国开展水资源公共外交所持的立场和原则，仍具有重要的指导意义。

2. 健全公共外交部门协调机制

与传统外交不同，公共外交的受众是国外公众，因此，除外交部外，将会涉及诸多领域的公共外交主体，出于本部门利益考虑，极容易出现混乱的局面，因此，我国国际河流水资源公共外交应由外交部牵头，其他领域各部门、各主体在外交部的统筹组织下开展公共外交，进而形成公共外交协调机制，目前，外交部已设置这一部际协调机构，然而，在国际河流水资源领域还未出现专门的组织，国际河流水资源公共外交尤其需要专业机构和人士参与。

3. 加强与传统外交的补充配合

传统外交更重宏观，公共外交更重微观，无论是传统外交的战略设计，还是公共外交的政策实践，都是不可偏离的。在国际河流水资源传统外交的基础上，通过开展国际河流水资源公共外交配合，完成我国当前对外战略两大任务，一是抓住国际格局转型时机提升国际地位，尤其是提升国际河流水资源大国的国际地位；二是塑造和传播中国价值，打造国际河流水资源负责任大国的国际形象。

4. 有效管理国内跨国行为主体

跨国行为主体在其行为上具有"去国家利益"和"分解国家利益"的特点，"去国家利益"是对国家利益的挑战，强调人类利益高于国家利益，是全球化的衍生物，要求将国家平等的观点转变为人人平等的观点；"分解国家利益"是"去国家利益"的特殊表现，其观点是用跨国行为主体利益代替国家利益，认为跨国行为主体利益就是国家利益。这两种特点都会使得跨国行为主体自由化、盲目化，甚至损害我国国际河流水资源公共外交的大局，外交部应该牵头，和国际河流水资源跨国主体共同制定相应准则和规范，使得国内跨国主体有效参与到我国国际河流水资源公共外交上来。

5. 增强地方政府公共外交作用

地方政府不仅具有地缘优势，而且拥有得天独厚的自然资源和历史文化条件，因此理应成为中国国际河流水资源政府公共外交的重要补充。国际河流水资源公共外交需要落实，在区域性组织的框架下达成的各项协议需要执行，地方政府尤其是国际河流流经的边境地方政府，凭借其地缘优势和资源条件，能更灵活地进行国际河流水资源公共外交，能以国际河流其他主体国家理解的方式进行交流和合作，推进国际河流水资源公共外交的进程，伴随我国逐渐形成全方位的对外格局，地方政府对外交往能力也在增强，地方政府必然成为进行国际河流水资源公共外交的重要力量。

6. 培育国内公众公共外交意识

公共外交归根结底是民众与民众的交往，国内公众是公共外交依靠的重要群体，国内公众的行为不仅仅代表个人形象，更是体现着国家形象，与国家利益紧密地联系在一起。通过与教育部门合作，培养一批具有公共外交意识的国内公众，通过他们向国际传达我国国际河流水资源的大国地位和负责任形象，能有效地提升我国国际河流水资源的话语权。

7. 重视网络等新型社交工具，开展网络公共外交

随着多元化社会的兴起以及周边流域国民主化进程的加剧，尤其是流行的网络社交工具已成为影响各国社会公众的快捷通道，网络自由和网络安全为公众舆论和导向培育了良好的土壤。了解和熟悉网络上的各种平台和环境，引导和影响网络上的舆论导向，已成为我国水资源公共外交的新内容。尤其是当水资源关键事件发生，利用水资源网络公共外交，迅速对水资源关键事件做出反应，并第一时间将反应通过网络回馈给各国社会公众，这一举措将极大地赢得国际上的认可和好评，为我国水资源公共外交打下坚实的基础。

8. 发达国家与发展中国家并重

我国国际河流水资源的复杂情况决定我国国际河流水资源必须坚持发达国家和发展中国家并重。我国国际河流涉及的发达国家虽然不多，但在国际河流的国际合作框架下，发达国家对我国国际河流水资源公共外交的影响不容小觑，发达国家在国际河流水资源管理方面经验丰富，建立了各种标准体系，各种非营利性组织非常活跃，拥有完善的媒体和交流系统，对发展中国家的民众具有很强的影响力。而我国以发展中国家的身份位居世界第二大经济体，广大发展中国家希望借国际河流水资源这一契机与我国展开合作，学习我国经验，促进经济发展，因此，我国在周边国际河流开展公共外交活动，面对的并不单纯是流域国的民众，而是有着复杂背景的力量，在进行国际河流水资源公共外交时

必须坚持发达国家和发展中国家并重。总体而言，我国与发达国家之间就国际河流水资源领域着眼于文明间和制度间对话，与发展中国家就国际河流水资源领域着眼于技术间和经济间合作。

第六章

区域经济合作发展与区域层面水资源合作开发机制

国际河流在历史上就是各国人民进行交往、开展经济交流的通道，长期的往来形成了相对联系紧密的区域社会经济系统。区域层面的水资源开发主要是以水资源利用为主体的经济活动，在以国际河流流域为基本范围的区域空间中，各国之间存在水资源经济开发活动的竞争与合作，需要在区域层面构建经济合作机制，促进区域合作发展。

第一节　区域层面水资源合作开发的内涵与类型

一、区域层面水资源合作开发的内涵

区域层面的水资源合作开发主要是各种类型的经济合作，属于区域经济合作范畴。国际河流流域本身就形成了天然交通、贸易和投资的经济联系，因此存在着广泛的经济合作空间。水资源是各种经济活动的战略性和基础性资源，对水资源、水能、河道等资源直接的开发构成了国际河流基础性的经济开发活动，在此基础上，流域国之间可以更进一步形成各种经济活动的合作，如交通基础设施、人力资源、金融投资、贸易等，进而促进更紧密的区域经济合作。

水资源作为经济社会发展的重要基础性资源，是国际河流流域经济合作的重要基石。国际河流合作开发领域应该是全方位的、综合的，区域层面国际河流水资源合作开发涉及两个层次：一是与水资源合作开发直接相关的经济合作，主要包括航运、水利环保、能源和旅游等涉水领域；二是依托国际河流的区域经济合作，主要是由边贸合作、流域经济合作和区域经济一体化合作，如图6-1所示。

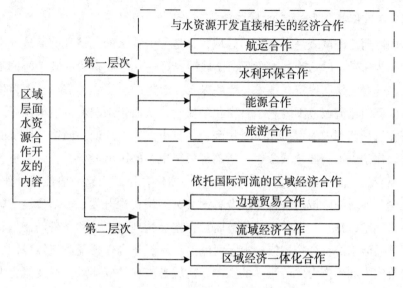

图 6-1　区域层面水资源合作开发的内容

（一）水资源开发的经济合作

国际河流水资源开发经济合作是指国际河流涉及的流域各国为了满足自身的用水需求，与流域内其他国家对国际河流水资源进行开发利用的合作行为，这是一种直接以水资源等相关资源开发为内容的经济合作，具体包括农业种植业的发展、航运、水利环保、水电开发等能源合作、旅游等。在国际河流流域内，各国间的跨境涉水经济合作强调参与国通过双边或多边协商共同合作开发。但是，对于不同区域的河流，由于水资源条件不同，经济合作的基础和面临的问题也不同。

我国周边国际河流的各种水资源、水能资源和航道资源非常丰富和多样，航运、水利环保、能源和旅游四个涉水投资领域构成我国主要的国际河流水资源开发的经济合作类型。但是不同区域合作类型并不相同。西南国际河流水能资源丰富，流量大，具备较好的综合开发条件，水力发电、航运、防洪、灌溉、风光旅游等多个领域综合经济合作则是该区域的重心。西北地区的国际河流地处内陆干旱区，水资源缺乏，由于边界与分水岭不一致，水资源权益划分错综复杂。因此，水资源权益分配是西北地区国际河流的核心问题，经济合作也应围绕水资源分配展开。东北地区的国际河流以界河为主，界河、界潮水域国境线总长达五千千米以上，主要经济合作应建立在双方对于边界和环境保护合作的基础上。

（二）依托国际河流的区域经济合作

国际河流流域既是一个自然区域，又是一个特殊的经济社会系统，它以国际河流为纽带，以水为基本资源，流域国家通过双边或多边的政策协调和共同协议，开展贸易、投资、技术、劳务以及旅游等的经济合作方式，使得生产要素在国际河流流域范围内趋于自由化的流动，从而带来资源的有效配置，主要表现在流域范围内的贸易和投资便利化、自由化等。区域层面第二层次的区域经济合作是以水资源领域合作为基础延展至整个的区域经济合作，具体包括边境贸易合作、流域经济合作和区域经济一体化合作。相比一般经济合作而言，依托国际河流的区域经济合作涉及各国公共经济资源开发、政治安全、国际法等诸多问题，具有一定的敏感性，而且合作会受到河流自然条件的制约；相对一国国内涉水经济合作，依托国际河流的区域经济合作要受到流域各国、各地区经济实力和生产力发展水平的限制，流域各国在开发要求、开发能力上存在较大差异，合作内容及相关利益更为复杂。

（三）区域层面水资源合作开发的主体及其合作层次

国际河流水资源合作开发的行为主体包括流域相关国家政府、第三方国际组织、参与开发企业以及流域内居民。

流域相关国家政府是国际河流流经地区所属的国家。无论是国际河流水资源合作开发项目的制定还是开发进程中问题的解决，流域国家政府都是最终决策者。随着国家间共同利益增多，对于国际河流水资源的开发利用逐渐由单一国家自主开发向双边合作乃至多边合作发展，多边合作中又从部分流域国合作开发向全流域综合合作开发演进。

参与国际河流水资源合作开发的第三方国际组织主要包括两类：一类是诸如湄公河委员会的第三方管理机构，其主要职能是监管该流域内各国进行水资源合作开发项目的运行；另一类是如世界银行和亚洲银行的第三方金融组织，其主要职能是向开发企业提供资金、技术、人力资源等方面的支持。

企业是国际河流水资源合作开发的直接参与主体，比如华能澜沧江水电开发有限公司就是我国湄公河流域水电开发的核心企业，在各国政府做出国际河流水电工程规划之后，还是需要通过企业进行项目的设计、建设、管理等环节。

其他利益相关国就是指在地理上并不接壤，但是仍然会出于政治、军事、经济等利益考虑而参与到国际河流水资源合作开发之中。比较典型的就是美国为了维护其在亚洲的国际影响力和亚太战略的稳定实施而参与到我国西南国际河流水资源合作开发之中。

流域内居民的生产生活用水以及由于水电工程建设带来的移民问题都与国际河流水资源合作开发有着密切关系。各国政府在国际河流开发过程中往往最先考虑的是攫取更多经济利益，从而忽视了流域内居民的社会利益，随着合作行为的推进，公众参与程度也应该随之增加。

国际河流经济合作开发的复杂性，需要多层次的合作才能顺利进行下去，按照从宏观层面到微观层面的分类，将合作分为国与国的合作、国家政府与企业的合作、企业与企业的合作和民间组织的合作四个层次进行分析。

第一层次是国与国合作。此处的国与国之间的合作不仅包括流域内各国之间对于国际河流水资源的经济合作，还包括流域内国家与其他利益相关国（地理上不接壤）之间的经济合作，具体内容涵盖了合作原则、内容、框架以及合作机制的制定等多个方面。

第二层次是国家政府与企业之间合作。由于水资源、水能、航道等资源具有一定的公共属性，需要政府与企业之间的合作。如水电设计企业、水电开发企业与本国政府、外国政府间存在的政企合作开发。同样还包括农产品、种植业、旅游业相关企业和公司与政府间的经济、产业间的合作。

第三层次是企业与企业之间的合作，包括本国企业与本国企业的合作和本国企业与外国企业的合作。因为国际河流合作开发项目往往工程浩大，牵涉面很广，单靠一个企业之力往往难以进行下去，需要本国的企业合作和本国企业与当地或外国企业的合作。

第四层次是其他主体间的合作。国际河流流域经济中的民间组织主要指流域间居民的合作以及第三方国际组织，如世界银行、亚洲银行等，主要合作形式包括资金支持、银行贷款，而流域间居民的合作则包括土地租赁、农业种植等形式。

二、水资源开发的经济合作

区域层面国际河流水资源合作开发的第一个层次，即与水资源开发直接相关的经济合作，主要包括航运、水利环保、能源和旅游等涉水领域。这些跨境涉水合作主要着眼于流域区国家比较优势的发挥，以促进当地发展为目标，合作内容以水资源及其相关资源开发为主。

（一）航运经济合作

国际河流是连接周边国家人员及货物的通道，由于大多数国际河流地区地形复杂，多处于山区等自然条件恶劣的地区，公路和铁路建设较为困难，而且投资巨大，因此，依托国际河流的航道建设与航运合作对于流域各国社会经济的发展显得至关重要。

航运经济合作包括航道方面的建设、管理等方面的合作，是基于交通基础设施的合作，既包括航道建设及投资，也包含航运安全及相关业务管理合作，如：对航段的航标进行设置维护和调整；对相关协议适用范围界限段航道进行勘测，了解航道变化情况；对部分航道进行施工，改善通航条件；加强监督管理工作合作，按规定设置航标，保证船舶安全航行；加强对各自船员的管理和监督工作，严格规范船舶的航行秩序，以防止各种海损事故发生，保障船舶航行安全等。

在国际河流航运经济合作中，协调、监督和管理的职能一般是由协调管理机构承担，在航道规划、建设、维护，航运规划、安全和船舶检验等国际航运活动中，这些协调管理机构对于保障跨国航运合作健康、可持续发展起到了重要的组织协调和管理作用。通过加强航运港口合作监测、加强沟通与交流，设立协调管理机构，以协调解决航运合作与发展中的问题。

（二）水利与环境治理经济合作

国际河流合作开发利用从根本上需要水利设施的建设予以保障，国际河流流域内的社会经济发展以及民众的生活都需要依靠水资源的支持，而水资源的获取则需要水利设施。农业的灌溉和民众用水的时空调整也都需要水利设施予以实现，国际河流的国际合作对于流域性质的洪水乃至洪灾更是具有现实的意义。

国际河流上的水利工程建设以及流域防灾减灾体系合作除了国家之间的业务性合作之外，都是需要通过国家间的公共投资合作加以推动，从而形成了巨大的公共设施投资和建设市场，由各国的企业负责实施。但是，由于水利工程建设和防灾减灾体系的公共性，各国均倾向于交给本国企业去做，跨国的投资和建设合作都会与国家之间的援助、国家贷款和建设市场开放等联系在一起。

水利建设在满足人们对于水资源需求的同时，还需要避免对于生态环境带来影响，因此环保领域的经济合作同水利建设合作会联系在一起。各国河流的生态修复和环境治理目前已经形成巨大的投资市场，由于政府在环境治理方面采取了灵活的投资收益管理政策，鼓励企业开展环境治理，因此，这类合作主要仍然是政府与企业的合作模式。对于国际河流而言，由于环境治理不仅需要大量而持续的资金投入，还需要有效的技术手段，各国政府实际上都鼓励国外企业的投资。环境生态治理的投资需要投资模式创新、技术创新和有效的管理，是一个复杂的系统工程。国际河流各国的技术水准、资源管理体制、水环境质量标准、水污染物排放标准、水资源保护政策等不尽相同，环境治理与保护合作首先需要解决制度层面的合作，其次是投资管理方面的合作，通过投资模式的创新，吸引国内和国际资本参与。这部分的经济合作目前市场化趋势比较明显。

（三）能源经济合作

国际河流能源经济合作主要集中在水电开发方面。水电开发对区域社会经济发展具有带动作用，是区域层面国际河流水资源合作开发的重要内容。国际河流的特性决定了以水电为主的能源开发必须遵循合作的原则才能避免发生纠纷。由于水电开发投资巨大，建设与运营周期长，对于当地社会经济以及周边自然生态环境都会形成巨大影响，因此能源经济合作历来都在各级政府的严格管控之下。我国和周边一些国家的水电开发是典型的政府进行审批的项目，大型水电工程建设的投资与决策主体都需要由中央政府审批核准，只有一般中小型水电工程的审批权才会下放到地方政府。水电开发的利益相关者众多，包括地方政府、移民等，涉及各国复杂的政府运作和社会运作模式，因此既是建设工程，也是社会工程①。水电开发的直接受益方是地方社会经济发展，它不仅仅提供地方社会经济发展所需的电力，更为落后贫困地区的经济发展提供了契机。此外，水电建设与运营也能够带动当地社会经济的发展。

（四）旅游经济合作

国际河流由于地处各国边界地区，一般社会经济发展比较落后，保留了大量原生态的环境，这为旅游业的发展提供了优质的资源。旅游业作为现代社会重要的服务产业，能够积极推动国际河流流域的社会与经济的发展。此外，各类水电工程也是优质的旅游点，能够吸引大量的游客。但是另一方面，在实施旅游经济合作时如何保护当地的自然环境以及边防等具体的管理工作，是旅游经济合作的难点。

三、依托国际河流的区域经济合作

水资源对区域经济发展具有支撑作用。充分考虑流域各国的水资源条件，按照水资源状况筹划经济社会发展布局是流域经济区发展的基本要求，河流上

---

① 王亚华，胡鞍钢. 黄河流域水资源治理模式应从控制向良治转变 [J]. 人民黄河，2002, 24（1）：23-25.

下游因自然条件的差别所带来的产出多样化，从而形成优势互补的区域特色经济，需要通过流域内不同区域之间的水资源合作来带动区域经济的平衡发展和优化布局，促进经济深入合作和一体化进程。例如，大湄公河次区域合作机制就以澜沧江—湄公河为纽带，将河流流经的地区连接起来，展开跨境区域经济合作，并努力向区域经济一体化方向发展。

国际河流水资源合作在推动各国经济发展的同时，加速了各国经济结构调整，并促进各国在区域经济一体化范围内的协调发展。一方面，一些大型水资源开发项目能够起到增长极作用，推动区域内各国的产业升级和调整，加快经济一体化进程。另一方面，水资源开发合作能够改善区域各国基础设施条件，提升区域整体竞争力。区域竞争力主要体现在一个地区集散资源、创造财富、提供服务以带动辐射周边地区的能力，是地区经济、社会、科技、文化环境的综合能力与水平的体现①。区域整体竞争力的提高有助于巩固区域各国的政治地位、提升各国在全球化进程中的经济竞争力。

（一）边境与口岸贸易合作

边境与口岸贸易是两国边界居民为经济生活上的便利及遵循当地贸易传统习惯而形成的一种贸易形式。由于河流对于经济交往的便利性，国际河流流域国沿岸居民间长期以来就存在传统的边贸往来，但在现代社会，边贸活动高度依赖交通基础设施的完善。国际河流航运一直受到流域国政府的重视，流域国政府也一直致力于推动边贸合作向国际自由贸易区、贸易港等现代贸易形式转型。我国的黑龙江、图们江、澜沧江乃至早期的额尔齐斯河等都是国际边贸合作的重要国际河流，依托这些国际河流形成了许多著名的边贸城市和港口。

（二）流域经济合作

通过流域各国政府采取的倾斜政策，相对落后国家可以吸引发达国家或地区的各类投资，发达国家的政府以及国际金融财团、跨国公司等在国际河流流域范围内进行投资，实现资源和资金、人才和技术、产品和市场的流动与高效配置。流域范围内设立经济合作开发区是比较常用的合作模式。

一般而言，国际河流流域各国构建流域经济合作框架相对容易制定，但落实却涉及一系列问题。以我国为例，我国和周边国际河流各国经济发展道路不同，有的奉行计划经济体制、有的奉行具有社会主义特征的市场经济体制、有

---

① 上官飞，舒长江. 中部省份区域竞争力的因子分析与评价［J］. 统计与决策，2011（9）：71-73.

的奉行市场经济体制；而且各国彼此间存在着复杂的经济利益的矛盾，这些利益冲突影响着贸易投资自由化的进程。

（三）区域经济一体化合作

相对于所处的跨国经济区域，流域经济区域的范围更小，但作用更为核心，次区域的概念由此而生。国际河流流域经济合作的特殊性在于它不仅跨国内行政区，而且跨不同国家的经济体系。不同国家的经济体系差异性、经济发展水平的不平衡性、经济资源开发能力均差异较大，使流域内的经济合作十分重要。因此，各国都高度重视以国际河流为纽带的经济合作，并努力向区域经济一体化方向发展。所谓区域经济一体化是指两个或两个以上的国家或地区，通过相互协商制定经济贸易政策和措施，并缔结经济条约或协议，在经济上结合起来形成一个区域性经济贸易联合体的过程①。

在经济全球化发展进程中，区域经济一体化是各国开展经济合作的重要战略目标，区域经济一体化是 20 世纪后半叶国际经济发展的重要形式，"区域"的范围往往大于一个主权国家的地理范围②。传统意义上的区域经济合作是以国家或单独关税区作为整体参与的，而跨境区域合作是毗邻国家边境地区的局部区域合作。国际河流流域自发的跨境经济活动一直普遍存在且历史久远。依托国际河流，以跨境涉水经济合作为基础将其拓展至整个区域，逐步实现经济一体化，推动流域内生产要素和商品趋于自由流动，实现资源的有效配置，从而提高参与主体的利益，是一个国际河流水资源合作开发从低级阶段向高级阶段发展的过程。

第二节 我国国际河流的流域经济合作发展模式

结合我国不同区域国际河流的特征以及所在的流域社会经济发展的状态，可以将我国国际河流的流域经济合作模式划分为三种类型。

---

① 金祥荣. 世界区域经济一体化浪潮及其影响 [J]. 国际贸易问题，1995（6）：19-22.
② 李金凯，郑利娟. 欧盟与北美自由贸易区的比较及启示 [J]. 剑南文学：经典阅读，2012（6）：365.

一、以水资源合作开发为增长极的流域经济合作发展模式

（一）国际河流流域经济发展增长极的含义与理论基础

经济发展的增长极理论源自经济发展辐射理论。经济发展辐射是指经济发展水平和现代化程度相对较高的地区与经济发展水平和现代化程度相对较低的地区进行资本、人才、技术、市场信息等的流动和思想观念、思维方式、生活习惯等方面的传播。一般把经济发展水平和现代化程度较高的地区称为辐射源。交通条件、信息传播手段和人员的流动等作为辐射的媒介。通过流动和传播，进一步提高经济资源分配的效率，以现代化的思想观念、思维方式、生活习惯取代与现代化相悖的旧的习惯势力。辐射可分为点辐射、线辐射、面辐射，点辐射一般以大中城市为中心向周边地区推开；线辐射以铁路干线、公路干线、大江大河以及大湖沿边航道和濒临沿海的陆地带为辐射源，向两翼地区或上下游地区推开；面辐射是指以中心城市或辐射干线为核心的经济发展水平和现代化程度较高的区域与周边落后地区相互进行的辐射①。

基于辐射理论，佩雷于 1955 年提出了增长极理论，即在经济增长过程中，不同产业的增长速度不同，其中增长较快的是主导产业和创新产业，这些产业和企业一般都是在某些特定区域集聚，优先发展，然后对周围地区进行扩散，形成强大的辐射作用，带动周边地区的发展。这种集聚了主导产业和创新产业的区域被称为"增长极"②。少数区位条件优越的区域成长为经济发展的增长极。增长极的极化效应使生产资料向发达地区集中，之后通过扩散效应把经济动力与创新成果传导到广大的腹地。布代维尔则将增长极定义为在城市配置不断扩大的工业综合体，并在影响范围内引导经济活动的进一步发展。

结合国际河流流域的特征，可以将国际河流流域经济发展增长极视为以国际河流为核心辐射纽带，以国际河流流域为辐射范围，一定程度上弱化国家间的主权界限，将流域重大水资源工程投资如大型水电及相关基础设施投资作为主要的经济增长点，辅以公路、铁路、水道等交通路线为依托，遵循由"点"到"轴"，再由"轴"到"面"的逐渐演化的过程。首先，基于流域资源分布选规划主导产业布局和中心城市，再发挥集聚作用，吸引生产要素向中心城市迁移，形成流域经济发展中心，当这些经济中心发展到一定规模后，则会沿着国际河流形成重点经济圈和一些次一级的城市经济中心和轴线，从而达到以点

---

① 李仁贵. 区域经济发展中的增长极理论与政策研究 [J]. 经济研究，1988（9）：63-70.
② 徐洁昕，牛利民. 增长极理论述评 [J]. 科技咨询导报，2007（14）：171.

带面，进而形成流域经济带。

（二）以水资源合作开发为增长极与流域经济发展的关系

1. 以水资源开发为增长极推动流域内要素的互补与流动，形成合作优势

国际河流不同区域生产要素禀赋的差距比较明显，大部分国际河流流域中不同地区的社会经济发展水平受多种因素制约，也存在较大的差距，并且由于国界的限制，这种差异也难以消除。同时流域上中下游的自然环境、自然资源以及开发潜力相差较大，很多情况下自然特征与社会经济发展具有较强的互补性，合作优势十分明显。如果能够开展水资源合作开发，进一步推动流域经济一体化发展，可以推动上下游地区的资源、资金、技术、产业的横向联合，有利于优势互补、互惠互利，合理调配资源，优化流域产业结构，不同地区寻找自己的发展空间，构筑具有比较优势的产业结构，从而形成优势互补的协作关系，促进产业结构的战略性调整和生产力的合理布局，促使流域内经济协调发展，共同繁荣。

2. 流域水资源开发促进城市化与经济集聚并形成辐射带动作用

大部分国际河流流域范围较广，由于河流是天然的交通通道，因此流域中由于长期的历史开发等因素都会形成枢纽性的发达城市，特别是以港口和口岸城市为代表。当代有计划的水资源开发也会形成新兴的城市或工业聚集区，进一步促进枢纽性城市的形成和发展。这些流域中先发展起来的城市，成为带动其他经济落后区域发展的新增长极，能够将经验与技术向周边地区及经济腹地进行辐射，带动和促进整个流域经济的发展。

3. 流域水资源开发的整体性要求促进流域经济合作

由于流域生态环境的整体性，流域各区域以河流为中心联系在一起，任何一个区域发生变化，必然会影响整个区域。以流域为经济划分，从流域经济整体发展出发，统筹规划，通过水资源合作开发，以流域整体发展为目标，相互带动，协调发展，是实现流域经济和流域整体快速可持续发展的有效途径。

（三）围绕水资源合作开发形成增长极的基础条件

1. 地理区位

区域经济发展的客观条件主要包括自然资源、地理位置、基础设施等多方面的优势，某一方面的优势很难形成区位优势。以澜沧江—湄公河为例，河流流经六国，流域各国都有丰富的水能资源，并且流域内各国对电力需求也比较大，地理位置相邻，可以减少电力输送成本，各国政府加大基础设施建设，积极改善本国的投资环境，这些条件为该区域培育增长极创造了初步的条件。一

些企业由于这些区位优势聚集在该区域，存在一定的规模经济，由于企业的关联性，更多的企业聚集在该区域，使得该区域的经济活动频繁，更多的生产要素聚集在该区域，为更多的企业进入创造了条件，企业与生产要素的相互促进，促进了该区域经济增长极的形成。

2. 资源禀赋

资源优势主要包括自然资源和社会资源。自然资源包括矿产资源、生物资源、水能资源等，社会资源包括人力资源、科技资源等。以澜沧江—湄公河流域为例，自然资源丰富，尤其是水电资源，该流域的水能理论蕴藏量为5800万千瓦，可开发水能估计为3700万千瓦，年发电量为1800亿千瓦时，其中33%在柬埔寨、51%在老挝。劳动力资源也相当丰富，这为该区域的经济持续快速增长提供了可靠保障。同时流域沿岸丰富的旅游资源为本区域的经济发展带来了新的契机。

3. 经济活动的资源需求

流域社会经济对国际河流的某些具体资源的需求也会影响能否形成增长极。以澜沧江—湄公河流域为例，流域各国充分意识到澜沧江—湄公河流域航运的发展意义，而中国和老挝最为重视澜沧江—湄公河流域的航运开发。澜沧江—湄公河流域的航运基础设施建设尚处于起步阶段，资金和技术缺乏，使得大部分航道均为天然航道。流域各国之间的贸易往来使得流域各国开始重视澜沧江—湄公河流域的港口码头建设。良好的航运条件为原料产地和市场之间提供了便利，降低了运输成本，增加该区域的企业集聚力，使得规模经济在该区域得以凸显，从而更多地引进企业和生产要素，将该区域培育成为新的经济增长极。澜沧江—湄公河流域的天然航道以及流域各国的积极努力，为该区域增长极的形成提供了必要的条件。

4. 市场需求

在增长极的选择上，市场需求也是一个重要的考虑因素。增长极区域和边缘地带的市场需求是其考虑重点，这直接关系增长极的扩散效应的发挥。澜沧江—湄公河流域是连接我国、南亚和东南亚的重要桥梁，该流域各国有很大市场前景，并且周边区域的市场广阔。该流域丰富的水电资源使得该区域的电力产业成为主导产业，该区域的增长极区域要把扩散效应通过产业链逐渐扩散到周边地区，从而更好地发挥增长极对极区域以及周边地区的带动效应。广阔的市场空间，为该区域增长极的形成奠定了基础。

5. 流域合作水平与意愿

国际河流如果没有强烈的合作意愿以及形成一些合作协议，难以构建增长极。以澜沧江—湄公河为例，"一带一路"倡议的提出为澜沧江—湄公河流域的区域经济发展带来了广阔的空间。"一带一路"建设将给澜沧江—湄公河流域的各国带来巨大的机遇，云南省与流域其他五国之间的公路、铁路、航空、水运等运输网络日趋完善，在金融、科教文卫等领域的交往、合作日益密切，我国与缅甸之间输油管道等项目的建成丰富了国家之极爱你能源的连接，并且流域各国在政策方面有着很好的沟通，这为大澜沧江—湄公河次区域经济合作的进一步发展带来了新的机遇，同时也该流域的水电开发带来了新的机会。

（四）澜沧江—湄公河流域以水资源合作开发为增长极的合作模式

在我国诸条国际河流中，澜沧江—湄公河流域基于自身的自然和社会特征，同时凭借前期合作开发的良好基础以及澜湄合作机制，具有实施以水资源合作开发为基础，通过"中心城市—干流—经济带"的"点—轴—面"增长极促进流域整体发展优势，因此澜沧江—湄公河流域可以作为构建以水资源合作开发为增长极的流域经济合作代表。

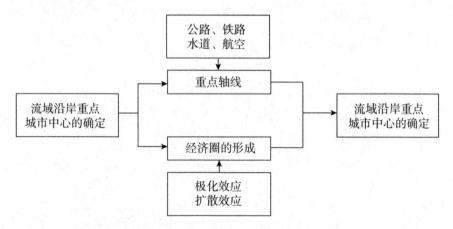

图6-2　澜沧江—湄公河流域经济带空间结构模式的构建

在构建澜沧江—湄公河流域经济带的空间结构（图6-2）的过程中，首先要合理地选择空间结构的要素，即在澜沧江—湄公河流域经济合作区内合理选择中心城市以及连接轴线，然后根据中心城市和轴线的选择在区域内合理安置产业，形成产业的梯度分布，将经济合作拓展到区域，进而实现整个区域的合理化经济发展。在澜沧江—湄公河流域增长极的节点和轴线选择上，应综合考虑流域沿岸城镇的区位优势、交通状况、资源优势以及空间布局等因素，合理地、科学地选择节点和轴线，根据节点和轴线的布局选择和确定"面"的拓展，最终构建出澜沧江—湄公河流域"点—线—面"的经济空间格局，从而优化该流域的经济结构，实现流域经济一体化发展。

在澜沧江—湄公河的国际河流经济带的建设中，澜沧江—湄公河沿岸的城市是流域经济带主要的经济增长点，连接轴线主要是以公路、铁路、水道等交通路线为依托，遵循由"点"到"轴"，再由"轴"到"面"的逐渐演化的过程。首先，根据主导产业选择中心城市，中心城市再发挥集聚作用，吸引生产要素向中心城市迁移。当集聚发展到一定程度，这些城市就成为区域经济发展中心，当这些经济中心发展到一定规模后，则会沿着轴线形成重点经济圈和一些次一级的城市经济中心和轴线，从而达到以点带面，进而形成区域经济带，最终带动整个区域的经济合作发展。

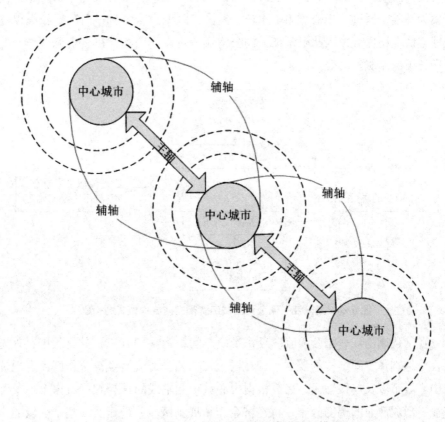

图 6-3　澜沧江—湄公河流域经济增长极模式

澜沧江—湄公河流域经济增长极点的分布如图 6-3 所示，按照流域资源、人口、土地等生产要素的特点主要为沿岸主要城市，水资源利用和航运交通优势可以使之成为澜沧江—湄公河国际河流经济带的核心。澜沧江—湄公河流域城市众多，从上游我国的云南省至下游越南依次分布着景洪、琅勃拉邦、万象、廊开府、巴色、金边、胡志明市等多个城市。在选择国际河流经济带的核心增长极时，可以优先考虑从这些城市中甄选，其主要原因是他们的区位优势、资源优势、经济基础都比较好，有较强的产业集聚吸引力，同时还对周边地区有较强的辐射能力。澜沧江—湄公河构成了天然的经济走廊，中缅老泰柬越六国因澜沧江—湄公河而凝聚在一起，水是流域六国开展广泛经济合作的基础。在选取中心城市的时候选择了澜沧江—湄公河沿岸的几个重要口岸，则在增长极点轴开发模式下，考虑选择澜沧江—湄公河作为主轴。根据《澜沧江—湄公河国际航运发展规划（2015年—2025年）》，到2025年将建成从思茅港南得坝至老挝琅拉邦890千米，通航500吨级船舶的国际航道，并在沿岸布设一批客运港口和货运港口。以澜沧江—湄公河干流作为重要媒介，依托沿线中心城市，如景洪市、万象市、琅勃拉邦市等，重点发展国际物流、港口航运等产业，通过产业间经济关联性，形成该区域经济发展的产业带。

二、基于水资源合理配置的流域经济合作发展模式

（一）国际河流水资源合理配置的含义与模式

1. 国际河流水资源合理配置的含义

国际水资源协会主席 Braga 将水资源合理配置定义为：将有限的水资源在多种相互竞争的用户中进行复杂分配，各项目目标基本冲突表现在经济效益与生态环境效益上的冲突。水资源合理配置是可持续开发利用水资源的调控措施之一，我们追求合理而非最优，反映了在水资源分配中解决水资源供需矛盾、各类用水竞争、上下游左右岸协调、不同水利工程投资关系、经济与生态环境用水效益、当代社会与未来社会用水、各种水源相互转化等一系列复杂关系中追求的是相对公平的、可接受的水资源分配方案[1]。一般而言，合理配置的结果对某一主体的效益或利益并不是最高最好的，但对整个资源分配体系来说，其总体效益或利益是最高最好的。

国际河流由于跨越了国界，涉及主权问题，因此合理配置的难度更大，合理配置往往与领土权、国际关系、跨境区域经济合作、区域稳定、边界管理密切相关。由于不同国际河流的流域情况以及涉及的流域国特点和流域国关系不同，因此不存在普遍可行的水资源分配准则。为了追求流域最大的利益，实现

---

① 粟晓玲．康绍忠．干旱区面向生态的水资源合理配置研究进展与关键问题［J］．农业工程学报，2005（1）：167－172．

合理或者优化配置，国际河流水资源分配需要流域国相互信任，相互配合，致力合作，以系统性、可持续性的思路，首先形成涵盖全流域或至少主要流域范围的规划方案，在此基础上制订水资源系统的综合利用方案，进而确定分水方案。这一过程要求从最基本的小区和小生态环境用水到流域区、流域国甚至全流域用水，逐级满足目标，层层考虑。

国际河流流域国在考虑合理配置水资源时应考虑以下因素：当前的水用途、未来的水用途和用水优先权。当前的水用途是指仍在发挥效益的用水，如果是在协议后实施或在签署协议时已没有效益的项目，则不应考虑为当前用途。根据国际法，当前的水用途在公平利用水资源计划中占有优先的地位。其次，由于流域各国往往处于不同的开发阶段，其对水资源的利用程度不同，表现在各流域国对流域总水量的贡献和消耗比例存在差异。在合理配置水资源时需要考虑不发达的沿岸国家对水的将来用途，这些需求将在未来出现。确定用水优先权是指在制定合理配置水资源方案时将该流域一些不可缺少的用水需求优先考虑，如沿岸小区生活饮用水、环境生态用水、农业和畜牧业用水等，各流域国需要通过协商等方式来寻求解决途径。

2. 国际河流水资源分配的协议模式

总体而言，国际河流水资源分配可以以流域国协议和市场方式两种方式予以配置。二者之间并非相互独立，非此即彼的过程。一般情况下，流域国协议配置是基础，市场方式是辅助措施。没有流域国协议，市场方式则无法实施。

国家间水资源分配的相关协议包括贸易协议、重大项目合作协议、全球性及地区性的涉水公约等都是流域国协议的具体方式，各国之间通过这些协议减少了国际河流水资源分配中的不确定性，并使各沿岸国的期望保持稳定，是国际河流合作机制的最重要的内容。具体而言，流域国协议配置又可以分为三种。第一种是全局分配，流域国家根据其都能接受的准则把流域内所有数量可以确定的水资源分配给各流域国。此种分配一般适用于沿岸国之间没有密切的合作关系，且流域管理机构和相应的法律或政策建设都不完善的情况。一般做法是流域各国通过签署协议按流域中的某一标准（如按多年平均产水量并考虑各流域水的实际水量贡献）确定的水资源量，分配给沿岸国家单独使用。各沿岸国在其分配的水份额内，可以较自由地利用，而不必考虑地区的共同利益。第二种是项目分配，在不考虑流域综合规划和全流域水分配的情况下，为满足沿岸国家的水需求。按某一个专门项目所开发和控制的水资源进行分配，参与项目的各方通过协商签署协议，共同分配项目的水资源。按项目分配最多见于双边合作。第三种是整体流域规划分配，其要求存在协议各方认可的综合流域规划，并要求各流域国之间有友好的协作关系并密切合作。各流域国之间的信任和合作程度、其技术支撑能力和综合流域规划方案的完备程度，是此类水分配模式是否成功的关键。采用此分配模式，能最大限度地照顾各方的利益，符合流域整体开发和可持续发展的趋势。

市场方式主要是通过水权交易实现水资源的合理配置，国际上已经形成了一系列政策规范和实践经验，使得国际河流水权交易具有可操作性。国际河流水权交易依据国际水法中的合理公平利用水资源原则，在规定国际河流水资源利用优先权，协调流域内土地资源权属关系的基础上，对流域生态用水量、各流域国在流域内的水量贡献量等因素进行综合评价与分析，签订区域性的国际河流协议，在确定各流域国的水权份额基础上，允许流域国之间进行水权的交易活动。

（二）国际河流水资源合理配置的基础条件

1. 政治基础

国际河流水资源分配利用直接关系国家的政治安全利益，各国对其自然资源的主权是国家主权的主要组成部分，神圣而不可侵犯，是国家最基本的权利。流经本国境内的国际河流显然属于该国的自然资源和财富，如何分配以及使用一般是主权行为。水资源自身具有流动性，同时国际河流的政治边界打破了国际河流的自然属性，因此水资源的分配利用更加复杂。国际社会的政治局势、流域内各国之间由于历史遗留问题而带来的领土争端以及不同国家社会制度的差异都会改变国际河流所处的政治环境进而影响水资源的分配利用。

稳定的政治环境是国际河流水资源分配利用的前提和保障，国际河流水资源合理分配的首要目标就是预防和解决国际淡水资源的矛盾和纠纷，避免地区动荡。国际河流而引发的争端在很多地区都已经出现，比如约旦河、两河流域纠纷已经成为制约中东地区和平发展的重大问题①。这类地区建立稳定的水资源分配机制尤其重要。国际河流水资源分配利用需要根据各个国家本国自身的人口、灌溉、水利等方面的利益需求来分享利益，更为公平合理，还可以增加各国的共同利益需求，削弱彼此意识形态、宗教信仰、对国际河流认识等方面的差异，增进各流域国在安全方面的信任，使冲突国家从竞争对手转变为亲密的合作伙伴。

---

① WOLF A T, KRAMER A, CARIUS A. In state of the world 2005: redefining global security [R]. Washington, D. C: The World Watch Institute, 2005.

2. 经济基础

水资源是支撑国民经济发展的先导资源。随着人口和经济的飞速发展，农业、工业等产业部门对水资源的需求量大幅增加，但是由于水资源的稀缺性，逐渐紧缺的水资源往往难以满足各国家或地区日益增长的用水需求。以我国黄河流域为例，在1950至1990年这41年间由于干旱缺水造成的粮食财产损失就达到了306.3亿元。随着工业化的发展和城市化进程加快，水资源分配量已然是制约许多地区经济增长的瓶颈，这也表明水资源逐渐转变为经济资源，具有资产的一些特征。

国际河流水资源的合理分配对经济发展有重大意义，因此通过各国签订协议，协商合理水价，依靠市场调节作用建立灵活的水权交易机制来对国际河流水资源进行分配利用而言具备一定的经济基础。建立国际河流水资源市场不仅有利于沿岸各国公平公正地分配水资源，还能够通过价格机制增强流域各国的节水意识，积极主动地调整本国产业结构，在满足最基本的用水需求基础上，将水资源用于农业、工业等生产部门中，发展旅游业等耗水少的第三产业，最终达到经济协调发展的目标。

3. 法律基础

1962年联合国代表大会确立了《关于自然资源之永久主权宣言》，其中包括"各民族及各国行使其对自然财富与资源之永久主权""各国必须根据主权平等原则，互相尊重，以促进各民族自由有利行使其对自然资源之主权"。国际河流水资源作为自然资源的一部分，分配利用应建立在尊重和维护各水道国的主权的前提下。

各国为寻求解决国家间用水矛盾的实现途径，必须在外交活动中依据国际水法的原则与条款进行协商与调解，同时各国大多还需要依照国际水法的相关原则，对国内水法进行修订从而便于对境内国际河流水资源分配利用进行管理。

国际水法作为处理涉及多个国家水资源问题的规则，自19世纪末至今已在200多条国际河流形成或签订了300多条有关国际河流水资源利用的条约或惯例。1966年由国际法协会制订的《国际河流水资源利用赫尔辛基规则》与1994年由联合国国际法委员会制定的《国际水道非航行使用法》就是其中具有里程碑意义的国际河流水资源利用法律性文档。因此，国际河流水资源分配的法律基础逐步成熟。

（三）水权交易与水资源分配合作

我国跨境水资源分配问题主要存在于西北地区的国际河流，一般这类河流流域水资源相对稀缺，需要流域各国的高度信任与合作，才能促进各方寻求的合理配置方案。我国西北地区水资源缺乏，但是我国周边国家的政治局势相对比较稳定，尤其是已经构建了"上海合作组织"的国际间合作框架。因此，针对这类流域的水资源跨境配置合作可以考虑引入国家之间的水权交易合作模式。以伊犁河为例，中哈两国在伊犁河流域的水资源条件和产业结构条件适于引入市场分配机制以平衡两国的水资源利用与产业结构的调整需求，具有构建以水权交易为基础的水资源合理配置的良好基础条件。

目前国际上比较成熟的引入水权交易的国际河流市场化分配主要可分为"准市场"模式和"纯市场"模式，前者由政府行政主管部门组织，在进行水权谈判转让时引入市场机制的价格手段；后者多出现在发达国家，流域国家在明晰产权的基础上完全通过市场配置水资源，比较典型的案例是澳大利亚昆士兰勃得河水权交易。

伊犁河流经我国和哈萨克斯坦，中哈两国均属于发展中国家，在水资源分配方面的市场机制还不够健全，水权交易制度还未完全建立，如果单纯地通过市场来配置水资源，很可能会出现"市场失灵"现象，反而发挥不出市场优化配置的作用。因此政府间谈判加上市场机制引入的"准市场"水权交易方式是最适合伊犁河流域水资源分配的。

伊犁河流经中哈两国的一些经济区，但这些经济区以农业为主，包括一些能源和其他相关基础产业。目前中哈两国对于伊犁河流域水资源的开发利用已经签署一些文档、协议，但是这些文档、协议仅仅涉及生态、能源等其他领域合作，对于水权分配尚未有明确的规定。因此，第一是有必要建立包含中哈两国在内的全流域管理机构统筹规划初始水权分配以及水权交易过程中所需的跨境输水设施工程的建设，赋予该机构主导、管理水资源开发利用的权力。第二是建立水文信息共享平台，伊犁河流域监测网站。双方可以根据本国存水量向另外国家预报水资源的需求量和供给量以及其他能源的需求量和供给量，以满足各自不同的利益要求，保证水资源市场化的顺利实施。第三，完善水权交易法律法规。伊犁河作为国际河流，我国无法要求其他流域国水权交易法律法规必须完备，只需要做到本国法律完善，用法律保障水资源市场化分配的有效运行。一方面应修订《中华人民共和国水法》《中华人民共和国水污染防治法》《中华人民共和国水土保持法》，增加关于建立和完善水市场的规定；另一方面应基于我国西部地区的现实，制定有关"地下水资源"和"水资源交易"方面的相关法规，保证伊犁河水资源市场管理有法可依。第四是可以建立类似"水银行"等水权交易的中介机构。作为水权市场主体运行的核心，水银行的功能是保证特定水权交易的合法性、合理性。由于国际河流的跨界属性，"水银行"
的建立也只能作为一个设想①，但是其在水权交易过程中链接各水权交易主体
的作用不可忽视。

　　构建三级水权交易市场。初始水权的分配是确定流域国之间在不同地区的
用水比例，规定用水额度范围，将其称为1级水权交易市场；建立跨国区域政
府间水权交易市场，流域国政府需要采用签订交易合同的方式规定水权交易的
水量、期限，制定合理的水资源价格，明确违约责任，将其称为2级水权交易
市场；核定用水户水权，在流域国各地区开展用水户间水权交易，将其称为3
级水权交易市场（图6-4）。

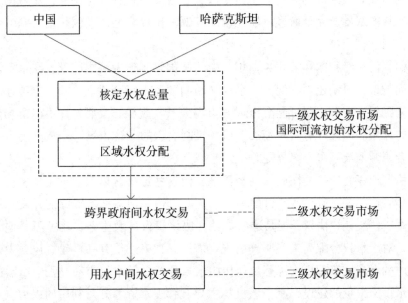

图6-4　国际河流流域水权交易模式

　　初始水权配置指针体系受到种种因素影响，需要根据流域的基本状况确定
指标体系，主要包括：现状性因素、公平性因素、效率性因素、生态环境因素、
协调性因素等，其中协调性因素指流域各国对河流的水量贡献量不同，流域内
人文社会环境和经济发展也不同，跨国流域水权分配需要在公平性的基础上提
高国与国之间水权分配的协调性。

---

　　①　蓝楠. 完善西部地区水资源市场是当务之急 [J]. 中国环保产业，2002（10）：3.

水权价格的确定。初始水权由流域内国家分配初始水权的价格也需要流域国家协商明确。由于流域各国社会经济发展水平不同，那么可以将初始水权价格分为两部分，第一部分是流域国家间的价格，可以通过协商等以流域国家间协议的方式加以明确；第二部分则是流域国家内部，统一确定基准价格，地区分类指导，确定最低限额标准，枯丰期则实施浮动政策，初始水权依靠有偿和依法取得。

水权价格的管制和确认。价格垄断和自然垄断的客观存在，是进行水权价格管制和确认的主要原因。目前，水权市场不是完全意义上的市场，可提供的转让水量十分有限，极易形成价格垄断。为避免水权转让过程中形成价格垄断和牟取暴利的倾向，国家有必要对水权价格进行监督和管制，或制定水权转让的指导价格和允许浮动的范围，并对水权转让价格进行必要的评估①。

三、基于地缘经济的流域经济合作发展模式

（一）基于地缘经济的国际河流经济合作开发含义

美国学者路特瓦克1990年发表论文《从地缘政治到地缘经济：冲突的逻辑、贸易法则》，奠定了地缘经济学理论的基础。地缘经济学认为地缘经济学主要是从经济关系的角度来认识和处理国家关系；新时代国家之间的冲突主要体现在经济利益的冲突上，因此地缘经济学考虑的是建设国际性伙伴关系，以实现"和谐""效率""经济杠杆"和"增长"②。

地缘经济学认为地理因素是区域经济最基本的要素，一个区域的地理区位、自然资源都会对区域的发展、区域经济行为产生影响。地缘经济研究如何依靠地理的角度在国际竞争中保护国家利益？由于人类活动必然受到地理条件的限制，国家之间的经济合作中会首先选择周边地区。因地域相近引发的经济关系被称为地缘经济关系，这种关系可以形成互补关系，既是联合和合作即经济集团化，也可以是竞争关系，即形成对立乃至是遏制、互设壁垒等。地缘经济最容易形成的是区域经济集团化，区域经济一体化则是地缘经济的主要表现形式和内容。

地缘经济理论对于推动国际河流流域内的合作具有指导意义。当前国际河流各流域国的合作发展已经成为主流趋势，经济领域合作更有利于实现流域整

① 马国忠. 初始水权价格及其实现路径初探［J］. 水利经济，2008（4）：34-36.
② 李红梅. 地缘政治理论演变的新特点及对中国地缘战略的思考［J］. 国际展望，2017（6）：95-112，153.

体利益的最大化以及各流域国利益要求的达成，避免导致国家主权等方面的争执。因此基于地缘经济的国际河流流域经济合作，就是依据地缘经济理论和国际河流的流域特征，促进相关国家的经济合作，通过吸引流域国家和相关国家各类企业积极参与到流域水资源的开发活动中，实现流域社会经济的发展以及生态的保护。

（二）基于地缘经济的国际河流流域经济合作内容

在区域一体化过程加速前进、全球经济飞速发展的新形势下，传统的军事、政治安全不断弱化，"非传统安全"如经济安全、人口安全、环境安全等逐渐成为 21 世纪国际社会讨论的热点，各国唯有加强协调与合作才能更好地实现区域经济社会可持续发展。当今世界水资源短缺的问题日益严重，严重制约了社会经济可持续发展，国际河流是水资源的重要组成部分，因此依托国际河流水资源合作开发的区域经济合作是区域合作的主要内容。

1. 国际河流流域的通道合作

国际河流水道的利用是最早受到关注的经济合作方式，基于国际河流水道形成城市以及国际通航，最终形成公路、铁路、航空以及航运等综合运输的"大交通"网络，从而逐渐形成区域经济合作的重要纽带。通道合作不仅可以降低生产要素运输成本，增强生产要素的流动性，实现资源在整个流域地区的合理配置，促进工业化发展，还能够吸引大量外资进入，促进对外贸易。

2. 国际河流流域的产业结构调整

国际河流流域各国之间由于自然资源、历史、制度等差异性，形成了不同水平和分布状态的产业结构，各国之间的地缘经济关系促使这些国家之间开展经济合作，实现资源、资金和人力资本等各种要素的流动，产业结构的调整首先在具有天然地理联系的国家和地区之间开展，然后扩散至整个流域及具有地缘关系的其他区域。因此，产业结构调整是流域国之间基于地缘经济关系而开展合作的重要内容。

（三）国际河流经济合作的地缘经济效应

流域各国的经济合作需要充分考虑发挥地缘经济效应，基于地缘经济的国际河流流域经济合作具备以下两个方面的效应，才能更好地推动流域合作以及经济发展。

1. 具有聚集和扩散效应

聚集效应指的是社会经济活动因空间聚集所产生的各种影响和效果，其表现为生产要素由外围向极点滚集，在增长极的吸引下，腹地区域的财富，包括资金、技术、人力和资源，不断流向核心区域。聚集效应发展到一定阶段，地区差距也扩大到一定程度。随着聚集效应的增强，势必会产生一些负面问题，如贫富差距增大、环境污染、资源短缺等问题。扩散效应是指核心区域不断向周边地区产生辐射作用，释放自身能量，把生产要素等由核心区域转移到外围地区。核心区域通过其较强的经济、科技、文化等资源优势，通过技术转让、产业转换、资本输出、信息传播等多种方式带动周边地区的经济、文化、科技的发展。

如果国际河流流域国之间的综合国力有较大差距，资源分布也有巨大差异，就容易形成聚集效应和扩散效应，带动流域整体的协调发展。要素分布不均是区域发展不平衡的最深层次的来源，也是导致聚集效应和扩散效应的根源。例如图们江流域流经的各个城市，包括我国的吉林省、蒙古国的东方省、朝鲜罗先经济贸易区等，由于它们区位条件和资源条件的差异，区外要素会首先集中到经济实力强的区域。城市的综合经济发展水平充分体现了该城市的经济实力、资金技术实力和政府实力，所以综合经济发展水平高的城市更为有效地吸引资源和要素聚集。

2. 具有资源互补效应

一般而言，国际河流自然资源分布的特点与各国的经济发展水平不一，使得各国对产业资源的需求呈现互补的状态，这就会形成流域各国经济合作的原始动力。例如我国东北地区，俄罗斯的金属资源、森林资源、天然气资源和水资源极为丰富。朝鲜的煤铁资源丰富。我国东北有着丰富的农业资源、森林资源、煤炭资源和石油资源。蒙古国主要是煤炭、铜、铁等资源。日本、韩国的产业资源很缺乏。日、韩属于发达国家，拥有着先进的生产技术和雄厚的产业资金。中、俄、朝属于发展中国家和相对贫困的国家。因此，理论上中、俄、朝都可以提供满足日韩产业生产所需要产业能源、廉价劳动力和广大的消费市场。日韩两国可以通过先进的技术和雄厚的资金与其相结合①。

（四）以通道合作与贸易合作为主体的地缘经济合作开发模式

基于地缘经济的国际河流水资源合作开发目标是推动流域国利用各自的地缘经济优势开展多边合作开发，围绕构建多边合作平台与机制，形成核心国主导（引领）开发的格局，带动资源在区域内流动与配置，吸引各国的关注度，引导各国实现区域共同开发，奠定建立共同市场的基础，实现区域各国共同开

---

① 毛健．刘晓辉．张玉智，图们江区域多边合作开发研究［J］．中国软科学，2012（5）：80-92.

发的态势。在历史上国际河流作为各国之间的合作桥梁首先是从航运和交通开始的，开展区域间的贸易合作，然后扩展到水资源的各领域开发利用。当前国际河流通道合作仍然是重要的经济合作模式，非常典型地体现了流域各国地缘经济合作的特征。

图们江流域的合作开发是典型以通道合作和贸易合作为基础的地缘经济合作模式，这一区域不仅有中俄朝直接的利益相关方，还有韩国、日本等发达国家的各类企业，连接这些利益相关方的是图们江独特的地理位置、交通运输条件和各自的多元化市场，通道合作是图们江经济合作的核心。随着经济全球化以及区域经济一体化的发展，中美、中日、中韩、中俄、日美、日俄等国间的贸易往来更加频繁，稳定的政治局势成了各国共同追求的目标。但是仅仅依靠中、俄、朝、韩等国在各自经济区内进行单边、自主开发难以达到图们江地区经济发展的目标，这已经成为图们江流域各国的共识。从地缘经济整体发展的角度来看，如果我国东北不参与，朝鲜和俄罗斯会因缺乏经济腹地而受到制约，日本扩大市场、韩国发展北方市场的意图也受限；另一方面，朝鲜和俄罗斯不积极合作，我国也难以实施开放政策。因此，在倡导多国合作与多极开发、积极开展双边合作和部分流域国多边合作的基础下，以中俄朝三角为基础，建立跨国自由经济区的模式是图们江流域区域合作开发的最佳模式。因此图们江具有构建以地缘经济为基础的流域经济合作模式的良好基础。

图们江流域国水资源合作开发是通过构建图们江经济圈，推动流域多边合作开发，实现区域各国共同开发的态势。推动东北亚区域经济一体化的进程，提升区域经济的整体竞争力和社会福祉，促进东北亚地区的和平、稳定和可持续发展。

第三节　西南国际河流以水能开发为核心的经济合作

西南地区的国际河流目前处于水能开发的初期，该区域主要的国际河流中，我国仅仅开始在澜沧江下游段开发，湄公河段开发程度也比较低。怒江、雅鲁藏布江等国际河流基本处于未开发阶段，因此西南地区国际河流的水电合作开发整体处于起步阶段。并且由于我国在流域位置、经济以及开发能力方面的优势，西南地区国际河流水电开发合作更多是我国参与到境外段的水电开发活动中。

一、西南国际河流的水电合作开发现状

目前我国积极参与西南地区境外水电开发以及次区域内国家及周边区域的电力网络建设,在水电投资领域我国对老挝和缅甸的投资最集中,这两国的水电资源十分丰富。我国作为在该区域内唯一大国,对区域内的发展起到了至关重要的作用,其资本、技术、资源的投入也将进一步加快区域社会经济的步伐。

(一) 参与缅甸水电开发

缅甸是湄公河流域水能资源储备丰富的国家之一。但是,由于受限于本国资金、技术与设备等因素,缅甸单独开发水力资源的风险及困难均非常大。中缅两国有着悠久的交往历史,20世纪末云南省一些地方企业开始投资缅甸中小型水电站工程,有效地促进了缅甸水电行业发展,这也为中缅两国进一步深化水电合作奠定了良好的口碑与感情基础。

缅甸邦朗水电站是我国在东南亚地区承建的较大合作工程项目之一,也是缅甸建成的最大水力发电站。水电站位于缅甸邦朗河下游,总装机容量28万千瓦,发电量9.1亿度。中方主要负责提供工程设计、质量控制、成套几点设备等,该水电站有效减轻了缅甸国内供电紧张的压力。另外还有一些企业参与了投资建设缅甸瑞丽江一级水电站。水电站共有六台100万瓦机组,年均发电40.33亿千瓦,总投资约32亿人民币。

(二) 参与泰国水电开发

泰国是湄公河流域中经济发展速度较快的国家之一。泰国国内能源资源相对匮乏,其发电还主要采用水电、煤电共享;私企与国家共开;国外与国内开发共实等多形式混合的方式,同时还需要从外部购买一定量的电力资源。我国云南省是泰国电力的主要供货商之一。

1995年,中泰合资成立"中泰云南景洪电站咨询有限公司",中国云南电力集团公司控股52%,负责水电站的可行性研究等工作,开创了我国合资方式进行水电项目建设的先例。1998年,中泰两国签署了《关于泰王国从中国购电的谅解备忘录》,并希望2017年从中国境内电站购买电力300万千瓦。2000年9月,中国国家电力公司、云南省开发投资有限公司、云南集团公司、泰GMS能源有限公司共同成立"中泰云南景洪水电有限责任公司",并于2013年正式开始向泰国送电。

(三) 中国参与越南水电开发

水电资源近年来已经成为云南省极具竞争优势的产业,丰富的水利资源和

通畅的电力输入、输出管道为云南省的水电事业发展提供了夯实的基础。越南则主要以火电和天然气发电为主，但是，由于该国境内电力产业发展滞后，电力技术设备与基础设施不够完善，其国内发电水平难以满足越来越旺盛的需求。

2005 年 8 月，中国云南与越南双方共同签署《云南电网公司与越南第一电力公司结为"友好公司"加强战略合作与交流协议》，自此，两国水电能源合作进入了"高速发展"阶段。同年 10 月，越南国家电力公司和中国南方电网公司共同签署了 220 千伏向越南北部六省的售电合同，合同约定中国南方电网送电规模为 25 万~30 万千瓦，年供电量 11 亿~13 亿千瓦时，合同有效期最少为 10 年，总交易额约 5 亿美元。这也表明了中越双方在水电能源方面的合作已进入一个新的发展阶段——中越两国不仅构建起了连接东盟与云南省除航空、水运、公路之外的第四条通道，即电力大通道，充实与丰富了越南与中国及次区域各国在水电能源合作方面的内涵，而且为进一步深化两国的经济贸易合作、加强双方睦邻友好与全面的合作关系与共同发展注入了新内涵①。

二、国际河流水电开发项目投资与建设合作

在整个西南地区国际河流流域中，无论考虑湄公河水电开发的巨大市场机会还是我国目前在该地区大量的投资，我国都应高度关注大湄公河区域水电开发项目的投资与建设合作。目前我国在该地区只有水电开发投资和企业之间的投资、建设和运营合作，缺乏系统的水电开发项目的合作机制体系。水电开发投资不同于一般投资项目，必须考虑环境影响、社会公众及各种复杂的利益关系，并且国际河流水电开发更具有敏感性，如果对于其中的矛盾处理不当，在境内和对外的水资源开发引发国家间的矛盾与冲突。

（一）投资决策阶段不同主体之间的协商

国际河流水资源开发过程不同的利益主体有着不同的利益要求，有可能引发冲突，因此，协商机制应成为水电开发活动投资决策的出发点。国家的政府机构、非政府组织以及水电开发企业可以建立起一套基于决策与实施的协商机制，公众、非政府组织为了能够充分表达意见以及维护切身利益，也会构建协商机制。这些协商机制的形成需要政治和社会环境予以支撑，因此，在水资源开发合作中，各利益相关国家的政府与企业需要高度重视协商机制的构建，形成良好的制度空间与环境，鼓励不同合作主体参与到水资源开发的协商机制之

① 李怀岩，浦超. 大湄公河次区域电力合作走向深入 ［N］. 经济参考报. 2008-07-25.

中①。通过水电开发跨境合作多元主体的共同协商建立投资方案和选取评价指标体系，将传统的单纯追求经济效益的评价体系转为平衡经济、社会、生态等多方面效益的评价体系，以实现水能开发的多重效益与"生态文明"建设。

（二）投资建设中的公众及非政府组织的参与

湄公河流域活跃着大量的非政府组织，积极介入河流的开发活动。在水资源开发领域。公众及非政府组织对水电开发总体持怀疑和否定态度，有些非政府组织甚至以激进的态度反对任何水电开发。实际上，水电开发决策的专业性非常强，但如何使公众与非政府组织正确理解水电开发的专业性，并有效吸收他们的意见，进行公正、专业的探讨，是这一流域水电开发项目合作需要认真考虑的问题。在水电开发、决策、工程建设与运行管理过程中建立公众和非政府组织参与机制，可促进"社会和谐型水电工程"的建设，应主动构建相关的合作机制而不是被动应对。例如，做好生态与环境的评估工作，吸纳不同利益主体的要求，最大限度地减轻负面影响，形成一些好的水电开发理念。

（三）环境利益保障的合作

我国水电企业在进行西南水能开发投资时需要积极承担社会责任，并且除传统的经济、社会福利与公共事业等责任外，还包括一些特殊的内容。首先是对东道国生态环境的特殊责任。水电开发直接作用于当地的自然环境，对陆生生物与水生生物都会造成一定的影响，水电企业应加强对东道国环境的重视，这既是一种责任又是赢得企业形象的好时机。其次是将对东道国的贡献与自身利益绑定的责任。水电企业的开发行为在一定程度上被视为在其他国家"掠夺"资源，并把损失留给当地居民，因此难免被东道国居民"敌视"②。对水电企业而言，应该将对东道国的贡献与自身利益相统一，不仅与东道国政治、经济等领域的社会精英密切联系，还要与当地社会各界人士沟通交流，聘用当地人员，增加就业等，这些对水电项目的顺利开发十分重要。

（四）水电开发的政府管控合作

国际河流的水电开发由于涉及跨界环境影响评价、各合作方的利益保障，并非完全是市场化的项目，需要政府层面的有效管控合作，政府管控主要在环境影响评价、审批、市场监管等方面。我国当前在西南区域对外的水电合作围

---

① 赵可金. 全球化时代现代外交制度的挑战与转型 [J]. 外交评论，2006（12）：69-77.

② 王腾，邓玛，马淼森. 基于网络治理的我国西南地区国际河流水能开发跨境合作机制研究 [J]. 重庆理工大学学报（自然科学），2016（4）：60-65.

绕对外投资建设合作展开，但也需要进行投资引导和监管，否则项目所引发的矛盾与冲突难以通过市场手段解决，会造成不必要的损失。密松电站案例是典型的例子，企业所考虑的问题与政府所关心的问题并不一致，政府在水电投资中需要扮演好管控角色，否则引起的非市场矛盾政府仍然无法回避。我国应对境外水电合作开发加强政府监管建设，与投资国政府建立投资合作协议或沟通机制。跨境水电开发合作非常需要有效的政府监管予以保障，积极引导水电企业对外的投资行为。

（五）跨境的利益补偿

在国际河流水能开发跨境合作工程中，可以构建跨境补偿机制，包括资源和产品的交易取得优势互补，利益互换共享等方式保证水资源的公平合理利用，避免以单一目标工程导致的矛盾得不到有效协调。例如上湄公河主干梯级电站开发如果能够增加径流，以扩大泰国和越南的农田灌溉系统，增加产量，可以将农作物出口上游国家弥补上游的利益损失。

此外还应该高度关注水库移民的后期扶持，可以建立包括政府、水电企业和移民三方的扶持体系，避免移民陷入贫苦状态，目前行之有效的做法包括政府制定完善的移民安置政策，水电企业与地方政府预留部分收入为移民再教育提供支持以及直接为移民生活提供补助。

三、次区域电力贸易与电力市场合作

大湄公河次区域电力贸易与电力市场是水电开发合作的拓展和深入，从单纯的水电站建设和发电走向电力市场和电力贸易。通过电力市场和电力贸易合作机制，可以解决国际河流水电开发的跨境利益矛盾。大湄公河次区域各国对此均高度重视，逐步从"浅表"合作层次向"深度"合作层面迈进。

（一）电力设备与技术市场合作

湄公河流域巨大的电力能源缺口形成了技术设备和工程设计、建设人才方面的强大需求，我国在工程设计和建设、设备制造、大件运输、运营管理、技术质量、成本价格和操作服务方面具有巨大的优势。我国在拓展电力设备交易与技术合作方面具有广阔的前景。开展次区域农村电气化合作可以解决区域国家急需解决的农村电气化程度低的问题。我国在新农村建设经验以及家电下乡工程等方面积累了丰富经验，可以进行推广。这不但改善了流域内国家的民生问题，还可以扩大我国的出口规模。合作开发热电、风电等替代能源，确保湄公河流域能源安全。中国成达集团与越南广宁汪秘热电公司达成的汪秘热电厂二期扩建项目协议为湄公河流域的能源合作提供了新的思路：电力合作不应该仅限于电力贸易和水电开发，还可以多元化地展开合作①。因此，应尽快将大湄公河流域的能源合作上升为国家战略，从维护国家战略利益的视角推进电力合作。

（二）构建次区域电力市场

20世纪90年代末，澜沧江—湄公河流域的六国达成了大湄公河次区域经济合作机制，并力图构建六国建立统一的电力市场，而澜沧江—湄公河流域逐渐成为次区域最大的水电基地。随着澜沧江下游阶梯电站陆续建成以及湄公河流域部分水电站建设被提上议事日程，以湄公河流域为先导的次区域电力市场构建条件逐步成熟。由于次区域的电力贸易与合作往往涉及多国利益，构建次区域电力市场需要建立强有力的协调组织以协调各方利益。当前区域内电力合作包括电力论坛、电力联网与贸易专家组、大湄公河次区域电力贸易协调委员会以及大湄公河次区域部长会议与领导人峰会等组织与合作形式，但在权威性、约束力与效率方面仍难以满足现实的需要。随着澜湄合作机制的建立，构建次区域电力市场条件日趋成熟，应及早将构建次区域电力市场与湄公河流域水电建设综合考虑。

（三）企业与政府协同运作机制

在边境合作区的运作模式上可以采取企业运作、政府推进的形式。电力企业是合作的主体，构建在市场机制基础上的合作不仅有利于电力合作的实施，同时也加强了流域各国的经济联系，减少因开发利益冲突引发的矛盾。企业以获得最大利润为目的实施电力建设，可以有效利用生产资源要素，降低投资风险。在跨边境合作中，政府应致力于完善跨境经营的法律、制度以及合作平台的建设，例如举办贸易博览会、区域投资论坛等。

第四节　西北国际河流以水资源合理配置为核心的经济合作

西北区域国际河流深入中亚内陆腹地，水资源缺乏，经济发展水平相对沿海地区落后，同时涉及民族宗教等问题，稳定与发展是各国亟须平衡解决的问

---

① 李超，张庆芳．研究大湄公河次区域电力合作的可行性探析［J］．东南亚，2009（3）：61-66，93.

题。我国提出的"丝绸之路经济带"以互联互通为基础实现投资与贸易便利化和区域经济合作，将带动各国的基础设施投资合作和多层次的经济合作，我国对西北国际河流的水资源经济合作开发主要应围绕"丝绸之路经济带"推进实施。

一、西北国际河流水资源开发的经济合作重点

（一）西北国际河流水资源开发的经济合作现状

我国西北地区国际河流主要是伊犁河、额尔齐斯河和阿克苏河，涉及中国新疆维吾尔自治区以及哈萨克斯坦斯、吉尔吉斯斯坦和俄罗斯三国。主要水资源开发活动是水电开发和引水工程，这些水资源工程大多是进行远距离调水以满足其他区域的用水需求。相对而言，我国境内的国际河流水资源利用不到地表径流量的四分之一，国际河流长期得不到规模性开发，境外部分开发利用程度远高于我国。

目前在额尔齐斯河上，哈萨克斯坦计划在其境内的河段修建 13 个梯级电站，现已经修建了 3 座电站，在支流乌里巴河上也修建了一些中小型电站。我国也在额尔齐斯河干流上修建了水库，2010 年还进行了"引额济克"和"引额入乌"等引水工程。

伊犁河在两国境内都以农业开发为主，产业结构比较相似，在哈萨克斯坦境内也建有苏联时期修建的大型水利工程，但相对而言我国境内经济发展比较快，近年来对水资源利用程度加大。阿克苏河发源于吉尔吉斯斯坦，是天山南坡最大的河流，流入水量占全疆入境水量的 56%。阿克苏河是塔里木河的主要源流，而且我国是下游国，目前尚没有大型工程建设，但吉方在上游有修建大型水电站的计划，这将对进入我国的水资源产生影响。

我国与中亚水资源合作开发集中在中哈两国之间。早在 2000 年以前，中哈双方就已经进行了三轮磋商规定了在合理使用和保护跨界河流免遭污染方面的一些原则。这些协议实际上不单纯是水资源业务上的合作协议，而是都涉及两国水资源经济合作问题。2000 年以来陆续签订了《中华人民共和国政府和哈萨克斯坦共和国 2003 年至 2008 年合作纲要》和《中华人民共和国政府和哈萨克斯坦共和国经济合作发展构想》等文档，对中哈两国在跨界河流域共同开展科学研究和技术交流做了安排。在具体的工程建设领域，2010 年，中哈签署《中华人民共和国政府和哈萨克斯坦共和国政府关于共同建设霍尔果斯河友谊联合引水枢纽工程协定》，该合作工程目的是有效提高两岸农业灌溉、生态用水的保

证率，减轻下游地区，特别是下游霍尔果斯口岸及正在建设的中哈贸易合作区的防洪压力。在企业层面，中国国电集团、中国水电集团与吉尔吉斯斯坦企业构建了合作机制，推进工程前期研究和规划。

（二）丝绸之路经济带建设中的水资源开发合作问题

我国提出的共建"丝绸之路经济带"，通过互联互通、投资与贸易合作实现经济带各国之间的区域经济合作，将给国内丝绸之路沿线带来巨大的发展机遇。但是这一经济带尤其是核心的中亚区域面临着突出的水资源问题。

1. 水资源的分配与开发矛盾突出

在"丝绸之路经济带"中亚区域，处于阿姆河与锡尔河上游的塔吉克斯坦和吉尔吉斯斯坦有着极其丰富的水资源。塔吉克斯坦水资源蕴藏量居世界第八位，在中亚各国中占据首位。处于下游的国家哈萨克斯坦、乌兹别克斯坦和土库曼斯坦石油、天然气、煤及其他矿产资源丰富，境内水资源的径流补给较少。但这些国家和我国西北的经济高度依赖农牧业，灌溉用水需求量非常大①。因此，丝绸之路经济带建设中水资源约束将会比较突出。

丝绸之路经济带所受的约束还表现为各国在国际河流水资源开发上的矛盾比较突出，这一地区国际河流众多，跨境水问题比较集中，是国际上著名的水资源争端较多的区域。各国之间在灌溉农业与水力发电之间存在矛盾，国家之间在水资源分配上迟迟达不成协议。水资源环境日益恶化，对国民生产生活乃至国家发展空间的水资源成为西北国际河流流域国之间的敏感问题。因此，水资源引发的矛盾争端已经形成了非传统安全的威胁。

2. 中亚国家水利设施陈旧和水利发展相对滞后

由于缺乏资金和技术，中亚地区的水利设施已经许多年没有得到很好的维护，电力设备和管道设施正在逐渐老化，水利调节能力也明显下降。譬如，中亚地区现有的水库都已有 25 年以上的历史，水利设施的老化使它们有效蓄水的能力至少下降 30%，甚至不能准确地测算出水资源的分配量，很容易引起国家间的矛盾。根据中亚各国政府间的协议，国家每年可以使用一条河流 500 亿立方米的 24%。但是回水的很大一部分被浪费掉了。主要是灌溉技术和水的分配系统不够先进，水利设施老旧以及浇水方法不完善，节水技术落后导致非生产性损失的水资源浪费现象呈明显的增长趋势，90%都在灌溉中流失②。

① 王俊峰、胡烨. 中哈跨界水资源争纷：源起、进展与中国对策 [J]. 新疆大学学报（哲学·人文社会科学版），2011, 39 (05)：99-100.
② 皋媛. 中亚国家的跨境水资源问题及其合作前景 [D]. 上海：华东师范大学，2012.

3. 流域的生态危机日益突出

由于长期过度地开发西北地区国际河流及周边河流的水资源，中亚地区尤其是下游的三个国家，生态环境出现严重危机，最主要的表现就是咸海面积的极速萎缩。同时，河流水量不断下降，部分面积消失，地下水位逐渐下降，水质变坏，沙漠面积扩大，绿洲缩小，许多植被出现退化，沙尘暴愈发频繁。再加上长期以来大量长距离的引水灌溉以及缺乏科学性的漫灌行为导致灌区和周边地区土壤次生盐碱化现象极为严重。

因此，丝绸之路经济带建设中的经济合作与水资源合作的关系比较密切，需要解决这一区域水资源利用的能力约束、解决环境保护与生态修复问题、解决跨境水资源合作问题。而解决水资源约束需要各国的基础设施投资和政策合作。

（三）西北国际河流水资源开发的经济合作内容

区域层面的西北地区国际河流水资源合作开发虽然以经贸合作发展为主要目标，但在丝绸之路经济带建设的背景下，我国对西北国际河流水资源合作开发的认识应有更宽的视野，从中亚产业合作格局和中哈、中吉双边产业合作格局来考虑。

1. 水资源分配基础设施投资

农业用水矛盾是我国西部和中亚地区的突出问题，中亚地区在苏联时期已经建有规模庞大的农业水资源基础设施，但是各国独立之后跨境协调矛盾突出，基础设施年久失修且用水效率低，产业结构不合理导致灌溉需求与水资源自然条件不匹配。在中亚，有60%的人口居住在农村，从事农业劳动的人占整个劳动力的45%，近25%的GDP产值来自农业，中亚地区以灌溉农业为主。由于干旱的气候，大片耕地所需水资源的灌溉量非常大。我国与之接壤的新疆维吾尔自治区也类似。处于国际河流上游的吉尔吉斯斯坦和塔吉克斯坦可耕地灌溉面积最少，乌兹别克斯坦和哈萨克斯坦的灌溉面积较大。如此广大的可耕地灌溉面积必定需要非常充足的水资源来保证其农作物的正常生长。而该区域又是水资源紧缺地区，因此水资源分配基础设施和技术合作存在投资合作的机会。

另外，水能开发在不同国家的配置不合理。煤、石油和天然气占到了哈萨克、乌兹别克斯坦与土库曼斯坦能源消耗量的90%，哈萨克斯坦主要的资源是煤炭资源，天然气是土库曼斯坦和乌兹别克斯坦的能量来源。水能的开发成为近年各国在扩展能源类型上的重要举措，引起上游与下游国家之间在跨境水资源开发问题上的各类矛盾，我国的对外投资合作需注意避免涉入中亚各国之间的水资源纠纷。

但是，面对上述复杂局面，我国与中亚各国的水资源开发经济合作应十分小心。没有产业结构的调整，水资源基础设施投资只会加重水资源矛盾，并且不利于我国与下游国的谈判合作，因此，水资源基础设施投资合作应该建立明确的原则和条件，有所为有所不为。谨慎对待与我国共享河流上的对外水电投资合作和水资源分配工程投资合作，而加强节水技术、环境保护技术、产业结构调整等方面的合作。谨慎对待中亚各国之间跨境水资源开发的投资项目，避免引起争端。

2. 水环境与生态保护的投资合作

由于农业的粗犷经营和以牺牲环境为代价的工矿业发展，中亚的生活正在遭到不断破坏，在缺乏资金、技术的前提下，中亚国家主动阻止并改变这一局面极为困难，水资源污染将会继续。我国对该区域的水资源基础设施投资和相关投资都应避免卷入其中。但是，另一方面，无论在我国西部还是在中亚各国，水环境与生态保护的投资合作都是具有战略性的且存在巨大的投资机会。

水环境与生态保护合作可以直接或间接与交通、能源基础设施投资合作衔接。我国对丝绸之路经济带建设的投资能力与工程能力是公认的，但是环境脆弱和水资源约束一直是中亚地区经济发展的瓶颈问题，这方面应转化为经济合作机会，而不是作为成本来对待。

3. 产业结构调整与转型合作

丝绸之路经济带的互联互通不仅带来贸易与投资的便利化，而且会影响沿线国家的产业发展。我国倡导丝绸治理经济带的动机之一就是希望在亚欧大陆的广大区域实现企业的"走出去"和产业的转移，为国内的产业结构调整提供拓展空间。中亚各国的经济结构相对单一，农牧业、矿业和能源等资源依赖性产业较发达，但这些产业严重依赖资源消耗，如果走传统工业化道路，对环境的破坏又很大，因此，这一区域存在产业结构如何调整的挑战。我国应谨慎制定重要区域企业"走出去"的投资政策方向，在中亚丝绸之路经济带建设中规划我国向这些国家的产业投资政策，从而使基础设施投资、产业结构调整、水资源与环境治理、市场拓展等形成合作价值链，做到双赢和多赢局面。

二、区域经济发展中的水资源保障合作

所谓水资源保障主要是我国与中亚各国开展基础设施投资合作、能源合作和贸易合作中，应考虑其环境生态影响并采取相应的水资源保障措施。西北地区国际河流流域内的水资源保障设施建设是比较敏感的问题，凡是大规模的截水、取水、引水工程都会涉及国家之间的谈判，因此，相应的投资合作、技术合作项目都应受到审核。水资源保障合作机制是一种区域经济合作的保障机制。

（一）中哈跨境水资源合作机制与环境生态保护合作

额尔齐斯河与伊犁河是中哈之间两条最重要的国际河流，国境内相关的水资源工程投资与建设容易引起争议。两国都在流域内外发展经济，即使达成分水协议也不代表能够一劳永逸解决争议，必须就国际河流的环境生态保护开展合作，使两个流域的水资源分配合作机制与环境生态保护合作机制相互配合。

国际河流环境生态保护合作机制是我国需要考虑的与哈方合作的重要机制。由于未来基础设施投资、能源投资、贸易合作、专业转移必然带来环境生态的影响，双方都应考虑从积极的环境保护入手开展合作，而不是仅仅被动地从有限水资源分配入手。考虑到哈方在丝绸之路经济带中的重要地位和中哈关系的重要性，积极规划国际河流的环境生态保护投资，使之成为丝绸之路经济带建设的基础设施投资重要环节，无论在政治利益层面，还是在经济利益层面都是必要的。

因此，中哈水资源分配合作机制和环境生态保护合作机制的建设应该相互配合，从而拓展我国对哈的水资源合作空间，并且在中亚跨境水资源合作中建立合作典范。

（二）中吉水电开发管控合作

我国与吉尔吉斯斯坦之间的国际河流阿克苏河比较特殊，因为我国处在河流的下游，而不是像其他国际河流那样处于上游。阿克苏河的战略意义在于它是塔里木河流域最重要的水资源来源，直接影响塔里木河流域的环境生态保护，但是位于上游的吉尔吉斯斯坦已经将水电开发作为国民经济发展的重要来源，使其在国家的能源战略中处于重要位置。因此，在阿克苏河上游，我国将面临可能的水电开发而引起的水资源与环境生态改变的挑战。

我国和中亚各国在上合组织的框架展开了经济、安全和能源的合作，中亚各国也须通过水电开发来促进本国经济的发展，所以，在水电开发方面，中亚邻国也在寻求和我国的合作，以引进我国的资金和技术，同时探索将电力输送给我国，同时我国的西北地区电力基础薄弱，生态脆弱，也须优化国内的电力结构。也就是说，水电开发在西北国际河流上各国都有开发要求，但像阿克苏河这样的水电开发，我国必须注意上游水电开发所带来的影响，建立与哈萨克斯坦的水电开发管控机制。

目前我国与西方一些投资机构均有意投资阿克苏河上游的水电开发工程，类似的合作意向在中亚各国之间都有一些。对于我国而言，需要考虑对这一河流的水电开发进行政府层面的管控合作，与吉尔吉斯斯坦明确开发与保护原则、投资合作原则等，否则会对我国境内的塔里木河环境生态产生难以估量的影响。

（三）我国与中亚各国的水资源技术合作

针对中亚区域水资源利用效率比较低，水资源技术相对落后而资金又缺乏的矛盾，我国应充分利用在大规模水利规划建设、水电建设和环境治理中积累的大量先进而实用的水资源技术，众多大型工程建设、运营的经验，在节水型农业发展、水污染治理、水处理技术等方面高度重视与各国的合作，在技术和人才上给予必要的援助，提升其水资源利用水平。从流域发展的视角出发，积极防止污染，改善生态环境。将合作机制由水资源管理向控制人口增长、改善经济结构、发展节水型农业方向引导。同时通过援助和投资，促进中亚各国进行用水结构转型。

三、区域产业结构调整与转型合作

西北及中亚地区国际河流水资源矛盾的根本解决有赖于各国经济结构的转型升级，减少对水资源及环境生态的消耗，逐步形成可持续发展的产业结构。这部分的合作我国应大有可为。

（一）我国与中亚各国在农牧业、能源及矿业的转型合作

我国西北地区及中亚国际河流地区经济以农业为主，发展落后。农业用水量巨大，但是带来的经济收益较低，随着丝绸之路经济带的提出，我国西北地区和中亚发展经济急需大量水资源，然而农业对仅有水资源的挤占，在一定程度上会制约流域经济的发展。中亚国家重工业比较发达、轻工业较落后，新疆与中亚国家经济互补性很强。近年来，我国东部地区经历多年的快速发展后，面临着产业结构的调整升级，受土地、电力等要素供给的制约，一些劳动密集型企业需要向西部转移。新疆与中亚国家有着丰富的农产品资源、能源及矿产资源，加上新疆的廉价劳动力和经营场地、中亚和泛中亚地区的广阔市场与新疆毗邻中亚的地缘优势，所有这一切吸引了不少其他省区企业家来新疆办实体。多年来，新疆实施"内引外联"的政策，逐渐向西部制造业基地方向发展。依靠资源优势和国内外先进技术和设备，新疆将建成亚洲最大的纺织基地、我国最具特色的果蔬基地及中亚地区最大的民用品生产基地。应充分利用两个市场、两种资源，把新疆建成未来中亚地区的制造业基地，以提升整个中亚区域的产业水平，并促进我国与中亚国家的经济合作。

(二) 我国与中亚各国贸易与旅游服务业的合作

新疆地处我国西北边陲，是沟通丝绸之路的要冲和咽喉，更是我国连接中亚以及欧洲的重要通道，战略位置日益凸显，贸易与交流沟通永远是丝绸之路的主题。促进经济结构转型升级，充分利用"两种资源、两个市场"，加强与周边各国的经贸合作，是新疆经济腾飞之路。作为边疆民族地区，新疆经济长期以来总体发展滞后，明显落后于中东部发达地区，大量经济资源得不到有效开发和利用，而丝绸之路经济带的实施，必将在产业结构调整、边境贸易、旅游业等方面对新疆民族经济的发展产生重大影响①。

丝绸之路经济带一手牵着充满活力的亚太经济圈，一手握着经济发达的欧洲经济圈，沿线国家经济结构互补性很强。随着丝绸之路经济带建设，我国与中亚、欧盟的经贸与投资合作将迸发新的活力，规模将越来越大，内容将更加丰富，质量将进一步提升。新疆有 10 个沿边地州，其中有 7 个与中亚各国接壤；随着跨区域、跨国界交通通道的建成，大大降低了运输费用和运输风险，边贸经济迎来新的发展机遇，双方的贸易合作将更有深度和广度，尤其是对于沿边国家地区来讲，对外贸易的发展将促进其经济发展进入良性循环。丝绸之路经济带的建设让我国新疆及中亚国家对外贸易取得巨大增长，并将进一步坚定发展非农经济的信心，优化产业结构，加强转型合作，大力发展第二、第三产业，充分开拓民族地区经济资源优势。

第五节　东北国际河流以通道和贸易合作为核心的经济合作

我国东北地区国际河流位于东北亚，以界河为主。在此区域合作一直是各国努力的目标，联合国也将这一区域的合作视为未来世界上最重要的合作区域之一从而给予大力支持。但是，东北亚国际政治环境变化给区域经济合作带来的许多障碍，使得进展并不顺利。目前该区域的经济合作，对于我国来说主要目标是基于交通通道和交通枢纽构建区域经济区，寻求东北地区的入海口以及打造通往欧洲的新航道（北极航道），并由此形成该地区三个主要国家（中国、俄罗斯与朝鲜）的经济合作；因其国际物流运输的战略价值，该区域合作又可以连接东北亚的日本、韩国、蒙古等国家，形成一个次区域合作圈，是我国力

---

① 秦重庆. 丝绸之路经济带建设对新疆经济社会发展的影响 [J]. 现代经济信息，2014（18）：475-476.

推的三大国际次区域合作机制之一。

一、东北国际河流的地缘经济合作特征及现状

（一）东北国际河流的区域经济合作

东北地区国际河流流域处于东北亚区域，该区域主要涉及中国和俄罗斯两国，因此合作主要也是在中俄之间。2009 年中俄双方正式批准《中国东北地区同俄罗斯远东及东西伯利亚地区合作规划纲要》，作为中俄在远东地区合作的总框架。此外此区域以鸭绿江为界的中朝两国早在 1961 年就签订了《中华人民共和国和朝鲜民主主义人民共和国友好合作互助条约》，建立了长期广泛的合作协议，范围涉及广泛，包括水资源管理与开发等方面的内容。中俄朝三方的合作以图们江开发为典型，联合国开发计划署于 1992 年实施图们江开发项目，中俄朝三国作为核心利益国，在此区域强化措施，加大交通、经贸、旅游等领域的合作，取得了显著成效。该合作开发项目以联合国开发计划署图们江区域合作开发项目政府间协商协调会议为基础，定期研讨开发过程中面临的问题以及制定发展计划。中俄朝都针对本国境内的区域制定了合作发展规划。此外。目前成为热点的北极航道以及由此延伸的区域也是合作的重点。北极航道比传统的亚欧航道无论是时间还是成本都极大地节省，随着北极航道逐步常规化，必然将该区域的诸多国家的合作更加深入推进。

东北地区国际河流流域具有充裕的自然资源（能源）、劳动力和广阔的市场等要素资源，尤其在俄罗斯的远东地区、朝鲜的罗先清津地区、我国的黑龙江省和吉林省的黑龙江、图们江、鸭绿江等国际河流的沿岸地区，各种资源的蕴藏总量很大，开发价值很高。区域经济合作以域内生产要素丰富为前提，丰富的要素禀赋是区域经济一体化的基础，这方面在东北地区国际河流区域经济中表现得较为突出。经济合作性质方面，东北国际河流地区经济合作的性质主要表现为以中、朝、俄为主的双边、多边合作，以及以投资、进出口贸易拉动的涵盖韩、日、美、欧、蒙等多国（地区）的泛经济合作。目前经济合作多以次区域内的主体间双边或多边的合作为核心。

黑龙江、鸭绿江、图们江等国际河流在区域经济合作中起到了重要的纽带作用，这种纽带作用表现在打通管道，发挥贸易走廊的作用。就我国来说，通过打开出海通道，既可以把东北地区的资源产品和农副产品通过图们江流域的港口运至我国沿海地区，实现内贸货物的海上运输，又能将货物运至韩国、日本和欧美等世界各地，实现外贸货物的海上运输。不过，我国现在还没有获得

出海口，只能通过租用朝鲜或俄罗斯的港口实现"开边通海"。如何打通出海通道，北极航道以及连接航线是一种选择。但是北极航道对于东北地区乃至我国来说就不仅仅是东北地区的出海口这一层意义了。北极航道可以使我国同欧洲、北美的贸易条件得以改善。相对传统航道，北极航道能够增加运输量，节约运输时间，从而提高运输利润，使我国商品在国际上更具竞争力。天津、大连等北方港口在远洋贸易方面的区位比上海、广州、宁波等地更具优势，其地位和重要性将提升，进而影响我国的港口和航运格局。

东北地区通过开发国际河流港口，开放国际河流口岸，可以活跃当地市场，加快经济的发展。此外，东北地区国际河流的通道建设，还有助于形成新的欧亚大陆桥，即以朝鲜、俄罗斯的港口为东段起点，通过铁路、公路与珲春、图们交通枢纽相连，进而通向长春、白城、阿尔山，再经蒙古铁路通向乌兰巴托，最后与俄罗斯西伯利亚铁路相接。

虽然东北地区国际河流流域经济合作通过几十年的发展获得了非常迅速的发展，但是这种合作随着国际各主体之间利益架构的动态变化而充满着不确定性，给此区域的经济合作带来了较大的风险。主要表现在图们江地区处于我国、俄国和朝鲜的边境地区，政治敏感度高，社会经济发展都相对比较落后，此外还受到日本、韩国的影响，国家之间也存在一些矛盾。由于环境不稳定，投资风险较大，因此难以吸引外资。而区域内的资金难以支持区域的投资需求，联合国开发计划署的资助仅仅能够支持项目的研究论证资金。

（二）东北地区国际河流流域经济合作的类型

从范围上来看，目前东北地区国际河流流域主要包含两种类型的经济合作，即通道类合作与贸易型合作，见图6-5。

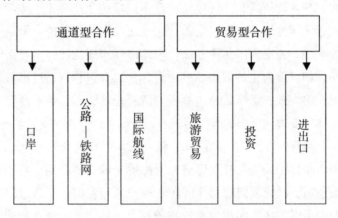

图6-5 次区域经济合作中的通道型合作与贸易型合作

第一种是通道型合作，以中、朝、俄三方为主的交通运输通道合作，主要包括口岸建设、公路—铁路网建设、包含中、朝、俄、日、韩、蒙、西欧和北欧的国际航线以及北极航道布局与建设。口岸建设方面图们江地区中、俄、朝三国相互开放的口岸数量、贸易额一直在持续增长。我国延边州现有对朝、对俄开放通道共10个：2个对俄口岸，7个对朝口岸以及1个航空口岸。10处口岸中一类（国家级）口岸有8个，二类口岸（省级）有2个，年过货能力可达610万吨，年出入境人员290万人次①。公路—铁路网建设方面，我国方面建成了图们江—珲春国家二级公路和珲春至圈河口岸高等级公路，图们至珲春铁路和珲春至中俄边境长岭子口岸的二级公路与铁路，目前还在建设长春至珲春的高速铁路、建成珲春至中朝边境圈河口岸高等级公路，该公路与其对岸的朝鲜元汀里口岸已经对接，直通朝鲜罗津—先锋自由经济贸易区。俄罗斯方面建成了克拉斯基诺至中俄边境线的公路和铁路，并在修建一条符拉迪沃斯托克—克拉斯基诺—中俄边境高等级公路。中俄两国共同建成了珲春—马哈林诺国际铁路，且与我国国内铁路联网，中俄珲春—扎鲁比诺港铁路现已全线贯通。朝鲜方面建成了罗津至元订里硬面公路，改扩建了罗津机场和一些铁路与港口。国际航线建设方面，航线包括珲春（中）—扎鲁比诺（俄）—伊予三岛（日）—釜山（韩）货运航线，珲春—罗津（朝）—釜山（韩）—新潟（日）集装箱航线，珲春—波谢特（俄）—秋田（日）客货运输航线，珲春—波谢特—束草（韩）客货运输航线等。这标志着图们江地区通往日本海周边国家及北美国家的出海通道已经打通。此外，还开通了延吉至首尔、延吉至釜山、延吉至符拉迪沃斯托克的国际包机航线，珲春至朝鲜罗先的国际客运班线、长春经伊春至俄罗斯符拉迪沃斯托克的公路客运班线以及延吉至朝鲜罗先的国际客运班线。2009年3月，由我国东北经俄罗斯、韩国，横贯日本海直达日本西海岸的跨国陆海联运航运线通航。航线成为我国从水路到俄罗斯、日本西海岸乃至北美、北欧的最近路线，带动了东北亚区域的经贸发展。航线以我国吉林省的珲春口岸为起点，经俄罗斯马哈林诺火车站到扎鲁比诺港、韩国束草港，最后到达日本新潟港，全程陆上距离92千米，海上距离约800海里。航线将我国东北从水路到日本新潟由原来的12天缩短到20余个小时，航行成本也随之大幅降低②。

第二种是贸易型合作。以中、朝、俄三方为主体的贸易型区域经济合作，

---

① 袁晓慧．图们江区域开发项目现状评估［J］．国际经济合作，2007（8）：44-49.

② 张雪楠．扎鲁比诺万能港：让珲春出海步坦途［N］．图们江报．2014-11-24.

包括依托各口岸、交通通道的旅游贸易、区域经济投资、进出口贸易若干方式①。在旅游贸易方面，图们江地区的开发带动了中俄、中朝跨境旅游的兴起。随着口岸接待能力的提高，通关更加便利以及开辟了多条客运专线，区域内的人员更加容易地交流。中、俄、朝三国现已开辟了多条跨境旅游线路。在跨境投资方面，东北国际河流流域中、俄、朝三国各自的经济合作区吸引外资不断增加。联合国开发计划署也致力于解决图们江地区发展所需资金缺乏的难题，设立了图们江信托基金，统一接受各国与国际组织的专项捐款与投资。进出口贸易方面，中朝、中俄的边境贸易由来已久。利用已开通的陆海空通道和继续尝试北极航道，东北国际河流地区可以发展对韩、日乃至北美、北欧和西欧的中转贸易。出口加工区的建设、口岸经济和外向型经济的发展也会进一步带动加工贸易的发展。由边境贸易、中转贸易和加工贸易等贸易形式组成的对外贸易已成为先期开发的图们江地区开发活动的重要推动力。

（三）中、朝、俄利益格局及对合作的影响

东北国际河流地区中，图们江次区域经济合作经过 20 多年的发展，在联合国开发计划署以及中俄朝三国共同努力之下，区域基础设施条件得到改善，中俄、中朝的双边贸易也有着快速的发展。但是各国在对于开发的目标上各有不同，中、俄、朝三国差异明显。这也影响了整个东北国际河流流域的合作。

由于各国经济体制、开发水平和开放程度有异，难免在合作方向确定、合作区域选址、合作项目选择、合作模式设计等方面产生分歧。我国致力于打造包括图们江地区在内的东北国际河流流域全方位、宽领域的国际开发开放格局，通过租用俄港口形成"路港关"开放体系，通过与朝鲜合作共建罗先经济区形成"路港区"开放体系，将图们江航运视为不可或缺的外联通道，并致力于打造通往北欧的北极航道和通往欧洲的联运航线；俄罗斯滨海边疆区经济发展不足且地广人稀，其参与图们江国际合作的重点区域是符拉迪沃斯托克—克拉斯基诺交通沿线城镇及其港口群，对图们江利用难以顾及，其参与图们江合作开发的最大动机在于为其远东开发计划集资，发展远东地区的经济；而对于北极航道，俄罗斯虽然积极响应，但是由于俄罗斯远东地区人口数量较少，工业化基础薄弱，难以独立展开建设，同时又对我国具有一定的防范心理。朝鲜出于自我发展的需要，急需大力引入稀缺资本、设备和技术以实现工业化，旨在把罗津—先锋自由经济贸易区建成东北亚地区的物流中心和国际旅游观光基地，

① 王胜今，王凤玲．东北亚区域经济合作新构想 [J]．东北亚论坛，2003，1（1）：3-8.

而对于图们江合作通航则缺乏动力。另外，国际河流通航利用的法律与国际河流通航问题冲突，涉及沿岸国的主权与国际航行权两个不同的法权主体。因为国际河流流经不同国家，其整体性被国界所分割，其航行权为国家的主权所涵盖，不可避免地引起二者的法律地位争议与国际河流开发利用的争端。

我国在东北国际河流流域的建设，尤其是通过在图们江建立河港或利用朝鲜和俄罗斯的港口进入日本海的愿望以及北极航道通行都离不开俄罗斯的支持。图们江作为一条国际河流，沿岸各国由于所处河段、区位、自然禀赋的差异，政治利益、经济利益以及资源与生态利益需求存在差异。从政治利益方面来看，我国旨在恢复实现通航出海权益；发展与俄、朝两国的传统友好关系，维护我国的地缘安全；俄罗斯旨在维护和巩固图们江及环日本海地缘格局中的占优优势，将图们江视为俄朝联系极为重要的战略通道；朝鲜对图们江区域的地缘政治与安全感到焦虑，以维护和巩固政权为首要考虑。从经济利益方面来看，我国无疑将图们江作为唯一一条无阻碍通向日本海的重要集疏运通道；俄罗斯则担心图们江的开发会影响到已与中方开展的"路港关"合作的主动地位和既得利益；朝鲜认为图们江的开发侧重于防洪灌溉上，另外担心其会影响到已有的"路港区"合作。从资源与生态利益方面来看，我国认为图们江区域内地理环境独特、生物多样性保持完好，已经发挥着重要的生态功能；俄罗斯认为应该加强与中朝等国的环保合作、重视生态保护，尤其是我国在图们江中上流域的环境保护工作；朝鲜则没有重视图们江的生态环境保护工作，生态环境失衡现象比较严重。

图们江作为典型，中、俄、朝三国在东北亚地区经济合作的矛盾根源在于各国在政治、经济、资源、生态和地缘利益的不同，导致其合作意愿、合作方向和合作水平相异。解决各国矛盾冲突的关键就在于是否能找到共同的利益基础，围绕各自利益进行博弈分析，在理解的基础上进行合作。比如图们江的合作通航，实际上对于中俄朝三国均具有重要的意义，但是俄朝均担心图们江合作通航的实现可能会影响与我国既有合作的地位，另外，各自的受益份额程度也存在差异。

二、以国际通道建设为核心的图们江次区域经济合作

（一）图们江次区域合作基本状况

图们江位于吉林省东南边境，是我国与朝鲜的界河，下游为朝鲜与俄罗斯的界河。图们江发源于长白山东南部，干流全长 525 千米，注入东面的日本海。

图们江区域主要是指我国的东北三省、内蒙古的东部地区、日本、韩国、朝鲜、蒙古以及俄罗斯远东，其总面积近 900 万平方千米，人口约 3 亿，国民生产总值达 30 亿美元。无论是市场规模、资源状况、产业状况、科技水平等在亚洲地区都占有举足轻重的位置。

1992 年联合国计划开发署正式启动图们江地区开发项目，先后经历了从"图们江地区开发项目"到"大图们江区域合作"再到"大图们江倡议"的转变，开发范围从 1000 多平方千米的图们江"小三角"地区扩大到上百万平方千米的大图们江区域。图们江次区域经济合作的主要当事国是中国、朝鲜和俄罗斯，流域外的日本、韩国、蒙古等国也参与了图们江地区的开发合作。2012 年4 月，国务院正式批复设立"中国图们江区域（珲春）国际合作示范区"。目前，大图们江区域的地理范围主要包括我国东北的吉林省、辽宁省、黑龙江省以及内蒙古自治区，朝鲜的罗先经济贸易区，俄罗斯的滨海边疆区、哈巴罗夫斯克和萨哈林州，蒙古国东部的东方省、肯特省、苏赫巴托尔省，韩国东部沿海城市。①

图们江次区域经济合作已经形成了一个涵盖贸易、投资、旅游、能源、交通、电信、物流、环境、人力资源开发等多方面内容的多层次、全方位的合作格局。图们江经济区是以中国延吉、朝鲜清津、俄罗斯符拉迪沃斯托克连接而成的"大三角"，并向周边地区辐射。同时以中国珲春、朝鲜罗津、俄罗斯波谢特三个市镇为顶点连接起来的区域相应被称为"小三角"。从广义角度来看，图们江经济圈涵盖中国东北、朝鲜、俄罗斯远东、韩国西海岸、蒙古国等地区，甚至包含观察员身份的日本②。图们江流域区域经济一体化是合作的最终目标，就是在图们江流域建立完整的跨国自由经济区，使这一地区逐步走向经济一体化和管理一体化，最终实现图们江流域的区域一体化。

（二）图们江次区域经济合作的合作协议与各国政策

图们江次区域各国之间签订的合作协议早期主要集中在流域水资源和航运合作协议方面。1960 年中朝关于国境河流航运合作的协定、1978 年中水利电力部和朝气象水文局关于鸭绿江和图们江水文工作合作协议、1994 年中俄环境保护合作协议、1995 年中朝俄关于建立图们江地区开发协调委员会的协议、1995年中朝俄韩关于建立图们江经济开发区及东北亚开发协商委员会的协议、1998

①　李雪松．中国水资源制度研究［D］．武汉：武汉大学，2005.
②　毛健，刘晓辉，张玉智．图们江区域多边合作开发研究［J］．中国软科学，2012（05）：80-90.

年关于确定图们江三国国界水域分界线的协定、2001 中朝关于边境口岸及其管理制度的协议、2008 中俄关于合理利用和保护跨界水的协议、2008 年中朝签署的鸭绿江和图们江水文合作会谈纪要等。

自图们江次区域经济合作建立起来，中俄朝三方之间签订了大量的国际间的合作协议。2009 年 9 月，中国、俄罗斯两国共同批准《中华人民共和国东北地区与俄罗斯联邦远东及东西伯利亚地区合作规划纲要（2009—2018 年）》，从口岸及边境基础设施建设、运输合作、发展中俄合作园区、劳务合作、旅游合作、重点项目合作、人文合作、环保合作这 8 个方面确定了合作内容，尤其是中俄双方 205 个（俄方 94 个）重点合作项目的确定。2010 年，中朝两国协商决定"共同开发和共同管理两个经济区"，并成立了中朝共同开发和共同管理罗先经济贸易区和黄金坪、威化岛经济区委员会。此后两个合作，改造了朝鲜元汀里口岸至罗津港的二级公路，开通了珲春—罗津—上海（宁波）港内贸外运航线，成立了高效农业示范区，开展自驾游等。双方还共同编制完成了有关规划纲要，朝方修订了《罗先经济贸易区法》，制定了《黄金坪和威化岛经济区法》①。2013 年 11 月，俄罗斯总统普京访问韩国并力推一项包括朝鲜在内被称为"钢铁铸就的丝绸之路"的涵盖欧亚的大型贸易计划。这一计划以铁路运输为基础，其铁路网络将覆盖韩国和朝鲜，并跨西伯利亚铁路将其与欧洲连接起来。这条铁路连接了俄罗斯东南部边境城市哈桑和朝鲜港口罗先港，不仅使其成为朝鲜对外出口的主要港口，也能帮助俄罗斯通过这个远东港口扩大出口。

我国对于图们江次区域政策主要针对吉林省，同时辐射东三省。2009 年国务院批准了《中国图们江区域合作开发规划纲要——以长吉图为开发开放先导区》，确定了图们江次区域的政策总纲。纲要提出以长吉图开发开放为先导，面向东北亚，通过调整和优化产业布局，坚持统筹国内与国际合作，致力于建设沿边开发开放的先行区和示范区。2015 年国务院批准了《国务院办公厅关于支持中国图们江区域（珲春）国际合作示范区建设的若干意见》，为图们江次经济区域发展制定了新的政策空间。在具体政策方面，吉林省政府现颁布的利于图们江次区域经济发展的财政政策多以专项资金为中心，如：吉林省省级外经贸发展专项资金管理办法、吉林省信息产业发展专项资金管理办法、吉林省轨道客车及配套产业发展专项资金管理暂行办法等。重点在于支持对俄朝边境贸易市场开拓项目、外贸企业融资担保、鼓励服务外包企业发展、补助汽车及零部

----

① 郭文君．关于将图们江区域合作开发纳入"一带一路"倡议的思考［J］．东疆学刊，2016，33（2）：85-93.

件出口项目、应对贸易摩擦及其他有利于吉林省外贸发展的公共服务项目。但是这类财政扶持资金多侧重于大企业或者行业重点企业，而且对于前述企业资金扶持力度金额有限，中小企业获得补助的难度更大，甚至部分中小初创企业一直未能享受资助。此外，财政政策对支持图们江区域沿边贸易发展力度有限，目前主要集中在基础设施建设、工业园区建设和物流网络建设上，较少涉及制度层面的创新，对企业的扶持也局限于常规模式，缺少进一步减少投资风险的政府担保①。

2010年朝鲜明确提出"开拓更多国外市场，积极发展对外贸易"的政策方向以来，先是国家领导人金正日首次视察罗先市，鼓励当地企业不断扩大出口规模。继而第五次修订《罗先经济贸易地区法》，允许海外朝鲜同胞在罗先地区从事经贸活动。同年1月成立"朝鲜大丰国际投资集团"，以图们江开发为轴心，实施吸引国际投资的计划。在同年3月，朝鲜宣布拟建8个新的经济特区，并向外资企业提供多种税收优惠。

从20世纪90年代初，俄罗斯（苏联）政府对与图们江次区域构想所持有的消极观望态度，直至1993年叶利钦总统访华，明确指出俄罗斯准备更积极地参加图们江经济区的计划，俄罗斯政府对于该区域合作才真正开始重视。随着2008年普京总统批准了关于支持图们江计划的政府协议，俄罗斯政府对于开发合作图们江次区域的态度逐渐积极起来。俄罗斯滨海边疆区的地方政府更重视图们江项目框架内的运输通道建设这些具体经济利益，但俄罗斯联邦政府更重视的是主权问题和安全问题。中央和地方政府对于开发合作项目的不同看法一定程度上降低了图们江次区域合作开发的主动性。

（三）图们江次区域经济合作的重点内容

图们江地区直接沟通中国、俄罗斯、朝鲜三国，东面与日韩隔海相望，向西可辐射蒙古，我国东北地区一直是全国重工业较为发达的地区之一，社会经济发展水平相较于西南、西北地区优势明显，日韩都属于自然资源稀缺的发达国家，依赖朝、蒙、俄等国丰富的矿产资源，图们江地区可以通过通道建设，促进国际贸易和经济合作，建成一个中、韩、朝、俄、蒙的东北亚经济圈，经济合作解决的首要问题是交通运输，因此际航运通道建设、口岸基础设施建设以及由于工业发展带来的生态安全问题合作是图们江地区经济合作的重点。

---

① 孙黎，李俊江，董凤双. 财政政策促进图们江区域外向型经济发展研究 [J]. 经济纵横，2015（6）：87-90.

1. 国际通道建设

我国在东北地区国际合作最大的利益要求在于获得出海口，即打通从珲春沿图们江直接入日本海的通道，使得整个东北地区尤其是吉林省与外界进行更为直接的边界交流。

1991 年 5 月 16 日《中华人民共和国和苏维埃社会主义共和国联盟关于中苏国界东段的协定》中的第九条规定"苏方在与其有关方面同意中国船只（悬挂中国国旗）可沿本协定第二条所述第三十三界点以下的图们江（图曼纳亚河）通海往返航行"，这意味着中国图们江通海航行权的正式恢复。但是 1992 年中韩建交再加上当时半岛问题严峻，东北亚地区政治形势紧张，朝鲜方面对于中国一切航行、考察和出海行动均不让步，中国图们江航道受阻。随着俄罗斯对于远东地区发展的重视，朝鲜实施对外开放政策，中俄朝三国充分认识到图们江流域地区开展次区域合作的重要性，签署了中国船只经图们江通海往返航行的协议，象征着我国拥有了受俄朝保护的通航权。但是在图们江具体国际通航规则问题上，俄朝均采取回避、拖延和推诿等非合作策略①，图们江国际通航合作再次受阻。

此后我国开始寻找新的出海通道，珲春市是我国图们江流域经济合作的重要城市。2000 年 5 月，我国借助第三国港口通海的陆海联运航线珲春—扎鲁比诺—束草航线开通。借助这条航线，延边州出口韩国的商品不用绕道大连装船，仅此一项就可节省运费近 50%。2004 年，珲春—扎鲁比诺—日本新潟航线的开通，打通了环日本海航运通道，使我国东北到日本的海陆航期缩短了 3/4。2011年，珲春又开通了珲春—扎鲁比诺—釜山陆海联运航线，与国际五大中转港之一的釜山港实现联运②。

2012 年 9 月，中俄两国企业开始合作建设图们江出海口的扎鲁比诺大型万能海港，希望将其建成东北亚地区大规模的港口之一。扎鲁比诺海港位于我国、俄罗斯、朝鲜三国交界的图们江口北侧的日本海海岸，距离我国边境 18 千米，是俄远东地区的天然不冻港，有铁路、公路与俄内陆和我国吉林省珲春市相连。扎鲁比诺港的建设将进一步拓宽其连接亚太与欧洲、中亚的运输通道，促进俄中在远东和亚太地区的合作，同时也将为吉林省解决其缺少出海口的困境。

如何使我国的珲春与俄罗斯远东港口城库拉斯基诺与朝鲜的罗津港联结起

---

① 李正，甘静，曹洪华. 图们江国际通航的合作困局及其应对策略 [J]. 世界地理研究，2013（1）：39-46.

② 宗巍，刘硕，姚友明. 珲春：千年积淀再勃发 [N]. 经济参考报，2015-05-27.

来，形成一个中朝俄三国国际联运体系，这不是吉林省乃至我国能决定的，也不是任何两个国家就能决定的，所以图们江地区国际航运合作是图们江经济合作的重中之重。

2. 提升口岸建设

口岸建设是图们江经济合作的一大亮点。图们江于中国一侧最早建立的是珲春（长岭子）对俄口岸，因此珲春市也被国务院批准为首批对外开放的边境城市，不断吸引韩国、日本等多个国家投资，此外还开辟了珲春铁路口岸、对朝元汀里口岸、对朝圈河口岸等对俄和对朝口岸。

在珲春的周围分布着众多俄罗斯和朝鲜的港口。俄罗斯有纳霍德卡、符拉迪沃斯托克、斯拉夫扬卡、波谢特、扎鲁比诺等多个港口，朝鲜有清津、罗津、先锋、雄尚 4 个港口。

3. 加强生态环保合作

东北地区一直是我国重工业较为发达的地区之一，随着工业发展和城市化进程加快，工业排污已经成为图们江地区水质污染的主要来源。除了工业排污，还有生活污水、垃圾和杀虫剂的大量使用，也使图们江流域的水质受到严重破坏[①]。另一方面，我国水土保护不力，护岸工作力度不够，再加上东北地区自身的气候原因，加剧了水土流失。随着图们江湿地的沼泽陆续变为农田，湿地也在逐渐消失。因此，需要加强国际合作，提高生态保护在图们江区域经济合作中的战略地位。

（四）图们江次区域经济合作中通道合作和贸易合作的建议

当前环境下，图们江区域的发展，关键核心就是应以图们江入海通道为核心，"促进中朝合作，促进出海权对话，深化内陆本国经济区发展"。为打通出海通道争取本身应有的权益，加快对图们江次区域的合作开发，我国政府可以综合考虑利用现有出海权出海、共同开发建设自由港口城市、换地建港、借港出海、借地建港出海等方案，协调各方利益解决图们江出海问题。

1. 积极对话，共同建设图们江区域国际交通运输通道

在图们江次经济区域合作中，我国最重要的要求是打通东北地区的入海口，带动东北地区的经济发展。但是，目前图们江地区的交通系统建设难以适应区域开发和发展的需要。特别是以图们江入海通道建设为核心的国际交通运输通道建设，在内陆地区有我国的长吉图经济开发区，近出海口地区有珲春经济开

---

① 史奕，迟光宇，鲁彩艳，陈欣. 东北国际界河流域水土资源开发利用与生态环境安全 [C]. 南宁：2006 年全国土地资源战略与区域协调发展学术研讨会，2006.

发区，我国内陆两区的发展，虽然目前可以通过中朝罗先经济区的合作"借港出海"，但受限于跨国运输与朝鲜国内政治发展的影响，仅仅依靠单一方式实现对外贸易的增长是不符合区域未来的经济发展的，因而中朝俄应积极开展对话，以打通图们江出海水道为核心展开对话，促进交通运输通道的建设。

2. 建立权威有硬性约束力的图们江次区域合作管理协调机制

我国作为图们江次区域中重要的经济主体，应当积极发挥在图们江区域开发中的积极作用，利用中俄之间的全面战略合作伙伴关系，以经济为核心，积极为图们江区域发展发挥作用。图们江沿岸合作各国的中央政府以及首脑应该参与进来，建立一个由高层对话或者协商，裁决关系国家主权和领土完整等关系全局的重大问题的新型政府合作机制，该组织的建立将会在领导和协调单边（中方）、双边（中俄、中朝等）和多边（中俄朝韩蒙日）的区域合作组织筹建与进行专项跟踪研究等相关活动上起到积极的推动作用。

3. 构建市场机制有效运行的制度基础

市场机制有效运作的基础在于构建良好的合作体制，各国都制定了相关的政策与规划，但是大多停留在本国层面。有关各方在1995年签署了"三个法律文档"，初步形成了中、韩、俄三国协调委员会和中、朝、俄、蒙、韩五国协商委员会两个层面的合作机制，但并不具有国际法地位的区域合作组织，既不能制定有关法律文档，也不能就合作问题进行决策、裁决和执行，缺乏刚性约束力。我国一些民营企业在朝鲜投资，后来因为朝鲜方面政策因素而投资失败，由于没有良好的沟通协商机制，最终无法获得补偿。因此，加强图们江次区域市场合作机制，首先应该构建完善的国际交流合作平台，在现有机制的基础上增设政府间首脑会议、管理委员会等协商机构以及制定多方参与的规划与政策，提高合作层次和水平，推进图们江区域合作开发工作的制度化、规范化，保证市场机制能够在良好的环境下发挥作用。

4. 将图们江次区域纳入"一带一路"倡议

图们江次区域主要包括长春市以及沿边近海的延边州，州内珲春市是通过图们江次区域进入日本海的最佳区位。当前"一带一路"倡议的提出为图们江次区域提供新机遇，以图们江次区域为依托的东北亚海上丝绸之路可以形成一条新的海上国际通道，并且可以延续到俄罗斯，构建新的欧亚大陆桥，完全符合"一带一路"的范畴。"一带一路"倡议高度强调市场机制在其中的核心作用，因此，在"一带一路"倡议统筹下，可以推进图们江次区域市场化运行机制，并且可以将在其他地区市场化合作的成功经验引入图们江次区域合作机制中，推动图们江次区域市场化合作。

5. 搭建金融合作平台，解决资金不足问题

建设资金不足问题是目前图们江次区域发展的核心问题，根据测算，图们江下游地区基础设施建设需投入 270 亿美元，俄罗斯"大海参崴开发计划"需400 亿美元，朝鲜罗津—先锋自由贸易区建设需 4 亿美元①。而通过市场方式筹集资金是弥补政府投资不足，保证次区域健康发展的关键，因此，通过市场化金融合作是加强图们江次区域市场机制的根本手段。虽然中朝俄三国都面临资金紧缺的现实，但是同属该区域的日本和韩国作为发达国家，无论是可提供资金还是金融体制都对于区域发展有着积极的作用，因此需要通过构建多元化的融资管道，充分利用区域内各金融机构的资金降低企业融资成本，使资金使用更有针对性，提升资金利用效率，解决区域开发的资金困境。并且当资金实现市场化运作后，可以进一步推进区域合作的市场化机制。

6. 加快工业园区建设，重点引进大企业，形成产业聚集区

首先需要次区域内政府之间达成系统的产业布局规划，形成以国际通道为依托的国际产业合作带。在此基础上，各国政府通过设立各种类型的工业园区吸引企业投资入驻。工业园区建设基于完善的出口加工区、互市贸易区、边境经济合作区建设构建。同时重点吸引大企业入驻产业园，充分运用图们江次区域的自然资源和区位优势，吸引规模大、实力强，在国内外具有一定知名度，对产业发展起龙头带动作用的大中型企业集团入驻，通过这些大企业集团带动整个区域经济的发展，同时也可以吸引大量的中小企业进入工业园区，实现产业集群。

7. 推进跨境自由贸易试验区建设

我国自上海设立自由贸易试验区以来，先后在东北和东南沿海设立多个自由贸易区，对于试验区周边区域的外向型经济发展起到积极的推动作用。因此，可以以图们江三角洲为轴心，囊括绥芬河综合保税区、珲春国际合作示范区，设立基于图们江次区域的自由贸易区，推动吉林、黑龙江两省实施"沿江""沿边"对外开放的协同互动，有效对接俄罗斯、朝鲜乃至韩国、日本的经济互动，促进图们江次区域经济的合作发展。

8. 建立开放型贸易服务体系，为企业经营提供支持

东北地区长期以来以国有经济为主体，市场经济的服务体系也相对落后，特别是吉林省由于没有出海口，开放型的贸易服务体系更为薄弱。图们江次区

---

① 郑洪莲，郑玉成. 图们江区域国际合作开发的历史进程及发展前景 [J]. 延边党校学报，2008，23（4）：50-53.

域的经济发展高度依靠民营企业和外资企业，现有的服务体系难以支持次区域的发展。因此，应加快构建开放型为边境企业参与境外贸易投资提供筹资融资、贷款担保、技术支持以及法律、人才培训等方面的服务。积极引导和扶持优质的民营企业迅速地转型升级，使其更好地参与国际市场竞争。

三、国际河流陆海联运与北方丝绸之路经济合作

东北地区国际河流流域是全球经济总量大、互补性强和具有发展潜力的地区之一。该地区中中日韩俄四国都有着积极合作的意愿，充分利用四国优越的地缘优势，进一步密切和加深四国间的交通与物流合作，特别是开展东北亚陆海联运，打造北方丝绸之路，是东北国际河流地区经济合作的重点内容。

（一）东北国际河流地区陆海联运与北方丝绸之路的现状

《推动共建丝绸之路经济带和21世纪海上丝绸之路的愿景与行动》中，中国面向东北亚方向的"一带一路"倡议建设主要是推动黑龙江省、吉林省、辽宁省与俄罗斯远东地区陆海联运合作，构建北京—莫斯科欧亚高速运输走廊，建设向北开放的重要窗口，利用内陆纵深广阔、人力资源丰富、产业基础较好优势，依托包括哈（哈尔滨）长（长春）城市群在内的重点区域，推动区域互动合作和产业集聚发展。东北亚地区是"一带一路"倡议建设的方向之一，是陆上丝绸之路经济带与海上丝绸之路经济带的交汇点之一，也被称为北方丝绸之路。东北亚各国是中国重要的近邻，在"一带一路"倡议推进过程中，开拓东北亚方向的北方丝绸之路前景广阔①。

2009年，我国为破解东北地区没有出海口的困局，中俄两国共同批准了《中华人民共和国东北地区与俄罗斯联邦远东及东西伯利亚地区合作规划纲要（2009—2018年）》，将开通中俄陆海联运大通道列为重要合作项目之一。我国与俄罗斯的陆海联运合作主要是黑龙江省、吉林省与滨海边疆区陆海联运的交通走廊模式，具体可分为"滨海1号"交通走廊（连接哈尔滨、绥芬河、格罗杰科沃、符拉迪沃斯托克、东方港、纳霍德卡、亚太地区港口）和"滨海2号"交通走廊（连接珲春、克拉斯基诺、波谢特、扎鲁比诺、亚太地区港口）。这是以俄罗斯远东和我国东北港口为出海口，以铁路、公路或多种联运为主要集疏运方式，覆盖中日韩俄等东北亚地区的陆海联运网络。较早展开操作的陆海联运线是起始于珲春市的中俄日韩四国陆海联运航线，经我国珲春、俄罗斯扎鲁

---

① 彭振武，王云闯.北极航道通航的重要意义及对我国的影响［J］.水运工程，2014（7）：86-89，109.

比诺、日本新潟，最后到达韩国束草的陆海联运航线。这条被誉为"黄金水道"的新航线是我国东北地区第一条横贯日本海直达日本西海岸的航线，航线长约800海里，航期只需一天半。与我国东北传统对日航线比较，这条新航线具有用时少、运距短、航行成本低等优势。此后，在"丝绸之路"倡议带动下，连接中国、俄罗斯、韩国并转口美国的"哈绥符釜"陆海联运大通道也于2015年打通并实现常态化运行①，成为"一带一路"倡议在东北亚地区的重要枝干，打通了我国东北地区新的出海口，为加强东北地区的经济发展以及和周边国家的经济联系起到桥梁作用。

对于北方丝绸之路具有最大利益的则是"北极航道"的打通。北极航道横穿北冰洋，是连接太平洋与大西洋的海上航道，主要指西伯利亚沿岸的东北航道（又称北方航道）和加拿大北岸的西北航道。近年来全球气温逐渐上升，使东北航道夏季全线通航的可能性日益增加，西北航道的通航时间有所延长，适于北极航道航行的船舶种类和数量也远多于传统海上航道。目前北极航道的船只日趋增多，我国也开始了试航工作。鉴于东北地区没有出海口，需要陆海联运，因此我国还尝试通过俄罗斯的河流，由黑龙江北上，通过内河航运进入北极的航线，这航线比传统的海运航线又可以节省大量的时间与成本，并且免去陆海海翻转的手续。

（二）东北国际河流地区打造北方丝绸之路的作用

1. 对于振兴东北经济的作用

东北社会经济的发展长期受困于没有出海口，而海陆联运以及北极航道的开通，都为东北寻找了可以有效利用的出海通道。无论是现已开通的陆海联运还是尝试中的北极航道，都会改变航线中涉及的枢纽城市，并通过枢纽城市向腹地延伸辐射作用，为东北地区的经济发展注入新的活力。此外，海陆联运以及北极航道，甚至会对整个我国北方的港口形成积极的促进作用。我国北方的港口如果充分抓住这些机遇，就能够提升在整个港口网络中的地位和作用，逐步发展成为东北亚地区甚至全球范围内的国际航运中心。

2. 降低航运成本

连接当今世界经济较为发达，具有发展前景的三个区域——欧洲、北美和东亚的传统航线成本日趋增加。开通东北亚地区的陆海联运，会使东亚地区北方沿海诸港至欧洲及美国东北部沿岸港口的航程大幅缩短，可以使得东亚同欧洲、北美的贸易条件得以改善。目前船舶航次成本中燃料费用已成为最大支出，

---

① 刘派. 中日韩俄将全面开展陆海联运合作［N］. 中国水运报，2011-12-26.

在国际油价不断高涨的趋势下，燃料成本所占比重也与日俱增，因此打造北方丝绸之路可以极大地降低燃料成本，而航程日期的减少也将降低人员薪酬及运行管理相关成本；北方丝绸之路涉及航道安全局势较好，可规避高敏感水域风险，可以节省大量船舶安全保险费。由此可以发现，北方丝绸之路可以有效地增加运输量，节约运输时间，提高运输利润，使我国商品在国际上更具竞争力。天津、大连等北方港口在远洋贸易方面的区位比上海、广州、宁波等地更具优势，其地位和重要性将提升，进而影响我国的港口和航运格局。

3. 保障能源供应

随着我国经济的持续增长，对于能源的需求保持旺盛的增长态势，能源紧张已经成为我国未来发展的制约瓶颈。目前北极圈已发现的油气储量相当于233亿桶，分别占全球13%和30%的未探明石油、天然气储量，且大部分处于近海地区。目前，北极石油和天然气的勘探和开采主要集中在三片区域，分别是俄罗斯、美国的阿拉斯加和挪威的北部。俄罗斯、挪威等国在北极油气资源开采的力度逐渐加大，油气产量将会进一步增多，北极航道的开通给我国提供新的能源、资源进口管道。此外北极地区还有着丰富的渔业和木材等有机资源及各种矿产等无机物资源。我国传统的油气资源运输航线一般通过苏伊士运河、亚丁湾及马六甲海峡等全球战略要地，不仅航程远、风险大，受美英等国家的制约。打造北方丝绸之路，我国可以就近购买北极石油、天然气等资源，不仅可以减少对中东等地的资源依赖，同时还可以规避马六甲海峡、苏伊士运河等危险水域。

4. 提升中国在全球的地缘影响力

北方丝绸之路是连接亚、欧、美三大洲的最短航线，是促进北半球经济发展的重要航道。全球发达国家和经济发展最具潜力的区域绝大部分均属于北半球，北方丝绸之路连接的区域在全球具有最发达的经济以及重要的战略位置，是力量交汇、关系最复杂的地区。北方丝绸之路可以帮助形成以中国为中心的"大三角形"全球商业航道：向西通往中西亚地区、欧盟和非洲；向南通向东南亚地区；向北通达东北亚、俄罗斯和北极航道国家①。这不仅将进一步重塑我国内部乃至世界经济地理，更将为我国与世界的发展创造更多机会，拓展更大空间。

---

① 胡鞍钢，张新，张巍. 开发"一带一路一道（北极航道）"建设的战略内涵与构想 [J]. 清华大学学报（哲学社会科学版），2017（3）：15-22，198.

（三）东北国际河流地区陆海联运打造北方丝绸之路的建议

1. 推进东北国际河流地区各国形成合作共识，加大合作力度

根据区域经济贸易和交通物流发展的需要，并充分考虑物流和运输企业的要求，根据中俄日韩等国家政府在历史上就物流运输领域合作达成的共识，充分利用现有合作机制和平台，推进各国对于以东北亚陆海联运合作为基础的北方丝绸之路建设的重要性和必要性的认可。

2. 加强沟通协调，建立更为广泛和深入的合作机制

区域内各国主管部门建立相关合作机制，定期化议事协商，形成通常的信息交流沟通机制。针对当前东北亚陆海联运发展过程中存在的问题和制约因素，签署相关档，进一步改善国际运输和国际物流发展的政策法律环境、通关环境及运营环境，实现政策的衔接与协调。在此基础上，签订各类联运过境货物运输协议，为陆海联运的发展提供保障和法律基础，并构建包括中日韩俄等国的共同参与陆海联运合作平台及协调磋商机制。在北极航道开发利用方面，积极妥善处理北极通航相关的各类外交事宜，利用外交手段参与有关国际规章制度的讨论与制定，号召各国在表达自身利益要求的同时开展合作与对话，适时将"北极通航"问题纳入东亚和东北亚合作进程，提升我国在北极合作机制中的话语权。

3. 通过政府推动引导，积极培育完善的运输市场机制

通过各国部门的交流和协商，为参与陆海联运的企业提供良好的经营环境，基于协商形成的陆海联运通道方案引进和扶持综合性国际运输物流企业，培养物流管理专业人才，引导物流运输企业、货运代理企业向国际化、集约化、专业化、网络化方向发展，协助物流行业规范发展并降低企业物流成本，吸引投资带动地方经济发展。

4. 以北极航道为目标，开展更为全面的陆海联运，促进区域经济一体化

扩大陆海联运的范围，建立起具有竞争力的覆盖东北亚区域的综合运输和物流网络，保证货物能够畅通、便捷地运输，为促进区域经济一体化提供可靠的支持和保障。因此可以通过跨国界的各类交通枢纽和交通通道的规划，加强港口基础设施建设，增加天然气码头、原油码头、铁矿石码头和煤码头的接卸和储备能力，加强各类港口的集疏运能力，包括海陆联运和内支线建设等，实现区域内经济的一体化发展。

5. 加强口岸及交通运输基础设施建设，提高服务国际陆海联运的能力

基于北极航运变化和世界新的政治格局逐步形成，充分利用北极航道开通

条件日益成熟的机会，调整适应北极通航的交通布局规划及港口码头规划，进一步完善我国国际航运中心总体布局。在考虑全国沿海港口布局规划的时候，充分考虑靠近东北地区以及北方港口的区位优势和发展潜力，结合北方港口的条件进行分货类、分层次、分规模的布局，构建起适合北极通航的港口运输网络，增强北方港口在北极航线上的竞争力。并基于陆海联运，与俄韩日等主要港口组建更为紧密的港口战略联盟，提升陆海联运的效益，实现多方共赢，以利益追求推进区域的经济发展①。

6. 开展学术研讨和科研合作，积极开展前期科学研究

通过开展多种形式的学术研讨论坛，针对陆海联运以及北极航道面临的现实问题展开科研合作，实现信息及人才等资源的共享。通过组织专家考察北极航道的气候浮冰等影响航运的各类因素，对物流的经济腹地范围、物流量作出科学的预测。

---

① 刘大海，马云瑞，王春娟，等. 全球气候变化环境下北极航道资源发展趋势研究 [J]. 中国人口·资源与环境，2015 (s1)：6-9.

第七章

水资源管理协调与流域层面水资源合作开发机制

由于水资源管理的专业性和系统性，国际河流的水资源开发合作必然需要各国之间必须进行非常专业化的水资源管理合作，流域层面的跨境水资源合作开发机制主要是跨境水资源管理合作机制。这部分的合作主要体现在流域管理专业机构之间的业务合作，包括水资源分配、洪旱灾害防治、水污染治理、水电和其他资源开发等业务领域。

第一节　国际河流流域层面的水资源管理合作机制

国际河流流域层面合作的出发点是保证水资源开发利用过程中流域生态能够得以保持，避免对于流域环境的破坏，避免影响区域乃至国家的可持续发展。

一、流域层面水资源管理合作含义与特征

（一）流域层面水资源管理合作含义

流域具有整体性和关联性、区段性和差异性、层次性和网络性、开放性和耗散性等特点[1]。水资源一般都按照流域进行统一管理，由于流域是一个自然地理概念，流域可能覆盖了多个行政区域乃至不同国家，流域水资源管理就需要打破国家与行政区的边界，实施跨行政边界或跨境的合作或统一管理。

流域层面的水资源管理合作是跨境各国对于各种水资源业务进行协调、管控合作，从而避免跨境的水资源冲突，实施水资源业务的跨境协调，甚至实施流域统一管理。虽然目前流域层面的国际河流水资源合作范围已经远远超出了最初防洪、灌溉、航运等领域，涉及自然环境、人类活动以及各种类型的法规和政策，各类型、各等级的管理互相间又存在着密切而广泛的联系，这些都需

---

① 陈湘满. 论流域开发管理中的区域利益协调 [J]. 经济地理，2002，22 (5)：525-528.

要建立在最基础的水资源业务合作基础之上。

目前，全球范围内国际河流水资源开发获得成功的案例均是从流域层面实现了密切合作或者统一管理，很多流域构建了跨越国家政府行政边界的流域统一管理机构，通过各国的授权，统一管理流域的水资源业务。只有如此，才有可能最大可能地避免跨国纠纷，保持流域生态安全，实现流域的可持续发展，进而促进国际河流流域的发展。

（二）流域层面水资源管理合作的特征

1. 全流域水土资源整体性

水的流动所造成的流域内地理上的关联性及流域环境资源的联动性决定了流域是一个统一完整的生态系统。以水体为媒介，流域中的土壤、森林、矿藏、生物等也组成了一个紧密相关的整体，该整体中的任一要素发生变化都会对整个流域产生重大的影响①。流域层面的水资源管理合作需要从全流域的角度综合考虑上下游、左右岸地区的社会经济情况、自然资源和环境条件以及流域的物理和生态方面的作用和变化。最理想的国际河流开发是基于流域的整体性，广泛水平上的公众参与、综合权衡、统一规划和多目标协调②。

2. 流域层面水资源管理合作的专业性

流域水资源管理是专业性很强的管理工作，它基于对水文水资源、河流自然系统、流域生态系统以及相关工程技术的深入认识之上，进行各项水资源分配、灾害防治、环境治理以及产业政策、社会发展政策等管理政策制定和实施。水资源管理的专业性使之区别于一般的公共管理活动，需要专业性的人士、专业性的组织。虽然流域管理机构可以被授予一定的公共政策管理权限，但不同于一般政府管理机构的设置，它包含大量的科学研究、技术标准、科学评价等专业性工作。国际河流水资源管理合作更需要关注其专业性特征，否则会议引起各方的沟通障碍。因为许多水资源问题不能用常规的协调、沟通模式解决，必须先进行专业性的研究、分析和方案制订。

3. 流域层面水资源管理合作的复杂性

国际河流流域水资源管理的复杂性主要表现有三个方面：第一，流域形态多样，国际河流流经多个国家，上下游可能会表现出区段性和差异性，导致上下游、左右岸和干支流在自然条件、地理位置、经济社会发展和历史文化背景

---

① 陈晓景. 流域管理法研究：生态系统管理的视角［D］. 青岛：中国海洋大学，2006.

② 陈丽晖，何大明. 澜沧江—湄公河流域整体开发的前景与问题研究［J］. 地理学报，1999（S1）：55-64.

等方面都存在较大的差异①。因此，各流域的管理业务差异比较大。第二，各国流域管理模式多样，由于各国境内国际河流流域形态、水资源特点的差异，各国的流域管理模式呈现多样化的特征。按照组织和任务划分，可以将当前各国的管理模式分为三类：流域管理局模式、流域协调委员会模式、综合性流域机构模式②。第三，流域管理的跨境协调与合作复杂，由于各流域国所处的地理位置不同，社会经济发展水平的差异带来需求的不同，代表各国主权和国家利益的需求矛盾直接体现为对流域开发的目标冲突。

（三）流域层面水资源管理合作主体

流域层面水资源业务合作的主体是流域管理机构或国家的水资源管理部门。首先是各国对境内河流流域范围内的水资源会授权流域机构或水资源管理部门进行管理，例如，我国实际上将各国际河流的水资源管理都纳入水利部下属的流域机构进行管理。各国之间在水资源管理合作上就需要各自的流域机构或水资源管理组织进行沟通和协调。但是，各国的情况不同，有的直接由中央政府水资源管理部门实施合作。另一种是由流域各国通过合作协议组建，并赋予其对于流域水资源管理事务的管理权限。流域水资源管理机构不受任何一个流域国的领导，其决策的出发点是保证流域整体的发展，并将流域国之间的矛盾与纠纷纳入机构内部进行协调，避免事态扩大化。流域水资源管理机构对于流域水资源开发具有最高的决策权，各流域国的涉水活动通过流域管理机构的协商认可后才能实施。这并不是说流域国完全放弃了其在国际河流中享有的权利，而是将这些权利通过流域水资源管理机构予以保证，因为一般而言，流域管理机构在治理结构上会充分考虑如何维护各流域国的权利要求，通过协商博弈的方式予以明确。

在当前国际河流管理实践中，绝大部分国际河流并没有设立流域水资源管理机构。在流域国之间面对水资源争端，需要谈判或者签订协议时，缺乏相对应不同层级的流域水资源管理部门。由于跨境合作的各国水资源管理部门层级和机构不尽相同，确立合作机制必须首先确定水资源业务合作主体。

（四）流域层面水资源管理合作的公众参与

流域层面水资源管理虽然是专业性的，但由于水资源管理毕竟是公共资源管理，各国发展的基本趋势是重视公众的参与，使公众更多参与到水资源管理

---

① 李佩成，郝少英. 论跨国水体及其和谐开发 [J]. 水文地质工程地质，2010（4）：1-4.
② 彭学军. 流域管理与行政区域管理相结合的水资源管理体制研究 [D]. 济南：山东大学，2006.

之中，从而体现其利益要求、保障公共资源的合理利用。过去的水资源管理决策是一种单边政策，是政府利益和要求的表达，前提是政府代表公众利益，但缺乏有效监督下并不能充分反映其他利益相关者的要求。当前国际流域层面水资源管理强调在重大项目规划或者决策前，保证信息公开并通过利益相关者论坛对话或者机制充分保证受影响民众能够了解他们所受的影响并得以反映他们的要求，在决策上获得公众的支持。水资源管理合作的公共参与是一个发展趋势，但水资源管理业务的专业性与公众参与要求复杂性之间存在矛盾，并不容易协调。对于国际河流而言，公众参与是一个美好的目标，但是否能够达成美好的结果则很难说。水资源管理合作的公众参与应该是一个有序的参与过程。

二、流域层面水资源管理合作形式

（一）政府间水资源合作协议与争端解决协议

这是为更好地开展流域整体开发与管理，流域国政府基于本国的利益要求，在国家法律的允许之下签署流域共同开发与管理的合作协议与争端解决协议。各流域主体将签订的双边或多边协议作为相互间开展合作的准则。合作协议往往规定了各流域主体在各自主体范围内开展国际河流开发的范围、权利、义务以及相互间的合作方式、关系协调等，确保在不损害其他主体的前提下，最大限度地实现自身要求。争端解决协议旨在说明缔约国在面对国际河流争议时，通过规定的磋商、调解、仲裁等争端解决方式来解决争端。

（二）组建流域机构

国际河流流域组建统一的流域机构是一种高级的合作形式，如果流域有很高的开发要求与各国之间资源开发与保护的协调压力[1]，流域国之间的国际政治关系良好、法律体系和环境相近，具有较为共同的利益要求时，各国会寻求建立统一的流域机构，让渡部分水资源管理权利，从而协调解决跨境的纠纷与利益，维护流域整体开发的权益。当前，常设的流域管理机构按照职能划分为三类：流域管理局模式、流域协调委员会模式、综合性流域机构。

（三）流域规划合作

流域规划是依据流域内的自然条件、资源状况以及社会经济等方面的要求，按照自然、技术、生态和经济等规律的客观要求，制定出以水资源开发利用和

---

[1] 沈大军，王浩，蒋云钟. 流域管理机构：国际比较分析及对我国的建议 [J]. 自然资源学报，2004（01）：86-95.

以开发治理为中心的、流域发展的整体规划和总体布局①。国际河流全流域的开发是一个协调、统一、权衡的过程，不管开发模式如何，开发河段怎样排序，开发过程必须按照统一的流域规划有序进行②。合作开展流域规划的研究和制定是解决很多矛盾的重要方法。流域规划合作一般需要规范的管理体制予以支持，在国际河流流域水资源管理跨界合作中需要流域各国签订合作条约或者联合成立流域管理机构来进行统一的管理，统筹各方要求，强调综合效益，将全流域规划与多目标开发相结合。

（四）流域水资源合作论坛

流域合作论坛能够为流域上下游各流域国提供一个多层次的交流平台，促进信息合作交流，说明流域国之间增进共识，协调各国利益要求达成合作。莱茵河流域国际河流流域水资源管理跨界合作即由合作论坛而来。为了解决莱茵河污染问题，1950 年德国、瑞士、法国、卢森堡和荷兰在瑞士组建了"保护莱茵河国际委员会"，定位为国际性的论坛，其后逐步演变成为由各国部长组成的国际间协调合作组织。尼罗河流域的合作也始于流域合作论坛，帮助流域各国就流域合作逐渐达成共识。

（五）流域合作研究机构

流域合作研究机构的设立将为流域层面水资源管理与开发跨界合作提供强有力的智力支持。流域研究机构可以从技术与社会两方面着手，结合所需建设的水项目技术需求、沿河社区情况、民风民俗、环境影响等多重因素综合考虑，为流域重大开发项目与决策提供支持，促进流域可持续发展。德国、奥地利、匈牙利、斯洛伐克等国家在开发多瑙河的过程中，就十分重视同有关高等院校和企业的科研力量进行合作，并建立了相应的科研机构，如多瑙河国际研究协会。

三、水资源双边合作、多边合作与综合管理机制

国际河流流域整体开发与管理的多层次性以及渐进过程，决定了国际河流的所有问题不可能通过一个协议完全解决，尤其是多国大河，需要多次谈判达

---

① 邢利民. 国外流域水资源管理体制做法及经验借鉴——流域水资源管理问题系列研究之一 [J]. 生产力研究，2004（7）：107-108.

② 翟昱. 水资源流域管理规划体系研究 [D]. 西安：西安理工大学，2010.

成多项协议①。从流域层面来看，根据缔约方的数量可以将水资源治理的合作机制分为双边合作、多边合作。目前，在理论界，更受推崇的是流域综合管理，这也适用于国际河流的合作，是在双边和多边合作基础上更为高级的合作机制，如表7-1。

表7-1　水资源双边合作和多边合作的特点

合作方式	特点			
	主体构成	协商原则	风格形式	外部干扰
双边合作	双方	一致	常规	小
多边合作	多方	少数服从多数	灵活	大

国际河流水资源开发双边合作主要是指两个流域国之间通过签订协议等方式建立的各类国际河流合作方式（如联合委员会、定期协商会议等），对国际河流水资源的利用与管理活动进行合作（包括具体开发利用合作项目），以实现两个国家的共同利益。国际河流双边会议、双边协商是双边合作的主要工作方式，确认议程与进行决策是双边会议的主要程序，全面、高效、常规和对称是双边会议的主要特点。

多边合作是指三个或三个以上国家进行磋商、协调及举行国际会议讨论解决共同关心的问题。常设的、制度化的国际组织、特设的国际会议和开放式的多变论坛以及第二轨道对话是多边合作方式的制度模式，灵活、渐进和多样是多边外交的主要特点。在多边合作中，非正式的协调、私下的交往、会晤和彼此之间沟通信息十分频繁，多边合作方式具有充足的灵活和包容性②。一般来说，多边合作方式通过国际性会议磋商与签署，因此过程较为漫长。

由于大部分的国际河流流域国都多于两个，从流域管理的角度看，多边协议是比较有效的。但是由于多边协议的复杂性，协议达成较为困难，目前最为典型的国际河流多边协议是欧洲的关于多瑙河与莱茵河的合作协议。多边合作因河流类型和自然条件而具有复杂性。

国际河流水资源综合管理是一种更高级的合作方式，除了签订法律协议以外，一般设立常设的水资源管理机构，由相关国家让渡部分管理权利给该机构，

---

① 陈丽晖，曾尊固. 国际河流流域整体开发和管理的实施 [J]. 世界地理研究，2000 (3)：21-28.

② 苏长和. 中国与国际体系：寻求包容性的合作关系 [J]. 外交评论，2011 (1)：9-18.

但是不同国际河流的跨境水资源管理任务不同、利益相关国的管理体制不同、水资源管理水平和社会经济资源约束等，决定了国际河流流域水资源综合管理方式建设也有不同道路。

综合管理主要适用于已经初步建立起多边合作方式的国际河流多个流域国之间，成员国之间开展初步的水文数据和信息合作，合作的政治意愿得到巩固，不断增进互信。随着水电开发、水污染防治、防洪、水生态保护等符合各国的共同利益要求不断增强，流域层面综合管理合作成为可能①。流域国之间开始尝试着以流域整体的综合开发与管理为目标，在流域双边或者多边协议的框架下成立流域统一协调管理机构，在不断摸索中实现权利与责任的分配与平衡。

（一）我国优先选择双边合作的国际河流

由于部分国际河流的特定，适于选择多边合作，如表 7-2 所示。

表 7-2　双边方式优先选择的国际河流

河流名称	河流类型	河流流经国	双边关系	方式内容
鸭绿江	界河型	中国、朝鲜	中朝关系	航运
绥芬河	上下游型	中国、俄罗斯	中俄关系	航运
伊犁河	上下游型	中国、哈萨克斯坦	中哈关系	节水
额尔齐斯河	上中下游型	中国、哈萨克斯坦、俄罗斯	中哈关系	节水
阿克苏河	上下游型	中国、吉尔吉斯斯坦	中吉关系	节水
伊洛瓦底江	上下游型	中国、缅甸	中缅关系	水电、航运
珠江	上下游型	中国、越南	中越关系	水电、航运

鸭绿江发源于我国吉林省，是中国和朝鲜两国的界河，相对于朝鲜，我国所处河流位置和综合国力占据了绝对优势，可以在鸭绿江水资源双边合作方式中争取更多的利益，历史上在我国和朝鲜的交往中，我国一直处于主动地位，可以通过这一双边合作方式的关系加强我国在鸭绿江多边合作机制的优势。

绥芬河发源于我国吉林省，流经我国和俄罗斯，是我国东北地区唯一上下游型国际河流，适合发展水资源双边合作方式，由于我国处于上游地区，对水量的分配起主导作用，可以与俄罗斯进行共同开发航运，为我国东北和俄罗斯

---

① 胡文俊，陈霁巍，张长春．多瑙河流域国际合作实践与启示［J］．长江流域资源与环境，2010（07）：739-745.

远东地区打造"黄金通道"。

额尔齐斯河—鄂毕河发源于我国新疆维吾尔自治区，是我国西北地区唯一发源地在我国的主要国际河流，自上而下流经我国、哈萨克斯坦和俄罗斯，最后入北冰洋。从我国对外合作的利益关注点出发，我国应主要考虑与哈萨克斯坦的双边合作，而不要考虑中哈俄水资源多边合作。

伊犁河发源于哈萨克斯坦，哈萨克斯坦处于上游，我国处于下游，在地理位置上哈萨克斯坦更具优势，而在综合国力上我国更具有优势，在中哈双边关系的基础上发展中哈水资源双边合作方式，我国可以通过强有力的经济和技术优势换取哈萨克斯坦的资源优势，中亚和我国西北地区处于亚欧大陆内部，气候干旱少雨，水资源的节约、循环和保护将成为中哈水资源双边关系的重要内容。

阿克苏河发源于吉尔吉斯斯坦，吉尔吉斯斯坦处于上游，我国处于下游，在地理位置上吉尔吉斯斯坦更具优势，而在综合国力上我国更具有优势，在中吉双边关系的基础上发展中吉水资源双边关系合作方式，与伊犁河类似，我国可以通过强有力的经济和技术优势换取吉尔吉斯斯坦的资源优势，中亚和我国西北地区处于亚欧大陆内部，气候干旱少雨，水资源的节约、循环和保护将成为中吉水资源双边关系的重要内容。

我国西南地区国际河流中无界河型国际河流，均为上下游型或上中下游型国际河流，其中，中缅伊洛瓦底江、中缅萨尔温江和中越珠江属于上下游型国际河流，中不印孟雅鲁藏布江—布拉马普特拉河、中尼印孟巴吉拉提河（恒河）、中印巴阿森格藏布河（印度河）和中越老元江—红河属于上中下游型国际河流，中越老元江—红河是简单的三国上中下游型国际河流，中不印孟雅鲁藏布江—布拉马普特拉河、中尼印孟巴吉拉提河（恒河）、中印巴阿森格藏布河（印度河）是较为复杂的四国上中下游型国际河流。这些河流以双边方式选择为优。

（二）进一步构建双边合作，适时推进有主导权的多边合作

当前，在水资源双边合作中，我国当前既要考虑自身的地理、经济等优势，也要考虑我国在国际河流上水资源开发时间晚、程度低的现实以及双边合作中存在的不足。由于我国处于上游国位置，整体经济实力优于周边主要国家，因此倾向于双边合作，现阶段应充分利用双边合作并加以深化，包括建立双边合作组织强化与邻国的合作。但是，对于一些涉及多个国家的国际河流，适时推进多边合作，但需要有主导权，如表7-3所示。

表 7-3　多边方式优先选择的国际河流

河流名称	河流类型	河流流经国	双边关系	方式内容
黑龙江	界河型	中国、俄罗斯、蒙古	上海合作组织	航运
图们江	上下游型 界河型	中国、俄罗斯、朝鲜	上海合作组织	水电
雅鲁藏布江— 布拉马普特拉河	上中下游型	中国、不丹、 印度、孟加拉国	南亚区域 合作联盟	航运 水电
澜沧江—湄公河	上中下游型	中国、缅甸、老挝、 泰国、柬埔寨、越南	东南亚 国际联盟	安全 航运

　　从传统上来看，我国的周边水资源国际合作多倾向于双边合作，而对多边框架比较陌生，相对缺乏经验①。虽然多边合作是未来水资源合作开发的趋势，但不适合当前缺乏信任基础的现实环境。

　　多边合作比双边合作较难达成，因为其涉及的利益主体较多，各利益主体均有自己的利益要求，较难达成一致。此外，多边合作方式容易导致非涉水利益因素的介入干扰，给合作带来不稳定的影响。国际河流合作的泛政治化影响是我国在制定包括信息合作在内的国际河流合作政策必须考虑的因素。但是从国际经验看，多边合作方式的构建是实现流域整体利益，实现流域可持续发展的必然选择，以我国在国际河流各流域国中的地位而言，多边合作方式也能为我国的利益要求提供支持，因此应积极推进多边合作方式的构建。

　　当前我国应以积极的双边合作为突破口，在平等互利的前提下，先从较容易和较低的层次展开与沿岸国家之间的信息合作，主动共享不涉及国家安全机密的工程信息和流域水文信息②；在制定重大工程规划及采取大规模行动时预先通知，在流域国发生水资源争端和冲突时采取会议磋商谈判方式进行化解等，以赢取下游国家的信任。此外，施行双边合作也能够减少国际河流合作的泛政治化的影响。施行积极的双边合作，增强信任基础，稳步参与多边合作。

　　（三）利用区域合作平台，以经贸合作促流域多边合作

　　当前，我国正在大力推进"一带一路"倡议，涵盖东南亚各经济圈、中亚和东北亚经济圈，最终融合在一起通向欧洲，形成欧亚大陆经济整合的大趋势。

---

① 王贵芳. 大湄公河次区域水资源安全合作问题研究 [D]. 西安：陕西师范大学，2012.

② 汪霞，澜沧江—湄公河流域水资源合作机制研究 [J]. 东南亚纵横，2012（10）：73-76.

结合国际河流合作开发的现状，在东北地区，可以借助图们江区域国际合作与东北亚经济整合战略；在西部地区，可以借助上海合作组织与欧亚经济联盟；在西南地区，可以借助澜湄合作机制、中国和东盟"面向和平与繁荣的战略伙伴关系"、中印缅孟经济走廊合作、中巴经济走廊合作等多维度区域合作平台，以点带线、由线到面、扎实开展经贸合作，促进区域经济一体化发展。本着互利共赢的原则同周边国家开展合作，促进经贸往来，让周边国家从我国的发展中分享红利。

这方面可以借鉴莱茵河的综合管理，莱茵河委员会的最初倡导者德国、瑞士、法国、卢森堡、荷兰五国多数为欧共体早期成员（二者雏形均出现于1950年），在政治领域、煤炭钢铁等经济领域有广泛的合作基础，相互信任，因此莱茵河流域的流域综合管理走在了全球的前列。

（四）选择适宜的国际河流远期推动全流域综合管理

在多国流域，实施流域综合管理虽然很困难但对流域发展意义重大。因此，当我国选择拓展全流域合作时应选择多个流域国的国际河流，随着环境、实践及能力的改变，在考虑流域总体情况和问题优先次序的基础上尝试推动全流域综合管理，用全流域的方法来确定合作事项，努力让所有的沿岸国参与进来。目前，澜沧江—湄公河是一个选择，在我国与东南亚各国经济一体化深入发展的同时，全流域综合管理的合作是不可避免的。因此，我国应有长远的考虑，积极推动澜湄合作机制，进一步构建流域合作组织。

第二节　我国流域层面合作的基本要求、目标与内容

我国流域层面的合作除了关注一般性质的流域生态环境要求外，还应根据我国国际河流的实际情况，明确合作目标和合作内容。

一、水资源管理合作的基本要求

（一）水生态保护要求

我国境内的国际河流总体上尚未进入大规模开发阶段，因此生态环境保持较为良好，也是我国重要的生态保护区，生态环境对于当地社会经济发展意义重大，因此应成为流域层面水资源合作开发的重点。

西南地区国际河流源头多处于青藏高原，地势高寒，气候恶劣，植被稀疏，

风蚀、水蚀、冻蚀等多种土壤侵蚀现象明显，是我国生态环境十分脆弱的地区之一，一旦破坏就很难恢复。西北地区国际河流处于内陆地区，水资源严重缺乏，生态环境相对脆弱，水资源特征不同于我国其他地区的国际河流。西北国际河流流域的合作开发中，流域在流域自身生态及环境用水以及向塔里木河干流输水等方面的需求需要特别关注。东北地区独特的气候条件加上国际河流的浇灌形成了性状好、肥力高，非常适合植物生长的东北黑土地资源，主要分布在松辽流域，是我国主要的商品粮基地。而该地区正面临着严重的水土流失问题，主要的原因是该地区乱砍滥伐，毁林开荒严重导致大部分地区植被稀少，覆盖度低。此外，该地区护岸工作滞后造成坡岸冲刷现象国土流失严重，也在慢慢改变着国际河流中心线，导致了边界问题。因此，在该地区种植树木，开展水土保持工作，做好护岸工作具有重要意义。

（二）水资源分配要求

全球范围内国际河流引发的跨境争端大多源于水资源分配矛盾，因此水资源分配问题是国际河流水资源开发的重要内容。由于水资源作为国家战略资源，容易引发事态的扩大，当前国际上比较有效的处理方式是在政府的授权下，由流域层面实施水资源的分配合作，以尽量减少政府间的冲突。

我国水资源分配问题最严重的是西北地区，国际河流地处内陆干旱区，降水较少，缺水严重，水资源异常宝贵。水资源对以灌溉型为主的农业地区的农作物丰收起到了积极的保障作用。该地区国际河流是少有的我国处于下游的典型河流，已有的水利工程运行、灌区灌溉需水、阿克苏河流域乃至塔里木河流域的生态环境以及未来规划等都将受制于上游来水情况，也将严重影响我国南疆地区的经济发展和社会稳定。水资源分配问题主要存在于伊犁河与额尔齐斯河流域，由于近年新疆维吾尔自治区社会经济迅速发展，俄罗斯和哈萨克斯坦都开始关注我国从伊犁河和额尔齐斯河的取水量，担心取水过度导致巴尔克什湖干涸以及两国用水不能得到保证。西南地区国际河流水量充沛，我国处于上游，并且社会经济相对落后，对于水资源的需求目前尚未引发争议，随着当地社会经济的发展，水资源的需求量将会逐渐增加，我国需要做好水资源的储备工作。东北地区由于以界河为主，需要在可能的范围内获得更多的水资源支持当地社会经济发展。

（三）水灾害防治要求

国际河流的水灾害防治涉及面较广，对于我国最为重要的是水污染与防洪，这需要流域国的共同合作。水污染问题主要集中在黑龙江流域。由于松花江沿岸的工厂废水一定程度上污染松花江，污染水源进而进入黑龙江，直至流经俄罗斯，两国沿岸居民的用水安全受到威胁。较为严重的 2005 年的吉林松花江水污染事故引发俄罗斯方面的关注。如何进一步降低水污染，是我国经济转型后需要关注的内容。防洪方面也主要是以东北地区为重心。随着我国夏季降水带的北移，加上东北处于国际河流下游地区，地势低洼，近年来夏季的降水经常导致东北地区洪水泛滥。2013 年夏，黑龙江流域更是发生了百年一遇的特大洪水。除了境内的原因，从俄罗斯境内大江大河的水库的泄洪放水，也加大了当地的水量。未来，河道疏浚、水情信息共享等是中俄防洪减灾的重要方面。

（四）水电开发要求

水电开发建设导致的水资源时空分布变化对整个流域生态系统的影响难以估量，水电站建设将会造成水位、流速、水温变化对鱼类生存的影响不容忽视。我国国际河流流经的三个主要区域对于水电开发的要求都不同，需要区别对待。

西南地区国际河流大体上河段落差集中，水量大，水能蕴藏量大，开发水电资源淹没损失小，地质条件良好，是我国重要的水电基地。该地区国际河流水电开发程度低，是我国未来重点建设的水电基地。西北地区水电开发主要是阿克苏河，由于我国处于下游，需要考虑通过对上游水电建设的投资合作，为我国在流域水资源方面取得更多的话语权，保证水量分配。在东北地区，界河的性质以及境外俄国对水电开发没有利益要求的现实是水电开发滞后的重要原因。

二、水资源管理合作的基本目标

由于我国三个主要国际河流区域在流域层面的水资源管理合作目标存在较大的差别，因此需要基于不同区域考虑合作目标。

（一）西南地区国际河流水资源管理合作的基本目标

西南地区国际河流较多，我国多处于上游，流经国家也较多。该地区的流域层面水资源合作的基本目标包括：

第一是实现流域范围的水文信息共享合作，目前我国基于防汛对下游若干国家提供了报讯服务，但是这仅仅是单方面的水文信息共享，随着我国在下游国的投资日益增多，实现双向的水文信息共享是该流域的合作目标之一。

第二是改善国际航道条件，为地方经济提供支持。通过提高港口服务功能，增强治安管理，建成从我国云南思茅港南得坝至老挝琅勃拉邦通航 500 吨级船舶的国际航道，推进红河"复航"等，打造云南出海黄金水道。

第三是实现流域的多边合作，并取得主导权。进一步加强国际河流多、双边合作，借助大湄公河次区域经济合作等平台，促进区域经济一体化，妥善处理与湄公河委员会的关系，主导设立包含湄公河全部流域国的流域组织实现流域统一管理。

第四是为我国水电开发创造良好的周边环境。一方面是境内段的水电开发减少境外段的干扰，减少水电开发对于境外段的不良影响，另一方面是积极投资境外段的水电开发项目，为境外投资提供水文信息等方面的支持，实现流域水电开发的有序、高效、科学。

（二）我国西北地区国际河流水资源管理合作的基本目标

西北地区国际河流地处内陆干旱区，降水较少，缺水严重，水资源异常宝贵。该地区的流域层面水资源管理合作的基本目标包括：

第一是加强水文信息的合作，通过与哈萨克斯坦等国家的国际水文报汛工作，构建信息共享平台，增进互信。

第二是通过境外水电投资增强水资源分配的能力。鼓励我国水电企业"走出去"，参与上游国家水电规划与开发，为处于下游的国际河流域水资源调配、水电开发合作中争取一定的"话语权"，促进全流域水能资源优化。

第三是与保证水量分配。与哈萨克斯坦、吉尔吉斯斯坦等国家就水资源分配达成共识，保障该地区生产生活用水、流域自身生态及环境用水以及向塔里木河干流输水等方面的需求。

第四是构建密切的协商机制。中亚地区政治环境复杂，加强国际河流双边合作，借助东盟、上海合作组织、亚洲相互协作与信任措施会议（简称"亚信峰会"）等平台，促进区域互联互通与经济一体化，就水资源合作开发签订协议，构建水问题专家层面、地方层面、国家层面的交流与磋商制度。

（三）我国东北地区国际河流水资源管理合作的基本目标

我国东北地区的国际河流绝大多数是界河，该地区的流域层面水资源管理合作的基本目标包括：

第一是构建水文信息的合作机制，继续开展与朝鲜、俄罗斯等国家的国际水文报汛工作，构建信息共享平台，增进互信。特别是黑龙江的洪水引发了我国对于结合境外段水文信息的需求，这需要加强与境外国，特别是俄罗斯的水文合作。

第二是获得出海通道，在国际航运方面开展进一步合作，紧抓图们江区域（珲春）国际合作示范区发展的机遇，将图们江建设成东北地区的出海通道，保障东北经济的复兴。

第三是国际河流沿岸地区的水污染防控，做好重大项目的环境影响评价制度，增强中俄联合调查专门委员会的职权，在污染治理和环境灾害应急方面进一步加强监管，努力减轻污染，降低由灾害事件引起水争端的可能性。

三、流域层面水资源合作开发的重点内容

我国不同国际河流有不同的合作领域，总体上应考虑我国与周边国家正处于工程开发利用阶段，存在着一些需要关注的重点合作领域，包括规划研究、灾害防治、工程建设与运营等，具体如表7-4所示。

表7-4 中国与周边国家主要跨界河流合作重点领域

方位	河流名称	性质	流经国家	合作重点	中国行为
西南部	澜沧江	跨境河	中国、缅甸、老挝、泰国、柬埔寨、越南	水电开发；环境保护；水资源分配；防洪减灾	水电开发；生态环境保护
	伊洛瓦底江	跨境河	中国、缅甸	水电开发	中缅水电开发
	怒江	跨境河	中国、缅甸	生态环境保护	停止开发；生态环境保护
	红河	跨境河	中国、越南	水电开发；航运	
	雅鲁藏布江	跨境河	中国、印度、孟加拉国	水电开发；水资源分配	水电开发
西北部	额尔齐斯河	跨境河	中国、哈萨克斯坦、俄罗斯	水资源分配；生态环境保护；水电开发	生产用水；生态环境保护
	伊犁河	跨境河	中国、哈萨克斯坦	水资源分配	生产用水；生态环境保护
	阿克苏河	跨境河	中国、吉尔吉斯斯坦	水资源分配；生态环境保护；水电开发	中吉水电开发
	霍尔果斯河	界河	中国、哈萨克斯坦	水资源分配	中哈合作引水

方位	河流名称	性质	流经国家	合作重点	中国行为
东北部	黑龙江	界河	中国、俄罗斯、蒙古	水污染防治；防洪减灾；自由航行	生产排污；支流水电开发；生态环境保护
	乌苏里江	界河	中国、俄罗斯	航行	港口、经济合作
	鸭绿江	界河	中国、朝鲜	生态环境保护	水电开发
	图们江	界河	中国、朝鲜、俄罗斯	生态环境保护	港口、经济合作

（一）流域规划研究的对外合作

不同类型的国际河流，流域规划研究的内容与方法都存在差异。由于在流域内所处的地理位置不同以及社会经济发展水平的差异，上下游国涉水利益要求的侧重点不同，通过规划合作协调要求就显得重要。上游国一般都有水能、水资源开发的利益要求，下游国往往要求维持或扩大已有的开发利用权益（如灌溉等）以及加强污染防治、保护渔业及水生态系统等以保护为主的利益要求。界河型国际河流最大的特点是在干流上的水资源开发行为必须由两岸国合作完成，这就要求任何开发活动都必须得到另一方的认可方可进行，这是与上下游型最大的区别。

上下游型国际河流的下游国家因为水量被上游国控制，处于相对弱势的地位，更愿意参与到流域的规划合作中来，而上游国也应该考虑在全流域中的利益而与下游合作。界河型国际河流流域只有通过合作才能开发干流水资源，利益要求相对一致，有较强的合作驱动性。

由于流域规划的专业性，国际河流在流域规划合作研究中的参与方包括上下游国家的政府代表及水文、环境、生态、水电、经济等领域的专家，但考虑到流域公共利益的敏感性，也应该吸纳相关国家的地方政府代表、具有重要影响力与公信力的非政府组织代表等参与咨询。为了使得双方能够平等地开展合作，在双方协商一致的情况下，可以聘任专业、公正、权威的第三方咨询公司开展规划。规划合作中应做好规划信息公开、充分考虑双边权益等。

1. 我国参与境外国际河流规划研究的合作

我国国际河流大多处于上游，对于国际河流的开发和利用拥有天然的控制权。大多数国际河流的下游国家因为其所处位置的脆弱性、流域地区多为其农业地区等因素，格外重视水资源权益，而国际惯例偏重于保护下游国的权利，在媒体和非政府组织的渲染下容易使民众形成对上游国开发活动的误解和认识偏差，继而影响本国政府对上游国的行为判断和政策选择。因此，我国对境外国际河流的规划合作可以缓解我国在上游开发的压力，协调与平衡各国在全流域的利益。

当前我国西南地区国际河流下游国家中普通民众在西方"水霸权论"的引导下，对我国有很大的警惕性。在流域规划合作方面可以先由工程咨询企业参与下游国内的流域规划，通过实施技术援助、资金援助开展研究合作，待条件成熟后国家之间签署双边或多边协议，成立联合考察委员会或者流域执行委员会开展流域规划。

在早期的规划合作中，政府应鼓励水电规划企业积极"走出去"，利用先进的技术与理念帮助下游国家开展水资源规划，帮助其更好利用水资源。此外，政府应为企业"走出去"提供支持，积极为下游国家提供报讯信息，信息共享一般是建立信任，达成合作意向的起步，并且容易在技术层面上实现，为深化合作，达成协议或公约打下基础。目前，我国定期开展对哈萨克斯坦、朝鲜、印度、越南、孟加拉国和湄公河委员会等国家和组织的国际水文报汛工作，为双边合作提供了良好的环境。待条件成熟后，鼓励地方层面水利主管部门或流域层面管理机构与下游国家相应组织接洽，在流域规划业务方面开展合作。同时，也鼓励非政府组织积极参与规划合作。

此外，我国可以借助水利援助开展境外水资源规划合作。2012年，应泰国总理邀请，水利部防洪咨询专家组两次赴泰开展工作，通过实地考察和座谈交流，提出咨询意见，向泰方提交了《泰国湄南河流域防洪咨询报告》，开启了我国水利救灾外交的新模式，也为与下游国家开展规划合作奠定了坚实基础。

我国对下游国际河流的规划研究合作最好以企业投资的方式进行，而且作为企业前期开发研究资金进行投入，应避免政府直接资助。企业通过市场机制推进规划合作，但可以以非营利的方式参与规划，否则可能会引起下游国家民众的误解与非议。对于部分前期规划研究，我国政府部门如水利部可以通过科技合作项目的方式开展资助，鼓励研究人员"走出去"，促进双边科技交流。

2. 我国作为下游国的境外国际河流流域规划的合作

我国处于下游的国际河流相对较少，主要位于我国西北地区，包括阿克苏河、伊犁河、库玛拉克河（吉称萨雷扎兹河）等。所处的地区农业以灌溉型为主，缺水严重，生态脆弱，对于上游国家水资源的开发选择往往存在着非常重要的和潜在的脆弱性。我国应稳步参与上游国的流域规划，促进全流域水资源合理规划，满足我国利益。境外国际河流流域规划合作成果有助于我国参与上游国家水资源合作开发，表达我国的合理要求；有利于加强对上游国在跨界河流开发中的战略意图与战略目标的研究；有利于我国掌握上游国的用水动态；有利于我国对上游国水资源开发的影响做出准确评估，以更好地做出应对策略。

在流域规划组织方面以所在流域国专家为主参与规划合作，对上游规划研究进展进行密切的跟踪。在阿克苏河，新疆水利厅在 2008 年曾派出专家与吉尔吉斯斯坦专家联合对阿克苏河中国境内一级支流库玛拉克河上游、吉尔吉斯境内河段萨雷扎兹河及其上的麦兹巴赫冰川阻塞湖进行了科学考察，并共同编写了中吉萨雷扎兹河流域联合科考成果报告。

我国与吉尔吉斯斯坦、哈萨克斯坦之间有较好的政治互信，分别建立了战略伙伴关系和全面战略伙伴关系，也不存在领土争端。我国目前主要是通过水电建设企业参与上游国水电规划与建设，如中国水电建设集团与吉尔吉斯斯坦开展了苏萨梅尔—科克默林梯级水电站建设勘查合作，中国电力建设集团参与萨雷扎兹河梯级水电项目的开发，中国特变电工股份有限公司签订协议改造吉尔吉斯斯坦南部电网。我国与吉尔吉斯斯坦、哈萨克斯坦流域规划合作应以主动掌握上游国开发动向，主动寻求开发合作为目标，因此，我国政府对水电开发企业的合作进程要有所管控。

（二）水生态环境灾害和洪旱灾害防治合作

国际河流水污染及其引起的环境灾害一般呈现从局部发生到流域跨境扩散的演变过程，因此，前期监测和扩散预防处置的合作最重要。西南、西北国际河流我国基本处于上游，境内水污染容易形成跨境影响，一些突发的环境灾害治理也必须高度关注跨境扩散，但这些地区工农业发展水平不高，人口不集中，污染程度较轻。东北地区国际河流多为界河，我国境内工业较发达，人口众多，引入容易产生水污染事件，水污染及环境灾害治理中地位相对被动。

国际河流洪旱灾害治理与水污染灾害治理类似。我国西南、西北地区处于上游的国际河流在洪旱灾害防治中处于主导地位，应重点关注如何协调治理下游的洪旱灾害，而且东北地区界河则需要与俄罗斯等流域国建立比较密切的合作，共同实施调度合作，进行洪旱灾害的全过程合作。

1. 共同编制或共享流域水污染或洪旱灾害防治规划

西南地区我国大多处于国际河流上游，就洪灾防治而言我国应加强境内流域洪灾防治工作，从上游源头严控洪峰；就旱灾而言，我国则应科学调度境内水量，避免水量截留加剧下游灾情。在遵循保密原则的前提下，我国应可以向周边邻国提供境内的洪旱灾害防治规划大纲（要点），给予下游国防治工作一定的帮助。

在西北地区与东北地区，国际河流流域国数量较少且政治合作基础稳固，域外势力干预较少，易于取得一致共识。因此，在西北地区与东北地区，我国与国际河流流域其他国家可以开展水污染防治规划的国家间合作，签订相关的合作协议或者联合制定带有流域特色的专项规划。其中，西北地区国际河流流域水污染防治规划以生态环境维护为重点，东北地区国际河流流域水污染防治规划以工业废水治理为重点。

东北地区黑龙江等界河的干流由于多种原因并未实行大规模的开发，河流上尚未建立大型控制性水利工程，这就导致了全流域的整体防洪防旱能力较低，因此，全流域大中型控制性水利工程的建设应是东北地区国际河流跨境洪旱灾害防治规划的协商重点。

2. 建立常规的协调组织机构与应急协调小组

在西北地区与东北地区，我国与国际河流流域国可以借鉴国外流域治理的成功模式，采取流域联席会议的方式构建合作机制以及时应对各类矛盾。"流域联席会议"作为流域政府之间常设的协调组织机制，对流域内的跨境水污染问题或其他跨境问题展开有针对性的协商，寻求应对策略，研究解决方案，避免问题因得不到及时有效的解决而上升到政治层面。此外，还应设立顾问专家组或类似的技术咨询机制作为保障举措。

3. 开展水灾害监测与预防合作，建立跨境应急管理机制

流域水污染及跨境影响的形成有一个较长的孕育过程，往往各种产业发展和环境保护措施不严格导致环境灾害发生，因此，国际河流各国应加强水污染与环境灾害监测合作，包括重点污染源的监测等，建立水污染跨境影响的争端解决机制，协调流域各国之间的环境保护机制。

就洪灾防治而言，我国作为上游国，应加强对于汛情的实时监测，并研究洪峰经过各地的时间范围以及洪灾的危害范围和程度，如有需要及时向下游国通报汛情，共同做好洪灾预防工作。

针对跨境水污染或洪旱灾害的应对举措，流域各国可以通过对以往突发事件资料的研究，形成不同的指标来编制突发事件分级体系，并制订应急预案。当突发事件来临时能够及时启动应急预案，保证相关各方能够合作，共同应对事件，减少不良后果。对于特定水域的危险源更是需要及时发现，并进行风险评价。风险评价不仅包括危险源风险评价，也包括事故发生后环境因素对其发

展影响的风险评价①。

4. 加强信息沟通，完善信息披露与公众参与，规范非政府组织参与行为

在西南和西北地区，我国对下游河流信息了解极不完整，但是下游国家对我国境内的相关信息有着强烈的了解需求。在东北地区，流域国政府建立政府首脑级别的定期会晤机制，并构建工作例会制度、流域水量水质信息共享制度以及重大涉水项目通报制度，水资源开发利用信息发布实现制度化，构建统一的信息平台，保证相关信息能够在流域各国政府之间及时准确传递。

对于洪旱灾害，我国应与流域其他国家建立高级别定期会晤机制与灾时政府首脑紧急情况电话联络机制以应对跨境水灾害的巨大破坏性与突发性。此外，流域各国应重视灾前预防与灾时应急，保证沟通与回馈及时高效，保证防洪抗旱工作的前瞻性与实时性。

大量的实践表明公众的积极参与可以提高流域开发治理的水平，因此可以通过构建流域国之间的沟通机制和信息披露机制，主动引导公众的参与，形成多中心治理格局，但是也要防止流域外势力通过舆论带来不良影响。

5. 协调流域国间的水污染或洪旱灾害监测技术与标准

国际河流上下游、左右岸各国的水污染和洪旱灾害监测标准和监测技术差异会引起不必要的矛盾。由于流域各国在监测方法、技术、评价标准等方面存在差异，各方的合作交流在技术层面存在障碍，因此需要统一双方能够认可的方法和标准进行监测、评价。西南和西北地区国际河流我国以上游国为主，不会受到下游水污染的太大影响，完全可以单独监测我国境内的水质，但出于国际义务，我国应主动加强与下游国展开水污染联合监测，或者主动向下游提供水污染相关数据，为下游国水污染防治奠定工作基础。

6. 开展流域灾后恢复合作，防止次生灾害蔓延

国际河流水生态环境破坏后的恢复很难通过单方面实现，流域各国必须合作采取措施开展水生态恢复工作，防止次生灾害蔓延。由于这是一项长期的投入且对本国的行为必然有诸多约束，国际河流水生态恢复合作是比较困难的。水污染控制和恢复水生态系统健康需要及时开展流域水生态健康指标、人体健康指标等研究，流域各国对国际河流水生态健康标准的不同认识可能会带来一定争议，因此，流域各国应协调统一流域水生态健康指标，如鱼类种类恢复、湿地面积变化、土壤侵蚀情况、人体健康指标等，这些要素直接指示流域生态

---

① 何进朝，李嘉. 突发性水污染事故预警应急系统构思 [J]. 水利水电技术，2005（10）：90-96.

环境健康变化趋势和现状。我国可以与流域其他国家联合制定相应的流域法，统一流域开发与管理的生态标准，建立起流域生态补偿机制①，使得全流域的生态标准及价值评估有章可循，有法可依。

（三）国际河流工程建设与运营的对外合作

国际河流开发离不开大型水利水电控制性工程的建设和运营，界河的控制性工程需要双方共同参与，组建开发联合体，共同进行勘探、规划、设计、建设和运营；跨境河流上的控制性工程的勘探、规划和设计，各国可以独立实施，但是容易引起跨境争议和冲突，是比较敏感的问题，因此需要流域国之间开展密切的协调和合作。控制性工程联合勘探、规划与设计合作主要是工程项目建设前期的合作，必须将工程项目合作收益分配在前期规划设计时间就考虑好。

当前，我国在国际河流控制性工程的勘探、规划与设计国际合作方面主要存在以下问题：首先，现有合作框架约束力不强。已经签订的协议，大多属于框架性协议，对于具体问题例如水电工程的联合勘探、规划与设计规定较为简单，操作性不强。其次，水资源规划存在不足，缺乏全流域勘探和整体规划设计，未能实现多目标综合开发，同时我国在跨境河流上的工程开发也缺乏系统的下游影响评估。再次，对重大水电工程项目生态环境影响评估缺乏重视，我国水电企业在缅甸、老挝等东南亚国家开展了大规模的国际河流控制性工程建设与运营，缺乏足够的环境影响评价，而且在公众告知、公众沟通等方面不够重视。最后，工程规划设计中缺乏对当地文化习俗的了解。

1. 我国工程勘探、规划与设计对外合作的策略

整体规划和开发合作是世界上倡导的模式，但是对于我国而言，过早地推进全流域规划合作反而会制约工程的建设决策，陷入无休止的争议之中，而缺乏控制性工程意味着难以应对各种洪旱灾害、水污染危机，也难以为流域工农业发展提供水资源保障。

现实的情况下，涉及多个流域国的国际河流流域由于制度和观点等多维度复杂因素，很难实现全流域的整体合作与开发。因此，我国可以在国际河流合作开发上施行积极的双边合作和稳步推进的多边合作相结合的策略，以在控制性工程的联合勘探、规划与设计方面开展双边合作作为突破口，继而向信息交换、水电工程联合建设与运营等其他问题领域和多边合作拓展。在实际的操作过程中，可以充分发挥我国在水电开发领域先进的技术、雄厚的资金以及在三

---

① 王军峰，侯超波，闫勇. 政府主导型流域生态补偿机制研究［J］. 中国人口·资源与环境，2011，21（7）：101-106.

峡大坝等重大水电项目中积累的经验等优势牵头开展境外国际河流流域的规划工作。

开发和工程建设并不意味着环境破坏，关键是在合作过程中树立流域整体开发与管理的理念，制定适宜的规划。可以先行建立流域学术性联合调查研究机构，为各流域国在控制性工程的勘探、规划、设计方面开展国际合作提供科学的数据与方法引导。在条件成熟的条件下，共同建立流域协调管理组织，让流域国家得以通过探讨、协商来选择共同治理的可持续发展之道，对流域的整体多目标综合开发，控制性工程的环境影响评估，和当地民众建立一个有双向和开放的沟通的建设性的关系等方面开展进一步合作。

2. 国际河流控制性工程运营调度合作

国际河流工程运营调度合作是指为满足电力系统正常供电的要求和充分发挥水电工程电力电量效益，各流域国开展的多国水电站水库联合运营调度合作，这是拟定跨国水电站运行方式的中心环节①。国际河流工程运营调度合作有利于综合考虑流域各国利益，增进互信，推进水资源多目标综合开发；有利于提升国际河流应对洪水、干旱等自然灾害的能力；有利于提高水资源利用效率，提升综合效益；有利于调节径流量，使其保持稳定，促进生态保持。

流域国之间的工程运营调度合作需要设计好可以照顾各项要求的利益分担和补偿机制，由于各国际河流之间的差异性很大，利益机制设计几乎是一个流域一种策略，没有统一的模式，需要各国不断进行经验摸索和总结。

当前，我国在与周边国家国际河流工程运营调度合作方面仅处于初级的信息交换合作层面，缺少流域层面的联合调度。当前我国在国际工程运营调度合作面临以下问题：首先，缺乏对国际河流工程运营调度合作的战略考虑，流域合作开发共识不足是流域国间国际河流工程运营调度合作缺乏的重要原因。其次，信息合作有待进一步加强，在现有的涉水条约中的信息合作条款在制定时并不明确，缺乏详尽的关于信息合作内容与交换频率的规定，更多的是条约中列出信息交换条款。再次，缺乏积极推进联合调度的流域组织建设，企业层面难以实现对全流域的开发，政府层面难以影响境外决策。

我国目前在国际河流上的工程运营调度合作，需要关注一些具体的策略：一是需要在规划之初就高度重视联合调度的意义，保证开发项目能够实现联合调度；二是有序引导企业对境外项目的投资，适当介入相关境外工程的运营

---

① 唐明. 电力市场模式下水电厂运营管理研究 [D]. 成都：四川大学，2001；叶秉如. 水资源系统优化规划和调度 [M]. 北京：中国水利水电出版社，2001：238-240.

管理。

首先，以双边协议为突破口开展流域层面运营调度合作尝试，积极推进流域规划建设。目前，可以以我国与周边国家签订的双边协议作为突破口，在小范围内开展流域运营调度合作，削峰补谷，促进水电资源的优化合作。对于利益存在不平衡的问题，可以通过推动建立受益补偿的机制，来平衡双边的利益要求，从而化解流域国之间的国际水资源争端和冲突，为我国与周边国家开展国际河流工程运营调度合作创造条件。待条件较为成熟后，开展多边更大范围的运营调度合作，不断增进共识，优化水资源调度。

其次，对内采用国际河流流域水电单主体开发，实现国内段的工程运营调度统一。我国为了与境外在水电工程运营调度上更有效合作，在国际河流流域一般采取单一主体开发模式，这样责任可以比较明确。如中国华能集团有限公司（以下简称"中国华能"）组建了华能澜沧江水电股份有限公司统一负责澜沧江的水电开发，这将有利于未来澜沧江—湄公河流域水电工程运营调度的合作。

再次，对外充分发挥我国在技术、资金等方面的优势，鼓励国内水电建设企业以多种方式有序参与境外水资源合作开发，参与境外水资源运营调度。当前，我国拥有先进的水电建设技术，同时也面临着产能过剩的现实，比较现实的做法是鼓励我国水电企业"走出去"，创新融资方式，以多种方式参与到境外的水电项目开发中去，鼓励水电企业开展整条河流的规划与开发。在参与水电项目开发的过程中，我国水电企业可以以"建设—经营—转让"等方式参与到境外水资源的运营调度中，掌握运营调度的主动权，加强与国内水电企业的联合调度合作，促进整条流域的水电资源优化。

第三节 周边国家国际河流开发的工程合作需求与约束

国际河流水资源合作开发的政治、法律、经济目标最终将通过水利水电工程的规划、投资、建设合作实现。在水利水电工程开发过程中，建设技术合作直接影响工程实体质量，而投资合作、信息合作等对于建设技术产生约束效应，间接影响合作开发。我国与周边国家正处于跨境河流开发的工程建设阶段，相对而言我国在工程建设方面已经积累了丰富的经验，具有较大优势，大量的工程投资与建设企业也正在"走出去"，因此，我国可以充分利用工程技术合作促进国际河流水资源合作开发，实现与各国在工程技术、投资和区域经济发展上的共赢局面。

一、周边国家水资源合作开发的工程技术现状

（一）西南邻国工程技术现状

西南地区不仅水资源总量巨大，而且与我国联系最为紧密，多数国家水电蕴藏量 50% 的国际河流与我国共享，如表 7-5 所示，甚至多数河流直接发源于我国境内。因此，其开发、建设、运营和水环境保护与我国密切相关。西南邻国在水资源开发技术方面的能力情况如表 7-6 所示。

表 7-5　西南邻国水电蕴藏量以及与中国共享比例

国家	水电蕴藏量	与中国共享水电蕴藏量
越南	300 万亿瓦	180 万亿瓦
老挝	3000 万千瓦	2850 万千瓦
缅甸	6000 万千瓦	约 4000 万千瓦
泰国	180 亿千瓦时	－

数据源：根据相关资料汇编所得。

表 7-6　西南邻国水资源合作技术能力评价

国家	规划、勘测、设计、咨询	水电设备设计制造	工程承包施工建设	科学技术研究开发	运行管理
柬埔寨	聘请西方发达国家公司，国内无能力	完全依赖国外	完全依赖国外	完全依赖国外	完全依赖国外
老挝	完全依赖国外	完全依赖国外	完全依赖国外	完全依赖国外	落后
缅甸	落后	完全依赖国外	有一定的中小水电站的施工能力，但水平较低	完全依赖国外	落后
越南	具有小水电站规划、勘测、设计、咨询；大中型依赖国外技术，具有输配电项目的计划、设计管理能力	具有小型发电设备制造能力，大中型从俄罗斯、欧美进口	水平中等。提供中小型水电站的土木工程、水力、水文、环境咨询	具有一定的电力工业、新能源、风力设备能力	中等

国家	规划、勘测、设计、咨询	水电设备设计制造	工程承包施工建设	科学技术研究开发	运行管理
泰国	具有中小型水电站规划勘测设计能力	基本上进口西方发达国家的设备	中等	研究所、大学、政府等具有中等研发能力和完备的人才培养体系	先进

数据源：根据文献资料整理

从技术能力上看，西南邻国水电设备设计制造能力最为欠缺，为我国水资源合作开发和水电设备输出提供了良好契机。除越南具备小型制造能力以外，其余国家都不具备水电设备设计、制造能力。同时，东南亚国家由于历史原因对于欧美国家设备依赖性较强。从上节的分析中可以看出，我国水电设备正处于追赶和超越阶段，从设计能力、质量、性能、价格方面都得到了较大的提升。因此，西南国际河流合作开发中，水电设备设计制造能够发挥积极的推动作用。

西南邻国水资源合作开发的勘察、设计能力相对较弱，而我国的技术优势为国际河流水资源、能源、经济多元化合作提供了条件。除越南、泰国具备小型水电项目勘察、设计能力外，其余国家勘察设计都依赖于国外公司。而我国在大型水电设计方面具有国际先进水平，不仅为国际河流的合作开发提供了便利条件，同时，能够作为经济合作的先行者，将海上丝绸之路经济带的规划融合到相关国家水电规划、设计中，实现以能源开发服务经济增长，以经济增长促进和拉动水资源合作开发。

西南邻国水电项目施工建设能力较为薄弱，为我国水电企业"走出去"提供了新的舞台。这一区域国家水电项目建设施工企业较少，从业人员数量和素质不高，缺乏大型水电工程开发的设备。相比之下，我国水电施工建设队伍庞大、设备先进，同时，国内市场开发比例较高，对于技术含量相对较低的施工企业需求量逐渐下降。因此，以建设施工能力作为合作开发的切入点，不仅有利于国际河流合作开发的质量和效率，同时也为我国众多建设单位的转型升级提供了新的空间。

（二）西北邻国工程技术现状

我国西北地区的中亚邻国虽然多为水资源大国，但是与我国分享的国际河流相对较少，比如，塔吉克斯坦和吉尔吉斯斯坦都是咸海流域的上游国家，水力资源丰富，但是我国并不在阿姆河和锡尔河流域。这两个国家与我国共享的河流有阿克苏河（中—吉）、克孜勒河（中—塔）、伊犁河上游（中—哈）。这些国家水电开发比例相对于东南亚国家较高，通常开发水平在10%左右。同时，中亚邻国在苏联时期曾进行过较大规模的水电开发，具有良好的水电规划、设计和施工能力，详情如表7-7所示。

表7-7 西北邻国水资源合作技术能力评价

国家	规划、勘测、设计、咨询	水电设备设计制造	工程承包施工建设	科学技术研究开发	运行管理
哈萨克斯坦	继承苏联的规划、勘测、设计体系，能力相对较强	主要依赖于俄罗斯进口	-	中等	能力较弱
塔吉克斯坦	具有一定的勘测、设计能力	要依赖于俄罗斯进口	具有一定的建设能力与俄罗斯合作密切	中等	能力较弱
吉尔吉斯斯坦	受到欧盟的支持，具有一定规划设计能力	要依赖于俄罗斯进口	水平中等。提供中小型水电站的土木工程、水力、水文、环境咨询	较强	能力较弱

数据源：根据文献资料整理①。

西北邻国水电规划较好、设计能力较强，但是水电设备制造依赖进口，工程施工建设和运行管理技术优势不显著，需要进一步发挥经济合作的推动作用。与东南亚邻国不同的是，哈、塔、吉三国或从苏联继承了水电设计单位和人员，或与欧洲联合设立研究机构，因此，均具有较高水平的水电规划设计能力。我

---

① 阿曾．塔国水电发展平台［J］．大陆桥视野，2007（10）：81；仝立功．中亚三国水电开发考察报告［J］．山西水利，1995（4）：32-33；邓铭江．塔吉克斯坦水资源及水电合作开发前景分析［J］．水力发电，2013（9）：1-4；王海军．亟待开发的塔吉克斯坦水电产业［J］．对外经贸，2012（5）：45-46；穆希德季诺夫 пм，赵秋云．塔吉克斯坦水电工程及其开发前景［J］．水利水电快报，2008（1）：21-24；邓铭江．吉尔吉斯斯坦水资源及水电合作开发前景辨析［J］．水力发电，2013（4）：4-8.

国在水电规划、设计方面的优势并不凸显，这也使得水电技术对于经济合作的引领作用相对较弱，难以在水电规划和布局中，为经济合作奠定基础。为了进一步加强国际河流合作开发，在该区域应该积极发挥经济合作的推动作用，借助丝绸之路经济带建设，深化双方对于国际河流联合规划、设计、勘测方面的合作。例如，采取合作建立设计研究机构，或以收购、入股的形式参与到中亚国家的水电开发中。

西北邻国的资金和设备需求呈现多元化趋势，为国际河流工程技术合作提供了新的切入点。中亚邻国受地理位置和历史文化的影响，在国际河流合作开发中主要依赖于俄罗斯的资金和设备。近年来，中亚各国逐渐呈现需求的多元化趋势。例如，2012 年俄罗斯与吉尔吉斯斯坦两国就投资在吉兴建卡姆巴拉金1 号和纳雷河梯级水电站上出现分歧。由于俄方拟对 2008 年俄、吉两国政府间协议进行修改，水电站建成后俄方持股将由 50% 提高至 75%，吉方对俄方的做法表示不满，并积极请求与我国合作。另外，"桑格图德 2 号"水电站的水电设备采购不再单纯依赖俄罗斯，而是由我国企业负责。从以上趋势上看出，在中亚国际河流技术合作中，我国仍可以借助资金和设备方面的优势，参与或者主导西北地区国际河流的开发。

（三）东北邻国工程技术现状

我国国际河流周边国家另外一部分是以俄罗斯为代表的发达国家。这些国家的水利水电技术水准比较高，能够独立完成大型水利水电工程项目的规划、勘察设计和施工等工作。

我国与俄罗斯在多项技术指标上水平相对，因此，合作模式与东南亚、中亚邻国截然不同。由于缺乏强有力的技术优势，双方需要在水电规划、设计、建设、运营方面开展平等对话与合作，在合作中积极争取我国在东北国际河流中的利益。朝鲜在国际河流开发技术方面略高于东南亚国家，但也难以独立完成大型工程项目的开发。因此，工程技术也多依赖与我国的合作。从自然条件上看，鸭绿江、图们江开发难度略低于湄公河；同时，鸭绿江、图们江属于界河，合作模式较为成熟，双方通过合资成立开发公司，共享开发利益。然而，由于前期开发的水电项目较为久远，安全性存在一定风险，因此，后期维护和运营至关重要；这对我国大坝安全监测技术、综合运营管理提出了挑战。

二、周边国家水资源合作开发的工程技术需求

我国在水资源合作开发方面的技术优势主要集中在西南邻国，对此着重分析这一区域国家在水资源合作开发中的技术需求,并从各个国家的水电规划和经济发展角度对技术需求总量进行预测。

(一)周边国家国际河流合作开发的技术需求分析

目前东南亚国家所迫切需要水电开发的建设资金、水电开发技术标准以及援助开发等,但是不同国家的需求存在差异。

其中,在合作需求中非技术因素影响比较大,这是因为东南亚国家丰富的水资源储备、迫切的水电开发需求与经济水平滞后的突出矛盾。建设资金需求同时也制约了东南亚国家在水电开发技术引进与选择时的主动权。

1. 东南亚国家水电设备需求占最大

在工程建设技术方面,东南亚国家的水电开发技术相对落后。东南亚国家对水电开发技术的要求种类繁多,但是几乎没有核心的水利水电技术。特别是在设备需求领域,这是由于设备安装通常作为水电开发的里程碑事件,公开资料对该细节的披露较为充分。

2. 东南亚国家水电技术标准较为欠缺,多认可美国标准

东南亚国家对于水电技术标准的需求较高,这是由于东南亚市场没有什么标准,都是在殖民地时期渗透的西方国家的标准。比如越南渗透了法国的,马来西亚渗透了英国的。基本上是英美法系的标准。由于美国是经济强国,又是水电技术强国,因此其水电技术标准渗透程度较高,目前越南、老挝、缅甸等东南亚国家比较认可美国标准。

3. 东南亚国家对于水电投资和人才需求迫切

除技术需求外,东南亚国家对于水电建设资金的需求也较为旺盛,对人才支持的需求也比较强烈,这与相关国家总体的经济、技术水准密切相关。同时,也表现出东南亚国家对于水电开发、建设、运营方面具有较强的人才储备意识[1]。

(二)周边国家国际河流合作开发的技术需求预测

除项目层面的技术需求分析外,根据周边国家(重点是东南亚国家)水电规划、能源规划等资料可以从国家层面分析国际河流技术需求的趋势。

1. 越南近期在国际河流开发中较为活跃,但是水电技术需求将有所减少

在越南国家水电开发规划中,越南的水电开发在2005—2015年十分繁荣,

① 周海炜、王洪亮、郭利丹. 基于文本分析的国际河流信息合作及其对中国的启示 [J].资源科学,2014 (11):2248-2255.

例如：黑水河上游莱州水电站项目于 2011 年 1 月开工建设，预计于 2017 年完工，总功率为 1200 万瓦。2012 年，越南发电量及进口电量约 1148 亿度，其中水电占 38%，火电占 56%，柴油机和其他发电占 2%，进口电量占 4%。越南电网已覆盖 96% 的县和 76% 的村。随着越南经济持续较快发展，电力需求越来越大，供需较紧张①。

2015 年后，越南国内火电将越发重要，水电份额将有所减少，但是水电将继续保持对于电力系统以及确保防洪和供水的重要性。在未来越南政府还将持续加大在电力方面的投资，包括水电资源。加之国际河流开发协调的难度较大，未来越南在国际河流开发的技术需求不会有较大的增长。

2. 老挝实施水电兴国战略，未来对于工程建设、运营管理技术需求旺盛

湄公河约 35% 的流量来自老挝，该国在未来 10 年内预计电力需求每年将增加 10%~15%，老挝政府期望到 2020 年水电装机达到 7000 万瓦。老挝有丰富的水电蕴藏量，其中三分之一来自湄公河流域。目前，老挝仅有 20 座小水电站在运行，总装机容量 5 万瓦。未来该国要实现水电装机容量的目标，除在国内兴修小水电之外，还需要进一步联合湄公河流域国家共同开发大型水电工程②。

3. 缅甸、柬埔寨为满足国内经济发展需要，急需引入国际河流大型水电工程技术

缅甸提出到 2030 年 GDP 翻三番的目标。电力发展和 GDP 成正比，电力需求以每年约 8.5% 的速度增长，要完成目标，缅甸需要达到 6000 万千瓦的装机总量。但从缅甸的资源结构来看，煤电、核电、风电资源都不现实，天然气发电电价过高；在水电上只能做支流电站，也无法满足发展需求。因此，从经济发展、能源规划和资源分布上可以看出缅甸对国际河流大型水电工程项目建设和技术的需求将越来越迫切。

柬埔寨目前已经规划多座小水电工程，水电开发潜力巨大。目前建成及正在建设中的水电站发电能力只占 1 万兆瓦总蕴藏量的 13%。主要来源于水电站、燃油发电及从泰国、越南、老挝引进的电力。2012 年，柬埔寨全年供电 32.7 亿度，同比增长 26%，其中水电 5.125 亿度，同比增长 900%；电力需求量为 635.5 兆瓦，同比增长 11%，柬埔寨全国电力能源需求量年均增长率为 16.3%③，预计 2013—2017 年期间，柬埔寨将增加 1609 兆瓦电力供应。用电增

① 武得辰，刘明. 越南完成国家水电规划研究 [J]. 水利水电快报，2008 (6)：13-16.
② 米良. 老挝电力业的发展及相关法律制度探析 [J]. 学术探索，2014 (6)：51-55.
③ 郭军，贾金生. 东南亚六国水能开发与建设情况 [J]. 水力发电，2006 (5)：64-66，76.

长和经济发展进一步扩大了其水电技术的需求。

4. 泰国水电开发比例较高，未来将实施技术和资本输出战略

泰国约 31.2% 的技术可开发量已得到开发，所有水电站的总装机容量约为 2922 万瓦。近年来，泰国的水资源开发重点是中等规模的水电开发、监测和更新已有的大坝和水电设施，与邻国包括老挝和缅甸签订进口电力的合作协议。泰国大量的水资源设施，各种类型的大型多目标坝、大型抽水蓄能工程和小水电，以及目前帮助邻国开发水电蕴藏量的国际协议，都证明了该国开发可再生能源的坚定决心。目前泰国自身发电能力基本能满足国内需求，但伴随经济发展，电力供需矛盾日益突出。泰国正与老挝、缅甸等周边国家积极开展合作，以期不断满足本国日益上涨的电力需求。2011 年泰国外购电力合同量 2913 兆瓦。其中，从缅甸进口的天然气占到泰国发电用天然气的 25%。泰国水电技术和开发在东南亚国家中明显处于领先地位，具有中等水电工程开发能力，但其国内开发较早，因此未来将以水电对外投资和技术合作为主①。

三、周边国家水资源合作开发的工程技术约束

国际河流在开发过程中由于所处的环境较为特殊，一般内河工程技术在使用过程中会遇到多种问题，对开发进度、费用、质量构成不同程度的影响，从而影响合作开发的成功，甚至影响当地经济、社会稳定。课题将这些影响因素统称为国际河流合作开发中的工程技术约束。

（一）工程建设技术约束

1. 我国水电技术规范与其他国家规范差异性较大

我国国内水电技术标准内容繁多，体系庞杂，虽然规范内容较为完善但系统性、完善性较弱，同时国内的规范管理条块分割，同一件事情存在不同的技术标准，目前尚未上升到国家统一层面。

2. 部分标准落后于西方标准

目前水资源方面标准在数量上还很少，有的还是属于空白。水环境方面虽有一定数量的标准，但在基础标准的数量和水环境质量（技术指针值）上还落后于美国和欧共体国家的相关标准，如我国水质分析方法标准与国际标准组织、世界卫生组织以及国际贸易组织有关成员国国家标准相比，主要区别在于我国

---

① 国外水电纵览亚洲篇（六）[J]. 治黄科技信息，2008（4）：25-30；国外水电纵览亚洲篇（五）[J]. 治黄科技信息，2008（2）：24-29；国外水电纵览亚洲篇（四）[J]. 治黄科技信息，2007（5）：22-29.

水质术语、符号、取样等方面的标准和水中生物（微生物、藻类和鱼类）项目的测定方法标准所占比重较低①。

水利工程建设与管理方面，我国标准的总体技术水准虽然并不比国外先进标准技术水准低，有的甚至还高于国外先进标准，但在工程勘测设计手段、施工工艺和管理水平以及工程建成后的运行管理和安全监测等方面，与发达国家相比，还存在一定的差距②。

水电设备技术标准领域，我国的许多水轮机、发电机等设备的国家标准大多等同或等效采用国际电工委员会或国际标准化组织标准，有些标准甚至要求高于国际电工委员会标准，我们按国标要求就等同于执行了国际标准。但是，我们的某些材料标准、工艺标准和辅机设备标准比较落后，而国际河流合作开发中，部分国家往往在这些方面要求较高，要求我们采用美国或德国标准③。

3. 复杂地形条件下的工程勘测、施工约束

河流本身特性导致的水利水电工程自身的施工技术难度比较大；国际河流流经两个或两个以上国家，具体实施时需要考虑规划选址，勘察设计，施工给各个国家带来的利益和造成的后果；大多数国际河流水电工程位于比较偏僻的深山峡谷，如果将材料设备运至此处，并在这些地方施工本身就具有较大的技术难度。

4. 施工、设备安装等环节的相互制约

国际河流合作开发项目的价值链环节之间紧密相连，但是由于工程项目规模较大、各环节存在分离和分包的情况，这就使得与之相对应的技术链相互脱离，设计、施工、设备安装等技术环节可能形成相互制约现象。

目前，许多新兴经济体国家水电站建设项目很多，上得很快，规模也比较大，这给我国水电设备"走出去"带来了很多机遇。但是，水电站建设过快发展造成土建设备及队伍短缺，进而影响土建进度，造成电站土建延期，这势必对机电设备的交货及其在电站现场的保管、安装造成影响。在项目投标及项目执行的全过程当中必须意识到该问题发生的可能性，准备好相应的预案，防患于未然。

---

① 蒋云钟，张小娟，石玉波. 水资源实时监控与管理系统标准体系建设［J］. 中国水利，2007（1）：55-58.

② 李赞堂. 中国水利标准化现状、问题与对策［J］. 水利水电技术，2002（10）：54-57，63.

③ 陆力，徐洪泉，李铁友，等. 用创新的精神走好水电设备"走出去"之路［J］. 中国水利水电科学研究院学报，2010（3）：224-228.

（二）自然环境约束

1. 流域各国家植被、地貌保护对施工技术产生了约束

水资源开发施工过程中对当地原有的植被、地貌造成直接破坏，开山取土会对区域生态环境带来巨大破坏，梯级水电工程施工也会对生态环境造成严重的影响：比如改变陆面形态及过程，进而产生不良的环境效应，破坏还原升值坡，降低土壤质量，加剧水土流失，施工期间的噪音、碾压及废物等扰动因子对区域生态环境也会造成冲击。水电施工建设过程中产生的废渣会造成土地资源的流失，废渣中的残留炸药、废化学药品、废油等成为土壤污染源①。

2. 沿岸各国农业和粮食安全对工程技术提出了挑战

在水电工程建设和运行期间，一个关键的问题是水质泥沙的处理。水利工程本身虽然不会增加或减少泥沙总量，但会改变水流的输沙能力和输沙过程，改变泥沙下泄方式，进而影响沿岸国家的农业和生态系统，这些都对工程规划和设计提出了更高的要求。

以澜沧江—湄公河为例，根据文献报道②，湄公河平均悬移质泥沙量约为 1.6 亿吨/年，其中约有 50% 来自中国的上游流域。泥沙对柬埔寨的洞里萨湖和越南湄公河三角洲都起到良好的生态维护作用。澜沧江梯级水电站建设将减少下游河道的泥沙淤积，对湄公河三角洲的农业发展产生不利的影响。

3. 生态多样性对国际河流合作开发提出了技术要求

国际河流流域广泛，沿岸各国生态差异性较大。水电工程建设通常会切断河流的连续性，必然对河流生态环境造成不可忽视的影响。水坝阻隔水生生物的自然通道，对生物多样性和生态平衡造成危害。合作开发中，必须根据流域各国的不同特征，有针对性地选择生态保护技术③。

（三）技术支撑条件约束

1. 水资源开发的技术合作与各国对于工程建设的支持密切相关

国际河流开发是一项庞大的系统工程。由于水电工程投资巨大，所以利息成本高、投资风险大；由于工程涉及面广，需要各方面的协调一致，所以开发建设的程序要求很严格；由于建设过程受河流的枯汛期影响大，所以各项工作

---

① 麻泽龙，谭小琴，周伟，等．河流水电开发对生态环境的影响及其对策研究［J］．广西水利水电，2006（1）：24-28.

② DES E W，王胜．湄公河的泥沙量变化［J］．AMBIO-人类环境杂志，2008，37（3）：142-148，222.

③ 周鹏，周殷婷，姚帮松．水利水电开发中鱼道的研究现状与发展趋势［J］．水利建设与管理，2011（7）：40-43.

进度的时间弹性很小。但是在现行管理体制中，仍存在着管理部门从自身工作需要出发较多、考虑水电建设特性较少，管制较多、支持较少等现象。无论在项目审核、资金来源，还是在移民及与地方政府的利益协调等方面，对国外水电项目建设的支持力度都明显不足①。

2. 基础设施不完善约束了工程技术合作

基础设计建设滞后，影响了水资源开发的技术合作。我国周边国家公路交通、电网建设等基础设施相对落后，与大规模水资源合作开发的要求不相适应，约束了工程技术的使用和效率。以老挝的水电开发为例，老挝尚未形成全国统一的电网，部分农村地区没有电力供应，全国最高电压设计为 500 千伏，这难以满足老挝水电开发和出口的需求。在柬投资水电站的成本较高，因为柬埔寨没有横跨各省市的输电系统，其输电网只布局于城市，因此还需要建设电网。

3. 水电技术应用与合作受流域整体规划制约

到目前为止，我国国际河流尚未全面利用规划，更遑论规划环境影响评价。水电开发热潮的规划工作，委托一些河流的水电开发企业去做。由于企业只关注一个电源点，对基础性的规划兴趣不大，同时它也难以代表国家利益——综合规划和协调的利益，这种情况不仅增加了水电开发企业的成本，而且也影响了开发的效率。在土地的利益明显损坏的情况下，流域各国政府和民众往往不支持电站建设，甚至处处设置障碍，从而增加了移民难度和其他相关工作。

4. 水电开发技术的应用往往受到政治环境的影响

大型水电工程技术较为先进、专业术语较为晦涩，部分规划方案、技术参数、建设和运营方式等难以被人们理解和掌握，普通民众对于未知事物通常具有敬畏和恐惧心理。如果合作开发的一方或多方存在政治环境不稳定因素，那么大型水电工程开发中的技术问题容易沦为政治博弈的抓手和牺牲品。通过扭曲技术参数、放大技术效应等手段，能够挑唆民众的不满情绪以达到政治集团的利益要求和政治目的。

---

① 赵传宝. 开发国际水电项目市场的机遇与风险分析［J］. 东方企业文化，2013（7）：34-35.

第四节 国际河流合作开发的工程建设技术合作

工程建设技术合作是我国与周边国家流域水资源合作的重要内容，也是投资合作、信息合作的基础。但由于我国与周边各国的工程建设技术存在差异性，需要考虑具体的情景提出合作原则，根据界河和跨境河流合作内容的差异性，分别考虑构建两种选择模式，即"联合公司"技术合作模式和以技术标准合作为核心的技术输出模式。

一、工程建设技术合作的主要问题与合作原则

（一）工程建设技术合作中存在的主要问题

1. 我国国际河流管理机构不健全，不利于工程建设管理方面的合作

我国的水资源管理实行统一管理与分级、分部门管理相结合。1988 年颁布的《中华人民共和国水法》没有完全从体制上解决水资源统一管理问题，新实施的《中华人民共和国水法》在法律上确定了流域管理与行政区域管理相结合的管理体制，改变了过去分级分部门的管理体制，对于发挥流域机构在管理中的主体作用、推进以流域为单位的水资源统一管理具有重要意义。但依然存在职能交叉和职能错位现象，这种现象不仅出现在国家级政府部门之间，也出现在省级和县级的政府部门之间①。因此，水资源管理呈现条块结合的体制，部门之间职能交叉和职能错位的现象并存，在对外的国际河流综合开发和协调管理上不利于对跨境水管理的政策效力。

这种状况导致在国际河流流域的对外合作中难以克服多头管理、政出多门的弊端。比如水功能与水环境功能概念模糊，流域综合管理与流域污染防治规划定位不明确，直接造成机构职能分工和统一管理的困难。国际河流跨境水量变化与水污染问题的调处分别由两个部门负责，二者的职责难以明确等。国际河流的管理存在机构不健全的现象致使很多管理工作难以开展。

目前，我国缺乏统一并且强有力的管理机构来妥善处理国际河流开发管理问题，即使在很多已成为国际合作开发热点和重点的国际河流区域，也缺乏统一的管理机构和整体行动计划，更不用说待开发区域的管理了。在国际上，也

---

① 汪群，陆园园. 中国国际河流管理问题分析及建议［J］. 水利水电科技进展，2009（02）：71-75.

没有与毗邻的流域国建立相应的国际河流开发或管理机构。

2. 我国国际河流开发的制度安排和资料整编较为缺乏，制约了工程建设中的信息化、智能化合作

我国在国际河流合作开发中虽然具有技术上的优势，但缺乏有效的制度安排。长期以来我国国际河流水资源的开发主要以国内河流的开发理念和模式进行规划管理，并未重视流域的国际属性，也缺乏有效的制度安排。

另外，国际河流资源基础的问题是水文信息收集及评价，国际河流资源认定是权益分配不可逾越的前提性工作。其中，以水文测验和资料整编、水文数据交换、水文分析计算为主要内容的双边或多边水文合作，又是国际河流合作开发的第一步。而我国国际河流普遍缺乏有效的制度安排，缺少前期水文研究，基础资料不完整，水文监测站布设较少，监测设备与水平难以适应开发的需要，严重影响了共同开发谈判的进程。

3. 我国与周边国家在国际河流合作框架方面的约束力不强，合作开发中的技术争端难以有效解决

我国国际河流开发的合作框架的约束力不强，一是大多属于框架性条约，操作性不强。诸多合作协议大多属于框架性协议，对于具体问题例如环境保护等实际问题规定较为简单，操作性不强；二是争端解决措施不足。目前，国际河流争端解决方式上是政治方法和法律方法并用。政治方法主要是流域国的外交谈判，法律方法主要有国际判例和国际公约。而我国现有条约中有关争端解决的条款大多只有协商这样一种形式，不符合争端解决增强可预见性、法律化制度化的趋势，对于工程建设技术合作这种具体争端的解决难以有效①。

（二）我国国际河流工程建设技术合作原则

针对现有建设技术合作模式存在的制度缺陷和运行障碍，提出了"流域共同体"视角下的合作原则。所谓"流域共同体合作"是指流域国在政治对话以及现有的法律框架内，建立国际河流流域内的合作开发共同体，该模式有典型的三个特征，即共同目标、共享信息、共同行动的全方位合作。

1. 共同目标

所谓共同目标是指国际河流流域国就流域未来发展达成共同愿景或共识，而不规定实现的途径与方法，其目的在于汇集各国的预期，为各国制定具体的政策和措施设定一个方向，从而使各国不同的政策和措施能朝共同的方向和目

① 杨恕，沈晓晨. 解决国际河流水资源分配问题的国际法基础 [J]. 兰州大学学报（社会科学版），2009（4）：8-15

标形成合力。设立共同目标的优点是弹性较大，各国可根据自己的具体情况灵活采取行动，各国背离的意愿很小，因此，很适合于合作初期。如早期的尼罗河合作倡议①、南亚水合作倡议等。其缺点是共同目标不具有强制实施的功能，合作具有一定的松散性。另外，共同目标一般都是中长期目标，合作获益在短期内往往看不出来，这在很大程度上会影响合作的信心和积极性，使得合作具有一定的不确定性②。

2. 共享信息

共享信息既是国际河流合作的基础性工作，本身又是一种国际合作的基本模式，主要要求流域国交流国际河流基本信息（如水文信息、水质监测信息及开发利用等信息），以达到对河流或流域基本概况的较全面和客观的认识，有助于达成共识乃至制定正确的政策及合作战略。如印度库什—喜马拉雅地区国家在跨界河流上开展洪水预报信息合作、界河两岸国家开展水文水质信息交换合作等。共享信息的优点在于共享信息一般不产生直接成本，但可获取"信息"规模效益，其制约因素主要是各方出于对国家利益及安全的考虑，对共享信息的范围往往有一定的控制③。

3. 共同行动

所谓共同行动是指合作者按照共同约定的某一具体目标或达成的某项协议要求，采取相应的措施、政策乃至合作行动，以实现共同目标。在共同行动中，合作者可以一次性地完成其所有义务，也可以分步骤、视其他合作方的进展决定自己是否进行下一个合作步骤。在分步骤完成义务的情况下，行为者可以对其他合作方的诚信程度进行观察和监督。共同行动在实践中常常表现为流域国在国际河流上联合开发水利枢纽工程（如印度、尼泊尔联合开发边界水工程；南非、莱索托在奥兰治河上游合作兴建大型水利枢纽工程）、共同治理水污染（如多瑙河、莱茵河国家20世纪中叶的合作）等。共同行动各方负担的义务和成本相应要高一些，而别国背离的成本也要高一些。因此，能否共同行动取决于共同目标的简单性、合作行动的有效性、合作收益和成本分配的合理均衡性以及有效的监督。共同行动的合作范围一旦不断扩大，则会倾向于保持较长期

---

① PAISLEY R, HENSHAW T W. Transboundary governance of the Nile River Basin: Past, present and future [J]. Environmental Development, 2013 (7): 59-71.

② 胡文俊，简迎辉，杨建基，等. 国际河流管理合作模式的分类及演进规律探讨 [J]. 自然资源学报，2013 (12): 2034-2043.

③ 孔德安. 水电工程技术标准"走出去"战略管理分析原则与框架模型研究 [J]. 水利水电技术，2015 (3): 34-38.

的合作，并能够逐步创建一种稳定的合作管理秩序。

二、界河的工程建设技术合作模式

（一）合作内容

国际界河的自然属性决定了邻国间对于国际河流水资源的利益相对均衡、风险共担。因此，在技术合作方面具有一致的目标。这使得双方愿意以政府协议的形式规定在水资源开发中技术合作的内容和方式。目前，我国与周边国家在水文信息合作、工程规划与设计、工程合作建设等方面均开展了较为深入的合作。

1. 水文信息合作

我国与周边国家在界河的水文信息和技术方面的合作历史较长，且合作关系最为紧密。我国与朝鲜之间早在 20 世纪 50 年代就开始了边界河流水文合作，开展了水文测验的交流和报汛业务。我国和俄罗斯双方的水文和气象部门于 20 世纪 80 年代就界河水文信息交换签署了备忘录，2009 年双方就交换黑龙江水文数据、水文站网信息、加强水文报汛和防洪减灾合作等进一步达成共识。

2. 水资源开发的规划与设计合作

国际界河水资源规划作为合作开发的起始阶段，既面临技术上的困难，又需要克服利益上的分歧，因此需要在共同利益认同的基础上，由双方在平等、互利的原则上共同制定。我国与周边国家在水资源合作规划与设计方面开展了积极富有成效的合作。但是，由于技术能力差异性，不同区域采取的形式又各有不同。其中，我国和朝鲜采取合资公司形式共同规划设计界河水资源，而我国和俄罗斯双方则由政府推动企业间合作。

3. 工程建设合作

我国界河工程建设方面，由于中俄之间就界河合作开发处于协商和规划阶段，建设合作刚刚起步，因此主要以中朝在鸭绿江的四座水电站——水丰水电站、云峰水电站、渭源（亦称老虎哨）、太平湾水电站为例研究界河水资源开发的工程建设合作。从工程建设合作方面，四个水电站合作方式各不相同，分为双方投资、共同建设，双方投资、单方建设和单方投资、单独建设三种方式。纵观三种方式，由于朝方技术能力所限，采用单方建设时，可能出现工程建设进度缓慢、合作效率下降的问题。

（二）联合公司的合作方式

在界河水资源合作开发中只有双方平等协商、平均分配界河水资源、共同规划、联合实施开发计划，才能有效发挥双方技术、资金优势，保障工程建设顺利进行。目前，我国与俄罗斯界河开发方面，存在合作地位不平等，俄方占据主导地位的问题；而中朝界河开发中，由于朝方技术水准所限，联合开发也存在联系不紧密的问题；中俄、中朝国际河流开发以双方合作为主，缺乏国际性运营模式。为此，在"流域共同体"合作原则下构建一套界河合作开发模式——以联合公司的形式统一规划，积极引入多方技术、资金，实现界河水电资源开发的多赢局面。

1. 统一规划、开发和治理

界河中资源的局部或者单方开发，有可能带来一些局部或单方利益，但不可能推动界河两岸国家经济的发展。而且局部或单方开发有时会损害全局及双方利益，并与其他的开发缺乏有机的联系，导致不必要的资源和资金浪费。所以必须成立联合公司，实行全流域和界河两岸国家同意规划，全面深入地开发和治理。

2. 建设全过程实现开放式技术合作

界河资源开发中利益相关者仅有两国，双方在技术能力相差不大、经济实力相当的情况下，容易以工程技术为缘由开展利益争夺，由于缺乏第三方斡旋，双方技术争议难以有效解决。伊泰普水电站无论在科研、规划、设计、施工、设备等方面均采用开放式的合作模式，通过欧美等国家的咨询、研发单位的介入，不仅有效地避免了合作中存在的争议，而且进一步加强了合作的信任。目前，我国界河开发过程中多由双方包办所有工程问题，不免产生一些摩擦和争议，有必要借鉴国际经验，依托第三方力量实现合作开发的顺利进行。

3. 采取灵活的资金筹措方法

资金筹措是界河开发的重要环节，联合公司采取灵活的资金筹措方法对合作开发项目顺利、高效地进行有很大帮助。联合公司的资金筹措方法有：单方投资、双方投资、国际投资和国际援助等。

4. 搭建信息交流平台、技术合作平台和沟通协商平台

这些平台可以使双方的合作更加紧密和顺畅。信息交流平台可以让界河开发参与方及时全面了解施工进度，让民众对开发项目进行监督，加强民众对国际事务的了解。技术合作平台为技术人员提供了理想的天地，界河合作开发的双方可以各尽所能，发挥最大优势。沟通协商平台为双方化解矛盾、合理处理

纠纷等提供了条件①。

三、跨境河流的工程建设技术合作模式

（一）合作内容

我国跨境河流主要集中在西南和西北地区，由于西北地区合作开发的领域集中在水资源分配、节水灌溉等方面，水利水电工程建设合作相对较少。西南地区国际河流由于水资源充沛、水能蕴藏量巨大，目前已从以下几个方面开展了相关研究。

1. 规划与设计合作

近年来，我国与周边国家的水电在水电规划设计方面的合作呈现规模化和整体化特征。例如：2007 年，中国水利水电建设集团公司委托中国水电顾问集团昆明勘测设计院开展南欧江水电规划的进一步深化研究工作。2012 年 2 月中缅双方签署有关协议，中国长江三峡集团有限公司提供援助，缅甸电力部委托中国水电顾问集团昆明勘测设计研究院对缅甸电力系统进行研究，并编制缅甸电力发展规划。

2. 工程建设合作

周边国家水资源开发的工程建设大部分由我国企业承建。尤其是西南邻国的技术和经济水平都还不具备独立开发大型水电项目的能力，因此我国在水电合作建设领域具有独特的优势。以中缅合作为例，2008 年我国与缅甸联合在跨境河流上开发了瑞丽江一级水电站工程。瑞丽江一级水电站位于缅甸北部掸邦境内紧邻中缅边界的瑞丽江干流上，工程包括首部枢纽、引水系统和厂区枢纽，混凝土重力坝高 47 米，库容 2411×104 立方米，装机 6 台总容量 600 兆瓦②，是目前缅甸已建和在建的最大水电站。

3. 水电设备合作

跨境河流开发对设备的要求比较高，主要的设备包括：GPS 定位系统、全站仪、红外线测距仪、电子经纬仪和绘图仪等测量设备，大型自动化三轴剪力仪、大型管涌仪、大型沉降变形仪及全新的中小型自动化直剪、压缩渗透仪等岩土设备和最新型号的钻探、灌浆机、原位观测等仪器以及地勘设备，内外网

---

① 张志会，贾金生. 水电开发国际合作的典范——伊泰普水电站 [J]. 中国三峡，2012
　　(3)：69-76.
② 潘存良，李勇. 瑞丽江一级水电站大坝基础帷幕灌浆质量评价 [J]. 云南水力发电，
　　2008 (5)：56-60.

络系统，达100%CAD成图率。这些无疑都是跨境河流开发工作坚实的后盾。目前，我国在跨境河流开发的设备输出方面逐步开展了卓有成效的合作。例如：2007年中国葛洲坝水利水电工程集团公司与缅甸第一电力部签署了一项水电合作供货合同。中方将为缅甸正在实施的水力发电站建设项目提供价值2000多万欧元的金属结构和机电设备。2015年，浙江国贸集团东方机电工程股份有限公司和东芝水电设备（杭州）有限公司签署了《缅甸上耶涅（UPPER YEYWA）水电站水轮发电机组及其附属设备供货合同》，东芝水电设备（杭州）有限公司将为该电站提供4台单机容量72兆瓦的立轴混流式机组。

（二）以技术标准合作为核心的技术输出模式

从跨境河流的合作内容上看涉及了水利工程前期、建设期多项关键技术。目前，常见的跨境河流技术合作模式主要有三种，分别是"技术输出""技术入股联合开发""技术扶持"。由于我国的跨境河流工程技术合作大部分集中在西南邻国，这些国家工程建设技术现状较为落后，结合三种模式可以看出我国国际河流工程技术合作的实质是"技术输出"。

然而，在技术输出模式中技术标准的认可、统一至关重要。技术标准的统一是合作开发的前提，不管是委托开发还是合作开发。从合作种类来看，纷繁复杂的技术种类导致技术标准相去甚远。其次，各个国家有纷繁复杂的技术种类，不同的技术种类中的技术标准更是相差甚远。最后，我国技术标准与国际标准或合作国的技术标准存在差异性。

1. 通过国家层面合作推进技术标准互认

我国水电技术标准、电力技术标准存在条块分隔、多头管理问题。需要将标准化组织、发改委能源局、外交部、商务部等相关部门联合起来共同推进水电技术标准的统一化。同时，在标准制定过程中需要参考西南邻国水电开发的相关需求、历史沿革等因素，加强编制过程的信息互通，保障技术标准的无缝对接。

2. 建立符合国际标准的水电技术标准框架

西南邻国虽然技术相对落后，国内大多没有水电技术标准，但在殖民地时期受到了西方技术标准的渗透，习惯于欧美国家技术标准。欧美水电技术标准框架体系较为完善，技术指导性较好。为此，我国在技术标准合作时，需要从标准的整体架构上与西方国家相吻合，从安全、质量、技术各个方面进行对照研究，寻找差距，及时修订。

3. 形成技术标准合作的商业生态系统

技术标准的输出不仅是水电企业的责任，同时也是设计单位、投资主体、融资机构等所有跨境河流合作开发参与者的责任。因此，必须树立水电工程技术标准输出的商业生态系统观念，构建技术标准输出战略，提升生态系统间的竞争力，完善生态系统群落结构，增强生态系统服务功能，把握生态系统生命周期，发挥核心商业竞争力，提升技术标准生态位，管理商业生态系统外部环境，为技术标准输出提供战略支撑和理论服务①。

第五节　国际河流合作开发的工程项目投资合作

国际河流工程建设技术合作不仅受到工程建设资金的约束，而且其分配模式也受投资比例的影响。为更好地服务国际河流水资源建设技术合作，本节着重研究我国周边国家的水资源开发投资体系、资金筹措和运作模式，并探讨我国与周边国家在工程投资领域中的合作模式。

一、周边国家水资源开发的工程投资体系类型

国际河流合作开发的投资体系按照主体划分为区域主导型、国家主导型和企业主导型等主要类型。其中，区域主导的投资体系建立在流域各国合作开发目标一致的基础上，由流域管理组织或其他合作组织主导，双方或多方共同出资、按比例分配利益；而国家主导型则是由流域某一国家单独规划，政府或通过直接投资或通过合资方式主导开发，再通过补偿形式将利益分配给下游国家；企业主导型投资较为特殊，其规划、投资和开发完全由企业承担，而开发所在国政府承担辅助工作。

（一）区域主导型的投资体系在国际上较为常见，而在西南国际河流开发中相对较少

由于合作开发的投资对于收益分配产生直接影响，因此国际上采取区域或流域整体投资的案例较多。例如：莱茵河水电开发过程中，意大利和瑞士等国联合投资开发水电，并按照投资比例进行利益分配；加仑河上的西班牙和法国也按照该模式联合投资。

---

① 孔德安. 水电工程技术标准"走出去"战略：竞争、合作、进化——商业生态系统观点 [J]. 水力发电学报，2013（1）：314-320.

由于西南国际河流流域内的投资主体结构较为复杂，投资主导方不明确，难以推动区域整体投资合作。在大湄公河次区域合作中，其行为主体有：亚洲开发银行、东南亚国家联盟、湄公河委员会、世界银行、联合国亚太经社理事会、联合国禁毒署、联合国环境署以及欧盟等国际组织；中、缅、老、泰、柬、越等大湄公河次区域国家和新加坡、马来西亚、印度尼西亚、菲律宾和文莱等东盟国家以及日本、韩国、澳大利亚、美国、印度、法国、德国、英国、挪威等主权国家；大湄公河次区域经济合作机制中，我国主要参与主体云南省、广西壮族自治区及组成"发展三角"的柬埔寨的腊塔纳基里省、上丁省，老挝的阿速坡省、河北省，越南的昆篙省、嘉莱省和多乐省，构成"黄金四角"的中国云南省，老挝北方七省，缅甸东部的景栋、大其力地区和泰国清迈、青菜两府等湄公河次区域国家的地方政府；半官方的东南亚国家联盟人权工作组、大湄公河商务论坛（亚太经社理事会协调）、亚欧会议社会论坛、亚行非政府网络、东南亚水管理地区对话；非官方的世界大坝委员会、水、粮食和环境对话、恢复生态地区联盟、东南亚河流网络等；此外，还有如中国南方电网公司等跨国经营企业与从事工商业的个人以及作为网络存在的跨境民族等经济合作行为实践主体。可见，次区域经济合作中行为主体的复杂性①。

（二）国家主导型投资体系在西南国际河流开发中占比较大

西南国际河流尤其是湄公河流域各国共同开发目标难以形成共识，区域主导投资难以实现，这就使得各国独立开展投资。该区域内各国具有投资能力的企业较少，因此，常采取国家主导和吸引外资相结合的方式。

老挝的电力规划、开发、实施及运营由老挝国家电力公司负责。老挝国家电力公司为国有公司，隶属老挝工业与手工业部，下设电力开发部、发电运营维护部、电力调度输送部、财务部和管理部，是老挝唯一的电力开发和运营机构。

泰国水利水电投资主体是各级政府与民众，其中政府在水利投资中处于主导地位，是水利投资主要力量，投资领域主要是灌溉排水工程、防洪工程、工业用水、水土保持、水电工程和因水利工程建设中的土地征用和移民安置，其中，灌溉排水工程、防洪工程、工业用水工程由皇家灌溉局负责实施，水土保持工程由土地开发局负责实施，水电工程由电力局负责实施。而农民在水利投资中处于次要地位，农民水利投资领域仅包括小型灌溉工程部分管理维修费用

---

① 吴世韶. 地缘政治经济学：次区域经济合作理论辨析［J］. 广西师范大学学报（哲学社会科学版），2016（3）：61-68.

以及农村饮水工程建设费用的 20%①。

缅甸电力开发有三种模式：国家开发、私营企业投资开发及与外国合资开发。国家开发的电力项目总装机为 163.2 万千瓦，私营投资项目总装机 19.64 万千瓦，与外国公司签署 JV 协议的项目总装机 1380 万千瓦。虽然缅甸国家主导的开发比例不高，主要依靠外资投资，但是缅甸政府通常参与合资公司，例如：缅甸一电部水电司与泰国 MDX 公司成立一个合资公司在缅甸掸邦南部的萨尔温江上建设装机容量为 7110 兆瓦的大山水电站。该合资公司需要遵循《外国投资法》。合资公司中外资比例不得低于 35%。虽然缅甸法律对外国投资者投入合资公司的最低投资额进行了规定，但是电力一部常常根据水电项目的规模、费用要求外国投资者提高应投入的最低投资额，通常做法是，电力一部要求合资公司有充足的资本并对项目资本总额进行担保，并通过与外国投资者的谈判确定项目投资最低总额。此外，在水电项目建设中，缅甸法律允许通过"民间兴建营运后转移模式"（简称"BOT 模式"）形式实现双方的商业安排，外国投资者对缅甸的水电项目投资大多采用 BOT 形式。

（三）部分国家依赖于企业进行水资源开发投资

东南亚邻国中柬埔寨政府对于水电开发的投资较为薄弱，在柬申建水电站的有关法律相对宽松，由投资者自行设计施工、不限定投资额、不指定使用机组等有利条件，只要不危害到环保和当地民众的日常生活即可。在柬建立水电站一般以 BOT 项目为主，即投资公司自筹资金及自负盈亏，向工业部申报投资额，一般营运期为 20~25 年，期满后交还国家②。

二、周边国家水资源合作开发的工程项目融资路径

（一）越南、泰国优先考虑国内融资和财政拨款作为融资的主要途径

越南、泰国在东南亚地区经济实力较强，国内具有一定的融资能力，在国际河流合作开发前期通常依赖于国内银行和财政开发项目。但是，随着项目规模增大、国际金融环境变化，该模式逐渐受到了影响。例如：越南莱州水电项目融资过程中，越南农业农村开发银行、越南投资开发银行、越南外商银行、全球石化股份商业银行 4 家银行签订了总额为 2.601 兆越南盾的融资合同，用于北部莱州省 Ban Chat 水电站的建设。由于受到金融危机影响，越南国内金融

① 王广深. 泰国水利投融资制度及启示 [J]. 经济问题探索，2012（12）：141-144，153.
② 陈隆伟，洪初日. 中国企业对柬埔寨直接投资特点、趋势与绩效分析 [J]. 亚太经济，2012（6）：71-76.

机构融资能力下降，导致项目出现融资危机，面临项目暂停和转让的危险。2014 年，进出口银行湖南分行积极跟进，为项目出具融资兴趣函、提供融资建议，并与其他三家金融机构合作为越南国家电力集团组织银团贷款，融资金额约 1.08 亿美元。

泰国的财政拨款是泰国水资源开发的主要资金来源，泰国政府高度重视水利建设，水利财政支出占政府财政支出总额的比重相对稳定，因此投资额也随着国家财政支出总额的增长而增长。

（二）国际金融机构是东南亚国家早期融资的重要通道

截至 21 世纪前十年，东南亚国家在国内建设资金不足的情况下，通常向国际金融组织寻求资金资助。例如：20 世纪 90 年代泰国和越南都在寻求世界银行帮助投资兴建两座各自拥有的水电站。泰国电力生产管理局寻求世界银行资助南达洪抽水蓄能电站工程的建设，工程费用估计为 5.2 亿美元，世界银行将投资 1 亿美元。越南为经胡志明市流入中国南海的西贡河的主支流同奈河上 300 万瓦代宁水电站工程寻求世界银行的财政资助。2002 年老挝政府与国际金融机构联系南屯 2 水电站融资、担保等事宜，世界银行给予老挝政府 2000 万美元贷款援助，作为老挝政府建设南屯 2 水电站持股资金。同时还决定向老挝政府提供风险担保 5000 万美元，以使其他国际金融机构对南屯 2 水电站项目树立更多的信心。

（三）受我国水电技术输出的影响，东南亚国家水电开发的融资路径逐步倾向于中国

随着我国水电企业走出去的步伐加快，我国金融机构的配套和支持也不断完善。这也为东南亚国家国际河流的开发提供了更为充足、安全的融资途径。例如：2010 年国家开发银行作为牵头银行为南乌江水电项目开发提供大约 18 亿美元额度的贷款。2014 年中国进出口银行将向老挝国家电力公司提供约 12 亿美元用于支持中国企业总承包的南俄 3 电站项目及相关设备采购。2014 中国进出口银行广东省分行为南方电网国际公司与老挝电力公司以 BOT 形式共同投资建设的南塔 1 号水电站提供独家融资。2010 年中国进出口银行和中国信用保险公司分别为柬埔寨甘再水电站提供融资和保险支持。2013 年中国进出口银行为缅甸上耶崖输变电项目提供优惠出口买方信贷进行融资。2014 年工银租赁通过向国内企业采购电力设备及附属设施，直接跨境租赁给柬埔寨桑河二级水电有限公司使用。

在中国企业"走出去"的过程中，金融服务滞后的问题相对突出。虽然在

我国银行快速发展的前提下，国有银行开始在海外大量设置网络布局，但由于传统信贷业务的局限性，仍然难以满足国内企业海外投资所需的融资、开拓市场等方面的需要。

三、水资源开发中工程项目投资合作的冲突与争议

我国企业与国家主导的投资体系合作存在地位不对等、投资风险的问题。企业参与政府主导规划的水电项目开发，很容易受到该国国内的政治、经济局势的影响，一旦企业违背了该国政府或者公民的利益要求，很容易产生纠纷，导致项目开发难以为继。我国企业在政府或国家主导的合作开发模式下需要承担很大风险，一旦投资失败，不仅仅使企业蒙受巨大经济损失，也可能引发国际纠纷，破坏两国的外交关系。投资合作中存在的冲突和争议主要表现在以下几个方面。

（一）国家主导的投资体系关注的利益范围较广，与企业单一经济目标不一致

企业作为理性的个体，其目标往往是追求经济利益的最大化。但是，国家在水电项目开发方面不仅仅要考虑经济利益等显性、短期的利益，还要更多地考虑社会利益，比如环境保护、水土保持、国民文化信仰以及国民就业问题等。

因此，企业在进行河流开发时，需要兼顾多重目标需求，采取多种开发方式，在满足当地政府和公民的利益需求前提下，来获取自身最大化的利益。例如，美国田纳西河的开发正是遵循这一主导思想：首先创造一个有安全保障的环境和能源交通等各方面的基础设施，促进国土开发；水电配合火电、核电，大力发展高耗能的炼铝工业、原子能工业、化学工业，建成最大的电力和铝化工基地。同时也较快地、因地制宜地全面发展农林牧副渔各业；强调保护环境和提高环境质量，促进旅游业的发展，同时普及科学技术和文化教育事业[①]。

（二）国家主导的投资体系受开发国政治局势影响较大，企业投资主体难以预计此类风险

国家主导型投资体系最大的特点就是项目从属于和服务于国家关系，受国家关系的影响较大。国家关系的波动和震荡都将直接影响项目的实施。以密松水电站投资受挫为例，我国的投资企业对于缅甸国内政治风险估计不足，仅与

---

① 黄勇. 江河流域开发模式与澜沧江可持续发展研究［J］. 地理学报, 1999（S1）: 119-126.

军政府方面合作，并委托其对受影响的克钦族民众进行补偿。然而，当缅甸国内产生政治动荡时，与军政府单方面合作的密松水电站自然成了冲突双方利益争夺的牺牲品。

（三）我国企业在与国家主导的投资体系合作时，双方对于项目的自然、经济、社会等事关项目可行性的重要信息方面存在严重不对称

可行性研究是指在调查的基础上，通过市场分析、技术分析、财务分析和国民经济分析，对各种投资项目的技术可行性与经济合理性进行的综合评价。可行性研究的基本任务，是对新建或改建项目的主要问题，从技术经济角度进行全面的分析研究，并对其投产后的经济效果进行预测，在既定的范围内进行方案论证的选择，以便最合理地利用资源，达到预定的社会效益和经济效益。

由于水电项目一般投资规模大，因此，很有必要对水电项目进行可行性调研。项目可行性研究工作能否从深度和广度来论证项目的可行性，关系项目的最终成败。重大水电项目一旦投资决策失误，会给企业造成不可估量的损失。我国企业在投资建设密松水电站时，缺乏对克钦地区的民众在这方面的信仰、观念的了解，直接导致了项目的受挫。最终，投资方蒙受了巨大损失。

四、符合东道国利益要求的多元化工程项目投资合作模式

正是由于水电项目开发时考虑多目标的必要性以及企业在做出投资决策时自身的有限理性，加上国外水电项目投资较大的风险性，我国企业在参与国家主导的投资体系下的水电项目时，必须构建符合该投资体系下的东道国政府多元化利益要求的合作模式。

（一）合理安排投资结构，将单独的风险分散化，将企业投资目标和东道国的利益捆绑，实现风险共同承担

国际河流投资公司可以通过调整经营和金融政策，把政治风险降到最低，具体可采取以下措施：跨国投资公司应努力找寻更多的利益相关者，国际金融机构和公司持股者和客户均能成为利益攸关方，可以利用多渠道融资将风险导入东道国或其他利益相关方，一旦投资所在国发生任何政治或经济风险，投资公司不必承担太多的风险，还能得到多方声援和国际保护；再者试着将工程原料、施工队伍、水电设备供应和投资所在国市场接轨，一旦任何风险发生，东道国同时也会遭受巨额损失，这种"感同身受"会让东道国重视自己的不当行为给他国造成的损害。

（二）构建企业在海外投资的风险评价体系

严格执行将风险控制指标引入企业境外投资绩效评价体系中，由于水电企业的规模和影响力，其海外投资会引起社会各界的高度关注，万众瞩目。因此更需防范境外投资风险，以确保投资的安全和保障海外投资的价值。在某种程度上，对大型中央企业境外投资的评估，不仅仅取决于其预期的经济效益，而且还取决于其风险防范政策是否周全。很多时候，后者的意义更大。因此，构建以风险控制为导向的央企境外投资绩效评价体系甚为重要。将境外投资风险的预警和控制评估系统纳入境外投资绩效评价体系中，不仅能综合评判海外投资合理与否，更是风险预警和风险控制的重要依据，因为这两者是风险应急处理的基本元素。一个包含足够具体且合理指标设计的企业综合绩效评价体系，不仅能反映海外投资企业的财务业绩和管理效率，还可以反映其海外投资的风险控制能力。恰当的评价指标还能较准确反映境外投资的风险及其程度①。

（三）积极推动海外投资主体本土化

我国企业应改变"沉默是金"的陈旧观念，加强公关策略，要利用各种舆论媒体宣扬自己的投资给当地政府和老百姓带来的巨大实际利益，并且在矛盾凸显时和当事方及时沟通，争取将矛盾和误解消灭于萌芽状态。在投资方式上尽量采取和所在国合资的形式取得一定的本国企业身份的"本土化包装"，也是规避风险的重要环节。水资源开发投资可参照债务形式出资，通过产品分成让各方获得利益以平复"资源掠夺"论，这些都可以有效避免海外投资直接控制的结果。如果投资主体有品牌、技术、管理优势，也可以采取特许经营模式，既缩小了资金链、避免了投资风险，又抢占了市场先机。海外投资经营中还应保持一定的当地员工雇用比率，这样既降低成本，又提升了"本土化"形象②。

（四）预设风险转移方案

在境外水电项目的风险管理中，经常采用且非常有效的处理方法是通过具有法律效应的条款转移风险。例如，通过在合同中设置全面的履约担保条款为工程提供履约担保，还有近年发展起来的投保工程险也是一种有效的方案。前者通过预先设置保护性条款和工程合同的履约担保这两种方法，其由于成本低，易于实现，已广泛应用于各种海外投资合同中。后者工程保险这种方式保障程

---

① 张路.构建以风险控制为导向的中央企业境外投资绩效评价体系［J］.经济研究参考，2011（24）：36.

② 董芳.从密松水电站事件看跨界水电合作项目的风险管理［J］.水利经济，2014（5）：55-59.

度更高，但高有效性导致高成本，程序也较复杂，需要受过专业训练的人士才能操作，这也是至今我国许多工程尚未采用工程保险这种方式的原因。但随着保险市场的日趋成熟及海外水电投资日见规模，工程保险将成为风险转移的主要途径。越来越多的风险管理经验证明工程保险高效可行，风险化解范围涵盖面更广，当前在民用建筑行业已被有效应用。

第八章

中国与周边国家国际河流水资源合作开发总体策略

我国在面对周边不同类型的国际河流以及与不同国家开展水资源合作开发时，尤其需要关注战略的整体性、层次性和区域差异性，总体的合作开发政策需要从国家层面的水安全合作、区域层面的经济合作、流域层面的水资源管理合作三个层面提出总体的政策措施，同时这些政策措施需要针对我国目前在这三个层次存在的主要矛盾和问题，结合跨境水资源合作的历史、现实与未来的发展趋势，突出跨境水资源合作的重点领域。

第一节　国家层面的水资源合作开发的策略措施

一、国际河流水安全合作机制的设置策略

（一）国际安全合作框架下设置水安全附属合作机制

为了保障改革开放在良好的周边环境下进行，我国就国际安全与各国展开合作，形成或参与了上海合作组织、香格里拉对话会、中国与东盟合作机制、六方会谈等多个国际安全合作框架，这其中对于国际河流影响比较大的是上海合作组织、中国与东盟合作机制，见表8-1。

表 8-1　我国与周边国家的主要国际安全合作框架

区域	我国与周边典型的合作框架名称	合作领域	是否有涉水合作
东南亚	东盟地区论坛	合作涉及了包括反恐，禁毒、救灾、防止大规模杀伤性武器扩散、警务和刑侦，防止疾病扩散等诸项议程在内的广泛的领域	无
	香格里拉对话会	合作主要针对非传统安全合作中的海上安全合作	无
	东盟与中、日、韩（10+3）合作机制	合作涵盖经济、货币与金融、社会及人力资源开发、科技、发展合作、文化和信息、政治安全和跨国问题 8 个领域	有
	东盟与中国（10+1）合作机制	十一大合作领域，五大重点合作领域，即农业、信息通信、人力资源开发、相互投资和湄公河流域开发	有
	澜湄合作机制	以政治安全、经济和可持续发展、社会人文三大合作支柱，互联互通、产能合作、跨境经济、水资源、农业和减贫六大优先合作领域	有
中亚	上海合作组织	在地区安全方面发挥作用，打击各种极端势力、分裂主义和恐怖主义	有
东北亚	六方会谈	由朝鲜、韩国、中国、美国、俄罗斯和日本六国共同参与的旨在解决朝鲜核问题的一系列谈判	无

1. 上海合作组织框架下设置水安全合作机制的建议

上海合作组织旨在加强在地区和国际事务中的磋商与协调行动，在重大国际和地区问题上互相支持和密切合作，联合促进和巩固本地区及世界的和平与稳定。上海合作组织的宗旨和原则，集中体现于"上海精神"上，即"互信、互利、平等、协商、尊重多样文明、谋求共同发展"，鼓励成员国在政治、经济、科技、文化、教育、能源、交通、环保和其他领域的有效合作。

从国际河流水资源安全合作的角度看，上海合作组织提供了维护和稳定区域安全的制度性保障。中亚地区各国国际河流水资源的特点迥异，总体而言各国水资源比较短缺，又分布不均，而流经该地区的几条主要河流大都是跨国水系。随着各国经济发展，工业、农业、生活用水量都在不断增长，而且水源环境的污染状况也越来越严重。如何合理地分配利用跨国河流水源，不仅关系各成员国经济发展和区域整体经济水平的提高，而且已经成为影响各国睦邻关系的重要因素之一。在促进地区经济合作深化的过程中，协调和解决合理开发和利用跨界水资源的问题势必成为上海合作组织区域合作现在和今后的重要合作领域。

从实践来看，当前依托于上海合作组织的水资源合作框架，中俄和中哈在水资源合作领域已经取得了一定的成效，其中中哈在这一领域合作进展尤为突出。霍尔果斯河作为中国与哈萨克斯坦的界河，为更为透明地分配水量增进两国相互信任，更为科学地调节水资源的分配，由无序转为有序地引水，中哈双方2010年签署了合作协议，决定共同建设霍尔果斯河友谊联合引水枢纽工程，并定于2013年7月建成。此外，中哈两国还在多次举行中哈环境保护专门会议，共同商讨国际河流水质保护的合作事宜。

从组织结构来看，目前上海合作组织机构包括会议机制和常设机构两部分。近年来，上海合作组织框架下还成立了实业家委员会、银行联合体、上海合作组织论坛等机制。在组织机构和职能上，西北国际河流水资源安全机制需从已有的会议机制和常设机构着手，将水资源安全事务纳入上海合作组织的合作范围，通过国家领导人的会议等确定西北地区国际河流水资源安全合作机制的战略地位，在"上海合作组织实业家委员会"和"上海合作组织银行联合体"框架下开展水资源安全的经济合作。随着水资源安全事务的发展，在上海合作组织的框架下建立类似上海合作组织论坛等性质的西北国际河流水资源安全机制。

总而言之，上海合作组织具备地缘优势，经济结构互补，这是西北国际河流水资源安全合作的先天优势。

2. 中国—东盟合作及澜湄合作框架下设置水安全合作机制

我国西南国际河流主要涉及东南亚和南亚国家，流域国家大多是东盟的成员国、观察国和伙伴对话国。我国在澜沧江—湄公河流域水资源合作方面一直存在着与湄公河委员会如何合作的问题，其中最主要的障碍在于湄公河委员会的流域外力量影响该机制的权威性，以及对可持续性政策和经济增长的理解存在差异。因此，在现阶段可以拓展为在中国—东盟合作框架和澜湄合作机制下的多边合作尝试，因为这两个合作框架的核心是经济合作和经济增长，这一战略目标符合我国在国际河流水资源合作领域的基本要求。

东盟与中国的（10+1）合作机制确定的五大重点合作领域之一即是湄公河

流域开发领域，此外在执法、非传统安全等其他 20 多个合作领域也部分涉及水资源开发；中国与东盟签署的 10 余个合作谅解备忘录和合作框架也部分涉及湄公河水资源开发。可以说，东盟与中国的合作机制将湄公河流域的经济合作列为重要的合作领域。

目前，中国—东盟合作框架已建立一套完整的对话与合作机制，既有政府间的合作对话形式，也有我国政府与区域内组织的对话形式。未来西南国际河流水资源安全合作机制可以在这个框架下继续发展，同时可以进一步将西南国际河流水资源安全纳入政府首脑会议内容，对其长远发展做出战略性的规划和指导；在现有政府间合作的 11 个部长级会议机制上增设相关议题，负责水资源安全政策规划和协调；在工作层利用中国—东盟中心这一常设性机制平台，稳步推进西南国际河流水资源开发与保护的日常合作事务。

澜湄合作机制的建立是我国在澜沧江—湄公河流域主动提出的合作倡议，这是首次由我国倡导并愿意主导的多边安全合作框架，其中规定了水资源开发为核心领域，今后必然会逐步涉及澜沧江—湄公河上下游流域合作的问题。因此，澜湄机制下的水资源合作可以逐步与湄公河委员会并行，进而实现改造、融合和取代，实现对于该河流的流域国自主管理。以澜湄合作为经验总结，我国可以将西南地区的其他国际河流分别设立相关的流域合作机制，推动河流的开发。

（二）水安全合作的衍生性合作机制设置

1. 西南以现有水资源合作为基础，以澜湄合作机制为目标构建水资源衍生性合作机制

澜湄流域是我国与周边国家开展合作最多、最成熟的地区，我国已经确立了澜湄合作机制建设的基本战略方向，将已有的合作机制衍生发展出新的合作机制，从而落实澜湄合作机制，在这一流域有广阔的前景。包括：

第一，水灾害防治合作机制。1996 年起我国开始成为湄委会的对话伙伴国，之后我国致力于与湄委会保持良好的对话协商机制，水灾害防治是这一水安全合作机制的重点，侧重于水文水情数据的交换。2002 年水利部与湄公河委员会签署了《关于中国水利部向湄委会秘书处提供澜沧江—湄公河汛期水文资料的协议》。2008 年在中国、缅甸与湄公河委员会第 13 次对话会议时水利部与湄公河委员会续签了该协议。在此基础上，我国的合作机制应拓展到全流域水文水情监测、流域工程运营调度和洪旱灾害合作治理领域。

第二，生物多样性保护合作机制。2005 年由于大湄公河次区域环境安全形

势严峻，在首届大湄公河次区域环境部长会议上形成了"大湄公河次区域生物多样性保护走廊倡议"，作为大湄公河次区域核心环境规划的重要组成部分，通过连通次区域内重要的生物多样性区域来加强生物多样性的保护工作。

第三，水上安全执法合作机制。湄公河水上安全合作始于1993年，中国、缅甸、老挝、泰国加上联合国禁毒署共同签署了《禁毒谅解备忘录》，两年后流域内的柬埔寨与越南加入，这一备忘录是世界上较早成立的次区域禁毒合作机制，在其框架下制定的《次区域行动计划》是世界上第一个次区域禁毒合作行动计划。这一合作有效遏制了跨国制贩毒活动。2011年10月，上述四国又建立了中老缅泰湄公河流域执法安全合作机制。

第四，流域航运合作机制。2000年4月，中国、老挝、缅甸和泰国四国正式签署《澜沧江—湄公河商船通航协定》，并成立了"澜沧江—湄公河商船通航协调联合委员会"。澜沧江—湄公河国际航道的正式通航，对于巩固中老缅泰四国友谊、增进互信、实现共同发展起到了积极的促进作用。

水灾害防治合作机制与水环境合作机制侧重于维护流域自然安全，水上安全执法合作机制侧重于维护流域社会政治安全，流域航运合作机制则侧重于维护流域经济安全。但是这些涉水安全合作机制依然缺乏坚实的法律基础与规范的执法程序，相关协约约束性不足且缺乏服从机制等规制问题也是亟待各国予以解决的。此外，国际河流问题趋于复合型，即多种安全问题交织、并发，单一功能的涉水安全合作机制已经无法适应湄公河流域水资源合作的发展，在以上涉水安全合作机制的基础之上，衍生具有相互协调与综合管理性质的澜湄流域水安全合作机制。

2. 西北地区国际河流从水文水质监测合作衍生水资源技术合作、水基础设施合作乃至教育文化合作

虽然我国与哈萨克斯坦目前国际河流合作是比较深入的，但也仅限于水文、水质等监测、数据信息交流等具有比较稳定的合作机制，这与我国希望在中亚建立"一带一路"命运共同体的要求相差甚远。沿着"一带一路"倡议方向的衍生性水资源合作机制构建可以优先在投资和教育两个领域展开，从而避开比较敏感的分水协议，又可以极大促进各国对"一带一路"合作的现实理解。"分水协议"不仅仅是明确一些水资源分配的指标，更重要的是两国政府与人民之间的理解、沟通与信任，协议说到底仍是谈判者之间的约定，尽力改变谈判者才能获得相互的理解与妥协。水资源技术合作、基础设施投资合作和水资源教育研究合作机制应该由两国国家层面加以推动，而且不仅限于中哈跨境的额尔齐斯河和伊犁河，应该是两个国家之间的战略合作机制。通过衍生合作机制的

设计和推进，我国可以向哈方及中亚各国明确推动水资源合作的战略意图和更广阔的战略视野，从而为跨境河流的水资源谈判提供一个更弹性的空间。

二、国际水法对我国国际河流的适应性及应对策略

（一）国际河流水法的现状及存在的主要问题

1. 《赫尔辛基规则》与《国际水道非航行使用法公约》及其实践困难

在国际河流利用方面，著名的国际法学术团体国际法协会于 1966 年在其第 52 届年会上通过了《国际河流利用规则》（又称《赫尔辛基规则》，以下称为《赫尔辛基规则》）。《赫尔辛基规则》是就国际河流淡水资源利用和保护相关法律制度发展的第一个重大里程碑，是迄今为止国际社会中出现的关于国际河流利用的国际法一般规则的最好的总结和编纂。它得到很多国际法律档和国际法律实践的承认，对其后的国际法发展影响较大。

1997 年 5 月，联合国大会通过了颇有争议的《国际水道非航行使用法公约》，不少国家对该公约的某些规定存在不同看法甚至反对意见，但对于将谈判作为争端解决办法的首选，没有国家提出异议①。《国际水道非航行使用法公约》被广泛认为是《赫尔辛基规则》之后国际水法发展史上另一个具有重大意义的里程碑式的国际法档，可视为迄今最全面、最具权威的国际河流利用和保护法。《国际水道非航行使用法公约》第 33 条用了 10 个条款和 1 个附件去规定争端解决程序，在争端解决模式的选择上，几乎包含现有的所有争端的解决方法，在方法上也是政治和法律方法并用，考虑的手段也包括强制性和非强制性，但是相对而言更多地侧重于法律方法。

《国际水道非航行使用法公约》虽然 2014 年 8 月 17 日生效，但是在切实履行上尚有一定的困难。在已经缔结条约的国际河流流域，流域国违反和不遵守条约的情况并不少见，还有许多国际河流并没有流域性制度安排，缺乏最起码的争端预防和解决机制。国际河流流域的法律制度安排可以确保流域国获得自己应该获得的水资源，免除流域国家对于水安全的忧虑；或者虽然有缺水的忧虑，但由于国际河流水权明确，流域国硬权力的行使有了确定的边界，就可以避免纷争或有效解决纷争。但国际河流的地理独特性、国际河流自然与人文地理本身的复杂性以及流域国家利益的差异性，使流域国达成国际公约必须协调各种制度和文化之间的巨大差异，即使最终形成全球性国际河流规则，在实践

---

① 王曦，杨华国. 从松花江污染事故看跨界污染损害赔偿问题的解决途径 [J]. 现代法学，2007 (3)：112-116.

中也难以适用。

1997 年《国际水道非航行使用法公约》规定了相当低的生效条件，即在全球 193 个联合国会员国中，有 35 个国家（无论其是否涉及国际河流）批准公约后 90 天，公约就开始生效。这是一个框架性公约，对于国际河流实践只在原则制度方面有一定的指导意义。另外，尽管《国际水道非航行使用法公约》规定国家以"公平和合理"的方式利用国际河流，但没有确立利用优先次序、缺乏沿岸国之间法律权利义务对等的核心法律概念，公约操作性存在重大问题。而且，国际法上的"条约不得为非缔约方设定义务"原则也可能使公约仅停留在理论探讨的层面上，无法成为判断争端国之间是非曲直的法律准则。人们对公约在避免和解决当今国际河流争端方面有多大影响仍然有所疑虑。

2. 许多国际河流签订了流域性国际河流条约但执行效果不佳

目前各流域国争端的预防与解决，主要还是依赖流域国缔结的一些双边或者多边条约。这些条约因为国际河流不同、流域国家不同而存在很大差异，形成了国际河流领域非常独特的"一条河流一个制度"的特征。这些条约或者制度只对本流域、缔约国适用，不具有普遍性。

自 1814 年起，国际社会谈判产生的 300 多个国际河流条约中，有近半数条约涉及水资源本身。条约内容随着实践的发展也有很大的变化。早期条约的内容涉及航运、边界划分和水产养殖等方面，20 世纪条约主要内容开始多元化，水力发电、灌溉用水、水量分配甚至水质保护等内容都逐渐成为不同条约关注的重点。

缔结条约并不意味着国际河流安全机制已经建立起来。在许多国际河流流域，已经缔结的条约并没有得到有效的遵守，或者说条约的存在并没有阻止冲突的发生。总的来说，在签订了水条约的国际河流和湖泊中，其执行情况都不太理想。例如在中亚地区，流域国家签订了一系列全流域性质的协议，如 1992年签订的《关于共同管理国家间水资源利用和保护的协定》、2002 年签订的《咸海地区 2003—2010 年环境和社会经济改善行动计划》等。

另外，在 1992 年协议的框架下，流域国家还分别签订了一些非全流域条约，如 1998 年和 1999 年哈萨克斯坦、吉尔吉斯斯坦、乌兹别克斯坦、塔吉克斯坦四国签订了《关于锡尔河流域水能资源利用的协议》，吉尔吉斯斯坦每年与哈萨克斯坦、乌兹别克斯坦分别就综合利用纳伦河—锡尔河梯级水库水能资源和获取补偿达成专门的协议。但这些条约未能从根本上缓解中亚水危机以及由此引起的各种争端。

条约执行效果不佳的原因有很多，缔约技术、资金情况、气候变化等新情况的出现，执行机构本身的问题等都会影响条约的执行。从根本上来说，流域国家不愿意履行条约，是因为条约未能使流域国家水所有权与水使用权之间达成平衡，从而真正达到公平合理利用国际河流的目的。在那些没有全流域条约的国际河流流域，普遍存在的情况是贡献量大的国家用水少，贡献量少甚至没有贡献的国家用水多，一些贡献量小而用水多的国家不愿意缔结条约限制自己的权利和行动，或者通过与处境类似的国家缔结条约，维持现状并排除其他流域国的参与。

3. 国际河流法治不健全的原因在于流域国参与动力不足和权利义务不对等

合法有效的国际河流机制意味着它是被流域国家普遍承认并被大多数国家接受的，具体表现为国际社会成员对规则规范的遵守和服从。只有被普遍遵守，对各个行为体具有控制力或者约束力，执行和实施情况良好，国际河流机制才具备有效性。因而，机制的合法有效，就体现在条约的自愿缔结和普遍遵守上，只有流域国积极主动地缔结和履行条约，才能避免和解决国际河流冲突，最终形成国际河流安全秩序。但当前情况是，流域国参与建构与执行国际河流机制动力不足，流域制度缺乏有效性。要使流域机制合法有效，就必须缔结流域国权利义务对等的国际河流条约。

从实践上看，在当前存在的各种类型的国际河流水条约中，只有权利义务对等的条约才会使流域国家的合作动力强，因为这种类型的条约对所有国家的利益都进行周全的考虑；而在权利义务不对等以及以结果平等为目标的平均分配机制中，部分国家缺乏合作动力。

（二）我国对国际河流水法制度框架设计应持的基本观点

1. 国际河流制度设计必须关注生态环境这一人类共同利益

根据可持续发展原则，国际河流的开发不仅应满足国际河流流域国家社会经济发展的需要，还应该保护生态环境，预留满足生态用水需要的水资源。在设计国际河流制度框架时必须树立生态理念，充分认识到生态需水是所有河流进行水分配和可持续开发利用的基础，也是国际河流水权分配的基础。

在进行国际河流制度的框架设计时，要坚持以维持国际河流生态水量为前提，确定国际河流的水权，明确各流域国的权利与义务，显然，对于研究流域生态、环境用水以及水环境中的突出问题意义重大。

在国际河流实践中，有些国家达成的条约已经关注到生态需水。例如西班牙和葡萄牙1998年达成的《保护和可持续利用西班牙—葡萄牙水文流域的水域合作条约》就明确规定了河流的最小生态需水量。该条约规定，上游国在规划

未来资源利用时，必须保证该计划能够使河流维持最小流量。在保证最小流量
的情况下，上游国家可根据自己的意愿，选择自己认为最合适的方式，自主地
对河流资源进行利用；下游国对资源的利用和开发，同样也必须保证最小流量，
不能对最小流量构成威胁。

2. 国际河流制度设计必须明确流域国家行使权力的边界

国际河流争端的解决不能建立在国家需要的基础上，必须有一个客观的标
准来界定国家利益，使流域各国明确自己的利益边界，约束自己的用水行为。
从理论上来说，国家对于自然资源的利益边界，在于国家主权。国家对自然资
源的占有和使用，必须以主权为限，任何国家都无权占有别国资源。对于国际
河流水资源来说也是如此。这样就必须明确流域国家所享有的国际河流水资源
所有权（水权）的份额。流域国家只能使用自己水权份额内的水。如果水权份
额内的水不能满足本国需要，可以采取国家协商的方式，通过利益交换获取水
资源，但绝对不可以无偿占有甚至通过军事行动去抢夺。

但现实中的情况是，国际河流水权迟迟未能确定，国际河流因此成为一种
事实上的公共资源。水权不定则使这些需求有了凭借强权就可以得到满足的可
能性，因此，在水权未定的情况下，流域国家为了获取更多的水而进行诸多努
力，为了增强自己在国际河流竞争利用中的优势地位，流域国家必定在发展本
国的政治军事实力中相互攀比，使国际河流流域发生冲突的可能性增加。特别
是那些对水资源的依赖程度较高的国家，争夺水资源的动机更强。它们会以各
种手段维护自己的利益，从而增加了用武力解决问题的风险。

因此，只有确定流域各国的水权份额，才能明确各国在国际河流中国家利
益的边界，最终避免和阻止冲突的发生。确定水权、明确流域国权利行使的边
界，是国际河流制度框架设计的核心。

3. 国际河流制度设计必须采用受益补偿以平衡流域各类利益

1992 年《有关水和可持续发展的都柏林声明》的第四条原则规定，水具有
经济价值，应该把它看作经济物品；所有人都享有以付得起的价格，获得清洁
水和卫生设施的基本权利。因此，保障人类的用水需求，是国际河流制度框架
设计中必须重点关注的问题。从国际河流利用实践看，人类基本用水需求在各
种国际档中都有规定。例如 1997 年《国际水道非航行使用法公约》第二款规
定，国际水道国之间发生争议时，可以依据该公约第五条至第七条解决这些冲
突，但在解决时，特别应该注意维持生命所必要的人的需求。2001 年的《波恩
国际淡水会议行动建议》第四条建议提出了水资源分配中的用水优先权，即应
首先满足人的基本用水需求，然后是河流生态用水需求，最后是包括粮食生产

在内的经济方面用水需求。

但如果将某一国的水资源，无偿地提供给其他流域国家的人民使用，就会造成该国的利益受损。因为根据主权原则，任何国家都不能无偿使用别国的水资源，无论何种原因。这样就形成了国家利益与人类基本需求之间的矛盾。虽然"将水作为经常商品进行管理是达成效率和公平利用、促进对水资源的维持和保护的重要路径"，但在国际河流流域，对水资源的支付是一个敏感的问题，毕竟水资源与其他自然资源不一样，它是人类共同的需要。而且下游国家对水资源的利用已经有很长的历史，不考虑其用水基本需求显然不可取。因此，在解决国家利益与人类需求之间的矛盾时，必须考虑周全。

受益补偿原则指的是国际河流利用和保护中受益的国家对为其受益在客观上采取措施并付出相应代价的国家给予合理补偿的原则。受益补偿原则是很多流域国家国际河流协议的重要内容之一。采用受益补偿原则之下的水资源流转，并不是单纯地将水作为商品，而是在考虑人类水权的基础上，兼顾国家利益，因而是一种公平合理的制度。

（三）我国对于未来参与条约制定的策略

用条约和法律解决争端，促进合作是理想的未来发展态势。我国过去没有积极加入规则和条约的制定过程中，即便加入，也往往是针对笼统性、口号性的条款予以确认。

在国际社会，是否在规则的制定中占据主导地位，其理念是否成为规则的一部分，是衡量一国国际河流软权力是否构建起来的最终标志，也是流域国国际河流话语权的最终体现。一个国家如果不能将自己的理念渗透到国际制度中，只是简单地参与国际制度，那么它永远只是追随者，甚至被制度主导者的理念同化，不太可能享有软实力。当国际河流规则承载了一国价值观，以符合占优势地位国家意愿的方式来制约别国选择的时候，它就是"一种潜在的实力来源"。

但规则并不是依据理论就可以自动形成的，国际河流条约的缔结，并不仅仅是法律问题，还涉及历史、地理、政治等各个学科，需要各个方面的详细准备。我国应该从长计议，充分准备，然后积极参与国际河流立法，在条约和流域共同体的构建中发挥主导作用。

1. 做好条约缔结的数据信息准备

缔结条约的关键和核心是水权的分配问题。从目前实践来看，水权分配有多种形式，如按照水量的比例分水、按照水系分水以及综合分水。按比例分水的实践有美国与墨西哥对科罗拉多河的利用；按水系分水的实践主要有印度与巴基斯坦对印度河河水的利用；美国与墨西哥开发格兰德河、西班牙和葡萄牙对于两个共同河流的开发，则是综合分水方法的实践。但无论对于哪种方式的水分配，与水有关的各类数据和信息，都是谈判的基础。权利义务对等原则下国际河流水权的确定有三个关键因素：国际河流水资源总量、生态需水以及各沿岸国家对国际河流水资源的贡献率。另外，围绕这些关键资料，还有一些与分水有关的基础性的资料，如年降水量、年径流量与枯湿季径流变幅、生态和经济发展用水量、维护水和生态环境的费用等。只有掌握的所有数据都全面、客观、科学，才能为流域国提供决策的基础，才能使流域国在进行国际河流水资源谈判时处于主导性的地位。而所有这些数据的确定都离不开细致的基础工作。因而，流域国要加快各类水文测站、人才的建设，运用各种高新技术的监测手段保障采集数据的准确可信。

缔约国之间相互交换数据是确定条约内容的基础。在实践中，由于国际河流的每一个河段主权的存在，各流域国家不能获取其他河流段的河流信息，同时每个流域国家获取河流数据和信息的能力不一，以及一些国家从保护自己利益和国家安全出发，对一些关键的数据保密等，导致经常会出现可靠信息不足的情况。另外，各流域国家科学方法的差异和技术上的不确定性，也会影响信息的获取。流域国家经常为蒸发率、流量（季节或者年）、含水层的数量和它们之间的联系而争吵，这使得水量的评估非常困难。流域国可以通过相互达成协议，事先提供交换信息的列表使谈判更为透明，从而减少在获得信息方面的不平等。

2. 设定好国际河流谈判目标

国际河流水权谈判的紧迫和尖锐复杂，使谈判过程充满了艰险，因而谈判目标的选择就非常必要。条约可以是单一目标，也可以是多种目标。但一般来说，目标较少的情况下，更容易达成协议；目标越多，谈判的过程则越艰难。例如印度和孟加拉国因分享恒河水资源而引起的争端中，印度的主要目的并不是获取水资源，而是确立其在南亚的主导地位。因此印度和孟加拉国恒河水争端，实质上是印度在其主导的南亚政策的支持下，凭借恒河，控制孟加拉国。也正因如此，印度在对待关键问题——扩大恒河旱季水源的方案上，才可以做出相应的让步。

在实践中，为了协议的达成，目标有时会显得非常宽泛和含混。例如《南部非洲发展共同体水道协议修正案》在第二条明确地提出了目标条款，将其目标界定为成员国间开展密切合作，促进南部非洲共同体内共用水道的合理利用和保护以及对这些共用水道进行持续、协调的管理，同时促进南共同体区域一体化，缓解该地区的贫困。从这个规定可以看出，这些目标非常宽泛，不够具体和明确，实际操作上是很难实现的。但设定宽泛目标的好处是，流域国之间容易达成共识，促进条约成功缔结。

3. 精心设计条约条款

条约的条款是规则的具体体现。国际河流条约条款一般包括水权确定条款、流域国家权利义务条款、利益流转条款、机制设定条款、争端解决机制条款以及弹性条款。

第一，确定界定水权的核心条款。水权分配方案的设计应充分考虑各种因素，找出流域内水权分配的根本性标准，提出合理的水权分配方案，使其不但能够满足维持河流生态所需的水量水质标准，还能使相关各国的权利义务对等。

第二，以水权份额为基础的流域国权利义务条款。国际河流流域国的权利义务有程序上的义务和实体上的义务，其设立依据是各流域国家在国际河流中所占的水权份额。主要内容包括围绕国际河流水和生态等产生的一系列权利义务，如对国际河流生态环境系统展开保护，对水资源进行可持续利用，以预防和控制国际河流水质污染和环境退化，履行自己的权利和义务，以减少对其他流域国以及流域环境造成损害。国际河流条约对于流域国家程序上的义务规定得比较仔细，也较为成熟和细致，如通知义务、信息和数据上的相互合作义务、磋商谈判义务等。

第三，详细具体的受益补偿措施条款。这类条款主要包括流域内和流域外的受益补偿，具体为流域内和流域外受益补偿的多少以及在什么情况下进行受益补偿等问题。

第四，条约的执行条款（包括流域委员会的成立）。在条约缔结过程中，通行的做法是设立作为河流管理机构执行条约的各种类型的流域委员会。

第五，弹性条款。由于在制定水条约时不可能预见未来所有的变化，因而国际河流条约中还必须包含一些弹性条款以应对不可预见的变化，减轻冲突的潜在危险，例如水量变化引起的冲突。气候变化可以导致国际河流的水量变化，从而使原有的分水协议在执行中出现问题，最终引发争端。

第六，争端的解决机制条款。争端的解决机制对于国际河流河水的有效管理有着特别重要的作用。没有清晰的冲突解决机制，国家就会有欺骗的动机或者完全违反规则的行为。因此，在水协议中，争端机制的设计就是非常重要的内容，这在各个国际河流条约中都有反映。

我国应该抓紧时间进行以上六点准备，然后积极加入条约的制定之中，从而获得相应的主导权，避免不能充分利用本属于我们自己的国际河流水资源权益。

三、国际河流争端解决的总体策略思考

各国对国际河流水资源共享问题的意识日益增强，并更加注重于寻找可持续的解决办法，虽然没有解决争端的固定模式可循，但是可以从各国实践中借鉴处理特定问题的方法。我国可借鉴历史上的争端解决模式，但必须根据自己的情况去寻求解决之道。

（一）先做再谈

我国西南地区蕴藏巨大的水能，作为综合实力强大的上游国，关注的是水能；我国西北地区的国际河流关注的是水量；我国东北地区是重要的老工业地区，关注的是水质。就政治解决模式而言，有三种顺序：先做再谈，边做边谈，先谈后做，我国作为上游国应采取先做再谈的方式。

纵观各大国际河流的上游国，都是先行开发，而后取得河流的控制权和主导地位，获得水资源使用优先权，有了强大的话语权后，再慢慢解决争端。国际常设法院在默兹河分流案中，认为只要条约不禁止的，就不排除可以进行单方面的行动。双方可以在其管辖的河段进行必要的疏浚和分流改道工程，只要该工程不影响河流的总流量，也不妨碍邻国在它的部分对河的水流作正当的使用。国际法院在"乌拉圭河纸浆厂"案中，也表示纸浆厂能为乌拉圭提供大量就业机会和带来重大经济利益，只要不造成实际的重大损害，即便事先通知遭到反对后，仍然享有主权和享用其自然资源发展经济的权利。当环境保护与经济发展的需求出现冲突时，国际法院一般会认定在不违反现有环境义务的前提下，国家发展经济的正当权利与自由。这对于我国在国际河流上的开发利用有指导意义。

先做后谈的谈判焦点也应该放在基于互利互惠原则下，寻求诸如高层政治对话或利用其他谈判机制以及商业活动等多种途径来解决，也可以利用像联合国或资助机构这样的多边机构去施加影响，创造一个可以接受的谈判氛围。

（二）坚持不造成重大损害原则

流域国都有着不对流域其他国家造成重大损害的义务，但是重大损害是可以公开释义的，一般指能够被客观证据确定的非细小伤害。对于我国额尔齐斯河和伊犁河的争端，我国实际上仅是依据主权使用自己境内的水量资源改善当地的经济状况，只要不对下游造成重大损害，就不应承担责任。我国在这问题

上需要保持谨慎的态度，《国际水道非航行使用法公约》要求"不造成重大损害"，因此我国不应承担超过《国际水道非航行使用法公约》文本明确规定的义务。

（三）联合机构

为了资源的最佳利用和充分保护，国际河流的争端解决和合作开发的基础包括主权平等、领土完整、互利互惠和互相信任。对于多个流域国的重要国际河流，需要建立制度化的合作机制和组建流域委员会。但是这样的流域委员会必须包括流域内所有的国家，否则将导致水资源管理的不完善和不优化。我国作为澜沧江的发源国却并未加入下游四国组建的湄公河委员会，由此引发了诸多问题。由于下游四国已经形成了确定的合作规则，我国如果加入就要做出一定的妥协，从而使中国境澜沧江的流域开发融入全流域总体规划中，但是一般来说总体规划会优先照顾下游国的既得利益，由此，加入湄公河委员会必然意味着境内澜沧江流域的开发将受到协议的制约。由于下游流域各国已经形成联合行动组织，我国有任何水资源开发方面行动，一旦影响其中一个国家，都会遭到联合反对，我国对于澜沧江的开发也将难以持续，这就是下游国制约上游国水资源开发的典型。我国目前不应贸然加入由下游国家主导的全流域多边联合机构，而应针对特定问题或具体工程项目成立双边委员会以及进行联合项目开发。

（四）重视生态环境的保护

国际河流流域国家有义务独自或必要时联合起来保护国际共用水道的生态系统，我国应把重点放在预防、减少和控制水污染上。国际河流生态系统的保护通常需要修建基础设施，如水流调节工程或水处理设施，这在投资和收益公平分享条件下可以通过联合开发实现。在干旱半干旱地区，最小流量对于维持生态系统来说非常重要。我国作为上游国，为了维护生态系统做出了很多努力，也放弃了很多开发项目，这些作为和不作为，按照受益补偿原则，下游国应对我国的成本投入给予认同、赞赏和支持（经济支持），有义务给予我国一定的补偿，或承担我国"善"行为的成本。

（五）通过合作实现共同利益

国际河流目前正致力于共用水资源的管理和促进合作。很多情况下，在考虑水资源共享和费用分担之前，着重解决利益共享问题对寻求公平的解决争端的方法是十分关键的。

我国很多国际河流的争端，尤其是澜沧江—湄公河的争端，可以通过联合开发水利工程的方式解决。湄公河流域水资源极其丰富，在灌溉、发电、航运和防洪等方面的开发潜力巨大，下湄公河流域的国家还很贫困，4 个国家中除泰国外都处于世界不发达国家之列，湄公河丰富的水资源为促进这些国家的经济发展和繁荣提供了机会。联合开发水利工程采取的就是利益共享解决争端的经济模式。

联合开发水利工程对于参与国家有很多好处，可以使河流开发利用最优化，规模开发的经济效益也是重要优势，同时，如果把流域看作一个独立水文实体进行开发，通常有助于寻求创新的工程解决方案。考虑到上游有利的建坝地理地形和水文条件，在上游地区建坝更有效，如这类项目建立在联合开发的基础上，可以给所有参与国带来实质的利益，也可促进各国间积极的合作精神。湄公河 2000 年和 2001 年发生过严重的洪水，湄公河下游流域的季节性洪水每年都造成数百万美元的损失，最好的防洪方法就是在上游修建调节水坝；同时可以把我国进口粮食和出口电力作为我国与湄公河下游国之间的利益共享方式。

第二节　区域层面的水资源合作开发的政策措施

我国与周边国家的区域经济合作在西南、西北、东北这三个陆地方向与国际河流流域范围高度重合，只有搞活国际河流流域的区域经济合作，才能使国家层面的水安全合作和流域层面的水资源管理合作具备经济基础。区域经济合作关注的是区域内的投资、贸易等合作，我国在国际河流流域范围内推动经济合作应主要从"涉水"经济合作和区域经济一体化两个层面着力。

水资源是流域国地区最为丰富、最具开发价值的战略性资源，对流域经济发展、民生改善、消减贫困具有巨大的促进作用。我国与周边国家多为发展中国家，国际河流流域一般远离各国的经济中心，经济发展相对落后，因此，国际河流流域涉水经济合作的主要目标是在发展基础设施、消除贫困的基础上实现可持续发展，造福于流域内各国居民。国际河流水资源合作在推动各国经济发展的同时，加速了各国经济结构调整，并促进各国在区域经济一体化范围内的协调发展。一方面，一些大型水资源开发项目能够起到增长极作用，推动区域内各国的产业升级和调整，加快经济一体化进程。另一方面，水资源开发合作能够改善区域各国基础设施条件，提升区域整体竞争力。区域竞争力主要体现在一个地区集散资源、创造财富、提供服务以带动辐射周边地区的能力，是地区经济、社会、科技、文化环境的综合能力与水平的体现①。提高区域的整体竞争力对于巩固区域各国的政治地位、增加各国在全球的经济竞争力都有积极的意义。

区域经济合作的第二个层面是推动贸易自由化和区域经济一体化，构建以国际河流为自然与文化纽带的流域国命运共同体，实现国际河流流域国家的更高层次共同发展。

因此，对于我国而言，在国际河流流域将解决经济发展问题与解决水资源问题结合在一起，而非孤立地以环境生态保护去约束水资源开发，符合我国周边国际河流自然特征与社会经济现实需求。

一、以全流域视角规划国际河流流域经济发展和对外合作

由于我国流域管理条块结合的管理体制，长期以来基本没有针对国际河流的流域水资源规划和流域经济发展规划，尤其是没有针对全流域做跨境合作的战略，都是在各自的行政边界或者行业边界内开展相关专项规划的研究和制定，区域经济规划一般由国家发改委和地方发改委牵头研究和制定。在我国的对外经济合作中，只有一般意义上的周边国家区域经济合作的概念和相应的对外合作政策，"流域"只是作为一个地理概念被用于区域经济合作。但是国际河流水资源经济合作因为是面向境外国家，就需要对内结合经济规划与专项规划而形成整体综合规划，对外建立全流域的国际视野，将全流域及流域国跨境水资源经济合作作为对象。这种状况已经不能满足我国国际河流水资源对外合作开发的需求，不能满足跨境投资与贸易对水资源合作的需求，不能满足流域跨境水资源与环境生态保护的需求。为此，应针对不同的国际河流流域，开展与境外的合作，基于国际视野研究和制定流域水资源开发综合规划。

规划合作需要流域国之间签订合作协议，但研究合作则灵活得多。随着我国与周边国家国际河流水资源合作步伐加快，我国需要尽快加强全流域的水资源开发研究合作，在此基础上，通过与流域国的双边和多边研究合作，推动全流域规划制定的合作。

（一）国际河流研究要"走出去"，适应全流域开发战略与规划的需求

国际河流水资源开发综合规划的合作是解决许多跨境水资源问题的基础工作。此类规划制定的最大难题在于前期研究工作缺乏，因为各国对这些国际河

---

① 上官飞，舒长江. 中部省份区域竞争力的因子分析与评价 [J]. 统计与决策，2011
（9）：71-73.

流的研究合作都是非常谨慎的，资料的缺乏是普遍现象，目前面临的难度比较大。但我国国际河流水资源基础研究"走出去"势在必行，必须尽早加强此类河流的基础研究投入，加强对境外流域研究合作的投入，开展科学调查和科学研究，否则我国难以掌握整个流域的水资源开发动态，水资源开发合作也就难以真正落地。另一方面，无论从技术水准和经济发展水平看，我国周边国际河流尤其西南和西北地区国际河流的流域国都存在水资源技术研究与水经济发展规划合作的国际需求，希望更多获得国际援助，此类的研究合作是可行的，需要双方建立进一步的信任关系。

我国在一些国际河流上已经开展了各国专家的联合考察、水电开发项目的前期规划研究、洪旱灾害监测和研究合作等工作，但是总体上我国的国际河流研究并没有"走出去"。这里面有各种原因，包括国际科研合作水平、国际合作研究资金的缺乏、各国的对外合作政策，也包括我国对外部流域缺乏探索的动力和意愿。

纵观西方国家对外经济合作的全球化发展，均伴随着大量的研究合作，作为市场谋划和市场开拓的基本手段。在湄公河流域、中亚国际河流流域，西方的政府援助性或私人援助性研究非常多，湄公河委员会是比较典型的西方通过经济合作和技术合作介入湄公河流域发展的例子。湄公河流域是世界各国际河流中最具开发性的，大量西方国家的研究人员通过各类基金资助投入湄公河等河流的研究中。湄公河委员会对水电开发环境影响的研究就是一个很好的例子，正因为大量的科学调查才能为流域治理和水资源开发利用制定政策。我国尽管有地缘优势，却因为研究不足而难以提出有说服力的合作开发政策。

我国已经进入产业和资本"走出去"的国际化阶段，周边国际河流流域是我国资本"走出去"的主要市场，对于国际河流流域的水资源开发利用的研究合作必须有前瞻性，这不仅是一个认识自然的科学探索过程，更是一个应对竞争的战略。

（二）首先开展面向全流域的航运、水利、环境、能源等国际河流涉水基础设施专项规划研究合作

我国国际河流的行业管理和区域管理相结合体制决定了在各个专项规划上可以比较容易"走出去"开展合作，只要由各个行业部门牵头对外开展合作就可以。因此，可以选择澜沧江—湄公河、黑龙江、伊犁河、图们江等区域经济合作比较活跃的国际河流，依托行业管理部门如水利部、交通部、环保部等中央部委，首先开展航运、水利、环境、水电等涉水基础设施的专项合作规划研

究，以全流域的国际视角先期开展研究，不再局限于我国境内流域部分，再通过外交和区域经济合作平台机制推动跨境专项规划的合作。

目前不同方向的国际河流可以开展合作的重点不同，图们江流域次区域经济合作以交通运输基础设施和口岸建设为主，包括航运在内的港口、公路和铁路交通网络的规划研究合作是最重要的；湄公河"黄金四角"区域组要依托航运和水资源基础设施建设来推动两岸的农业经济发展，因此我国可以牵头与相关国家合作，就某一段湄公河干流开展深入的水资源开发综合规划研究合作；我国和湄公河委员会分别就澜沧江干流段和湄公河干流开展的水电开发规划研究，制定了相关的规划方案，但是，双方都没有对上下游水电开发的协调性和全流域水电开发规划存在的问题进行进一步研究。在没有与湄公河委员会达成合作协议之前，我国可以投入资金开展前期研究，在科学考察和基础研究层面开展双向的交流并不会对我国造成损害，应转变观念，只有积极的研究合作才能增加信任。

因此，虽然全流域综合规划的研究只有流域国达成合作协议后才能开展，但专项规划研究合作在需求动力和组织上是可行的。

（三）流域水资源技术合作中心应是水资源技术、产业开发与教育促进平台

国际河流跨境水经济合作的另一面是水资源技术合作。涉水经济合作包括航运、水电、水资源分配、水环境治理等资源经济利用活动都离不开水资源技术开发研究。水资源技术的专业很强，需要长期的基础研究积累和适应不同流域自然条件的工程技术开发、设备研发和工艺技术。同时，水资源开发项目实际上是工程技术、项目投资与商业化、社会参与相结合的大型产品，需要政府与企业合作推动。对此，我国可以在每个国际河流域，针对流域水资源条件和自然环境特征、流域内的产业结构、社会经济结构特征，设立水资源技术合作中心，推动相关的技术开发研究和项目开发。

国际河流水资源技术合作中心是一种水资源开发项目的研发和产业促进中心，通过各国政府之间的合作所建立的水资源技术合作中心可以起到如下一些作用：首先，通过技术研发和交流促进各国水资源开发水平的提高，从而使水资源开发成为现实项目，例如，针对不同地区的灌溉及农业节水开发项目可以使西北地区国际河流流域国减少水资源争夺，反过来促使各国政府给予支持而成为一种项目产品；其次，水资源技术合作中心因其专业性而具有引导作用，可以保证国际河流水资源开发与环境保护不至于冲突，避免不符合流域环境要

求的项目缺乏评估而进入市场；再次，水资源技术合作中心也是研究与教育合作的平台，可以促进各国之间对水资源开发与保护的相互理解和认同，达成更多的一致意见，避免后期开发的争议和矛盾。

湄公河流域的湄公河委员会在水资源环境保护上做了许多研究工作，其发挥的一个主要作用类似于水资源技术合作中心，但是湄公河委员会在科学研究上更擅长和专注，而对项目研发并没有大力推动，这使得湄公河委员会难以响应流域各国的水资源利用的发展需求。我国在推进水资源技术合作中心时应该关注这点，重点是水资源技术与项目研发而不仅仅是研究。

（四）设立各类国际河流水资源合作研究基金

如何推动我国科研机构和科研人员对国际河流境外开展研究，一方面是流域国政府之间达成合作意向或协议，例如可以在水资源合作或经济合作框架中增加相关的研究合作条款，从而使国际合作得到官方的认可。另一方面是资金问题，从国际河流水资源开发研究合作的实践看，主要由国际组织资助、流域国政府资助和非营利性组织筹集等几种。对我国而言，争取世界银行、亚行、亚投行等国际投资机构的资助以及设立政府研究合作基金是比较现实的。在周边国家普遍缺乏技术力量和资金实力的情况下，只有通过外部资金投入才有可能获得流域国的支持。

因此，我国应尽早在中央部委或地方政府层面设立面向国际河流境外流域水资源开发研究的基金，同时制定政策鼓励水电开发企业、工程投资建设企业以及其他走出去的大型企业投入研究资金，开展各类境外国际河流水资源开发的前期研究工作。

二、国际河流流域内布局和建立跨境水经济合作区

我国周边国际河流流域均有着经济发展要求，水资源开发与经济发展结合是流域经济的最基本特征。但是，如何通过水资源开发促进区域经济发展，形成经济发展的动力，是流域国最关注的问题。对此，针对流域内水资源基础设施相对落后的局面以及水资源开发活动资金密集型和准公益性的特征，可以在澜沧江—湄公河流域、伊犁河流域、黑龙江流域等工农业经济活动相对集中的国际河流流域，与各国合作建立跨境水经济开发区。

（一）跨境水经济开发区作为区域经济的增长极

跨境水经济开发区不同于一般的工业区，是以水资源基础设施投资为主要推动力的经济发展集聚区域，是区域经济的增长极，主要类型包括水电开发、农业灌溉、水资源分配工程以及以城市化发展为带动的经济集聚区。水资源基础设施开发推动农业发展和城市化发展，进一步推动工业园区建设和产业集聚，再推动跨境产业链合作和贸易发展，从而形成以水为核心的资源开发、经济发展和环境保护一体化的经济开发区。跨境水经济开发区面向各种国际投资，包括政府的基础设施投资、政府与企业合作的农业投资、以企业为主的工业与贸易投资，是一种混合投资开发模式。

提出跨境水经济开发区，是因为我国周边国际河流的流域国经济发展水平正处于农业规模发展和初期工业化发展阶段，能否有效利用水资源及相关资源并保证减少环境破坏，对于各国政府及当地居民来说都非常重要。只有有组织、有规划地开发，才能避免经济发展初期的无序状态。跨境水经济开发区需要政府与企业合作，政府推动是因为水资源基础设施建设的准公益性，企业参与是市场化发展的需要。

我国可考虑在各种区域经济合作框架中与各国合作，研究和规划布局针对不同水资源开发与保护需求的跨境水经济开发区，可以在国际河流流域境内外寻找适合的区域加以布局，例如，在澜沧江、伊犁河、黑龙江等我国境内的区域设立跨境水经济合作开发区，经济合作开发区制定特殊的政策鼓励流域国的投资者和国际投资者参与。

（二）跨境水经济开发区投资与建设需要我国政府与企业、教育机构、科研机构形成协同效应

同我国常见的各种以制造业和服务业为主的开发区不同，跨境水经济开发区一般依托大型的水资源开发工程，如灌溉工程、调水工程、水电开发工程，开展水资源基础设施建设，从而为进一步的工业投资和农业产业化发展奠定基础。因此，这主要适合于基础设施落后的我国边疆地区和流域国相对偏远地区。水经济开发区域建设是启动农业发展和工业发展的发动机，初期投资主要是政府投入，但要求政策跟进和企业投资跟进，同时通过教育科研改善当地的人力资源状况和技术发展水平，从而与农业现代化和城市现代化等衔接起来。

在改革开放的基础上，我国推进走出去战略，因此我国境内的跨境水经济开发区对外保持开放性，吸引国际投资，同时境外的跨境水经济开发区可以作为我国企业走出去的一种跨国合作模式，以政府的基础设施投入、企业的生产与经济资金投入、教育机构和研究机构的协作，构建一个协同体系。

因此，跨境水经济开发区不仅是在流域内建立一个产业空间，也是一种依托国际河流水资源开发合作"走出去"的一种模式，它要求我国的企业与政府

在"走出去"过程中加大协同力度，是实现政府、企业、教育、科研合作"走出去"的一种模式。

（三）充分利用国际投资基金、区域产业合作基金、私人投资等多种方式，加大对水资源基础设施的投资

国际河流水资源合作开发由于涉及丰富的资源性开发和基础设施建设，对于国际投资具有比较强的吸引力。但是，由于水资源基础设施投资一般具有公益性特征，属于一种稳健而长期的投资，只有国家间合作基金、国家政府基金才愿意投资这些项目。因此，如果需要吸引更多的投资，就必须将水资源开发项目加以组合，形成区域性的整体开发规划，通过诸如跨境水经济开发区这样的模式去通过不同类型的项目吸引不同的资金。

我国倡导设立的亚洲基础设施投资银行和丝路基金以沿线各国的基础设施投资为主。我国应充分利用这两个基金开展国际河流流域水资源开发合作的研究，同时研究基础设施投资与其他产业基金投资如何协调推进的问题，只有这样，对资金需求极大的水资源开发基础设施投资才能通过滚动推进而吸引更多的投资进入，从而引导区域经济发展。

三、周边区域合作框架中增设水经济附属合作机制

我国在西北地区重点推动中亚经济合作走廊、中蒙俄经济带、丝绸之路经济带，在西南推动澜湄合作机制、海上丝绸之路经济带，这两个方面的区域经济合作是我国打造与周边国家区域经济一体化的战略步骤。但是这些经济合作机制目前只是在区域经济合作层面推动，并没有将国际河流各国的涉水紧密联系完全融入进去。因此，我国在推动周边国家区域经济一体化进程中需要积极考虑将国际河流流域合作作为重要抓手。

（一）在我国与周边国家的区域经济合作机制中增设水经济附属合作机制

我国在周边倡导和参与了一系列国际政治合作与区域经济合作战略，西南方向包括大湄公河次区域经济合作、中国—东盟自由贸易区、澜湄合作机制等，西北方向包括上海合作组织、中蒙俄经济走廊等，东北方向的东北亚经济圈、图们江次区域合作等。我国倡导的丝绸之路经济带和海上丝绸之路基本覆盖了西南、西北的国际河流流域，而且这些流域历史上就是丝绸之路走廊。面对如此众多的政治与经济合作战略和合作机制，如何将国际河流水资源合作纳入进去，形成区域经济合作机制中的水经济附属合作机制，是我国充实这些战略合

作，利用国际河流合作推动区域政治与经济合作的重要抓手。

水经济附属合作机制是在区域合作框架下的具体合作机制，例如，在中亚丝绸之路经济带合作中，如果不能构建符合需求的水资源合作机制，就会影响到我国与中亚的经济合作，交通与能源合作的经济走廊由于得不到水资源保障，难以真正实施，历史上丝绸之路沿着水和河流展开，今天的经济合作依然需要水资源经济合作的支撑。

澜湄合作机制中水资源合作是核心领域，应该针对澜沧江—湄公河流域各国对水资源开发利用与保护的需求，构建双边的和多边的水资源开发经济合作机制，作为澜湄合作的附属机制，在战略层面获得各国的认可。

因此，建议在这些政治合作与经济合作框架中，将区域内国际河流水资源开发合作作为重要内容，建立相对独立的合作机制，这样就可以保障资金的投入和获得更广泛的支持。

（二）通过流域经济合作与综合治理合作，推动国际河流命运共同体的建设

2011年《中国的和平发展》白皮书提出，要以"命运共同体"的新视角，寻求人类共同利益和共同价值的新内涵。"一带一路"倡议致力于打造政治互信、经济融合、文化包容的利益共同体、责任共同体和命运共同体，其中利益共同体是基石，责任共同体是保障，命运共同体是理想①。我国与周边邻国共享多条重要的国际河流水资源，尤其西南与西北的国际河流流域范围直接是"一带一路"倡议的重要合作区域，依托国际河流开展经济合作是"一带一路"倡议的重要内容。因此，可以将国际河流的水资源经济合作和未来的流域综合治理合作作为命运共同体的重要内容，在国际河流流域，只有解决了各国的水资源安全问题和水资源经济开发的发展问题，命运共同体才有了最具体的成果，才能为流域各国人民所接受。

国际河流经济合作命运共同体是指发挥"水"的战略作用，在维护和追求本国安全和利益时也兼顾其他国家的合理利益要求，在致力于本国发展中的同时推动各国共同发展，共享、共建、共管、共生是国际河流经济合作命运共同体的关键特征。通过上下游不同国家间信息共享，共同建设水利基础设施能够有效地减少水灾害的发生，达到共同生存的目标。

---

① 中华人民共和国国务院新闻办公室．中国的和平发展［EB/OL］．

（三）以国际河流合作为抓手推动区域经济一体化需要建立强有力的流域综合治理机构

目前我国的河流流域机构基本上是水资源管理机构，在环境、水电、农业等方面必须与其他部门协调才能开展有效的管理，更难以对流域内的经济开发活动进行管理。这种专业性的流域管理机构只能在业务层面与流域国开展业务性合作，难以开展综合性的经济开发合作。因此，在区域经济一体化进程中，国际河流的流域机构不能担当经济合作管理的职能，必须建立流域综合治理机构，对流域水资源、经济开发活动、环境保护等进行统一管理。

我国目前正在澜沧江—湄公河推动澜湄合作机制，从该机制的内容看，初步具有流域综合开发合作的基础，涉及从水资源到经济到社会的各个方面。但是随后我国将面对的难题是建立怎样的流域管理机构以承担澜湄合作的水资源开发管理职能。仅仅依托现有的行业管理与区域管理相结合的体制，是难以构建这样一种综合治理机构的，必须走向流域综合治理改革。

四、国际河流流域内旅游与边境贸易便利化合作

我国与周边国家在国际河流合作中关注较多的是水电开发、水资源分配和水灾害防治，这些虽然是涉及重大的国计民生工程，但是对于流域内居民而言，可以直接受惠的是跨境旅游、文化交流与边境贸易。虽然从经济总量而言，跨境旅游和边境贸易贡献不如上述的重大工程，但是我国应该充分关注流域直接利益相关者的要求，通过跨境旅游和边境贸易便利化推动流域内的民生发展与相互交流。

（一）规划各主要国际河流的跨境旅游经济带，推动跨境旅游合作

国际河流由于地处各国边界地区，保留了大量原生态的环境，这为旅游业的发展提供了优质的资源。旅游业作为优质的服务产业，对推动国际河流流经区域的经济发展具有巨大的意义。此外，各类水电工程也是优质的旅游点，能够吸引大量的游客。我国怒江、澜沧江、雅鲁藏布江、鸭绿江、黑龙江等国际河流尚未全面开发，如果通过地方政府之间的合作，达成跨境旅游项目，会对当地经济发展产生积极的促进作用。

充分利用我国国际河流的旅游资源，促进以水旅游为主的水资源合作开发机制，需要建立区域协调机构，作为水旅游合作的政府间的协调组织，解决在区域旅游合作中出现的问题和冲突。具体可以从以下几个方面着手：

1. 在国家层面推动国际河流跨境旅游战略合作

由于国际河流在环境生态、民族和边界管理领域的特殊性，国际河流跨境旅游合作需要流域国政府之间在战略上签订合作协议，明确相关的原则和政策。在国家层面可以充分利用各种区域经济合作框架达成跨境旅游的合作协议，完成旅游口岸、交通、边境管理、跨境治安合作等一系列政府间协议，推动跨境旅游市场的形成。国家层面的合作将为流域内各城市之间的合作和旅游企业合作奠定基础。

2. 建立国际河流沿线重要旅游城市协商会议，趋利旅游合作主题

建立国际河流沿线重要旅游城市的市长定期协商会议，作为多层面、宽领域合作协调机构的顶层设计。通过定期协商会议就国际河流旅游合作中的涉及面比较广泛并且重要的问题进行协商，以求达成共识。在此机制下，组建相对独立的常设秘书处具体负责日常管理事务，定期举办峰会，制定年度旅游合作的重大方针与原则，同时对其后的旅游合作发展方向提出建议；还应对旅游合作过程中的重大问题相互通报信息，确立解决的原则和思路。

3. 设立旅游论坛、会展等合作平台，推荐旅游合作项目

在国际河流沿岸城市设立常设的、企业化运作的旅游论坛、会展等合作平台，以加强各国对水旅游合作的重视，协商解决旅游合作中出现的新问题。论坛上可对各流域国的旅游项目进行推荐，推广各种合作旅游产品，加强各国的旅游互动项目。

4. 重点打造国际河流跨境旅游品牌

我国周边国际河流旅游资源异常丰富，对国内外游客具有巨大的吸引力，如黑龙江的跨境旅游、澜沧江黄金四角跨境旅游、西北额尔齐斯河以及伊犁河两国边境地区均拥有丰富优质的旅游资源。这些均是可以形成优质旅游品牌的资源，开发出来对于沿岸各城市的发展具有直接的经济推动作用。

（二）提升边境贸易合作，推动国际河流边境城市的自由贸易区建设

边境贸易合作对沿岸居民和当地社会经济发展至关重要，贸易合作是区域经济一体化的重要组成部分，但是我国国际河流沿岸的边境贸易还处于相对低的水平，与沿海对外贸易相比存在巨大差异。因此，提升国际河流流域边境贸易层次存在巨大的发展空间。

国际河流流域国沿岸居民间长期以来就存在传统的边贸往来，但边贸活动高度依赖交通基础设施的完善。国际河流航运一直受到政府的重视，流域国政府也一直致力于推动边贸合作向国际自由贸易区、贸易港等现代贸易形式转型。

澜沧江、黑龙江、图们江乃至早期的额尔齐斯河等都是国际边贸合作的重要国际河流，依托这些国际河流形成了许多著名的边贸城市和港口。

目前我国边境贸易主要依托开发口岸及内河航运，近年稳步发展，我国国际河流的边境贸易在改革开放后开始恢复并得到迅速发展，国际河流边境贸易主要依托开放口岸和内河航运，在边境贸易进出口商品结构方面也发生了许多变化。以澜沧江—湄公河流域为例，改革开放之后，云南省与越南的边境贸易也逐步得到了恢复与改革。尤其是进入 20 世纪 90 年代后，云南省与大湄公河区域国家的边境总额、边贸进口总额、边贸出口总额以及边境贸易总额都呈现稳定增长的趋势。目前云南省与越南的边境贸易进出口商品结构已经由农副产品、生活日用品等转向建筑材料、化工产品、机电产品等。从越南进口的矿产品已成为云南省边境贸易占第二位的大宗产品。在边境贸易方式上，云南省主要以小额贸易为主，其参与主体除了边境居民外，还包括双方边境县、省乃至内地省市的国营单位和集体、私营企业和个体户。

但总体而言，我国与国际河流周边国家之间的贸易总额并不高，原因在于一方面边境地区经济发展落后，贸易水平有限；另一方面，我国外贸主要集中在沿海地区，贸易对象仍以欧美国家为主，尚未重视与我国周边国际河流相交接的区域。目前，我国依托国际河流展开的边境贸易主要集中在云南省、广西壮族自治区一带，相对东南沿海一带上海市、广州市的贸易相去甚远。而且，我国与周边国家河流边境贸易的基础设施和管理规范与制度化水平相对较低。由于这些国际河流地处内陆，不同于国际贸易主流的沿海口岸，各国的基础设施建设均相对落后，像霍尔果斯口岸、磨憨口岸等基础设施建设刚刚起步。各口岸的规模管理水平、信息交流缺乏，一定程度上阻碍了区域内的经济贸易合作。

同时，边境贸易部分受制于流域国间信任机制的缺乏及各国不同的边贸政策。流域国之间水资源合作信任机制缺乏，国际河流口岸边贸也会受到制约。出于对国际河流"水争端"及各种水资源开发矛盾的担忧，相关口岸和基础设施建设以及贸易往来都受到一定限制。我国国际河流边境贸易地区的主要边贸口岸的服务贸易条件不成熟，难以充当国际贸易口岸城市的角色，双边口岸所依托的边境城市工业化水平较低，未形成特色的、规模化的主导产业①。我国的边境贸易政策与国际河流国家的边贸政策也不同步，这在一定程度上制约了

---

① 高歌. 创新边贸合作机制，推进与周边国家边境合作深入发展——以中、越边境贸易为例 [J]. 特区经济，2007，224（9）：85-87.

边境贸易的效果。

边境贸易合作是国际河流流域微观层面的经济合作，是国际河流流域经济合作的重要内容，繁荣的边贸是国际河流合作的象征。我国在国际河流边贸合作方面持积极态度，希望通过双边和多边合作协议加强边境经济合作区的建设。可见，国际河流边贸合作拥有广阔的发展空间。一方面建设商贸街区，促进双边贸易、文化交流、旅游产业向更深层次纵向延伸努力；另一方面推进边境贸易方式转型，促进边境贸易由简单的边民互市贸易、边境小额贸易向规模化、边境小额贸易向规模化、专业化的国际贸易转型①。

要促进国际河流边境贸易合作，需要从以下几个方面着手：

1. 重点建设一批国际河流边贸口岸

我国与周边各国都有国际河流通道，应适时建设边贸口岸，同时在国家层面建立有吸引力的促进政策。我国国际河流口岸虽然难以同沿海口岸相比，但对于各国经济相对落后地区的发展具有战略意义。通过边境贸易促进当地的经济发展是一种相对低成本的投资，应将其纳入国家的西部开发计划和对外经济合作的主要计划。如加强图们江珲春（长岭子）对俄口岸、中哈霍尔果斯口岸等。通过重点建设一批高层次的国际河流对外口岸，推动边贸合作由小型、低层次向高层次转型。

2. 选择建设国际河流口岸自由贸易区

现有的口岸也需要转型升级，例如，澜沧江西双版纳磨憨等口岸可以建设国际河流口岸自由贸易区，实施国家自贸区的政策。选择通过构建自贸区，促进边境地区的贸易数量、质量沿横向和纵向两个方向发展。自贸区将对中国与周边国家的贸易提供免税等不同政策，鼓励水利产业的合作开发与利用、推动水能开发合作的进程，同时带动当地的贸易与经济发展，吸引区域优势项目投资，从资金、资源等多个方面全面提升经济发展水平。

3. 升级边境贸易方式，推动边贸合作与区域产业合作相结合

促进单一边境贸易方式向综合边境贸易合作方式发展，用边境的投资合作带动边境贸易的进一步发展。就目前我国国际河流周边地区来看，建立和谐边境经贸合作带是有效的途径，通过点、线、面的结合，深化边境经贸合作。边贸口岸作为贸易节点，应该与区域产业发展有效衔接，产业结构上大力发展绿色产业，提高边贸出口产品的竞争力，承接内地的产业转移，促进边贸与产业

---

① 李建春. 广西与东盟国家贸易物流发展策略探讨［J］. 物流技术，2014，33（3）：14-17.

转型的结合。

4. 改单边推进为双边共同推进

虽然我国同周边国家均愿意推进边境贸易合作，但是政策不同步。因此，要改单边推进为双边推进，积极与流域国谈判边贸政策，推动双边的边境贸易政策同步，更有效地促进边境经贸合作。

第三节　流域层面水资源合作开发的政策措施

一、分步推进国际河流流域管理机构改革

流域层面的水资源管理是联结国家层面水安全合作和区域层面经济合作的关键环节，既需要担负起流域可持续发展的管理职能，又要符合国家的政治与经济战略目标。因此，国际河流水资源管理体制的改革是我国国际河流水资源开发合作的核心。但是，各个国家的水资源管理体制都有自己的历史与现实条件，必须根据实际的国家发展需求和资源能力条件加以改变。我国的国际河流自然与社会经济条件复杂而多样，应实施分步骤而有区别的国际河流流域管理改革。

（一）完善现有国际河流管理机构的对外合作职能

我国的国际河流的对外合作以双边合作和有限的水资源业务合作为主，管理好我国的水资源利益是当务之急，应尽快加强现有流域机构中的国际河流职能。

当前我国直接负责国际河流水资源管理的机构是水利部国际合作与科技司国际河流处。在现有体制下，在处理国际河流事务时能够协调、调动的资源有限，需层层上报，以获取在更高层面协调中央部委、流域和地方管理部门，反应速度相对滞后。在流域层面，长江委设置了国际合作与科技局，松辽委设置了国际河流与科技处，国际河流管理部门与科技合作部门合署办公，承办国际河流有关涉外事务。地方层面，国际河流众多的云南省、新疆维吾尔自治区、黑龙江省水利厅也均为国际河流管理部门与科技合作部门合署办公。在面对复杂的国际河流事务时，级别较低且未独立设置的国际河流管理部门会显得力不从心。

因此，第一步的改革是现有体制下的流域管理国际化改革。这一阶段的改

革应该以应对各项具体事情为重，基于国际河流面临的各类矛盾与争端，对现有的管理体制下各职能部门职责进行明确，并构建跨部门的协调机制。

1. 强化水利部及流域机构的国际河流管理组织配备

当前，从水利部到流域再到地方的水资源主管部门均将国际河流管理部门与科技交流管理部门合署办公，其设置在最初有一定的合理性。但随着国际河流合作开发的日趋加强，国际河流管理的任务将会越来越复杂。现阶段，需要从国家、流域、地方层面强化相应部门的国际河流管理职能，国家层面增强拟定国际河流有关政策，组织协调国际河流对外谈判的职能，流域和地方层面增强承办国际河流有关涉外事务的职能，明确各自的管理职责。

2. 推动构建针对重要国际河流的跨部门、区域的协调机制

国际河流流域管理是综合性、高层次的水资源管理方式。在当前我国水资源多头管理模式下，应进一步拓展和强化国际河流流域管理工作，外交部、水利部等多部门实现顺畅的工作合作，形成健全高效的协调机制。中央部委和地方政府的协调机制应进一步加强，建立跨部门跨区域的协商机制来应对各类重大问题，提升国际河流流域管理的效力。

3. 加强与境内外专业对话和外交，改善舆论氛围

我国现有的国际河流管理机构只能满足基本事务性管理的需求，难以应对境内外利益相关者和公众对国际河流开发与保护的各种要求，国际河流管理机构如何开展有效的专业性对话和专业性外交，是当前亟待加强的工作。通过加强与境内外民众的专业性沟通与对话，有利于缓解政府机构与境外非政府组织交流中的"刚性"，改善舆论氛围。

（二）在各重要国际河流应建立不同层级的流域管理机构

我国目前的流域管理机构仍然是以水资源管理为主，行使的基本上是水利行业管理职能。在国际河流对外合作管理中，水资源管理是最基本和最重要的内容，流域管理机构的完善是国际河流管理的重要内容。

目前我国在长江、黄河、淮河、海河、珠江、松花江辽河、太湖七大流域设立了流域管理机构，为水利部在各大流域的派出机构，代表水利部行使所在流域及授权区域内的水行政主管职责。不同的流域机构管辖范围辽阔，例如长江流域横跨我国东、中、西三大经济区共计19个省、市、自治区，而长江水利委员会同时负责西南国际河流的管理。各个省在一些小的流域设立由水利厅管辖的流域管理机构，其中新疆维吾尔自治区由于地域广大，开始试点设置额尔齐斯河、伊犁河、塔里木河的流域管理局。

显然面对涉及领土主权、国家安全、外交关系等多维度复杂问题，各个国际河流域水资源开发利用程度差异及所面对的水资源问题不同，必须建立相对独立的流域管理责任主体才能应对。如果没有独立的责任主体，或者责任地位相对弱小，那么就很难有充足的管理投入保障。澜沧江—湄公河是一条国际大河，但在长江委的体系中，毕竟是以长江流域为战略重点，澜沧江等是被纳入西南诸河系列的，这种责任地位很难应对澜沧江—开发面临的问题。雅鲁藏布江是另一条战略性的国际河流，目前我国的水电开发企业均盯住这条河流的水电资源，关于流域管理的问题却没有完整而非责任主体去约束各种开发行为。

在长期的实践摸索中，我国对国际河流的管理逐渐形成"一河一策"的基本共识，但是最终的流域管理仍需要落到"一河一机构"上。将国际河流的流域战略与流域管理机构合二为一，才能将国际河流合作战略与管理组织结合起来。流域机构的改革涉及现有水利部下属主要流域管理委员会的调整，可在现有的框架内进行二级机构的改革，保持一定程度的独立性以应对水资源开发管理的复杂局面，后期的改革则要视国家层面流域管理体制改革而定。

（三）澜沧江等国际河流率先试点流域综合治理体制改革

流域综合治理是世界上公认的河流管理体制发展方向，主要是解决流域自然系统与社会经济系统的整合问题以及跨行政边界的流域水资源开发与保护管理问题。但是，流域综合治理对法律环境和管理能力有较高的要求，即使发达国家也必须因地制宜设置不同的流域综合治理模式。

我国是世界上国际河流数量较多的国家之一，而我国对于河流的管理长期以"九龙管水"的方式实施，这也包括对于国际河流的管理。即使 2018 年中央部委实施了改革，但是总体而言并没有改变基本态势。水利活动的管理方面，大型水电归国家发改委管，小水电归口水利部，各省市内具体负责辖区内的水利活动，并且也是分为不同部门具体负责。这种水体、水利管理方面的权限交叉的局面直接影响了对国际河流的水资源开发以及管理活动。

流域综合治理改革可以选择我国跨境管理需求迫切、自然与社会经济条件相对成熟的流域加以尝试。例如，澜沧江—湄公河流域由于湄公河委员会的长期存在，促进了各国对流域综合治理的共识，在我国澜湄合作机制的战略框架下，可以优先考虑进行以流域综合治理为方向的国际河流管理改革。所谓命运共同体、澜湄合作机制、流域综合治理体制只有内在形成了一致性，才能真正落实命运共同体的战略目标。西北的额尔齐斯河、伊犁河等由于在自然条件和社会经济条件上与我国其他流域相对比较独立，基本上涉及双边合作关系，可考虑通过流域综合治理体制加强国际合作，尤其针对西北水资源缺乏的基本现实，通过流域综合治理改革比较彻底地解决各国之间的矛盾。

但是，流域综合治理作为一种理想的国际河流合作机制必须与各国的流域社会经济发展、流域管理能力和各国的国家战略协调，必须因地制宜采取不同的模式。

在具体策略上，我国应在国家和流域同时设置两个层面的管理机制。除了流域层面成立流域管理委员会，逐步向各国之间通过协议而设立的国际流域管理委员转型之外，国家层面仍需要通过设立国家水资源管理委员会或者水安全委员会这样类似的战略协调机构，对我国参与国际河流合作的事务进行战略决策和指导。

二、加强国际河流基础研究与对外信息合作

流域层面水资源合作是专业性很强的业务合作，无论是在国际河流水资源外交活动之中，还是水资源开发项目的经济合作之中，都需要水资源专业技术和基础信息方面的支撑。由于水资源业务合作均会涉及大量流域水土资源、地质、生物、环境等基础信息的交流与沟通，面对越来越多的水外交、经济合作的需要以及应对各种跨境争议和矛盾的需要，国际河流基础数据缺乏已经成为开发利用和合作的瓶颈。因此，我国对内应尽快掌握境内国际河流的水资源基础资料，加强水文、环境等基础研究，对外开展信息合作，明确基础信息合作的内容范围以及合理划分涉密处理的内容范围。

（一）重视国际河流基础信息监测和基础研究工作

1. 认真研究国际河流基础信息范畴，完善和规范现有的监测体系

认真研究国际河流基础信息的范畴，不断拓展和丰富国际河流基础信息的内容。除了从传统上重视的地理地形地貌、水系、水文、水资源、气候、生态环境等自然地理信息以及社会、经济、人口、产业、土地利用、工程等人类活动信息，还应包括通过现代科技手段获取的相关流域遥感信息、科学文献信息、媒体舆论信息、相关流域国家或地区的政治、政策、法律以及利益相关者的行为信息等。

重视国际河流相关基础信息的监测、获取和标准化。善于利于现代化信息技术进行相关基础信息的获取、加工和处理，研究并提出国际河流基础信息的监测和处理标准，重视并实施推进与邻国的联合监测和信息共享；只有具有较为完备和规范的大量基础信息，才能构建一体化的信息管理平台，才能为国际

河流的信息共享、协商、流域合作提供基础支撑。

加强和重视国际河流信息处理的规范化和管理的有效性，需要专门研究不同种类信息的有效性和有用性甄别。由于国际河流相关的信息种类多样、内容复杂，在信息的处理、发布、传输、使用中，容易造成不同部门、不同领域、不同接触人员对信息的误解或混淆。因此，需要对信息进行规范化处理和管理，克服信息庞杂、混乱造成的无效。

2. 亟须细化和深化国际河流的相关专业性和基础性研究

对于我国国内的众多大江大河乃至小河小溪，不同学科的学者从气候、水文水资源、水利工程、社会经济、管理等视角开展了大量的翔实研究，获得了大批富有成效的研究成果，为我国的水利事业发展提供了重要科学支撑。然而，对于我国边疆地区的国际河流，学界的研究成果产出并不丰富，研究深度也远远比国内河流浅，特别对于河流的径流形成区或耗散区涉及多个国家的国际河流，甚至连流域的产汇流机理都难以搞清楚。究其原因，最重要的就是国际河流流域地区的基础资料缺乏，难以开展详细深入的科学研究，一般国内河流流域的研究成果也难以在国际河流地区应用。在全球气候变化和人类活动加剧的背景下，国际河流流域机理性、基础性的科学研究成果的缺乏，难以支撑社会经济发展下的流域可持续发展。

因此，需要细化和深化国际河流的相关专业性和基础性研究。一方面，需要在加强国际河流自然地理方面基础信息收集的基础上，研究国内河流研究中的一般性科学研究理论和方法在国际河流流域的适应性（比如流域水资源供需平衡、河流健康、河流生态保护等），研究解决国际河流水科学问题的科学对策；另一方面，需要深度融合自然学科和社会学科的理论和方法，在自然流域所涉及范围的基础上，加强地缘经济、地缘政治等方面的研究，为解决国际河流的流域水资源合作问题提供支撑。

3. 制定国际河流基础资料规划和基础研究规划，协调各部门和地区的监测力量和研究力量

一般而言国际河流的基础数据采集来源于几个方面：一是水资源业务部门的日常监测积累，如水文和环境数据监测；二是工程建设的前期调研，一般是有针对性的水文、地质、环境调研，如围绕大型水电站的调研；三是全国性的资源普查，这主要是由国家及相关部委组织的大规模普查调研。但是，这些数据调研往往并非以国际河流管理为目标开展的。因此，针对国际河流跨境管理的需求，相关的国际河流基础数据指针、内容、类型等需要建立数据规划和基础研究规划，对这些不同来源的资料调研进行协调，对各部门的研究力量和监

测体系进行协调。一般这种协调是很难用行政手段执行的，因为各部门与地区之间必然存在利益竞争，最有效的办法是进行相关的立法工作，运用法律手段进行协调管理，也只有运用法律手段才能跨越部门与区域的行政边界，实现数据有效征集。立法从责权利上规范各个部门和地方的行为，数据规划从基础层面解决数据协调的方法问题。

（二）建立国际河流信息融合中心，加强流域信息整合分析能力

我国国际河流信息监测要克服多部门和多区域协调与整合难题，境外信息与境内信息的整合难题。因此，在信息监测的同时，还需要做好信息融合工作。信息融合是对来自各个方面的信息进行综合分析、整理和处理，为进一步决策提供条件，包括国际河流的基础数据、水文与气候条件变化、环境生态、社会经济发展动态等，根据决策需求进行情报融合，解决信息监测和决策之间缺乏桥梁的问题。信息融合是针对应急决策进行信息的综合处理、分析与预测的过程，国际河流跨境水灾害如洪旱灾害、水污染以及其他地质灾害、环境灾害乃至社会突发事件，都需要及时进行各种信息资源的融合处理。情报融合中心包括信息机制、研究机制、监测技术、决策方法四个方面，通过协同以促进思想与解决方法的涌现。同时，信息融合也是国际河流争端预警的基础，可以有效地避免和缓解涉外争端的产生。澜沧江—湄公河流域是一个国际河流信息融合的复杂系统，决策需求多，因此，应该优先构建国际河流信息融合中心，以流域为范围建立流域层面的信息融合中心以促进水电开发、水资源问题解决和投资与贸易等对外合作决策需求。

（三）建立信息交流与合作的管控机制

国际河流的跨境信息交流是一个敏感的问题，涉及国家主权和水资源利益分配，因此各国基本上采取了比较严格的保密制度来控制相关的信息合作。但是一味地保密不仅不必要，而且成本巨大，恰当的做法是建立管控机制。

针对国际河流关键信息，无论是水文、水质等技术数据，还是流域社会经济发展数据，建立管控列表和目录，对信息内容范围和精度水平加以规定，这属于信息管控列表。

针对国际河流信息跨境交流进行管控，什么是可以交换的数据，什么是可以公布的数据，什么是应纳入审批的交流等问题，需要制定详细的管理规范。国际河流国家之间签订的协议一般都要涉及信息交流和互换的规范，应该制定相关的法律和规范以约束相关的条款实施。

（四）在西南和西北两个方向主动推动国际河流监测技术合作和信息合作

以澜沧江—湄公河为代表的西南国际河流以及以伊犁河、额尔齐斯河为代表的西北国际河流均是我国"一带一路"倡议的沿线地区，是我国对外经济合作的战略区域，而且这两个国际河流流域带的水资源问题对各流域国的社会经济发展至关重要。为了保障"一带一路"各流域国经济发展的水资源安全，必然需要构建流域信息监测合作机制，以信息合作推动流域国之间的水安全信任和社会经济发展。

国际河流的工程建设现状、规划布局、技术需求、水文地质特征等信息是水资源合作开发的前提。目前，湄公河委员会承担了西南地区国际河流境外的信息合作职责，但运行效果不甚理想，中亚各国水资源基础设施和技术长期发展滞后。为此，我国水利、外交等部门应相互协同，从信息交互平台、信息监测和信息交流机制等方面，从传统的被动合作转向主动推动各流域国信息合作机制的建设，使之更好地服务于"一带一路"沿线的国际河流合作开发。

对此，在明确的"一带一路"倡议指导下，我国可以更积极地通过建立流域信息合作中心或合作平台的方式，推进各国之间的水资源信息监测技术合作和信息交流，使之成为一种更紧密和常规化的合作机制。

1. 建立国际河流流域信息合作中心或委员会机制的合作平台

虽然目前暂时难以在我国各国际河流上建立流域合作管理机构，但是可以建立信息合作机构或技术交流中心，沟通协调流域各国对于水资源信息的需求，共享流域水文、地质、生态等领域的信息资源。还可以借鉴尼罗河流域委员会的做法，构建部长级交流对话机制，以水利部门为主建立流域信息交流中心作为技术支撑。信息合作平台不仅限于国家之间的信息合作，还应将合作对象扩展到各类非政府组织。通过国际河流信息的合作，促进我国国际河流开发利用的可持续进行，促进我国同国际河流流域国家的友好关系，维护国家的生态安全与主权安全。

2. 开展国际河流工程技术信息的监测与回馈

以西南和西北的国际河流为重点，依托我国水利院校、非政府组织，建立国际河流工程合作所需的区域经济、社会信息、工程建设现状信息、工程建设争议等信息的监测系统。针对每条国际河流建立上述信息的空间数据库结构，系统性搜集历史数据，实时监测各类信息来源，形成各条河流的数据仓库。通过数据挖掘技术分析工程投资、建设的风险，预测工程技术和建设的需求，定期发布相关报告，为我国企业开展工程技术合作提供信息技术支撑。

3. 建立良好高效的信息传递和共享方式

建立日常的流域信息和工程技术交流与协作机制以及水灾害期的应急信息和技术交流机制，在出现工程建设争议和冲突以及发生洪旱灾害、水污染等突发事件时能从容应对。例如，当上游规划、建设相关项目时，下游国家在第一时间获得相关信息及其可能受到的影响。应借鉴莱茵河流域的做法，吸引公众共同参与流域信息管理，向民众公开政府获取的各类流域信息，推动公众参与。保证公众能够及时准确方便获取流域管理的政策法规以及水文、生态和环境信息，引导民众监督流域各成员国履行公约。

三、国际河流工程建设与运营的合作策略

由于各国的经济发展需求，未来相当长时期内，我国周边国际河流将进入工程建设的高峰期，我国对这些国际河流流域国均存在大量的对外投资合作行为，我国国际河流境内工程与境外工程的建设与运营调度合作，也存在大量的问题需要协调。因此，我国应考虑在工程技术标准、工程投资合作和工程运营调度等方面构建对外合作策略。

（一）"政产学研"多方协同，推进我国水电等工程技术标准输出

我国水资源合作开发的实质是技术输出，而在技术输出过程中技术标准的互认是合作的关键。目前，我国国际河流合作开发中工程技术合作主要依靠水电设计和施工企业，难以全面推进技术合作。为此，需要形成包含"政产学研金"多方协同的技术标准输出联盟。

1. 政府部门整合、细化技术标准，奠定技术输出基础

由发改委能源局、外交部、商务部、水利部等与国际河流开发相关的部委联合，积极开展欧美国家标准对比工作，分拱坝、重力坝、当地材料坝、混凝土结构、地质水文等门类，细致比较我国与欧美国家技术标准的差异性，逐步形成较为完整的水电开发技术标准。在此基础上，将我国技术标准进行翻译和推广。

2. 水电企业相互协作形成产业联盟，打造技术输出航母

西南邻国合作开发的技术需求集中在设计规划和设备研发方面，而我国水资源合作开发的主体是施工和建设单位。这就要求我国水电设计、施工、设备配套、信息服务等企业相互联合，优势互补，形成"抱团""走出去"的水电产业联盟。例如，中南院、中水十三局、哈尔滨电机等海外业务较多的企业相互协作，形成水资源合作开发的一揽子解决方案，再配合国内变压器、传输设

备等电力设备企业，共同开拓了国际市场，避免各自为战，将国内竞争引入国际河流开发中。

3. 高等学校发挥人才培养优势，培育技术输出的人才环境

根据周边国家水电技术人才培养体系不健全，规划、设计、建设和管理人才匮乏的特点，依托国内水利重点大学和职业学校开展水利水电专业留学生培养计划、技术骨干进修计划和高级管理人才研修班，在培养方案、课程内容中引入我国水电工程技术标准、建设方案和典型成功案例，使周边国家水电技术人员和管理人员逐步熟悉、信任和采用我国水资源开发的相关技术。

4. 研究机构开展多种方式合作，从源头输出技术标准

西南地区邻国缺乏水利科研机构，西北和东北邻国设计能力较强但存在资金短缺问题。为此，国内水利水电科研机构，如水利水电规划设计总院、南京水利科学院、长委设计院等，充分发挥自身技术和资本优势，在西南地区通过技术扶持的方式，协助东南亚国家建立水利水电规划、研究机构，将我国较为成熟的水电规划、设计管理相关制度和技术引入这一区域。同时，通过资本合作与吉尔吉斯斯坦、哈萨克斯坦等国家共建中亚国家的水电研究院、水利设计院，提升我国技术标准在这一区域的认可度。

（二）构建符合东道国利益的多元化投资模式

我国企业与境外国家主导的投资体系合作存在地位不对等、投资风险大的问题。企业参与政府主导规划的水电项目开发，容易受到该国国内的政治、经济局势的影响产生纠纷，导致项目开发难以为继。为此，我国企业开展水资源工程投资时，需要从投资主体、投资项目和投资方式等方面与东道国利益相一致，形成多元化投资模式。

1. 吸引国内多类型企业参与国际河流水资源投资

国际河流的工程建设是区域、流域合作的最终载体，其投资必然涉及区域经济发展、基础设施建设、能源环保等多种目标。这就需要我国水电企业在规划和投资国际河流工程时，充分考虑东道国利益需求，将水电规划和投资与东道国经济社会发展目标相互协调。国内大型水电建设企业，需要根据投资目的地的经济社会发展规划，有针对性地吸引国内电力企业、交通建设企业、制造业企业参与水资源合作开发。

2. 围绕水电能源开发横向扩展投资项目类型

符合东道国的多元化投资主体能够更好地践行"一带一路"共同发展的理念，形成以水电能源开发为核心，产能合作为主体的多元化投资项目。将东道

国亟须引进的采矿业、冶金业、机械制造等产业作为延伸性投资项目。同时，采用无偿援建、资金支持等形式将投资区域民众关心的环保、教育等项目也纳入投资范围。

3. 根据东道国利益要求灵活采用 EPC、BOT、BT 等多种投资模式

在东南亚国际河流开发中，我国企业多采用 BOT 的投资模式。由于水电项目投资巨大、投资回收期较长，这种投资模式存在着较大风险。为此，需要根据东道国国内政治、经济稳定水平，选择较为合理的投资模式。东道国国内政治稳定、经济发展较快，电力需求旺盛可选择 BOT、BOOT（建设—拥有—经营—转让）投资模式，相反则建议采用 BT（建设—移交）、工程总承包模式。

（三）加强国际河流全流域运营调度合作的研究和准备工作

我国在澜沧江干流上的水电开发基本形成规模，下游湄公河干流水电开发虽然争议不止，但也已进入建设阶段。目前上游和下游的水电开发分别规划，这就加大了后期上下游的水电工程调度的难度，为此我国应加强前期研究和准备工作，为今后的运营调度合作的谈判做好基础准备。

1. 推动前期规划研究合作以推动运营调度合作

我国目前在国际河流上的工程运营调度合作，需要关注一些具体的策略，需要在规划之初就高度重视后期联合调度的需求，保证开发项目能够实现联合调度；以我国与周边国家签订的双边协议为突破口，在小范围内开展流域运营调度合作，促进水电资源的优化合作。对于利益不协调问题，可以通过推动建立受益补偿的机制来平衡双边的利益要求，从而化解流域国之间的国际水资源争端和冲突，为中国与周边国家开展国际河流工程运营调度合作创造条件。在条件较为成熟后，开展更大范围的多边运营调度合作，不断增进共识，优化水资源调度。

2. 对内采用国际河流流域水电单主体开发，实现国内段的工程运营调度统一

我国为了与境外在水电工程运营调度上更有效合作，在国际河流流域一般采取单一主体开发模式，这样责任可以比较明确。如华能公司组建了华能澜沧江统一负责澜沧江的水电开发，这将有利于未来澜沧江—湄公河流域水电工程运营调度的合作。

3. 有序引导企业对境外项目的投资，适当介入相关境外工程的运营管理

澜沧江—湄公河流域上下游的工程调度将是一个非常典型的案例，同黑龙江、伊犁河等不一样，该流域人口密集、受洪旱灾害影响大、各国对水资源依

赖大，一旦后期湄公河干流梯级水电站建成，必然有全流域进行运营调度密切合作的需求。因此，从长期前景看，澜沧江—湄公河的全流域水资源管理合作是一个必然的趋势，只是合作时机的问题。对此我国必须有战略性的考虑和充足的方案准备。

四、国际河流开发投资的境内审批和境外负面清单管理

国际河流流域层面水资源管理的一项重要工作就是对水资源开发项目的审批。目前针对境内流域的各类工程项目审批权在各个行业管理部门，如取水许可、水环境许可、水电开发项目许可等。对境外投资的审批相对简单，大型项目需要进行的是对外投资的审批。

这些审批主要还是按照国内河流的模式进行，并没有考虑太多国际河流的跨境影响问题，因此出现不少引起外交纠纷的问题。对于水资源开发项目的审批，建议分境内和境外两个类别加以管理。

（一）境内开发投资项目审批除常规审核流程外应加强跨境影响评估

从我国境内受到跨境争议的项目情况看，规划、前期和基础工作不到位削弱了审批与监管的权威性，致使我国国际河流审批和监管不断遭到外界质疑。因此，我国应该加强前期规划、环评和勘查工作研究，提高审批和监管的科学性。在河流上进行项目开发涉及面广，必须以流域为单元加以研究和规划。对流域进行规划的同时，要建立起一套针对流域规划的环境影响评价方法、评价指标与技术标准体系相结合的规划环评模式，积极开展水电开发的环境影响联合评估，逐步实现我国环评工作的开放性，以提升权威性。

（二）我国对国际河流流域的境外投资除了常规性对外投资审批外，应建立国际河流流域境外投资的负面清单管理机制

各国政府对国内企业海外投资也会有引导和规范政策，主要是针对市场风险控制的引导政策，属于投资风险控制的政府市场化干预行为。但是也有出于各种政治原因的投资禁止政策，规定不准对外投资的范围和地区，但是出于政治目的的禁止政策容易引起各国的反对和制裁。

目前我国正处于对外投资的高成长期，许多周边国家是我国对外投资的热门区域，其中包括一些国际河流流域国。由于我国国际河流对外合作仍处于相对初步的技术性合作阶段，没有对流域水资源开发活动进行战略性的跨境协调机制和争端解决机制。因此，对于一些可能损害我国国际河流水资源权益、可能造成国际河流跨境争议以及在国际河流上实施开发而可能引起重大环境争议

和社会问题的项目，应增强政府在对外涉水投资领域的引导和规范力度，其中一种可行方式是建立国际河流境外投资开发的负面清单。

所谓"负面清单"是参照国际投资管理方式而设立的，针对的是我国企业对国际河流境外投资而建立的禁止原则或者明确的目录列表。负面清单管理是一种明确划定禁止范围来实施管理的手段，相对于各种项目审批而言，负面清单管理只说明了不能做什么，从而给被管理方以相当大的自由。我国企业对国际河流境外的投资可能会影响到我国自身的利益，但难以用审批手段解决各种可能出现的问题，负面清单管理可以将已经明确的风险排除在外。

例如，我国水电企业对国际河流境外河段的水电开发投资是国际河流水资源合作中的重要合作领域和应关注的重要问题。目前我国水电开发企业已在东南亚各国、西北和俄罗斯远东都投资或者计划投资开发水电资源。一方面水电开发可能产生跨境影响，境外投资也可能影响我国的利益；另一方面国际河流流域的水电开发活动涉及利益相关者众多，水电企业需要考虑诸多因素，包括各种政策风险、移民争端、社会文化风俗等。相关企业对当地社会经济环境的应对能力不足，与当地政府的合作关系脆弱、应对机制不完善，容易引起政治、法律、国家之间合作等各种风险。因此，我国相关政府部门应将国际河流流域的境外水电合作纳入有序监管和引导机制之中，应该建立国际河流水电开发的负面清单。负面清单可以包括：不适宜投资的地域范围、不适宜投资的项目内容、投资应避免的各种当地市场和非市场行为，等等。

负面清单列出不应做之事，但对于如何惩罚可以有不同的方式，一种就是引导和规范性的，属于风险提示范畴，另一些可能就是与惩罚措施相关联的。负面清单的一般应由流域管理部门提出，投资管理部门通过。因为流域管理部门对流域可持续发展负责，同时也具有专业能力和技术条件进行评估，同时流域管理部门落实国家层面的水安全战略，可以比较全面地评估和保证投资项目不损害国家利益。对于我国企业对国际河流境外投资项目的负面清单管理机制需要进一步加以研究。

第九章

我国典型国际河流水资源合作开发机制的政策措施

澜沧江—湄公河是我国西南地区典型的国际河流，水电资源开发及其跨境影响是流域国之间争议与合作的重点问题；阿克苏河则是我国周边为数不多的我国位于下游的国际河流，要保持我国上下游合作的政策一致性就必须考虑阿克苏河；额尔齐斯河是我国西北以水资源分配合作为重点的典型国际河流，体现了西北干旱区跨境水资源合作的许多特点；黑龙江是我国西北界河水资源合作的典型，涉及双方漫长边境区域的稳定与发展。这些典型国际河流的水资源合作开发各具重点和特色，既需要对外合作的战略一致性，也需要根据各自重点和特点开展合作，合作开发机制的政策研究具有很强的现实意义。

第一节　澜沧江—湄公河水电开发合作机制的政策措施

澜沧江—湄公河流域的水资源合作、经济合作与各国之间的政治合作内容十分广泛，目前各国最为关注的是水电开发合作，我国已经在澜沧江建立了梯级水电开发体系，在今后一个新的阶段必须要从整个流域角度去考虑构建全流域的水电合作开发机制。

澜沧江—湄公河流域水电资源丰富，我国境内澜沧江干流在云南省境内分15级开发，首先建设中下游河段的两库8级，自上而下为功果桥、小湾、漫湾、大朝山、糯扎渡、景洪、橄榄坝、猛松电站；上游段正在进行规划，初步规划分7级开发①。1994年湄公河委员会对下游湄公河开发提出了9级水电开发规划，但一直不成协议而迟迟没能落实。长期以来我国与下游国家一直存在水电开发跨境影响的争议，但这些争议也促使上下游各国认真考虑流域开发合作。除水电开发合作以外，由于澜沧江—湄公河流域是东南亚最活跃的经济一体化

---

① 李勋烈．及早开发小湾水电站［J］．云南水力发电，1989（2）：15-17.

发展区域,各种国际政治与经济力量在此开展各种竞争与合作。因此,我国在澜沧江—湄公河流域的水资源合作具有重要的战略意义,我国最新提出了构建澜湄合作机制的差异,充分反映了我国对澜沧江—湄公河流域经济合作的高度重视。

一、澜沧江—湄公河水电开发的主要跨境争议问题

我国对澜沧江流域水电资源做了详细的梯级开发规划并先后建成了漫湾、小湾、大朝山、景洪、糯扎渡等水电站。下游国家对上游水电开发最主要的争议焦点是水电开发对下游湄公河的环境影响、洪水调度与大坝安全、渔业影响等问题。

（一）关于跨境环境影响

水电开发跨境环境影响争议的主要提出者是官方性质的湄公河委员会和一些国际非政府组织,关注点主要在以下几个方面。

上游水坝对下游水质、泥沙的影响。下游认为澜沧江建设的水库蓄水产生的拦沙效应会引起下游段河水泥沙含量降低,从而影响泥沙补给。水质方面,随着流域社会经济的发展,水质将会持续变差。近年的持续观测已经表明整个流域现状,水质总体上呈恶化趋势,清洁水体逐年减少。因此如何保证流域水质问题,是需要重点考虑的,而这又与整个流域的社会环境发展密切相关,不仅仅是大坝建设所决定的。

上游水坝对河川径流的影响。我国与下游国在湄公河流域地理位置的差异,导致各国对于整个流域的水量贡献存在较大的差异。整个流域中,老挝境内水资源最为丰富,对流域的径流贡献率为35%左右,澜沧江出境处年径流量大概600亿立方米;我国境内段对于湄公河段的径流贡献率仅仅为16%左右。前阶段引发的争议更主要的是由于处在大坝建设阶段,截流与蓄水阶段确实会对下游产生不利影响,但是这也仅仅局限于建设阶段[①]。后期上游水电站采取科学分期蓄水,每年汛期蓄水,枯水期加大放水量的措施,反而能够更加有效地确保下游水量。

上游水坝对流域水生生态的影响。大坝的建设截断了水生生物的自然通道,对水生生态系统造成一定的危害,大坝下泄水流的流速、水深、浑浊度和悬浮物质等水流系统的变化,也会影响鱼类养料来源及栖息地,产卵区生态条件改

---

① 何大明,冯彦,甘淑等.澜沧江干流水电开发的跨境水文效应 [J].科学通报,2006,(12):14-20.

变。最严重的是阻断鱼类的迁徙，导致洄游鱼类的消失。湄公河流域下游的水生生物多样性优于上游，淡水鱼云南有 153 种，而泰国则有 650 种，柬埔寨甚至高达 850 种[①]。总体而言影响存在，但可以采取积极举措以减少对水生生物的影响。

（二）关于跨境洪水调度与水坝安全

旱涝灾害是湄公河流域各国最主要的自然灾害，春季经常发生严重的旱情，洪水是夏季比较严重的威胁，会给流域各国沿岸民众带来灾难。但干流乃至沿岸缺乏必要的工程措施，极大制约了防洪抗旱。从工程措施角度看，我国在澜沧江修建水梯级电站可以帮助下游进行洪水控制和抗旱，却引起了下游国家对自然灾害预期的担忧，集中在以下几点。

上下游洪水调度难以有效协调。在旱季时，上游会拦截更多的河水为蓄水发电，进一步加剧下游国家的缺水问题；在雨季时，上游为了确保上游汛期的安全则会加大排泄量，对下游的威胁进一步加剧。

上游水坝工程安全可能产生的跨境影响。我国的西南地区处于地震多发地带，澜沧江水电开发时下游各国就担心大坝的抗震水平，担忧如果遇到强烈地震导致大坝损毁，引发洪水，给下游国家带来毁灭性灾难。

担心水坝会成为影响下游各国的政治工具。这主要是一种出于政治安全的考虑，认为上游国的水电开发所形成的梯级大坝可以成为威胁下游各国的政治工具。这是一种国际政治角度的考虑，虽然缺乏必要的历史与政治依据，对于国际社会的心理影响却十分巨大。

事实上，从流域整体规划的角度看，如果规划得当，科学运行，我国在澜沧江开发水电资源，能够增强流域的水资源控制能力，包括旱季通过加大排水量保证下游国家的用水；雨季加大蓄水减轻下泄洪水对下游各国的威胁。其中最关键的问题在于洪水和抗旱的调度需要流域性的规划与合作，工程安全以及全流域的洪旱灾害需要在流域范围内积极开展合作。国际河流开发的历史表明，此类工程往往会促进相关的合作。

因此，关于上下游洪水调度的跨境影响争议可以划分为两个层面的问题，第一个层面是技术上的问题，需要通过全流域的规划合作、工程运行调度合作、洪旱灾害防治合作加以解决；第二个是属于流域管理上的问题，需要上下游构建一种稳定的合作与信任机制，而不是将争议问题泛政治化。

---

① 胡喜欣，李雪晴，孙赫黄，等．老挝湄公河淡水鱼类考察［J］．人与生物圈，2020（3）：52-55.

（三）关于跨境农渔业影响争议

湄公河对于沿岸各国农业意义重大，流域各国民众利用湄公河河水灌溉发展农业，下游也是世界主要的产鱼区，渔业是沿岸各国居民主要的生活来源，上游水电开发对下游农业和渔业的影响一直是主要的争议之一。

下游国家对农业生存与发展用水的担忧。面对上游的水电站建设，下游各国担心水量的波动和减少会影响农业灌溉和渔业发展，例如，媒体报道泰国政府认为"中国的漫湾水电站已经导致老挝和泰国北部地区的水位和捕鱼量达到了历史最低水平"。越南政府的观点认为"中国上游的大坝切断了河水流量而使越来越多的盐水侵入湄公河三角洲，而越南农业产量的一半来自这里"。显然，水量减少或波动对下游农业及渔业发展影响的不确定性是争议的主要原因。

关于河流生物生态环境变化的担忧。湄公河统计"下湄公河流域每年鱼类产量为100万吨，总价值超过10亿美元，该流域的人口从事相关农业生产，而他们80%的动物蛋白质消耗来自这条河的淡水鱼"。但是近年来湄公河的鱼类资源有着逐渐减少的趋势，沿岸国家的政府和民众在一些非政府组织的影响下，认为原因在于我国在上游修建水电站，并且水坝阻碍了鱼类产卵，此外，为了疏通河道，将河底的暗礁炸掉，生态环境的改变破坏了鱼类天然的生存环境，使得鱼类资源大量减少。

（四）关于工程及环评标准争议

澜沧江下游四国已经制定了环境影响评价制度，缅甸对于重大项目工程的环境影响评价一般借鉴世界银行和亚洲开发银行的环境法律、标准。

尽管六国在环境影响评价制度中存在很多相同点，但是仍然存在很多的不同，具体包括：①对相同项目是否进行环境影响评价的标准不同；②管理和执行环境影响评价的责任主体不同；③环境影响评价前后的公众参与程度存在不同；④执行环境影响评价和公众参与的指导方针有所不同；⑤环境影响评价制度的立法体系有所不同；⑥没有对跨界环境影响做出相应的规定。

另外，流域各国对于是否有重大影响的理解也不同。一般而言，采用环境质量标准和采用环境优先原则用来评估是否存在重大影响，但是由于流域各国对于环境质量标准也存在较大差异，各国发展观和生态伦理观也不太一致，所以下游六个在对待是否存在重大环境影响的问题上存在较大分歧。

（五）湄公河下游各国间水电开发的跨境争议问题

湄公河流域各国之间对于水电开发也存在不同的意见，尽管湄公河委员会制定了相关规则，要求各国之间在干流水电开发上协调一致，严格限制各国单独在干流的水电开发，但各国之间流域地位不同、资源条件不同、社会经济发展不平衡，各国之间的争议从未停息，我国必须关注湄公河委员会的立场以及各国之间的政策差异。

湄公河委员会对干流水电开发实施环境影响评价和批准程序，湄公河委员会在战略环评中关注和争议的焦点主要聚焦于以下几个问题：流域开发带来的经济发展和贫困问题、流域开发对生态系统完整性和多样性的影响、大坝建设对渔业及食品保障的影响、社会系统变化对移民生计与生活文化的影响等。湄委会在这一方面的知识贡献是不可否认的。

但是冗长的工作影响了水电开发进程，使得这一流域至今无法满足其经济发展的电力需求，导致各国之间出现争议。2012 年老挝在邻国和环保者的反对声中，坚持推进沙耶武里大坝的建设。随后，老挝在没有与成员国进行磋商的情况下计划建设栋沙宏水电站，遭到来自柬埔寨、泰国和越南的质疑①。由此可见，下湄公河四国在干流水电站建设和环境保护之间的分歧在逐渐加大，各国湄委会之间的争论表明在水电开发和环境保护之间没有形成一致性决策意见，但这也难以完全阻止水电开发。

（六）域外组织参与对澜沧江—湄公河水电开发跨境争议的影响

我国在澜沧江的水电开发一直受到流域外各种力量的关注，域外组织对湄公河水电开发问题的参与广度和深度也是最大的，这一流域也是国际上非政府组织最活跃的地方。虽然流域水电开发的直接利益相关者是流域内的各国政府、企业和民众组织，但西方各国由于历史与现实的经济、政治原因，对该流域各国的介入很深，各种域外力量都想通过各种途径成为利益相关者，对各种跨境争议的提出和解决形成影响。

国际河流的国际性影响是促发各种国际舆论参与的最基本因素，除此之外，澜沧江—湄公河流域东西方各种力量和思想的影响互相交织，大国的国际政治竞争与合作在该流域有非常显著的表现。因此，国际舆论对澜沧江—湄公河水电开发的争议一直有着非常高的兴趣和"热情"。在网络媒体日益发达的背景下，各种政府与非政府力量非常容易借助舆论发出自己的声音，影响各种水资源开发进程。

澜沧江—湄公河流域水电开发跨境影响的国际舆论主要以环保主义的面目出现，由于环境保护已经成为世界范围内普遍认可的原则，以环境保护为主要内容的国际舆论所产生的影响力非常巨大。国际舆论对澜沧江水电开发跨境影

---

① 金声．柬埔寨等抗议老挝建栋沙宏水电站见效［N］．金边晚报，2016-06-28.

响争议的参与主要体现在西方主要媒体的影响力上面。从总体上讲，西方媒体对我国水电开发的报道以负面为主，虽然观点并不能够得到专业人士乃至科学研究机构的认可，但媒体本身所形成的影响力是不容忽视的。

二、我国关于澜沧江—湄公河水电开发合作的应对战略

（一）我国在澜沧江—湄公河水电开发上的利益主张

在我国的西南水电开发格局中，澜沧江水电基地将成为我国最重要的清洁能源基地，对我国的能源战略极为重要，同时澜沧江水电梯级开发所带来的长期、大规模的基础设施建设、航运和相关交通设施建设为我国构建连接云南与东南半岛的大湄公河次区域经济走廊奠定了基础。

澜沧江水电基地为国家能源安全提供保障。澜沧江的水能开发主要集中在云南省境内，是我国"西电东送"工程的重要组成部分。由于我国能源的资源分布与负荷分布不平衡，需建立西部与东部之间的生产与消费联系。西电东送是我国实施西部大开发战略的措施，通过能源开发将西部地区资源优势转化为经济优势。

澜沧江水电开发为次区域经济走廊提供能源保障。历史上我国就一直努力构建从云南向东南半岛的通道，澜沧江—湄公河构成了我国与东南半岛的天然经济、社会与文化联系，除了航运以外需要构建铁路、公路、航运等交通基础设施，建立湄公河次区域经济走廊。近年来我国在湄公河流域推动企业与投资"走出去"，澜沧江水电可以为经济走廊建设提供保障。

促进我国与下游的航运及防洪安全合作。澜沧江水电开发改善了航运条件，也减轻了下游的防洪压力。在航运方面，小湾、糯扎渡水库形成以后，由于水库的调蓄作用，下游河道流量趋于均匀，通航条件明显改善。2000年，中国与缅甸、老挝、泰国签订《中老缅泰澜沧江—湄公河商船通航协定》，四国商船可从我国思茅港到老挝琅勃拉邦886.1千米的航道上自由航行。在防洪方面，上游水库的调蓄作用，可以减轻下游老挝、缅甸、泰国的洪水灾害，满足下游城市和农田的防洪要求。

（二）我国在澜沧江水电开发上的权利与责任

我国作为澜沧江—湄公河的上游国，明确我国在水电开发上的权利与责任，是我国与下游国家开展合作的基础。《国际河流水资源利用的赫尔辛基规则》和《国际水道非航行使用法公约》中的一些原则虽然不具有强制性，但可以成为解决分歧时的参考原则。

坚持领土主权原则。我国对本国境内的水资源拥有管辖权和开发利用权，流域国对跨国河流边界线内的部分享有完全的排他的管辖权，这是在其内水行使国家主权。因此，我国对境内的澜沧江水能资源有权决定是否开发、何时开发、以何种方式开发。

我国在澜沧江水电开发的责任。由于上游水资源开发对下游可能造成跨境影响，导致国际上逐渐形成一些针对上游国的责任原则，主要体现在"不造成重大损害原则"。作为负责任的大国，我国应尽力避免对下游的跨境影响，并尽力拓展流域国间的国际合作。

确立权利与责任的动态平衡策略。国际河流开发应遵循什么样权利与责任，实际上是一个历史发展过程。我国应对所持的权利与责任主张需要有一个优先次序和时间策略，根据我国的发展阶段和国际关系的变化对现阶段和未来的权利与责任主张的重点进行有序安排。就现阶段和未来跨境河流水电开发而言，各国政府尤其是民众环境保护意识的增强将会对水电开发产生重要的影响。我国对西南国际河流的水电开发实际上正进入一个环境保护意识日渐高涨的发展阶段，水电开发需要坚持环境保护主张。因此，基于提高跨境环境影响控制能力的积极的水电开发政策是我国现阶段平衡权利与责任的开发战略。

我国作为上游国对澜沧江水电开发的权利与责任协调可以确立几个基本的原则主张：

坚持主权权利下对他国无重大损害的责任。在流域开发与管理中，应兼顾整体与局部、社会经济与环境等多目标的整体开发，例如在开发过程中采取多种措施保护流域生态环境，甚至通过主动牺牲或放弃可观的开发收益的方式减少对下游的不利影响。

坚持积极的预防损害主张。通过与下游国家建立信息交流与共享平台以消除各国间的信息交流、共享障碍，观点和认知差异；加强开发前期的环境评价、信息交流和环境监测，开发后期的及时沟通、突发性事件预防等应对策略。其具体方式可以是政府间的定期会谈和数据交换，通过流域合作与管理机构进行及时的信息传递，如论坛、学术交流、合作研究、网络信息等①。

协商解决水电开发的补偿机制。在一定的管理机制下，协商出上下游之间可接受的利益补偿方式以及公平合理与利益共享的具体方案，包括经济援助、技术援助等，逐步建立直接和间接的补偿机制，以便最大限度地减少共用水资

---

① 李智国. 澜沧江梯级开发的水政治：现状挑战与对策 [J]. 中国软科学，2012（01）：100-106.

源利用中对环境和社会的负面影响。

通过流域社会经济合作在更大范围内平衡权利与责任。水电开发的影响具有区域性，对于水电开发企业而言，在局部范围内很难达到完全的权利与责任平衡，但国家层面可以在更大范围内通过各种经济合作和援助相结合，从而实现在全局范围内的利益与责任平衡。

（三）澜沧江后水电开发阶段的对外合作思路

随着澜沧江梯级水电开发规划的落实，在建水电站逐渐进入运行期，大规模的建设将逐渐减少，澜沧江在未来一段时期将迎来后水电开发阶段①。在这一阶段，流域层面的梯级电站运行调度以及针对前期水电开发效果的评估与调整将是重要的内容。与此同时，澜沧江段的水电开发实际已经刺激了下游的水电开发规划的落地，无论从经济发展需求出发，还是从流域开发现状出发，下游水电开发的启动将不可避免。因此，澜沧江水电开发需要根据后水电时代的需求特征，建立基于澜沧江—湄公河全流域可持续发展的对外合作战略思路，从而在下游湄公河水电开发阶段居于主动地位，引导并形成合作机制。

1. 面向"走出去"需求承担一定的流域可持续发展公共责任

我国西南地区面临的最大机遇是国家制定的"走出去"战略，提出的大湄公河次区域经济走廊以及当前的"一带一路"倡议，这些倡议背后体现了国家正在进入一个从"引进来"向"走出去"转变的转型阶段，西南区域将有条件成为面向东南亚的前沿。因此，澜沧江水电开发在后水电时期，可以更多地考虑承担次区域的公共责任（比如安全责任、技术援助、经济援助、基础设施投资、环境保护合作和人力资源合作等），从而为水电"走出去"以及相关基础设施建设"走出去"构建良好的环境。相对国家整体的战略需求而言，这种战略转型可以为我国在次区域合作中发挥更大作用拓展空间。

2. 尽早研究与制订澜沧江—湄公河水电工程调度运行合作方案

澜沧江后水电开发时代工程运行管理的任务将更加突出，所谓工程运行管理指包括发电在内的防洪、抗旱、航运、灌溉等综合水资源利用效率的发挥。由于澜沧江水电开发采用的单一业主模式，工程运行管理在国内需要协调的主要是工程管理单位元和流域机构，内部的协调相对比较容易处理。但是，国际河流上的大规模梯级水电开发的运行管理如何实现对外的合作，是非常现实的挑战。未来澜沧江的水电工程运行调度如何与下游有效协调与合作，必须有战略规划和预案，争取主动地位。因此，澜沧江水电开发需要尽早从全流域出发

---

① 水博. 迎接"后水电时代"的挑战 [J]. 电网与水力发电进展，2007，23（8）：7.

研究运行调度合作的战略思路与规划，逐渐调整现有的水电开发可能产生的不适应之处。

3. 进一步将水电资源融入湄公河次区域经济发展

大湄公河次区域合作发展已经成为基本发展趋势，如何将水电资源开发融入次区域发展是未来我国与次区域国家合作成功的关键之一。融入战略的基本思路是效益分享与市场拓展的有效结合，在更大的次区域范围内进行水电开发效益的分享，通过分享扩大水电开发"走出去"的市场范围和拓展相关基础设施建设、环境保护、产业升级等带来的发展机会。目前在建的东南半岛电力市场和开展的电力贸易合作是融入战略的一个重要方向。当然，由于水电开发业主的法律地位和市场定位，构建水电开发融入次区域发展的战略不能仅仅局限于澜沧江水电开发的业主，更应该建立以政府为主导，企业为主体的对外水电开发合作网络。在澜沧江后水电开发时代，流域上下游各国利益冲突问题仍然难以避免，但是可以在更广阔的范围进行多目标综合协调，通过补偿等方式来体现公平合理利用，以避免单目标开发在狭隘范围的矛盾冲突难以协调。

（四）我国应积极参与湄公河流域的水电开发

我国在湄公河流域老挝、柬埔寨等国已经形成比较深入的水电开发合作，对湄公河流域各国的水电投资与建设，经历了从早期的援建、直接投资，到后来的合资，再到目前的"建设—经营—转让"等多种形式合作演变。湄公河流域的干流水电开发及相关基础设施建设才刚刚开始，我国应积极构建相关参与战略。

一是我国对湄公河流域水电开发的合作应坚持企业主导和市场原则，辅之以国际政治与经济合作机制的推动。水电开发属于企业投资与经营行为，然而，湄公河流域各国对于水电开发长期以来存在争议，域外的各种力量对流域水电开发的进程也影响巨大，国际政治因素不得不考虑。

二是充分利用我国与湄公河流域国地缘政治与经济关系拓展水电开发合作。长期以来我国仅仅视澜沧江水电开发为国内能源战略的一部分，对流域境外水电等基础设施投资也视为对外投资战略的一部分。这种单一战略模式不能满足我国与东南半岛全面战略合作的需求，水电等流域基础设施投资合作应该成为我国与流域各国合作的促进力量，进而构建澜沧江—湄公河流域水安全共同体，推进我国与该区域的一体化进程。将水电开发纳入湄澜合作机制之中已是必然趋势，未来需要建立流域整体的合作开发计划，而不是仅仅围绕上下游之间水电开发跨境影响争议解决具体的问题。

三是强化水电开发合作中的国际利益相关者管理。湄公河流域域内外力量在水电开发上长期存在争议和竞争，形成复杂的国际政治和经济利益关系，必须处理好来自流域各国乃至流域外的国际利益相关者关系。我国企业对湄公河流域水电开发及其他基础设施投资应该高度关注国际利益相关者管理，准确评估各利益相关者的要求和影响，通过资金投入、谈判交流、经济合作和法律条约等多种方式来平衡各利益相关主体的要求，降低水电开发的风险，建立相关的决策与风险控制机制。

四是探索适用于湄公河流域的可持续水电开发模式。我国水电开发企业经过长期发展，已经到了可持续开发的转型阶段，关键需要形成适合于发展中经济环境下的可持续水电开发模式。这种模式的形成需要两方面的条件，一是在理念和标准上的先进性，二是技术经济条件上的可行性。我国对湄公河水电开发合作战略，应该着重提出以水电开发与区域社会经济、生态环境保护良性互动的开发模式，并从技术和经济可行性角度探索实现方案。

（五）加强我国对湄公河流域涉水基础设施的投资合作

如果说水电开发体现较强的企业利益需求的话，水资源基础设施则主要是公共设施，依赖的是政府的公共投入。我国对湄公河流域的涉水基础设施投资需要建立系统的战略，不能仅仅视为一个个独立的项目。目前湄公河流域存在巨大的基础设施建设需求，其中涉水基础设施更加具有基础性、公共性特征，直接关系各国的人民基本生存条件，应作为重点战略措施。

通过政府与民间资本合作推动我国对湄公河流域涉水基础设施投资。对于湄公河涉水基础设施的投资需要域内外的政府与企业合作，无论从基础设施投资本身的特征，还是该区域长期以来的投资发展状况，政策投资合作与私人企业投资合作之间应形成良好的互动关系，这是我国对湄公河流域涉水基础设施投资的最重要的战略。构建不同形式的政府与私人部门的合作模式，是保证我国对湄公河流域涉水基础设施投资成功的重要条件。

推动湄公河各国开展涉水基础设施技术援助与研究合作。湄公河流域长期以来水资源开发与保护的基础研究一直依赖西方各国政府与机构的援助，其中以湄公河委员会的工作最为显著。但是湄公河流域各国现阶段对技术援助有很大需求，我国应充分利用所积累的人才与技术优势开展与各国的研究合作。我国在湄公河流域涉水基础研究方面不能满足快速发展的合作需求，政府牵头的技术援助和以企业为主的项目层面技术合作都需要积极拓展，甚至可以考虑构建针对湄公河流域涉水技术设施技术援助的战略计划。

推动若干涉水基础设施建设增长极的形成。涉水基础设施投资往往可以形成产业发展的带动效应，但这种效应的利用必须是系统性的，需要政府与企业的协同，形成以基础设施开发为增长极的区域经济发展模式。我国与湄公河流域各国形成的湄公河合作走廊需要进一步突出涉水基础设施投资的增长极效应，在湄公河流域规划和布局涉水基础设施投资的增长极，形成对该区域的投资引导体系。这种区域集聚式的投资与经济增长对于流域各国及我国而言是多赢的局面，它符合增长可持续性和合作可持续性的特征。

（六）依托澜湄合作机制构建全流域合作组织的前景

我国对东南半岛的合作战略正在由积极参与向积极主导转型。澜湄合作机制的提出是一个重要的转折点，这是由我国在"一带一路"倡议下所倡导的面向澜沧江—湄公河流域国家的经济合作机制，强调域内各国主导合作建立命运共同体。在澜湄合作机制下，我国就不能回避澜沧江与湄公河上下游之间的跨境水资源问题，也可能更愿意在流域内各国主导的框架下建立全流域合作组织。

1. 勾画一个建立全流域水资源合作组织的远景

未来我国积极的战略应该是提出澜沧江—湄公河全流域合作的战略框架。我国积极推进全流域合作的战略时机包括两个方面。第一，澜沧江流域水电开发的高峰期即将过去，无论从量还是从质两个方面，我国在澜沧江以及西南河流上的水电开发都需要实现转型。第二，我国西南水电开发需要从传统的面向国内能源安全和西电东送等内向型发展目标，转向面向东南亚的外部合作发展目标，以适应我国"走出去"的战略需求。

基于这两点认识，我国未来应积极研究如何构建澜沧江—湄公河流域合作组织的架构，以流域内利益相关者合作和上下游合作开发为主导，思考未来各国可以平等参与的合作架构。构建全流域的合作组织，不仅需要各流域国有足够强大的国力支持自己的立场和利益，而且需要各国之间相互信任、平等对待，为上下游合作创造良好氛围，努力实现全流域的共同发展。

2014 年我国提出的澜湄合作机制已经将水资源合作明确纳入五大合作议题之中。但是澜湄合作机制并不仅仅限于水资源合作，它是一个涵盖国际安全合作、经济合作、社会与文化交流、可持续发展和人员互通互联等领域的合作机制，这种多层次合作模式可以有更大的解决跨境水资源问题的空间。因此，我国是希望在这一机制下推进全流域合作的。对于下游五国而言，由于我国的参与，湄公河委员会所不具备的全流域合作成为可能，未来下游各国一定会在这一机制下与我国讨论水电开发等跨境水资源安全问题。

　　澜湄合作机制在流域内各国的主导性、资金来源、合作的多层次性、合作伙伴的完整性等方面具有优势。如果澜湄合作机制能够良好推进，可以有助于形成不同于湄公河委员会的全流域水资源合作机制，至于同湄公河委员会的关系，可能在相当长时期内并存发展，从而形成竞争与合作关系。

　　总之，无论从我国的战略考虑还是从各国对于澜湄合作的要求考虑，我国可以制定一个长期战略，即依托澜湄合作机制推动构建全流域水资源合作机制乃至建立流域综合管理机制。

　　2. 与湄公河委员会重点在环境评价与技术方面开展合作

　　湄公河委员会对自己使命的描述是：以知识为导向，以澜沧江—湄公河全流域为研究范围，通过水资源综合管理促进在湄公河流域的环境保护与发展投资平衡。应该说湄公河委员会在环境保护方面所做的贡献是巨大的，它使环境保护在湄公河流域深入人心，并在相关技术和知识创新上走在前列。但是，湄公河委员会的发展目前走到了一个新的十字路口，水电开发既代表了巨大的经济和能源收益，对沿岸各国的经济发展日益重要，同时又对环境、渔业和下湄公河人民生活产生潜在影响。如何平衡水电开发和环境保护，是湄公河委员会面临的具有挑战性的战略决策之一。

　　从现阶段我国对湄公河委员会的认识定位而言，主要的合作重点是开展不同层次的技术研究合作，包括开展上下游水文信息合作、水电开发与运用环境影响监测与研究合作、流域层面利益相关者需求导向的技术合作研究等。

三、澜沧江—湄公河水电开发合作机制的构建策略

　　澜沧江—湄公河上下游国家关于水电开发的争议，实质是流域国之间关于水资源开发利用的发展要求与环境保护要求之间的利益之争，这种争议既包含上下游之间的，也包含下游各国之间的，乃至各国不同利益集团之间的竞争。构建全流域层面的水电开发合作机制是解决问题的根本之道。但是，由于水电开发与环境保护之间存在着现实的冲突，合作机制的构建不能仅仅就水电而谈水电，就环境而谈环境。湄公河委员会过于强调环境保护而导致流域发展滞后，我国在上游独立开发水电但最终必须面对下游环境生态及水安全要求。因此，澜沧江—湄公河水电开发合作机制的构建应该从更广阔的国际政治与经济合作层面寻求利益的平衡，从流域水资源综合管理的技术与管理层面寻求实现的可行性。具体有三个层面的策略。

　　（一）倡导建立流域国主导的澜沧江—湄公河水安全共同体

　　澜沧江—湄公河流域国家层面的水资源合作机制以建立流域内各国共同主

导的水安全共同体为远期目标，分别面向几类基本利益要求主体构建合作机制，即面向政府的合作框架与涉水公共基础设施合作机制、面向市场主体的涉水投资合作引导机制、面向社会公众的水安全与发展交流机制。

1. 构建澜湄合作机制下的政府间水安全合作框架

我国积极参与了大湄公河流域目前多种国家间的合作机制，为了落实"一带一路"倡议和建立亚洲基础设施投资银行的战略举措，我国需要响应下游各国在水安全方面对上游的要求和相互保障的要求，以经济发展为主线，在澜湄合作机制下提出澜沧江—湄公河流域的水安全合作框架。这种非传统安全领域的合作可以为我国与该流域各国建立良好的国际政治关系和更加密切的经济合作提供良好的保障。水安全合作框架可以作为我国政府对外的合作倡议首先提出，逐步形成比较成熟的原则。

以水电资源开发、水利基础设施、环境保护等为主要内容提出水安全合作框架。流域各国拥有的水电资源丰富，但仍面临着巨大的电力缺口。下游四国虽然经济发展水平存在差异，但是对于水电开发利用有着相同的要求。当前我国拥有先进的水电建设技术与雄厚的外汇储备，比较现实的做法是推动以水电项目为主导，兼顾水利基础设施投资和环境保护项目的合作模式，以此为重点来加强和流域国的关系，并且和不同国家结合具体的水电开发进行合作，加强水能开发利用水平。

以澜湄合作机制为基础构建流域水安全对话与合作机制，远期建立以流域国为主导的流域治理架构。水安全合作对我国与下游国家协调好经济、政治和环境利益关系非常重要①。我国积极参与了这一区域两个重要的合作机制——大湄公河次区域合作机制和湄公河委员会，但这两个机制域外力量介入非常深，对于区域贸易、投资这类开放性的合作没有太大问题，但对于水资源、环境、能源这类基础资源和设施的合作，国家利益始终是要考虑的因素。此外，我国始终认为应把"发展"置于中心位置，与西方国家在此区域的理念有差异。我国对于澜沧江—湄公河水资源安全合作机制的主张，重点是在保障流域内经济发展的前提下，如何科学合理地开发与管理澜沧江—湄公河流域，保证流域的水质水量和生态环境，并间接带动流域内社会经济与文化的发展②。强调流域水安全合作应以流域内国家共同参与为主导。湄澜合作机制可以作为一个我国

① 朴键一，李志斐. 水合作管理：澜沧江—湄公河区域关系构建新议题 [J]. 东南亚研究，2013 (5)：27-35.
② 李庆. 论中国主动参与澜沧江—湄公河流域综合管理 [J]. 中南财经政法大学研究生学报，2014 (2)：16-23.

与湄公河流域各国建立水安全合作框架的平台，利用该平台建立澜沧江—湄公河水安全共同体。

2. 加强针对湄公河流域各国涉水基础设施的投资建设合作

湄公河流域的涉水基础设施长期以来严重缺乏，包括水利灌溉设施、水土保持、水电开发设施、防洪工程、环境保护工程与水污染防治工程等需要政府投资的公共基础设施发展水平较低。我国在开发上游水电资源的同时，应关注下游基本民生条件可能受到的影响以及如何加以改善。西方国家政府、国际组织及非营利组织在该流域基础设施改善、生态环境、居民医疗与生活环境等公共服务上长期投入资金，在该流域产生了深远的影响。我国作为上游国和具有大规模水电开发投资的国家，必须对下游的基础设施发展给予关注，由于下游各国经济发展水平所限，构建具有援助性质的合作机制非常必要。我国可以借助亚洲基础设施投资银行和丝路基金等第三方提供涉水基础设施投资的资金与技术援助，并构建我国与湄公河流域各国双边的涉水基础设施援助机制。此外，我国应加强在自然灾害、突发事件等应急事件应对上的对外援助机制，帮助下游国家应对可能的灾害危机；应构建面向湄公河流域的涉水技术与管理人才培养合作机制，推行人才援助计划。

3. 完善湄公河次区域合作中的涉水投资合作保障

湄公河次区域范围内以水电投资为主体的涉水投资机会广泛，包括水电站、灌溉、防洪疏浚、城市供水、水处理厂以及公路、输变电等工程项目。我国参与这些工程项目的主要方式正在发生重要的变化，从早期的劳务输出到总承包、BOT以及各种合作模式。这些大型的工程项目都需要与当地企业、政府、小区开展有效的合作。我国与湄公河流域国的涉水投资合作以企业合作为核心，由于涉水工程涉及大量的资金、技术投入和移民、生态环境保护以及各种基础设施建设，相关风险较大、利益关系复杂，需要有关国家之间构建有效的合作保障机制。国家层面需要关注的是金融合作促进与保障、法律合作促进与保障、突发事件处置合作促进与保障等涉及涉水投资合作基本环境的相关机制。

4. 拓展澜沧江—湄公河水安全与发展多层次交流

水电投资的利益相关者复杂，水电投资的专业性和一般社会公众的认知之间也存在着差异和信息不对称，这造成社会公众对该类基础设施的建设意见分歧，而这种分歧与各种各样的政治因素交织在一起，可能对投资本身产生深刻的影响。湄公河流域有着世界上最为活跃的环境保护第三方组织，一般社会公众与社会精英之间也存在着诸多分歧，该区域的社会经济管制也相对薄弱。因此，仅仅依靠政府之间的政治合作和企业之间的经济合作是不够的。我国在国家层面需要考虑两方面交流机制，一是构建以澜沧江—湄公河水安全与发展为主题的知识交流机制，面向公众的专业性知识交流机制对于水电开发这一类问题而言是非常重要的，这种交流是公众能够获得相关专业信息的重要管道；二是以流域历史文化纽带为基础拓展以水合作为主题的公共外交活动，将这一流域的历史文化联系与公共外交合作机制结合起来，使这一流域正在进行的水资源开发以及将要大规模开展的基础设施建设与流域的文化系统联系起来，促进各国人民之间的相互理解。

（二）建立以专业机构为主导的流域水资源业务合作机制

流域层面的合作机制主要是由流域管理部门作为合作主体构建，澜沧江的管理机构是我国长江水利委员会，湄公河则主要是湄公河委员会。但是我国认为湄公河委员会在治理和权力结构上并不满足完整流域机构的要求，我国并没有运用流域机构对等的原则与湄公河委员会交流，上下游之间流域管理体制差异性造成了交流的困难。对此建议采取以下措施：

1. 推进流域治理规划研究的合作以及对境外水电规划的合作

开展国际河流全流域的规划对流域内的水电开发具有重要的指导性意义，但因为流域各国之间不同的利益要求，流域国之间很难走到一起开展全流域的规划，实现协调发展。但是我国对国际河流流域规划起步晚，参与较少。因此，我国需要加强澜沧江—湄公河全流域水电规划研究的对外合作，未来可以由流域合作委员会（常设或非常设）以及专门的业务分委员会组织不同流域国的专家开展水电规划工作，资金来源于流域内各成员国对合作规划的投资、国际金融机构的资助，但避免接受流域外国家或国际组织的资助。其次，应积极开展我国境外国际河流水电规划研究合作。我国咨询企业应积极"走出去"，参与到境外国家国际河流流域水电规划中去，先由工程咨询企业参与下游流域规划研究，待条件成熟后，再由国家之间签署双边或多边协议，成立联合考察委员会或者流域执行委员会开展流域规划。

2. 加强上下游流域机构之间的技术交流与沟通合作

目前，在澜沧江—湄公河流域我国与下游流域层面的合作仅限于水电开发的技术交流与沟通，主要通过与湄公河委员会开展对话；水文基础信息交换主要由水利部与湄公河委员会根据协议开展；航运合作主要由各国政府交通部门签订合作协议。这些涉水业务的合作在国际河流流域一般由流域管理机构推动和实施，但澜沧江—湄公河流域上下游国家流域机构之间的整体合作尚未展开。从该流域当前及未来面对的水资源合作挑战看，尽管我国对湄公河委员会的定位及能力有质疑，但技术及信息交流对双方都是有利的。

首先，与湄公河委员会的技术交流与沟通可以先期启动专项涉水事务的对话机制，通过专家考察、技术交流、官员会晤等推进与湄公河委员会和各流域国的合作。流域机构的合作主要是一些专业性水资源管理业务合作，在我国目前的澜沧江管理体制下，可以先针对一些涉水专项业务开展交流与对话。水电开发的环境影响是最典型的例子，其他的业务可以是航运、水文信息交换、水资源管理技术、环境生态等，这些可以通过我国水利、环境、交通等部门中的技术专家开展交流，这些交流主要是技术性的。

其次，构建流域机构关于干旱、洪涝、严重污染等紧急状况或灾害的应急处理和紧急协商机制。面对澜沧江—湄公河流域的干旱、洪涝等紧急情况或者灾害，上下游的流域机构应加强情报信息交流，构建应急处理和紧急协商机制，开展联合行动，将灾害或紧急情况对流域的损害降到最低，这是各方利益相关者最关注的，也是流域机构最重要的专业性管理内容。

3. 及早开展研究，探索上下游工程的联合调度合作

随着澜沧江梯级水电开发的进展，未来下游将启动大规模水电开发，我国需要考虑与下游国家在工程调度上的合作应对策略，开展预先研究。

第一，研究上下游工程调度合作的受益补偿制度。所谓受益补偿原则，即在国际河流水资源开发中获得利益的国家，需要对为其受益采取相关措施，特别是对付出了代价的国家进行河流的补偿。这也是流域国之间对于国际河流工程运营调度合作必须解决的问题。流域国在国际河流水资源开发过程中，基于"共担风险，共享收益"，公平分担工程建设和运营成本，合理分配带来的收益。比如，在丰水季节，上游国家为了免除或尽量减少洪水对下游国家的影响，放弃发电的经济效益，充分利用大型水库调节下泄水量，以削峰、错峰减轻下游防洪压力。上游国家在满足下游国家防洪利益要求而放弃自身发电要求时，需要下游国家给予相应的合理补偿。

第二，研究建立调度信息交流平台，促进信息透明公开。要实现国际河流工程运营调度合作，先进的自动化设备是基础，梯级联合调度综合自动化系统（监控系统）、水情测报系统、水调自动化系统和通信系统是实现"流域统一运营调度合作"的四大关键子系统①。目前国内外在这些方面技术方面已经相当发达，为流域梯级水电站联合运行的实施提供了可靠的技术保障。但目前面对

---

① 朱艳军，马光文，江拴丑，等. 中小流域梯级水电站联合调度管理模式研究 [J]. 华东电力，2010（4）：577-579.

的最大问题是，如何进一步加大水文信息合作，让国际河流工程运营调度合作成为可能。为此，在水电开发合作过程中，流域国要建立信息交流平台，促进信息透明公开。这一过程包括信息的收集、标准化处理、交换、公众对信息的获取和理解等以及整体开发成功的效果对所有不同流域国的回馈，以减少决策中的不确定性①。

第三，研究未来上下游水电开发协调运行的流域联合运营调度中心。如果澜沧江干流水电获得大规模开发，那么上下游的工程调度运行问题将随之出现，因此，未来在流域国之间签订多边合作框架，需要研究探索成立流域联合运营调度中心，尽可能满足不同流域国的利益要求。流域联合运营调度中心主要负责在以下两方面展开合作，即运营管理决策合作和运营管理执行合作。

4. 协调上下游水事信息监测合作

在国际河流管理实践中，各方之间的信息监测合作有助于科学地分析问题和做出决策，消除不信任感。随着我国及下游各国对于澜沧江—湄公河开发的深入，水事信息监测合作已经十分必要，我国应充分利用技术方面的优势，主动参与下游国家的水事监测合作，争取合作的技术主动权。

制定多层次、多样化保障机制，将信息合作落到实处。流域国之间在开展有效的信息合作过程中，合作共识的取得需要有多层次、多样化的保障机制。我国应从澜沧江—湄公河流域整体开发与管理的需要调整与下游国家的信息合作策略。以我国的国情为基础，在信息合作中引入公众参与和沟通协调机制，加强统一决策机制。从沟通机制、监测协议和监测实施三方面着手与周边国家构建国际河流联合监测的运行机制，建立国际河流联合监测信息的目录管理和分级技术，为国际间监测信息共享和国内信息发布提供技术服务。在此基础上，制定相关的法律与政策保障制度，确保流域国信息合作的有效实施。

5. 加强流域机构与环境组织、社会公众的沟通

澜沧江—湄公河流域的环境保护组织、社会公众的力量远大于国内乃至其他国际河流，流域机构与这些力量的合作不可避免。长期以来，我国流域机构对外合作的基本思维是政府间合作，但在澜沧江—湄公河流域的现实是必须考虑与外部各种力量的合作，这就要求我国改革在该流域的管理模式，积极引导各种外部力量，并将其纳入流域管理的决策机制之中，加强工作的公开性和透

---

① NEWSON M D. Sustainable integrated development and the basin sediment system: Guidance from fluvial geomorphology [J]. Integrated River Basin Development. Wiley, Chichester, 1994 (1): 1-10.

明度，充分发挥其在公共治理中的作用，形成治理主体的多元性。

澜沧江—湄公河的水电开发对外合作仅依靠水电开发企业、水利部门是不够的，实际上我们面对的压力主要来自政府体系外部，一定程度的社会参与，构筑水资源管理的协同参与机制，可以使水电开发决策充分反映社会公众的意愿和观点①。湄公河委员会在湄公河开发中已经引入战略环评机制，其中利益相关者的评价在水电开发决策中非常重要，这种战略环评机制是流域机构引入公众参与的主要手段，我国流域机构、水电开发企业等在应对外部压力时，可以借鉴相关的经验。例如，通过精心选择利益相关者参与流域层面水电开发的决策，反映自己的意见与愿望，维护自己的权益，使流域各方从一开始就共同探讨问题，共同确定可行的解决方案，这一过程为最终决策提供了更多的公众支持，使流域有关各方都有机会及早提出看法、意见和备选方案。

第二节 阿克苏河水资源合作开发机制的政策措施

阿克苏河是我国和吉尔吉斯斯坦之间的一条跨界河流，吉尔吉斯斯坦处于上游，我国处于下游。吉方已经在阿克苏河上游进行了水电开发的规划并开始着手开发。作为阿克苏河的下游国家，我国应积极关注吉尔吉斯斯坦在上游的开发行动以及在中亚跨界河流上的跨界水资源政策。深入认识和预测上游吉尔吉斯斯坦开发利用阿克苏河水资源给我国带来的不利影响，并考虑如何应对这些不利影响和如何与吉尔吉斯斯坦进行跨国水资源合作。

一、阿克苏河上游水电开发对我国的跨境影响

吉尔吉斯斯坦有丰富的水力资源，电力出口一直是吉国传统出口创汇项目，吉尔吉斯政府将水电资源确定为今后同邻国合作的优先领域。但是近年来，由于其本国电力需求的增长，出口量减少，吉尔吉斯斯坦政府急于充分利用水力资源增建电站以提高电力产量。

（一）阿克苏河上游吉尔吉斯斯坦水电开发现状

长期以来，吉尔吉斯斯坦尚未对阿克苏河上游两条支流（萨雷扎兹河和阿克赛河）的水资源进行开发利用，其全部水量流入我国境内。根据吉尔吉斯斯

---

① 周大杰，李惠民，齐晔. 中国可持续发展下水资源管理政策研究 [J]. 中国人口·资源与环境，2004（4）：23-26.

坦的发展战略规划，萨雷扎兹河流域的水电开发并没有被列入 2025 年前的开发计划。但是，吉尔吉斯斯坦早已对萨雷扎兹河的水资源和水能资源利用进行了规划，并且近几年来加大了在萨雷扎兹河的水利工程开发力度。

萨雷扎兹梯级水电站规划的总装机容量为 1300 兆瓦，建设总投资 25 亿~35 亿美元，获得了西欧、美国和近东的一些金融机构的投资支持，电站的主要技术和动力设备由美国、德国、日本和俄罗斯公司提供，水电站的施工建设由俄罗斯、中国和吉尔吉斯斯坦的水电建设企业共同承担。

建设新的水电站能够大大提高吉尔吉斯斯坦的经济实力，尤其是其有助于伊塞克湖州东部地区有色金属和稀土金属矿产地的开发，而这种开发对下游水质有可能造成影响。在电站的建设期间，吉尔吉斯斯坦国家预算每年可获得 2000 万美元的税收，在电站投入运营后，国家每年获得的税收将达到 4000 万美元以上。该梯级水电站所发出的电将出口到我国，每年还可获得 3 亿美元的外汇收入。

2006 年，吉尔吉斯斯坦宣布成立萨雷扎兹电力股份公司。2009 年 8 月，中国国电集团成立了国电吉尔吉斯斯坦萨雷扎兹河水电开发公司筹建处，配合中国国电集团公司驻吉尔吉斯斯坦代表处进军吉尔吉斯斯坦中亚电力市场。2008 年，吉尔吉斯斯坦政府与俄罗斯政府签署协议，合作修建包括萨雷扎兹河水电站在内的若干水电站。然而，由于种种原因，该协议未能启动实施。

（二）阿克苏河上游水电开发对我国可能的跨境影响

由于我国处于下游，阿克苏河上游水资源开发必将对我国产生的一系列影响，我国需要从流域防洪、生态环境、地下水、水资源保障、地质环境、水生生物、上下游水库协调运行等方面综合评估，吉尔吉斯斯坦在阿克苏河上游进行水利工程开发将可能对处于下游的我国阿克苏河—塔里木河流域产生严重不利影响，我国需要采取应对措施减少这些影响。

萨雷扎兹河梯级水电站的建设，将给我国阿克苏河流域和塔里木河流域造成生态环境、水资源、地质等方面的严重影响；阿克苏河上游吉尔吉斯斯坦水利工程开发可能对我国产生的影响，主要体现在以下 9 个方面。

1. 有利于提高绿洲的防洪能力

由于库玛拉克河在吉尔吉斯斯坦境内形成冰川堰塞湖，存在冰川湖突发性洪水，库玛拉克河的洪水过程陡涨陡落，不但难以预报，而且破坏性极大。建设阿克苏河上游山区控制性水利枢纽，不仅能够开发利用水能资源，而且可以削减洪峰，提高下游绿洲地区的防洪能力。

2. 恶化阿克苏河和塔里木河流域的生态环境

阿克苏河和塔里木河都是干旱地区的内陆河，地处西北气候干旱区，蒸发强烈，降水稀少，生态环境系统非常脆弱。阿克苏河上游地区吉尔吉斯斯坦境内的水电开发，将给我国的阿克苏河和塔里木河流域带来严重的生态环境问题，并且这种大规模水利建设所造成的生态环境损害将是非常严重且不可恢复的。上游水利工程建设后，将会直接造成阿苏克河入境流量的减少，地下水（包括灌溉回归水）补给比重的相对增加，平原地下水和灌溉回归水矿化度较高，这将使塔里木河水质更进一步恶化。

3. 造成下游地区的地下水储量减少

对于阿克苏河流域，萨雷扎兹河梯级水库的正常蓄水将使阿克苏河和塔里木河两岸河滩及绿色走廊的地下水储量减少。该梯级水库的总蓄水量超过了阿克苏河的径流总量，这种上游地区的永久性水库蓄水量将使下游我国境内的地下水常态储量减少几十亿立方米。阿克苏河入境水量的减少，造成阿克苏河和塔里木河下游失去地表径流补给，将大大降低下游生态走廊和尾闾区的地下水位，给阿克苏河和塔里木河流域的生态系统造成难以估量的影响。

4. 造成下游地区灌溉期的严重缺水

阿克苏河和塔里木河径流的年内分配不均匀，主要集中于夏季，春季水量所占比重小。上游水库为了满足冬季的正常发电需求，就需要在春季或者夏季冰雪融化的季节不断地蓄水，而在冬季放水发电；上游水库的冬季放水，不但会造成下游我国阿克苏河地区的淹没损失，也将导致下游阿克苏河流域在春、夏季节没有足够的来水进行灌溉。类似问题在中亚跨界河流阿姆河和锡尔河流域已有深刻教训。

5. 为吉尔吉斯斯坦调水计划的实施创造条件

早在苏联时期，吉尔吉斯斯坦就曾提出了从萨雷扎兹河调水到伊塞克湖盆地和楚河流域的计划。由于苏联解体，该调水计划未能按期实施。而根据现在媒体和文献数据了解，吉尔吉斯斯坦正与俄罗斯、哈萨克斯坦等国及世界银行、亚洲发展银行等国际组织就水电开发项目融资问题积极接触，拟以公开竞标形式拓展融资管道。国际力量对吉尔吉斯斯坦水电开发项目的支持及吉尔吉斯斯坦国家经济发展的需求，都有可能刺激吉尔吉斯斯坦调水计划的实施。

萨雷扎兹河梯级水库一旦建成，将为吉尔吉斯斯坦的萨雷扎兹—纳林—伊塞克湖调水计划的实施打下基础。我国应该密切关注吉尔吉斯斯坦在萨雷扎兹河上进行水资源开发的任何行动和意向，努力阻止该调水计划的实施。否则，我国阿克苏河流域和塔里木河流域的用水和生态环境将受到严重的、不可逆的影响。

6. 带来严重的地质环境问题

吉尔吉斯斯坦在阿克苏河上游地区建造高山梯级水库，将存在滑坡、泥石流、地震等地质灾害以及防洪问题，对于处于下游的我国势必造成严重威胁。此外，吉尔吉斯斯坦在阿克苏河流域梯级水库的建设运行及调水计划的实施将为伊塞克湖州丰富的矿产资源的开发提供机会，而采矿业的发展又将为整个地区带来严重的环境污染问题。

7. 将对河流水生生物造成破坏性影响

吉尔吉斯斯坦在阿克苏河上游进行水利工程建设开发后，将对我国境内阿克苏河和塔里木河中的鱼类及其他水生生物造成破坏性影响。塔里木裂腹鱼属鲤形目、裂腹鱼亚科、裂腹鱼属，是我国特有的种类，仅分布在塔里木河流域。阿克苏河是目前唯一常年与塔里木河保持地表水联系的支流，塔里木裂腹鱼的种群数量相对丰富，但受人类干扰等因素影响，阿克苏河下游已无塔里木裂腹鱼分布，上游的种群比例已不足18%①。

8. 流域上下游水库的协调运行问题

萨雷扎兹河梯级水库在其建设和运行管理阶段，还将面临如何与下游我国境内阿克苏河流域水利工程的协调运行的问题。我国在阿克苏河流域已经建有一系列水库和引水工程，并对流域的水利开发进行了规划。吉尔吉斯斯坦的上游梯级水库建设将对我国境内阿克苏河流域的现有水利工程及水利规划的管理和运行产生重大影响，存在上游和下游水利工程的协调运行问题。

二、我国在阿克苏河水资源合作中的应对战略

（一）我国对阿克苏河水资源开发与保护的战略目标

我国处于阿克苏河流域的下游，在水资源开发与保护上，我国应主动提出联合开发与保护的方案，"变被动为主动"。战略定位应考虑三个方面。

第一，开发与保护要有利于维护南疆地区的民族团结与安全稳定。南疆地区由于自然和历史等方面的原因，社会经济发展相对落后，民族分裂势力相对猖獗，加之南疆属于水资源缺乏地区。因此，阿克苏河—塔里木河流域水资源开发与保护对南疆地区尤为重要，它不仅关系流域水资源利用和生态系统保护，关系南疆地区的经济建设与发展，而且还关系民族团结、社会安定、国防稳固

---

① 张人铭，郭焱，马燕武，等. 塔里木裂腹鱼资源与分布的调查研究［J］. 淡水渔业，2007，37（6）：76-78.

的大局。

第二，开发与保护要能充分发挥阿克苏河—塔里木河流域水资源在南疆社会经济发展中的巨大作用。阿克苏河—塔里木河水系是南疆地区最主要的水资源供应水系，其在南疆地区的农业生产、居民生活用水及工业用水等方面具有不可取代的地位。因此，南疆社会经济的发展与此水系息息相关，要发展南疆社会经济就必须充分发挥阿克苏河—塔里木河流域水资源的巨大作用，要在保护流域自然生态的前提下，最大化地开发利用流域水资源。

第三，开发与保护要能促进流域地区的可持续发展。南疆是新疆缺水最严重的地区，一方面要通过有效的调配机制解决南疆的缺水问题，保证南疆的可持续发展。另一方面，对阿克苏河—塔里木河水资源的开发也应该符合可持续发展原则，不过度开发，保持生态平衡，做到开发与保护并重，从而促进流域地区可持续发展。

（二）对吉尔吉斯斯坦萨雷扎兹河梯级开发的动机判断

1. 国家经济对电力需求较大以及电力出口战略

近期，吉尔吉斯斯坦政府拟集中精力优先发展以下经济领域：交通、电力、采矿、农业、轻工业、服务业等。这些经济领域的发展都离不开能源与电力，因此保证国家能源安全是吉尔吉斯斯坦电力发展的首要任务。吉尔吉斯斯坦素有中亚"水塔"之称，水资源丰富，水能蕴藏量在独联体国家中居第三位，仅次于俄罗斯和塔吉克斯坦。大力发展水电不仅是吉尔吉斯斯坦电力领域，而且是吉尔吉斯斯坦社会经济发展战略的重要组成部分。而就吉尔吉斯斯坦而言，电力不仅是其重要产业，也是吉尔吉斯斯坦重要的出口商品之一，通过电力出口可获得外汇收入。

2. 全国河流水系开发的总体布局

吉尔吉斯斯坦全境约有 252 条大、中河流，蕴藏 1850 万千瓦水能，每年潜在水力发电能力为 1420 亿度，目前仅开发利用了其中的 10% 左右。全国小河流平均径流量为 3~50 立方米/秒，每年可发电 50 亿~80 亿度，目前仅开发约 3%。吉国在开发大型梯级水电站的同时，也积极发展中小水电站。开发大型梯级水电站的目的在于打造中亚水电基地。根据吉尔吉斯斯坦能源部水电发展规划，今后一个时期的开发重点是纳伦河和萨雷扎兹河，规划建设 47 座水电站，装机容量将达到 12155 万瓦。从吉尔吉斯斯坦电网布局来看，均以 500 千瓦电压等级实现国内网络和国外送出。规划的萨雷扎兹河梯级水电站并未联入主网，其意图是计划将电力送往我国新疆维吾尔自治区。

3. 与中国进行全方位合作的需求

吉尔吉斯斯坦对电力方面与中国进行全方位合作表现出积极姿态，公开表明："发挥水电资源优势，进一步扩大经贸合作领域，通过向新疆南部地区输送电力，实现向南亚出口电力的战略目标"的合作意向。我国的西部大开发使得新疆南疆地区电力需求增长迅速，而给吉尔吉斯斯坦提供了一定的电力输出市场。随着吉尔吉斯斯坦上纳伦梯级电站的建成运营以及萨雷扎兹河梯级电站的开发，吉尔吉斯斯坦必然会迫切寻找域外电力市场，与其比邻的新疆南疆地区无疑是最大、最稳定的目标市场。

（三）吉尔吉斯斯坦水电开发面对的约束条件

1. 受域外势力的控制或影响

包括吉尔吉斯斯坦在内的中亚各国大都希望利用多元机制来维护国家独立，促进国家经济的发展。所谓多元化就是努力发展与世界各国的对外关系，避免本国的命脉掌握在某一个国家手里，被某一个国家控制。因此，包括吉尔吉斯斯坦在内的中亚各国都尽可能保持着与中国、美国、俄罗斯、日本、欧盟等国及组织良好的合作关系。中亚国家都非常重视利用这种多边机制，制衡各国力量，最大限度地保护本国利益。这种多边机制必然阻碍中吉两国在水资源开发方面的深入合作。

2. 国内政治局势不稳

吉尔吉斯斯坦自 2005 年发生"颜色革命"以来一直处于政治动荡之中，其中既有经济上的极度贫困，也有当权者及其家族专制导致的腐败猖獗，从而引发政权更迭，催生民族矛盾，并不断激化，使得经济困顿，民怨沸腾，民生凋敝。如今，吉尔吉斯斯坦全民公投选择了权力分散的议会制体制。新政权也面临长期难以解决的弥合南北分歧、在俄美矛盾中生存、确保国家政治体制正常运转、化解新旧政权以及新政权内部党派林立的矛盾等一系列难题。

3. 国内经济发展状况——资金限制

吉尔吉斯斯坦共和国以农牧业为主，工业基础薄弱，主要生产原材料。独立初期，由于同苏联各加盟共和国传统经济联系中断，加之实行激进改革，经济一度出现大滑坡，到现在为止仍然是中亚地区最为贫困的国家。目前，吉尔吉斯斯坦在地区社会、经济发展方面存在不平衡和比例失调现象。在全国 7 个州中，除了楚河州，其他 6 个州均需国家补贴。此外，近年来吉尔吉斯斯坦国内政局变动频繁，经济贫弱，自身电力生产能力不足，水电建设资金难以筹集到位，虽然水利资源丰富，但开发率不高。

4. 自身技术水准受限

苏联时期，吉尔吉斯斯坦科技发展在各加盟共和国中处于较低水平。独立十几年来，受底子薄弱，国民经济恢复艰难的制约，国内科技发展和技术创新步伐缓慢。加之吉尔吉斯斯坦水利基础设施薄弱，水资源管理能力有限，在勘察设计、施工建设大型水电站的经验上欠缺。因此，急需国外水电大国在开发技术与设备方面的支持。

三、我国在阿克苏河流域水资源合作机制的构建策略

阿克苏河是我国为数不多的我国处于下游的国际河流，而且上游吉尔吉斯斯坦境内水电资源丰富，上游水电开发对我国下游尤其塔里木河的影响很大。同我国西南地区国际河流水量丰富不同，阿克苏河的水量直接影响塔里木河的生态环境，任何上游的水电开发必须考虑对下游的水量及环境的影响。目前，我国还有企业在参与上游的水电前期工作，这必须引起关注，应从国家整体利益出发综合考虑对吉的水电开发合作政策。

（一）构建中吉毗邻地区战略合作机制

1. 制定中吉毗邻地区战略合作规划

2013年9月中国与吉尔吉斯斯坦签署了《中吉关于建立战略伙伴关系的联合宣言》，两国关系提升为战略伙伴关系，在经贸、能源、投融资、中医药等领域达成了诸多合作协议。制定中吉毗邻地区战略合作规划，构建促进区域协调发展的长效机制，开展中吉多领域全方位合作，是当前两国维护共同利益的大势所趋。

2. 建立中吉毗邻地区战略合作的管理组织机构

中吉毗邻地区战略合作管理组织机构应该是由中吉双方代表组成的联合管理机构，其职能是决定战略合作领域及发展方向等重大问题。由于牵涉国与国之间的双边关系，这一管理组织机构的最高领导应由两国政府高级官员来担任，以便在更高层面上推进战略合作，更好地调动各方资源。该机构应建立定期会晤机制，比如每年召开一次会议，由双方派出对等级别的人员参加。人员中包括双方政府官员、技术人员、工程施工方代表等。会议讨论本年度战略合作推进情况，协商合作中的问题，并确定下一年度或一段时间里双方需要重点开展的合作内容。

（二）围绕阿克苏河上游水电开发问题的政策建议

1. 尽快研究阿克苏河跨界水资源合作基本战略，谨慎对待萨雷扎兹河梯级开发

亟须从跨界水资源综合开发、水资源开发与产业发展协调、中亚跨界水资源合作等诸多方面进行阿克苏河跨界水资源合作的战略研究，综合水资源安全、生态环境安全、经济安全、政治安全等因素，从战略高度上形成该流域跨界水资源合作的战略框架。以中央政府涉水部门为主导，加强该流域的跨界水资源开发管理与国际交流合作。在现阶段，对于吉尔吉斯斯坦的萨雷扎兹河梯级水库建设，我国应该谨慎对待与吉尔吉斯斯坦关于阿克苏河流域的谈判或交涉，不应积极促使吉尔吉斯斯坦在阿克苏河上游进行水资源和水能资源开发的任何项目，努力阻止吉尔吉斯斯坦未来可能从萨雷扎兹河调水的计划。

2. 加强吉尔吉斯斯坦在锡尔河及其他跨界河流开发中的政策意向研究

亟须对中亚跨界河流开发的历史、现状、整体趋势进行系统研究，特别是对吉尔吉斯斯坦在处理与中亚其他下游国家间跨界河流水资源利用矛盾过程中的行为、方式和水资源政策进行研究。吉尔吉斯斯坦在锡尔河及其主要支流上的水电开发计划已经引起下游哈萨克斯坦和乌兹别克斯坦的高度关注甚至强烈反对。研究吉尔吉斯斯坦与其他下游国家处理跨界河流水资源利用问题的实践和政策态度，为我国作为下游国家处理与吉尔吉斯斯坦萨雷扎兹河梯级开发问题提供决策的外部政策借鉴。

3. 通过中吉双方沟通和谈判掌握吉方在上游的用水动态

按照国际上跨界河流开发利用的有关条约和法规同吉尔吉斯斯坦开展沟通与双边谈判，尽量减少萨雷扎兹河水电开发对我国的影响。必要时，还应与吉尔吉斯斯坦交换阿克苏河的水文数据，以便实时监测和了解上游吉尔吉斯斯坦在阿克苏河的用水情况，积累基础数据。在将来，如果吉尔吉斯斯坦的萨雷扎兹河梯级水库开发计划的实施势在必行，我国应通过外交途径要求吉尔吉斯斯坦提供该项目的工程规划和生态环境影响评价报告，并要求参与该梯级水库的建设和联合管理，建立合作与管控机制。

4. 开展萨雷扎兹河梯级水电开发对我国的影响评估研究

目前，我国对吉尔吉斯斯坦计划在其境内开发的萨雷扎兹河梯级水库及其潜在的调水计划对我国产生的影响还没有进行过系统的研究和评估。为了使我国的国家利益不受损害以及保障阿克苏河和塔里木河的生态安全和水资源安全，我国应对萨雷扎兹河梯级水电开发计划的工程情况以及对我国阿克

苏河和塔里木河流域的用水、生态和社会经济等影响进行全面研究和评估。开展充分的前期研究工作，为今后双方就阿克苏河水资源的保护和开发利用谈判奠定基础。

5. 研究工程性应对措施，修建大型山区调蓄水库

在吉尔吉斯斯坦实施阿克苏河上游梯级水库建设和向外调水的情况下，我国应该在境内的阿克苏河流域建造大型山区水库对河流径流进行反调节，以解决上游梯级水库运行与下游我国的用水矛盾问题以及上游实施调水后我国阿克苏河和塔里木河的缺水和生态环境恶化问题。目前，我国在库玛拉克河上已建有大石峡、小石峡和吐木秀克等水库，可以发挥其径流调节作用，并逐步放弃以前建造的平原水库，减少平原水库的无效蒸发损失和渗漏损失。

6. 对我国企业在国际河流流域境外开发行为进行协调与适度管控

在我国企业正在大规模走向海外的大趋势下，鉴于国际河流开发项目的复杂性和敏感性，应加强对我国企业在国际河流流域境外进行相关资源开发的协调与管理。我国企业在境外进行与我国相关的国际河流流域的开发活动时，其开发行为、开发方式、经营范围等应该受到相关部门或机构的监督和管理。

第三节 额尔齐斯河水资源合作开发机制的政策措施

额尔齐斯河是中国、哈萨克斯坦和俄罗斯三国的跨界河流，发源于我国新疆维吾尔自治区富蕴县阿尔泰山南坡，沿阿尔泰山南麓向西北流，在哈巴河县以西进入哈萨克斯坦并注入斋桑泊，出湖后继续沿西北穿行于哈萨克斯坦东北部并进入俄罗斯，在汉特曼西斯克附近汇入鄂毕河。

哈萨克斯坦早在苏联时代就对额尔齐斯河进行开发，苏联曾对额尔齐斯河研订出详细的开发方案，并建设了卡拉干达等水利工程。然而，随着苏联解体规划这些方案大多搁置，已建的水利工程大多年久失修，而新的大规模水利工程尚缺乏力量兴修。我国对额尔齐斯河的开发虽起步较晚，但开发速度较快。自 20 世纪 90 年代开始在额尔齐斯河流域修建了一大批水利工程，目前整体上仍呈现快速上升趋势，因此哈萨克斯坦担忧己方水资源被抢占，要求与我国尽快谈判并明确两国水量分配方案，由此，我国于 2015 年与哈萨克斯坦开启水量分配谈判。

一、中哈额尔齐斯河水资源开发的跨境影响与争议

（一）中哈额河水资源分配对流域内生态环境的跨境影响

1. 上游开发对下游的影响

哈萨克斯坦一直担忧我国在额尔齐斯河上游的开发活动会导致下游缺水，然而事实上，我国对额尔齐斯河开发利用程度总体偏低，长期以来额尔齐斯河水大多直接流入哈萨克斯坦境内，历史上我国对额尔齐斯河水资源的利用并未对下游造成不良影响。近年来，为满足北疆地区的发展用水，我国逐步加大对额尔齐斯河流域的开发力度并建设了一批水利工程。不过，目前我国所调用的额尔齐斯河水资源大约为 10 亿立方米，在额尔齐斯河年 110 亿立方米径流量中占比较小，因此未对下游造成重大影响。未来，随着新疆社会经济的发展，我国对额尔齐斯河流域水资源的需求将进一步提高，计划到 2050 年引水量达 25 亿立方米，加上流域内（阿尔泰地区）消耗，约占总径流量的一半。此外，2015 年中哈就额尔齐斯河水量开始谈判，未来两国就额河水量分配问题将有明确规定，意味着哈萨克斯坦将获得维护本国额河流域生态环境的基本水量。因此，从长期来看，我国在上游的开发活动也不会对下游的生态环境产生重大影响。

2. 下游开发对上游的影响

哈萨克斯坦于 20 世纪 50 至 70 年代在额尔齐斯河干流上建造了布赫塔尔玛、乌斯季卡缅诺戈尔斯克和舒尔宾斯克三座大型水库以及额尔齐斯—卡拉干达运河调水工程；而我国对额尔齐斯河的开发利用活动始于 20 世纪 90 年代。长期以来，额尔齐斯河的水未加利用便从我国流入哈萨克斯坦，保证了哈萨克斯坦境内的水资源利用和生态环境的维持，同时我国却损失潜在的经济利益和生态利益。近年来，随着新疆社会经济发展的加快，对额尔齐斯河水资源需求持续增强，我国却面临着"后发"的被动局面。由于哈萨克斯坦和西方国家不断在国际社会上宣称我国的"水霸权"，我国处于国际舆论压力之下，不得不在水资源开发方面有所顾忌并因此损失了调控水资源保护生态环境的工程能力。因此，尽管作为下游国哈萨克斯坦无法直接影响上游，却通过其他管道（国际舆论）间接地反作用于我国的流域生态环境。

3. 上下游开发对流域整体的影响

目前，额尔齐斯河流域水资源的开发利用程度总体上还远未达到理论警戒值。我国对额尔齐斯河流域的取水、调水主要用于阿尔泰地区当地用水和天山北坡经济带、准东经济区等地的生产生活用水。目前我国对额尔齐斯河开发程度较低，流域内水资源仍有较大余量，因此未对本流域和下游产生重大影响。

哈萨克斯坦对额尔齐斯河流域的用水，除了东哈萨克斯坦和巴甫洛达尔两州当地用水外，还通过卡拉干达运河调水进入哈国中部，不过由于水利工程设施年久失修，目前实际调水量远未达到设计调水量。因此，从目前来看中哈两国的开发活动对于流域整体的生态环境影响仍在可接受范围之内。不过，随着哈萨克斯坦"大农业计划"的推进以及我国北疆地区社会、经济的持续发展，未来上下游两国将同时加强对额尔齐斯河水资源的开发，而对流域整体生态产生的影响则在很大程度上取决于两国合作情况。如果中哈两国在缺乏协商、统筹规划的状态下对额尔齐斯河流域水资源进行无序、竞赛式的开发利用，那么未来两国在上下游的开发将会对流域整体的生态环境造成灾难性影响。

（二）水资源开发对鱼类的影响

额尔齐斯河有着近 5 个月的封冰期，在这种比较特殊的水域生态环境，生活着江鳕、河鲟、白斑狗鱼等 30 多种特有鱼类。但是近年来，这些特有鱼类在迅速地消失，主要原因在于流域生态环境的恶化，目前上溯到额尔齐斯河产卵的洄游通道已被切断，给西伯利亚鲟、小鲟等鱼类的繁殖带来严重影响。此外，额尔齐斯河流域的水土开发也使得河水下泄量迅速减少，水位下降，生物生存环境恶化，鱼类种群规模降低。

中哈两国对额尔齐斯河水资源的开发将势必对河流生态带来影响，不过此影响将取决于中哈两国对额尔齐斯河水资源开发利用规划的科学性和对河流生态的保护力度。如果两国对额尔齐斯河在开发的同时注重生态保护，则仍可实现可持续开发，否则将会导致严重后果。

（三）中哈环境评价标准及方法差异产生的分歧

目前，中哈的水质评价标准中主要存在的差异是我国执行的是地表水国家标准（GB3838-2002），而哈萨克斯坦执行的是独联体国际标准（ROCT27384-2002），我国标准地表水环境质量标准基本项目标准限值（24 项）、集中式生活饮用水地表水源地补充项目标准限值（5 项）和集中式生活饮用水地表水源地特定项目标准限值（80 项），哈萨克斯坦标准共 52 项指标，我国 109 项指标涵盖哈方 52 项指标中 27 项，还有 25 项未涵盖。此外，两国跨界河流水质评价方法也各有不同，我国是单因子评价法，哈萨克斯坦采用综合评价法①。

虽然目前尚无中哈两国关于因环境评价标准偏差异导致冲突的报道，但是这种可能性仍然存在。例如，额尔齐斯河入哈萨克斯坦后，水质部分指标在哈萨克斯坦的环境标准中属于"超标"，而在我国环境评价指标体系内属于"不存在"，因此如果缺乏有效沟通，哈萨克斯坦则可能认定我国推卸责任并因此产生冲突。

（四）流域各国对水资源分配所持态度及其影响

1. 我国对中哈水资源分配所持态度及其影响

我国额尔齐斯河流域内有阿尔泰地区的阿尔泰市、布尔津县、哈巴河县、吉木乃县、福海县、富蕴县、青河县六县一市以及新疆生产建设兵团农十师的十一个农牧团场，因此额尔齐斯河对于当地生活、生产（农牧业为主）十分重要。由于当地没有大型工业，因而工业用水量不大。然而，额尔齐斯河流域外的周边地区对水资源有较大需求，同时这些地区的水资源相对稀缺。因此，哈萨克斯坦和俄罗斯对于我国在额尔齐斯河流域的水资源利用持有较多异议。部分国家在国际社会散布"中国水霸权"论导，致处于额尔齐斯河上游的我国颇为被动，顾及国际舆论压力，我国在额尔齐斯河水利开发不同程度地受到影响。

2. 哈萨克斯坦对中哈水资源分配所持态度及其影响

相较于我国，额尔齐斯河对于哈萨克斯坦更为重要，然而哈萨克斯坦处于下游，一定程度上"受制于人"。因此，重要程度和话语权的落差导致哈萨克斯坦对于我国在额尔齐斯河上游开发活动的极大担忧和不满。

哈萨克斯坦对于额尔齐斯河水资源所持的态度主要出于两方面：一是维持东哈萨克斯坦州和巴甫洛达尔两州的生态、经济和社会用水；更重要的一方面是，哈萨克斯坦在国家发展战略中"大规模、现代化农业"的规划需求高质、高量的水资源，而额尔齐斯河水资源正是理想的水源地。哈萨克斯坦担心，如果我国在上游大量取水调水，造成额尔齐斯河出境水量减少，极有可能导致哈萨克斯坦振兴农业的国家战略大受影响甚至"胎死腹中"。

3. 俄罗斯对中哈水资源分配所持态度及其影响

额尔齐斯河流域在中、哈、俄三国中，于俄罗斯流域面积最大，重要程度却最低。俄罗斯幅员辽阔、水量充沛，额尔齐斯河入俄罗斯后作为支流汇入鄂毕河，因此俄罗斯对于额尔齐斯河的需求并不急迫。此外，由于中哈水资源分

---

① 胡孟春. 中哈跨境河水质标准及评价方法对比研究［J］. 环境科学与管理，2013（7）：179-185.

配对本国并无直接显著影响，因此俄罗斯对于中哈水资源分配并无明确观点，更多是处于中立、保护本国利益的立场。在此基础上，俄罗斯先后与哈萨克斯坦和中国签订《俄哈跨界水利用和保护协议》《中俄关于合理利用和保护跨界水的协议》等相关协议。

值得注意的是，虽然在环境层面上中哈水资源分配对俄罗斯并无直接影响。但是由于哈俄两国在政治、文化上有一定的相似性和亲近性（苏联），加上哈萨克斯坦外交战略对俄国的重视，因此在中哈水资源配置中，虽无直接证据支持，但我仍然国需要关注俄国对哈萨克斯坦的倾向和支持的可能性。

二、我国对额尔齐斯河流域水资源分配合作的应对战略

（一）在中哈两国合作框架中考虑中哈跨界水资源合作的定位

1. 国家层面的额河水资源合作需考虑两国关系及丝绸之路经济带战略

在我国对外跨境河流水资源合作中，中哈跨界河流合作是迄今为止最为成功的。中哈两国建立了战略合作伙伴关系，在上合组织等一系列国际组织中都有良好的合作，但是跨界水资源问题是中哈之间较为敏感的问题。目前我国新疆的社会经济开始进入快速发展时期，而同时哈国的社会经济在过去十年之中也有快速的发展，两国未来对额尔齐斯河水资源的利用需求矛盾将加深，尤其是哈国急于推进同中国进行分水谈判。在这种背景下，中哈双方由原则性的水资源合作进入实质性的分水谈判将不可避免。这就要求我国必须重新明确对哈水资源合作框架，不仅仅考虑两国在额尔齐斯河的合作关系，而且需要将两国的区域经济合作、能源合作、交通合作等统筹考虑。

我国所倡议的"丝绸之路经济带"穿越经济发展水平普遍较低的中亚地区，其中水资源匮乏制约社会、经济发展是重要原因之一。中亚水资源问题对我国既是机遇又是挑战，需要有效的战略政策以妥善解决。因此，我国需要加强同中亚国家的水资源利用技术合作，强化上合组织和亚信会议在水资源合作方面的作用，以加强中亚各国水资源合作的管道。

2. 区域及流域层面以分开解决额尔齐斯河和伊犁河水资源问题为上策

额尔齐斯河流域和伊犁河流域的水量丰富、水能蕴藏可观，主体开发任务也很相似。额尔齐斯河和伊犁河在中哈水资源合作中的战略地位十分接近，我国在这两条河上的开发利用及相关活动对于处于下游的哈萨克斯坦所造成的影响也十分相似，故而在中哈水资源谈判中的地位也较为接近。哈萨克斯坦急于寻求一揽子解决方案将额尔齐斯河和伊犁河水量分配问题打包解决，并把跨界

河流问题与安全、经贸、能源等问题挂钩以加快谈判进程。而我国认为，伊犁河和额尔齐斯河各自流域的产汇流机制、水资源利用情况不同，在水资源评价与谈判中应该分别考虑和对待。

3. 处理好中哈能源合作与水资源合作的战略关系

水资源和能源资源是最为典型的战略资源①，在国家社会、经济的发展中缺一不可。中哈两国拥有广泛的共同利益，如何通过合作保障水资源安全和能源资源安全以服务社会、经济发展，将成为中哈合作的重要目标。虽同为国家战略资源，但能源安全和水资源安全对中哈两国而言则各有偏重，构成了两国将能源资源安全与水资源安全结合起来进行合作的基础。基于资源安全的互补性，中哈两国可以将能源和合作与水资源合作结合起来，兼顾两国的能源安全和水安全。

（二）我国对额尔齐斯河水资源需求的战略考虑

对额尔齐斯河水资源需求需要从流域内需求和跨流域调水需求两个方面考虑。我国境内的额尔齐斯河流域本身范围不大，但额尔齐斯河是新疆境内距离天山经济带距离最近的优质水资源，从地势上也易于通过工程调水满足天山经济带的需求，因此额尔齐斯河对新疆的发展极为重要，前期开发迟缓的关键原因是工程能力缺乏和国际河流的水资源分配约束。

我国境内额尔齐斯河流域的水资源需求有限，但对额尔齐斯河跨流域调水需求较大。新建水资源的空间分布较为不平均，人口聚居的乌鲁木齐市、克拉玛依市等地居民生活用水较为紧张。额尔齐斯河水资源的价值在于对新疆天山经济带、克拉玛依、准东经济区等新疆社会经济发展战略区域的重要性。额尔齐斯河跨流域调水的首要目标是天山经济带的工业区。

（三）我国对额尔齐斯河水资源工程能力布局的战略考虑

我国已经形成的额尔齐斯河水资源工程主要是引额济克、引额入乌两条调水线路以及额尔齐斯河上的配套工程，引额供水工程对外称"635工程"。引额供水工程的水资源需求目标主要是：为克拉玛依油田和天山北坡乌鲁木齐经济区供水，向引额工程沿线的阿尔泰、塔城和丰县及兵团的农牧业开发供水，将布尔津河水资源调往额尔齐斯河中游满足生态用水需求。在未来，还将把额尔齐斯河的水引向准东经济开发区。

① 谷树忠，姚予龙，沈镭，等. 资源安全及其基本属性与研究框架 [J]. 自然资源学报，2002（3）：280-285.

（四）考虑到水资源的稀缺性，额尔齐斯河调水工程规划设计应超出常规布局

由于新疆独特的水资源条件和国际河流的约束，调水工程建设标准不能按照常规，必须超出常规设计，例如，超前增加调蓄水库的布局，可以在未来分水之后充分利用洪水期进行水资源调蓄。同时充分的工程能力可以为水资源谈判提供良好的条件。以克拉玛依的调水为例，随着经济与城市的发展，引水所带来的经济及生态收益是非常可观的，但是工程能力缺乏往往失去充分调蓄水资源的机会。

（五）充分利用跨界河流水资源建立新疆水资源战略储备体系

新疆目前对额尔齐斯河流域的调水取水主要目的是为了满足准东经济区、乌鲁木齐等地的发展需要。但是，在境外河段，苏联解体前在额尔齐斯河流域兴修了以卡拉干达运河、布赫塔尔马水库为代表的一大批水利设施。相较于哈萨克斯坦的工程能力，我国新疆的水利工程能力较弱，缺乏一套完整的水资源战略储备体系。

在短期内，新疆需要解决水资源短缺的问题，以改善因缺水对经济发展造成的困扰。从长期角度看，新疆需要建立水资源战略储备体系，一方面是为了应对今后可能出现的水资源危机。随着新疆经济的发展，人口、投资等势必增多，而地区发展程度越高，意味着各方面用水需求压力越大，同时稳定性也越脆弱。可以设想，在"一带一路"倡议下，未来以乌鲁木齐市为代表的北疆地区必将成为新的人口、经济、资源中心，而一旦出现水资源短缺，带来的民众担忧、发展停滞等负面影响是不可估量的。而新疆水资源并不算丰富，因此建立水资源战略储备体系很有必要。

（六）我国对未来额尔齐斯河水权交易的战略考虑

额尔齐斯河引水工程的建设、额尔齐斯河流域管理局的建立等工程措施与管理措施为额尔齐斯河水资源的水权交易提供了技术条件。额尔齐斯河水资源供给目标以工业为主，兼顾城市、农业和环境，这种需求结构有利于建立交易体系。但是，从目前对额尔齐斯河水资源利用的调研状况看，该工程体系仅仅停留在引水和用水的低层次目标上，大量的投资效益缺乏深度挖掘，继续加强研究和探索，建议从全新的区域经济视角、投资与资本运营视角对额尔齐斯河水资源的利用开展深入研究，尽快构建水权交易机制。

哈萨克斯坦用水结构与新疆地区较为类似，主要用水户为农业，并且用水量不断增加。实际上哈萨克斯坦境内的额尔齐斯河水资源量十分丰富，未来一

且两国就跨界水资源分配达成协议，跨界水资源权属明晰化后，就存在开展水权交易的可能性。为此，我国应在水资源谈判阶段就对水权交易进行研究和规划，以构建一个对哈萨克斯坦的长期水资源合作战略。在分水谈判结束后，额尔齐斯河水资源交易可以是双向的交易，我国对出境水量的购买和出售，哈萨克斯坦对入境水量的购买和出售，形成对等交易态势。由于我国新疆对水资源需求强度大，对额尔齐斯河在哈萨克斯坦境内水资源的交易可行性应进行前期研究。

（七）我国对中哈跨界水资源合作的谈判策略

1. 中哈水资源谈判的议题设定

中哈之间进行跨界河流涉水谈判时，不应仅仅围绕水资源问题，还应该从全局利益最大化视角考虑其他方面可能的合作。可选择的讨论议题包括：额尔齐斯河全流域范围内的水资源评价及水资源量核算；额尔齐斯河流域及周边附近地区的产业结构及水资源供需平衡分析，分析现状条件下额尔齐斯河流域不同流域国家的水资源保障程度（或缺水程度）；额尔齐斯河流域的生态环境状况现状与演变，河流生态流量，河流生态系统保护等；涉水技术层面合作如气象监测技术、水文水资源资源监测技术、水生态监测技术、节水灌溉技术、行业技术标准、环境保护技术、干旱地区水资源管理措施、水电站建设技术等；人文合作及人员培训合作；涉水基础设施建设合作，如我国企业为哈萨克斯坦提供涉水基础设施（比如水文站、气象站、引水管道、水库/水电站等）建设的技术、资金等援助。

2. 基于需求的分水策略

基于需求的分水策略的主要思想是：流域上下游国家根据各自的社会经济发展现状及未来趋势确定其在不同发展阶段的用水需求，以两国边境交界处的河流流量为基础对上游国家的出境水量或出境水量占多年平均水量的比例达成一致。

双方在进行分水谈判时应考虑优先权原则，建议将用水结构按照需求弹性分为刚性需求和弹性需求，对于两国用水需求中属于刚性需求的用水需求优先、无偿地满足。例如，国际上一般都将满足流域内居民生活用水需求作为最高优先权用水，而这一用水需求本质上属于满足人类基本生存需要用水，因此应当优先、无偿保障。建议中哈两国在将此类刚性用水需求从来年待分配水量中扣除后，谈判双方再将剩余可分配水量就弹性用水需求进行磋商谈判。

3. 基于供给的分水策略

基于供给的分水策略，主要思想是：上下游流域国根据各自在流域内的供水能力及用水需求，共同商定上游国家在其现有供水能力及未来一定时期内可能的最大供水能力条件下应该保证的出境水量定额（即保证为下游国家供给的水量）。出境水量若小于商定定额水量，对于所缺水量，下游国家有权向上游国家索取赔偿，水量不足的风险由上游国承担；反之，如果出境水量大于商定定额水量，对于多出的水量，上游国家有权向下游国家索取补偿，额外收益由上游国享有。

相较于以"比例分配"为核心的基于需求的分水策略，以"数量分配"为核心的基于供给的分水策略更强调被供给方的"旱涝保收"和供给方对于风险收益的独立承担。基于供给的分水策略是指流域各国（本文中特指中哈两国）经过磋商确定保证供水总量，由上游（供给方）保证下游（被供给方）相应固定数值的水量，剩余水量统归供给方所有，这样无论何种情况被供给方用水都能得到一定保障。此外，由于枯水年造成的水量短缺等风险由供给方承担；相应地，由丰水年带来的额外水量等收益也由供给方独自享有。

在基于供给的分水策略中，我国为供给方，哈萨克斯坦为被供给方。哈萨克斯坦基于历年资料对未来用水总量做出预测，中哈就该用水总量协商后达成一致：同意我国在保障每年跨界河流入哈萨克斯坦水量达到固定标准的基础上，通过水利工程等调取、截留剩余河流水量。

4. 基于生态保护的分水策略

基于生态保护的分水策略的主要思想是：以额尔齐斯河流域生态系统完整性为目的进行合作谈判，所有流域国（包括中国、哈萨克斯坦及俄罗斯），各自都应以保护为主、多保护少开发、先保护再开发，优先保证本国境内河段或流域的生态环境耗水。

但是，分水谈判在各个国家已经拥有了河流水资源开发的经济利益，而在分水谈判时还没有进行水资源开发的国家，就相对地丧失了其在流域内进行开发的经济利益。这种国家间享有的利益的不对等性，也可以造成国家间的纠纷。因此，在这种水资源开发经济利益不平衡的前提下，各流域国进行流域生态保护的积极性可能就不高，那么此种分水方案的目的（流域生态系统完整性保护）就难以真正实现。

三、我国构建额尔齐斯河水资源分配合作机制的策略

目前，在利用和保护中哈跨界河流水资源领域，中哈政府之间已经建立了

中哈利用和保护跨界河流联合委员会。这是目前中哈跨界河流合作中最基本的合作机制。中哈两国政府于 2001 年 9 月 12 日在阿斯塔纳签订了《中华人民共和国政府和哈萨克斯坦共和国政府关于利用和保护跨界河流的合作协定》，在此协议框架下，双方成立了我国与哈萨克斯坦利用和保护跨界河流联合委员会（简称"联合委员会"），负责处理本协议的相关事宜。这一机制定位级别较高，上至两国政府层面，下至部门和专家级别层面。该机制约定的范围涵盖了中哈之间的所有跨界河流，明确了双方合作的基本内容及各自的义务。

在环境保护领域，中哈之间已经建立的环保合作平台是中哈环保合作委员会。中哈双方政府于 2011 年 2 月 22 日在北京签订了《中华人民共和国政府和哈萨克斯坦共和国政府跨界河流水质保护协定》。2011 年 6 月 13 日签署《中华人民共和国政府和哈萨克斯坦共和国政府环境保护合作协定》（简称"环保协议"）。在此协议框架下，成立中哈环保合作委员会（简称"环委会"），负责落实本协定。环委会由中哈双方组成。双方各自确定本方人员，根据各自国内程序任命环委会本方主席。环委会主席由各方环境保护部副部长担任。双方环委会主席根据对等原则任命环委会本方秘书长，负责环委会会议的筹备。环委会下设跨界河流水质监测与分析评估工作组、跨界河流突发事件应急与污染防治工作组，必要时可设立其他工作组。

这两个重要合作机制是我国未来与哈萨克斯坦开展合作的基本架构，在这样的合作机制下，我国可考虑的对策包括：

（一）我国应保持积极而稳健的合作策略并结合经济合作推动水资源问题解决

我国对中哈跨界河流水资源合作的现行合作机制的态度及策略与哈萨克斯坦有一定的相似性。然而，作为上游国，在某些方面又与哈方有所不同。

作为额尔齐斯河和伊犁河的上游国，我国在跨界水利用方面占有一定的地理优势，加上目前新疆水利工程体系尚未完善，因而我国对于签订跨界水资源合作方面的协议较之哈方并没有太大的积极性。现行的合作体制对于我国来说，更多的是为了加强双边交流、增强两国互信，通过对跨界河流全流域范围内水资源供给及需求现状的联合科学分析、研究、掌握客观资料并以此加深彼此间的了解，更愿意走一条稳健的合作之路，而非急于求成地签订分水条约。相对于哈萨克斯坦急于通过签订跨界水资源合作协议等手段来保障本国生存、发展用水，我国更倾向于将水问题同国家政治、经济、安全、外交等问题结合起来统筹规划、通盘考虑。因此，我国在解决跨界水问题方面的策略为同哈萨克斯坦积极磋商以保持两国友好、合作的态势，同时在综合考虑规划跨界水资源战略的基础上稳步推进双边合作协议等机制，以跨界水问题为抓手谋求自身利益最大化。

（二）我国需要加快提升水利工程控制能力

水利工程控制能力的大小决定着对其河流水量调配控制能力的大小，水利工程控制能力的大小又有赖于水利工程建设的规模。在跨界河流中具有较大水利工程控制能力的一方将可能在跨界水量分配中具有更大优势。对于我国来说，提升我国在伊犁河和额尔齐斯河实际上的水利工程控制能力，将在与哈萨克斯坦签订中哈跨界河流分水协议之前，我国若能适度加大在伊犁河和额尔齐斯河上的水利工程建设规模，提升我国在两河河流上实际的工程控制能力，将不仅有利于在中哈跨界河流水权谈判中争取可能的主动权，也将为北疆乃至整个新疆地区未来的经济发展带来潜能。

（三）布局沿丝绸之路经济带的水资源合作项目，构建水资源合作走廊

哈萨克斯坦在中亚五国中无论是水资源总量还是人均可利用水资源量，都是最丰富的。尽管如此，在近年来的发展中，哈萨克斯坦也感受到了因缺水而带来的压力。中亚各国因为自身利益所产生的用水矛盾甚至是冲突，自苏联解体以来便始终没有得到妥善的解决①。事实上，各国间因为缺乏信任和有效的沟通平台，在水问题上各行其是，主观或客观上造成了各国间相互掣肘的局面。对于以互联互通为基础的丝绸之路经济带来说，离散、混乱的用水现状必将影响战略的实施；然而在另一方面，丝绸之路经济带可以起到连接中亚各国的纽带作用，正是一个缓和中亚用水矛盾、推动水资源合作的重要平台。丝绸之路经济带所带来的发展机遇是中亚各国的共同利益，也是各国的合作基础，建议在此之上建立水资源合作机制，逐步推动构建中亚水资源安全合作走廊，为推进丝绸之路经济带建设进程提供保障。

一是亟须深入分析丝绸之路经济带所涉及范围内的水资源分布特征、生态环境约束条件以及不同国家或地区对水资源的利益要求，研究丝绸之路经济带的水资源安全合作项目布局，构建水资源安全合作走廊。利用地缘关系紧密的优势，通过水资源合作开发与利用，寻找区域经济增长极，实现区域"水资源—生态—经济"和谐发展的战略目标，助推丝绸之路经济带进展。

---

① 邓铭江，龙爱华，章毅，等. 中亚五国水资源及其开发利用评价 [J]. 地球科学进展，2010（12）：1347-1356.

二是加强跨地区水资源协同开发和保护的相关理论和关键技术研究，包括：干旱地区节水技术的推广和应用，流域整体概念下的生态系统保护与生态修复的理论和关键技术，极端气候变化对区域水资源和生态系统影响的应对策略，干旱地区水资源安全与社会经济发展需求间的适应策略以及虚拟水交易的理论和应用等。

（四）流域层面加强水文监测、水质监测、灾害应急处置三个重要合作机制的落实和细化

在中哈利用和保护跨界河流联合委员会机制下，双方曾经对双方境内边界水文站进行过联合水文监测。在中哈环保合作委员会机制下，双方开展了中哈跨界河流水质联合监测工作。

在中哈利用和保护跨界河流联合委员会机制下，双方在跨界河流自然灾害信息紧急通报方面进行了富有成效的合作。在中哈利用和保护跨界河流联合委员会第三次会议（2005年10月17日至23日）召开期间，双方签署了《关于中哈双方紧急通报主要跨界河流洪水与冰凌灾害信息的实施方案》，加强了两国在跨界河流领域的合作，进一步促进和深化了中哈两国友好关系。此外，在中哈环保合作委员会框架下，设立了跨界河流突发事件应急与污染防治工作组。

在两国领导人倡议下，在上海合作组织框架内加强环保合作，构建环保技术交流的合作平台，推动环保技术交流和科研合作，实施中国生态文明建设，对哈萨克斯坦"绿色桥梁"伙伴关系等方面进行交流学习。

（五）区域层面以产业合作推动水资源需求结构调整

所谓产业合作，是指各合作主体（区域或国家）充分利用自身的比较优势，在产业分工的基础上，按照公平平等、互惠互利的原则，促进劳动力、资本、技术、信息等生产要素的交流与整合，从而达到资源最优配置和生产力最大化的目的①，跨国区域的产业合作亦是如此。就地缘临近性和产业结构而言，新疆地区和哈萨克斯坦的东哈萨克斯坦州、巴甫洛达尔州有着很强的合作基础。我国和哈萨克斯坦产业结构的互补性很强。我国产业结构体系较为齐全，在家电业、食品工业、纺织业、日用品业、机电业等领域具有很强的优势，这些领域是我国大宗出口产品的主要来源，这些产品也是哈萨克斯坦最薄弱的产业，两国具有很强的互补性②，因此在农业、工业和能源方面建立产业合作机制对

① 毛志文.区域经济一体化背景下的国际产业合作研究［D］.南宁：广西大学，2007.
② 努尔兰别克·哈巴斯.中国新疆与哈萨克斯坦经济互补性分析［J］.经营管理者，2012（11）：39.

于中哈区域发展具有重要意义。

农业合作：根据哈萨克斯坦发展规划，哈萨克斯坦重视大规模发展现代农业，因而未来哈萨克斯坦在农业产能上将会有较大提升。然而，目前哈萨克斯坦农业仍存在着灌溉工程失修、灌溉方式粗放等问题，对于水资源并不丰富的哈萨克斯坦来说是必须解决的重要问题。因此，新疆地区可以用我国农业中先进的灌溉技术、设备、工程能力等同哈萨克斯坦开展产业合作，将这些优势用以同哈萨克斯坦合作，帮助哈萨克斯坦发展现代农业。在此之后，新疆地区可以进口哈萨克斯坦农林业产品部分替代自身生产，减少新疆农业需水用以供给工业、生态等用水需求。

工业合作：由于苏联工业规划等历史原因，哈萨克斯坦轻工业十分弱小，而基础相对雄厚的重工业也面临着设备、技术老化等问题。相反，新疆地区轻重工业门类基本齐全，具有一定的现代工业体系。因此，在工业方面，新疆和哈萨克斯坦具有相当的合作基础，可以通过直接投资、技术转让等方式协助哈萨克斯坦轻重工业升级。此外，可以通过厂房承建、设备出售等方式通过产业合作推动产能合作①。哈萨克斯坦工业发展空间极大，因此中哈就轻重工业产能合作的前景十分可观。

能源产业合作：哈萨克斯坦资源丰富，油气煤储量处于世界前列，燃料能源产品在哈萨克斯坦出口总额中占据主要地位②。除了哈萨克斯坦能源禀赋丰富之外，其工业发展滞后、消耗能源较少也是重要原因。相反，我国在能源方面并不充裕，随着经济发展现有的能源供给已经日渐紧迫，寻找新的能源来源迫在眉睫。不过新疆地区在过去的油气开采中累积了大量经验和技术，在石油、煤炭化工等方面具有相当优势，据此可以同哈萨克斯坦开展合作，进口能源原料、投资哈能源工业的同时帮助哈萨克斯坦发展能源工业技术，出售工业相关设备，在获得能源原料的同时输出产能。

（六）研究国家间跨境水权准市场化交易机制

就人均水量而言，我国的北疆地区以及哈萨克斯坦的东哈萨克斯坦州、巴甫洛达尔州并不缺水，然而其水资源分布存在着时空异质性、产水用水分布错位、万元国民生产总值用水量过高等问题，水资源短缺仍然困扰着这一区域的社会、经济发展，因此提高水资源分配效率是当务之急。

水权交易是流域内各国通过市场行为进行水资源合作的方式，通过市场机

---

① 谢亚宏．中哈产能合作结硕果［N］．人民日报，2015-07-20．
② 王雅静．哈萨克斯坦经济发展情况分析［J］．大陆桥视野，2012（7）：80-87．

制这只"看不见的手"来实现水资源的调配,从而实现水资源分配效率的最大化。目前,中哈两国就额尔齐斯河水源的主要需求为生产、生活用水和生态环境保护用水,远期可考虑围绕这几方面构建以双方流域机构为主体的区域性跨境水权交易机制,这是一种准市场的国家间水权交易机制。

国际河流水权概念目前比较模糊,需要开展大量前期研究,首先是水权确立和水权意识研究,从水权统一性和独立性的角度思考水资源问题,进行水权交易。其次,流域水资源管理机构的重新定位。我国国际河流水资源管理机构职能单一,仅仅充当建议、咨询的角色,应该定位于国际河流水资源的最大化利用,成为国际河流开发利用的管理者和主导者。最后,完善两国的相关法律体系,建立交易规则并签订协议。任何市场交易行为都需要相对应的法律制度进行约束,否则会造成市场秩序的混乱。对于国际河流水权交易市场而言,其法律制度具有国际性,应该秉持公平公正的原则,否则会将单纯的经济问题上升到政治问题,不利于流域各国合作开发工作的开展。

第四节　黑龙江水资源合作开发机制的政策措施

一、黑龙江流域水资源开发的主要跨境争议问题

目前,中俄两国在黑龙江流域主要存在流域跨境水污染、跨境洪灾治理以及界河塌岸等争议,跨境合作也集中在水灾害防治等方面,中俄已经形成较为密切的合作并取得了一定的成果,但是,由于两国利益要求有一定差异,在跨界水资源合作方面仍存在不少问题

（一）中俄关于黑龙江流域跨境水污染的主要争议

就总体情况而言,黑龙江流域森林覆盖面积大、植被密集,工农业污染少,黑龙江总体水质尚好,生态环境优良。根据中俄环保部门对黑龙江水质跨界监测数据,黑龙江水体水质介于Ⅰ类与Ⅱ类之间,达到标准。黑龙江流域水污染、生态环境破坏有如下一些较为突出的特点:

第一,黑龙江干流中下游水污染、生态环境破坏比上游严重。黑龙江中上游采金废水排放量约为 70 万吨/年,处于城镇的江段,由于城市排污而形成的

一定长度的污染带，污染了黑龙江干流水质①。

第二，松花江等支流水污染、生态环境破坏比黑龙江干流严重。松花江流域涉及黑龙江、吉林两省大部分地区和内蒙古自治区东部地区，流域城镇化率已达到50%，工业污染源、城市污水、农业面源污染等造成松花江等支流水污染生态环境破坏较严重。

第三，流域枯水期的水质明显好于丰水期与平水期的水质。松花江干流水质差，枯水期有59%河流长度的水属Ⅴ类或劣Ⅴ类水体；平水期和丰水期则以Ⅳ类水体为主。黑龙江干流水质较差，平水期有15.1%河流长度的水属Ⅴ类水体，丰水期属Ⅳ类水体；乌苏里江水质较好，枯水期、平水期和丰水期分别属Ⅱ、Ⅲ和Ⅳ类水体。

第四，黑河段等局部河段污染、生态环境破坏较为严重，尚未形成流域性污染、生态环境破坏。其中黑河段流经的主城区污染比较严重，工业污水、生活污水、降水径流和老城区改造等原因使得黑河市城区河道污染严重，生态环境遭到严重破坏。

中俄高度重视跨境水污染防治，从中央到地方建立了多层次的成熟合作关系。但是，在一些问题上的较大分歧依然是存在的。

1. 黑龙江流域界河段水污染源不易确定，责任认定难度较大，是双方争议的核心

跨境水污染事件中不同的参与者对水污染事件有着不同的责任，参与者涉及两国的政府、市场、第三方机构以及公众，两国政府对水污染事件有着不可推卸的监管以及信息公布等方面的责任；市场作为主要的水污染源，在污水处理、污染物严重超标等方面也担负着重要责任；第三方机构的监督不力、公众的生活污水等排放对水污染事件的发生都有各自的责任，因此公正、公平地评定跨境水污染事件中各参与者的责任不是一件易事。例如，2008年7月，在阿穆尔河支流波亚尔科夫斯卡亚河出现长为2000米、宽为120~140米的油性污染团，这些污染团源于何处一时难以断定，为后续工作带来了不便。

2. 跨境水污染监测标准不统一，影响环境评估的有效性，导致双方水污染决策出现较大分歧与差异

包括黑龙江在内的以主航道为边界的国际河流，当出现严重的水污染时，中俄两国分别各自监测自己一侧的河流水文信息。经济状况、可持续发展策略、

---

① 田坤. 黑龙江流域生态环境可持续发展战略研究 [D]. 咸阳：西北农林科技大学，2006.

公众意识等方面的差异造成中俄两国在水质分析方法及评价标准等方面存在较大差异，特别是中俄水质标准在项目设置和指针限值方面都存在着差异，且俄罗斯的水质标准相比我国更为严格，水质指标更为丰富。中俄两国饮用水标准项目数量接近，但俄罗斯水质标准除了提出的 113 项指标，又在之后提出的 412 项扩展指标中规定了饮用水中项水化学成分最高容许浓度，进一步细化了饮用水水质标准，对饮用水成分和性能的常规指针及有害物指标标准进行比较，在我国的 24 项基本项目中，有 17 项监测指标与俄罗斯相同，在相同的 17 项指标中，俄罗斯有 8 项指标标准值严于我国，6 项指标标准值高于我国，3 项指标标准值与我国相同①。有差异必然会引起一定的争议，因此在跨境水污染事件中，两国监测标准的差异容易引起交流尤其是技术层面的障碍。

3. 中俄突发水污染应急体制存在巨大差异，缺少专门职能部门对接，跨境协同防治水平不高，无法迅速、有效地遏制突发水污染蔓延

俄罗斯一般会采取四级突发事件管理体制，由联邦安全会议下属的紧急情况部负责跨境水污染防治，实行垂直领导，全面协调突发事件应急管理，职能明确，反应迅速。我国并没有这样专门的部门，但是民政部、解放军都具有这样的紧急救援职能，一般在突发事件出现后，临时成立工作小组，负责各方面事务协调，权威有限，协调力差，效率相对低下。在应对跨境水污染事件时，两种不同体制的对接往往会产生一些摩擦，给两国合作带来不少麻烦。

中俄黑龙江跨境水污染防治合作主要通过阿穆尔河监测委员会和联邦水资源署阿穆尔河流域水资源管理局等机构进行。并且成立了污染防治、跨界水体水质监测与保护等工作小组。自 2005 年松花江污染事件爆发后，中俄双方高度重视对水质的监测工作，2006 年 5 月两国签署了中俄跨界水体水质联合监测计划，于 2007 年成立中俄跨界水体水质监测与保护工作组双方签订了《2007 年度中俄跨界水体水质联合监测实施方案》，在 5 个跨界水体的 9 个断面进行为期 5 年，每年五、七、九月共 3 次的联合监测。其中，2014 年 3 月，中俄环保部门联合进行 2014 年首次黑龙江水质监测。此次监测为中俄双方第 25 次联合监测。根据协议，中俄双方 2014 年在中俄界江黑龙江上共进行 4 次联合采样。此外，由于黑龙江流经黑龙江省与吉林省，黑龙江、吉林两省也共同签署了《松花江流域环境应急协调机制协议》，并参与了环境保护部指挥部、黑龙江指挥部、吉林指挥部三地跨区域环境应急联合演练。

---

① 卞锦宇，耿雷华，田英. 中俄水质标准的差异及其对我国跨界河流开发与保护的影响 [J]. 中国农村水利水电，2012（5）：68-71.

（二）中俄有关黑龙江跨境洪灾的主要争议

黑龙江有关洪水的记载可追溯到 200 年前，其中 1794 年、1872 年、1897 年的洪水都造成历史惨剧。进入 20 世纪以来，黑龙江流域洪水日趋严重，所造成的危害也越来越大。尤其近年来，几乎每年都会发生大大小小的洪灾。1998 年、2013 年的特大洪水更是造成了严重的人口伤亡和经济损失。目前，中俄已将防洪纳入流域水资源治理战略，建立了多层次的成熟合作关系。但是，中俄两国在一些问题上依然存在较大的分歧，是双方合作进一步深化的主要障碍。

1. 黑龙江流域涉洪利益主体关系复杂，汛期水库洪峰调节会直接影响两国水电企业的发电收益，无法得到必要的补偿

从黑龙江流域利益现状来看，关注水资源公共利益的多是流域管理机构、非涉水企业与普通民众，而侧重水资源经济利益的主要是各级地方政府与涉水企业，若处置不当，由此引发的矛盾将会影响两国间的跨境合作。尤其值得注意的是，不同于我国一侧，俄罗斯阿穆尔河流域水资源开发权是归属于企业，而非国家，汛期水库洪峰调节会直接影响水电企业的发电收益，这就增加了流域利益协调的难度。

2. 干流洪灾会侵蚀界河两岸堤坝，造成国土流失，使河道中心线发生偏移，威胁主权领土完整

黑龙江干流沿岸水土流失严重，甚至可能影响主航道走向，发生江中大面积岛屿以及相邻水域分割的现象，导致双方领土的变化，极易引发外事纠纷，不利于中俄睦邻友好发展。流域季节性洪水更是加剧了这一趋势。值得注意的是，由于人为破坏严重、江岸林木稀少、岛面垦种破坏、江岸岛面抗冲能力差，我国侧冲刷坍岸比俄罗斯侧更为严重。据估计，仅黑龙江中上游段，中方一侧明显冲刷坍岸平均每年流失面积 7 平方千米，年最大流失面积 15 平方千米，中华人民共和国成立以来，流失国土面积按年平均 7 平方千米增加，共计 371 平方千米，如果加上我侧岛屿岸线（长 1108 千米）冲刷坍岸，流失国土面积将更大，估计将达到 371 平方千米，总计可达 742 平方千米以上，如以珍宝岛 0.166 平方千米计，流失国土面积相当于 1124 个以上珍宝岛（还不计水域面积流失）①。

---

① 冷莉. 论国境界河黑龙江干流国土防护的必要性 [J]. 黑龙江水利科技，2005，33（1）：69-70.

3. 跨境洪灾监测标准不统一，影响对汛情评估的一致性，导致双方防洪决策出现较大分歧与差异

水文气象信息监测是洪灾防治的重要环节之一。目前，受限于两国行政体制等多方面原因，中俄洪灾监测技术、评价方法和标准尚不统一，是推进黑龙江跨境洪灾联合防治的重要阻碍，直接影响洪灾应急管理，与沿岸民众生产生活的安全有着密切关系。因此，有必要重视洪灾监测标准的协调，完善水文等基础性工作，提高流域水文气象信息监测的科学性。

4. 中俄自然灾害应急体制存在巨大差异，缺少专门职能部门对接，跨境协同防治水平不高，在汛期容易造成严重的主权领土纠纷

中俄两国不同的政治体制孕育了不同的洪灾应急机制。我国采取防汛指挥中心体制，由国家防汛抗旱总指挥部（三处）牵头，在汛期进行跨部门、跨区域的集中调度与管理。而俄罗斯采取四级自然灾害管理体制，由联邦安全会议下属的紧急情况部负责自然灾害防治，实行垂直领导，全面协调灾害应急管理。两种洪灾应急机制容易导致洪灾防治协同水平较低、合作效率低下，甚至容易出现权责真空地带。双方在操作层面合作的不成熟是导致 2013 年黑瞎子岛被淹的重要原因。

（三）黑龙江界河塌岸防治合作的主要问题

目前，塌岸灾害主要发生在黑龙江沿岸，呈现不均衡分布特征[1]：第一，零星分布河段在黑龙江漠河—呼玛江段、三江口—乌苏里江口江段，塌岸灾害呈零星分布，线性分布率小于 20%，其中漠河—呼玛江段，塌岸长度约占该段总长度的 17%；第二，稀疏分布河段在黑龙江黑河—逊克江段、嘉荫—名山江段及支流乌苏里江段，塌岸灾害呈稀疏分布，线性分布在 20%~30% 之间，其中黑河—逊克江段塌岸长度占该段总长度的 24%，嘉荫—名山江段，塌岸长度占该段总长度的 25%，支流乌苏里江界河段，塌岸长度占该段总长度的 29%；第三，密集分布河段在黑龙江名山—三江口江段，塌岸灾害呈密集分布，线性分布率大于 30%，此段塌岸长度占该段总长度的 35%。

界河塌岸所造成的国土资源流失涉及国家的领土和主权，是关系政治、军事、外交、经济和边界安全的大问题。目前，中俄两国已就界河塌岸防治合作签署了一些协议。但是，由于机制不健全，合作中依然出现了一些问题，有待双方探索新的解决办法。

---

[1] 尹喜霖，单广杰，杨向东，等 . 黑龙江省的界河坍塌地质灾害及其防治对策［J］. 工程地质学报，2003，11（3）：230-238.

1. 缺乏高层协商。目前，界河堤岸维护以及界河两侧可能会引起塌岸的涉水工程通常由地方政府自行决策。但是，相关活动关系国土流失，一旦引发主权纠纷，是地方政府难以应对的。在开展相关工程前，缺少必要的高层沟通会使两国错失就事关国土主权的塌岸问题事先达成谅解、形成共识的机会。事后问责不但会消耗两国大量的财力物力，也无法避免由此而产生的外交影响。

2. 对另一方利己行为难以约束。由于船舶航行、开采金矿、破坏植被、开工大型工程等可能会对界河护岸产生破坏影响的行为均在河道中心线一方己侧进行，属于一国之内政。由此造成以下问题：一方可能会出于维护本国利益的目的而纵容这些行为；另一方则无法有效监督、约束对岸邻国可能会对己方一侧护岸产生破坏影响的行为。而这也正是塌岸防治合作的难点。

3. 涉及界河塌岸的相关信息未成为两国关注重点。目前，中俄合理利用和保护跨界水联合委员会定期召开会议，主要交换黑龙江水文水情、水文站网信息、水文报汛等涉水信息，并未将界河塌岸列入常设议题。可见，两国对界河塌岸合作的迫切性尚未有明确的认识。

二、我国黑龙江流域水资源合作的应对战略

（一）中俄在黑龙江流域水资源的合作战略应重点构建东北亚防灾减灾示范区

黑龙江流域是我国东北地区与俄罗斯远东地区的相邻地区。特殊的历史原因交织着复杂的民族问题，加之僵化的经济体制与恶劣的气候条件，直接限制了黑龙江流域经济的发展潜力，跨境区域经济合作推进较慢。此外，中俄在黑龙江流域水资源开发利用的利益要求存在一定差异，我国更倾向于统筹兼顾，积极开发，而俄罗斯则倾向于水资源的保守利用，加之界河性质，黑龙江流域干流水资源利用合作难以像跨境河流一样由其中一方独自开展，在短期内无法实现跨越性发展。因此，未来中俄黑龙江水资源合作应以防守型战略为主，而非积极开发战略，合作战略定位应该着眼于涉水灾害防治，即构建黑龙江流域水灾害防治体系和合作机制，重点提供流域水灾害防治公共产品，并进一步形成东北亚防灾减灾示范区，避免因水灾害影响中俄关系。

（二）中俄黑龙江流域水灾害治理合作坚持全面治理与重点治理相结合

就流域跨境水污染防治而言，中俄两国政府必须坚持全面防控与局部重点治理相结合的合作战略。在最严格水资源管理制度的支撑下，从全流域视角，严格防控水污染，同时，识别污染较为严重的具体区域以及河段（主要在支

流），有针对性地加大投入，增加治理力度；就污染物类别而言，在全面防控流域污染源的基础上，重点监测、治理危害程度更大、影响更广泛的工业水污染。

就流域跨境洪灾防治而言，中俄两国政府必须坚持流域全面防控与人口密集区域重点防控相结合的合作战略。从全流域视角，以高度警觉的态度，严格做好流域跨境洪灾防治的准备工作，上游、中游、下游协同防控，干流与支流协同防控，同时，将流域人口密集的地区作为洪灾防控的对象，有针对性地加大投入，从工程性措施与非工程性措施两个方面做好预防工作，加强重点流域的防洪能力；就洪水水量而言，在全面防控一般性洪水的基础上，要在汛前重点做好准备，监测、防控危害程度更大、发生频率较低、演变更难预测的超标准洪水。

就界河塌岸防治而言，鉴于在界河堤岸维护方面，我国处于相对被动的地位，未来与俄方的合作纵深也不大。因此，界河塌岸治理合作战略以谨慎推进为宜，从全流域视角加以防控，同时在城市数量较多、人口较为稠密、航运较为频繁的干流中下游地区加强堤岸维护与灾害防控，形成"上游保护、中下游防"的合作局面。

三、我国黑龙江跨境水污染治理与防洪合作的策略

（一）中俄黑龙江跨境水污染治理的合作对策

1. 全面防控全流域污染源，重点布控治理城市河段，重点监测和治理人口密集地区的工业污染

由于特殊的历史原因，黑龙江流域地区工业基础较为发达，石化工业、食品工业、装备制造业和能源工业是地区的支柱产业。但是，黑龙江流域地区工业结构失调，高耗能、高污染的重工业比重过大，占据主导地位，是主要的污染来源。此外，黑龙江流域资源丰富，尤其盛产黄金，采金作业也对流域生态环境造成了巨大的破坏。黑龙江水污染防治必须高度重视流域内工业污染对水资源的严重破坏，将工业污染治理作为首要任务。

黑龙江流域人口众多，中方一侧人口稠密，从乌苏里江到黑龙江上游是俄罗斯远东地区城市最集中、人口最稠密的地带。大规模人口所带来的既是激增的用水需求，也是流域水资源保护的巨大压力。因此，黑龙江水污染防治也必须高度重视流域内民用废物对水资源的破坏。

2. 由流域管理机构牵头，积极协调两国水污染防治行动

在《中华人民共和国东北地区与俄罗斯联邦远东及东西伯利亚地区合作规

划纲要（2009—2018年）》（以下简称《规划纲要》）提出的八项合作中，包括中俄环保领域的合作，其中特别强调了黑龙江省政府和阿穆尔州政府之间的合作，主要包括：保护跨境水体合作；在双方法律框架内交换环保领域技术；环境监控技术方法领域的交换；交换有关发展边境地区居民环境教育体系的信息；每年举行环保问题的联合研讨会；开展联合行动，保护跨境地区生态的多样性，特别就建立跨境特别自然保护区交换意见。

在战略层面，中俄两国政府开展水污染防治规划方面的合作有着极为重大的现实意义，可以以《规划纲要》的相关内容为指导，进行水污染防治专项规划的流域合作，积极协调两国流域水污染治理的行动，条件成熟时，可以联合制定的全流域水污染治理规划。

3. 由水利部机构牵头，组建"流域联席会议"，提高跨境协同管理水平

从目前我国黑龙江流域的管理机构设置来看，管理机构大多是水利单位，关注的是水资源公共利益，经济活动及经济利益的管理首先在地方政府。因此，两国之间的管理层面合作要考虑两类利益的协调，可以借鉴国外流域治理的成功模式，采取以两国对这两类利益的管理机构为主的流域联席会议的方式进行跨境协调，妥善处置相关冲突。

"流域联席会议"可以作为两国政府间的协调组织机制，在战略协调的指导下落实在流域管理层面开展工作，主要就流域内产生的跨境水污染问题或其他跨境问题进行具体的协商和应对，对经济利益协调和水资源公共利益协调提出解决方案。在现阶段两国还难以就流域共同开发与保护形成共同治理的情况下，"流域联席会议"对利益的协调可以及时面对现实问题，防止问题上升到政治层面。当然，现实中还可以设立顾问专家小组或类似的技术咨询机制支持两国间的协调工作。

4. 制度化发布涉水信息，搭建统一的信息平台，定期披露有关信息

沟通回馈机制包括中俄两国政府间的沟通以及政府与公众的沟通，构成一个横向与纵向相交织的沟通网络。两国政府间的沟通除了现有的定期会晤机制以外，还需建立工作例会制度、流域水量水质信息共享制度以及重大涉水项目通报制度，制度化发布水资源开发利用信息，搭建统一的信息平台，实现两国政府之间信息的迅速交换，为联合防范因水资源开发利用而带来的区域公共问题提供必要的帮助，尤其是在人口密集河段的水质信息与地区工业污染信息。同时，积极地通过构建两国之间的沟通机制和资讯披露机制，主动引导公众的参与，要比出现问题的时候才被动地受到影响更有效果，尤其可以防止流域外势力对舆论的利用与影响。

5. 协调两国法律差异，规范水污染争端处理程序，建立必要的合作规则

两国在法律上的协调既需要按照国际上普遍适用的争端处理程序，也需要对两国法律体系的差异性采取法律上的协商。如果两国在相关法律和争议处理上达不成协议，那么必然对流域水资源开发利用缺乏有力的约束，会进一步对两国关系产生不必要的负面影响。

合作规则主要是流域内市场主体、水用户等要形成一种自主的、相互牵制的互动网络，通过网络间的互动过程来形成合作的约束规则①，这种合作规则在一国市场内，在同样的政府管理体系和法律体系下是可以通过各方持续互动而逐步形成的，但在某个流域涉及的两国之间形成共同认可的合作规则就比较困难，需要政府引导和法律体系的协调。

6. 加强流域水污染监测，协调统一监测技术、评价方法和标准

对于黑龙江这样以主航道为边界的河流，在爆发大规模水污染时，中俄两国只能分别监测到河流的一侧，这就需要两国协调与合作，才能监测到一个完整的断面。由于两国对黑龙江在监测方法、技术、评价标准等方面不尽相同，双方的合作交流存在技术层面的障碍，因此有必要统一双方互相认可的方法和标准进行监测、评价，这在洪灾损失评估与污染事故仲裁中具有特别重要的意义，也是双方合作交流的重要技术基础。此外，中俄企业在开发水电能源项目的工程技术和后期运营等方面也存在一定的差别，有必要及时沟通，协调差异，保障合作顺利推进。

（二）中俄黑龙江跨境洪灾防治的合作对策

1. 制定一般性洪水防控规划与超标准洪水应急性防控规划

防洪规划是一种战略性的计划安排措施和方式②。黑龙江流域降水季节分配不均，6~8月是汛期，降雨占全年降水量的60%~70%，容易形成集中而剧烈的洪水，沿江地带几乎每年都发生一次洪水③。黑龙江跨境洪灾暴发的季节性与重大危害性决定了中俄两国政府要坚持超标准洪水防控与一般性洪水防控相结合的合作战略。坚持一般性洪水防控是一种常规性规划，而坚持超标准洪水防控是一种应急性规划，前者是后者的基础性支撑，后者是前者的应急性升级。

① 王慧敏. 跨流域调水综合管理体制与协调机制创新：以南水北调东线为例［J］. 中国科技论文在线，2006（2）：113-116.
② 李棣生. 关于水利综合规划中防洪规划的综述［J］. 黑龙江科技信息，2012（34）：275.
③ 中国科学院地理科学研究所. 中国地表水与地下水［EB/OL］. 中国科学院地理科学研究所官网，2007-03-30.

中俄两国政府应联合研究历年黑龙江洪水的基本情况，制定防控一般性洪水的常规性规划，为汛期两国各部门协调行动提供必要的依据。同时，应该模拟流域超标准洪水主要情景，从洪峰流量、持续时间、受灾人口、受灾地区等多方面指标预测超标准洪水的基本灾情，科学评估超标准洪水可能带来的重大危害，并在总结往年超标准洪水防治主要经验教训的基础上，制定未来超标准洪水防控应急性规划。防御超标准洪水预案是依据现有的防洪工程体系并结合洪水预警预报、科学调度决策等非工程措施所做出的现实选择①。

2. 由两国政府主导，构建常规化、制度化的市场运作机制

洪水保险是重要的洪水风险管理的非工程措施②。但是，洪水保险制度也需要考虑黑龙江流域的现实情况，不能一味地照搬西方防灾经验。在水灾害日趋频繁发生的形势下，鉴于黑龙江流域较低的社会经济发展水平，每年洪水灾害所带来的巨大损失完全由两国地方政府或保险公司来赔付是不现实的，也是不可能的。因此，可以依托各国中央政府与亚洲基础设施投资银行、金砖国家新开发银行等国际金融机构，成立自然灾害保险基金会，构建以政府、保险公司、保户三方行为主体为基础的水灾害保险制度，以第三方保险的形式，"一案一赔"，为流域洪水保险制度的建立提供充足的资金支持，既可以满足多层次（国家—流域—区域）、多主体（政府—企业—公众）的多元化补偿要求，也能够凸显界河国家间"风险共担"的对等性权利义务。

3. 构建流域联席会议机制，协调不同阶段的主要冲突

中俄两国间管理层面合作须慎重考虑这些涉水主体的利益协调，可以借鉴国外的成功实践经验，并结合流域的实际情况，由两国负责协调这些利益的管理机构主导，成立流域联席会议或者临时工作小组，专门负责跨境利益协调的有关事务。

在灾前预防阶段，协调目标应着眼于全流域，综合考虑经济效益、社会效益与生态效益，协调重点是调节涉水公共利益主体与经济利益主体间的矛盾；在孕灾期、暴发期，洪灾具有极大的破坏力，协调目标应优先考虑沿岸居民的生命财产安全，协调重点则是流域整体利益与局部利益的协调；在恢复、协调目标着眼于灾后重建和生态恢复，协调重点则是调节灾区与非灾区间的矛盾。鉴于防洪的技术专业性，两国可设立顾问专家小组等咨询智囊为涉洪利益协调

---

① 陈柯明，韩义超. 辽河中下游防御超标准洪水对策 [J]. 东北水利水电，2003（4）：53-60.

② 黄英君，江先学. 我国洪水保险制度的框架设计与制度创新——兼论国内外洪水保险的发展与启示 [J]. 江西财经大学学报，2009（2）：37-43.

提供必要的专业支持。

4. 加强两国灾前预防与灾时应急合作，保证防洪工作的前瞻性与实时性

当前，两国政府除了通过总理定期会晤机制沟通黑龙江跨境洪灾问题外，还建立了灾时总理紧急情况电话联络机制。此外，两国还应着眼于灾前预防与灾时应急，提高沟通回馈频率，保证防洪工作的前瞻性与实时性：①建立定期工作例会制度，交换水文数据，并向对方通报己方防汛工程建设以及洪灾预防管理的最新进展；②在明确的档案保密等级划分的基础上，建立流域水文气象信息交流共享制度；③构建统一的防洪信息发布平台，制度化发布防洪工程维护、建设情况等，保障信息的权威性；④建立灾时重大汛情通报制度，及时交换汛情信息，根据洪灾的等级，提高通报频率。在通报汛情时，应该增加动态预测信息，分析突发事件可能的发展态势以及其危害范围、程度，以便掌控先机，使下游国做好相应的防汛准备；⑤面对灾难时，构建紧密的救援、排险合作机制，集中两国应急资源，对灾害发生做出第一时间的反应，并在一方救援资源不足的情况下，及时予以协助。

5. 协同布局流域监测点，协调统一洪灾监测技术、评价方法和标准

根据国际河流上下游左右岸管理的经验，水文气象信息的监测及评价是洪灾防治的重要基础，也是国际河流合作开发的第一步。黑龙江流域水文气象信息监测的合作应该由中俄两国水文、气象等专业部门牵头，从全流域的角度，协同布局监测点，组建完善的监测网络，实时动态地监测全流域的水文气象信息，完善水文等基础性工作，提高流域水文气象信息监测的科学性与预警性，提升两国防汛部门对流域洪水的快速反应能力。同时，双方应该尽快协调统一洪灾监测技术、评价方法和标准，减少因监测技术与标准偏差异而给洪灾防治带来的负面影响。统一的技术标准既是灾时应急管理的主要依据之一，也是双方在更高层次合作的技术基础。

6. 在汛期，加强控制性水利工程泄洪的协调

中俄两国应该研究历年黑龙江洪水的基本情况，总结一般特征，重点分析具有代表性年份的洪灾及其跨境影响，根据相关科学指标建立洪灾应急分级体系，制订应急预案。进入汛期后，根据具体情况，启动不同级别的应急预案，实行高强度的协调，统一指挥有关部门行动。此外，重点识别洪灾危险源以及可能发生重大灾情的区域，并评估洪灾风险，为各部门协调行动提供技术依据。位于上游的中国应实时监测汛情，预估洪峰到达下游地区的时间以及洪灾的危害范围与危害程度，及时通报俄方，助其做好洪灾预防工作。同时，中俄要加强控制性水利工程泄洪的协调，准确把握泄洪的地点、水量。一旦洪灾超出预

期，需调整泄洪方案，双方应协同解决技术调整等操作层面问题，避免发生外交纷争，影响两国间的正常关系。

四、我国黑龙江界河塌岸治理的合作策略

黑龙江界河的特点使任何一方在其一侧的单独行动都有可能影响界河水流的走向，加速了河流对另一方河岸的冲刷，造成河流中心线的偏移以及另一方国土的流失。加之，北半球河流科氏力的影响使我方一侧塌岸程度远大于俄方一侧①。可见，在界河堤岸维护方面，我国处于相对被动的地位，未来与俄方的合作纵深也不大。因此，界河塌岸治理合作目前应仅限于保持彼此沟通的较低层面，合作战略以谨慎推进为宜。

（一）由中俄总理定期会晤委员会主席确定界河沿岸重大工程的可行性

中俄总理定期会晤委员会双方主席一般由两国副总理担任，定期举行会晤，确定两国未来合作的战略走向，具有更高层次的决策权。因此，通过双方主席会晤，确定界河沿岸实施大规模基础设施建设的必要性与可行性，如双方一致同意，则可实行；如一方认为，另一方境内工程建设会对己方一侧沿岸国土造成重大影响，则由双方主席请示两国中央政府后协商而定。如果因特殊情况，具有争议的工程项目必须实施，施工一方则需要为工程建设项目对界河护岸与界河中心线的影响承担责任，并给予对方适当的补偿。具体的补偿事宜可经双方主席授权，由合理利用和保护跨界水联合委员会协商而定。

（二）明确列入界河塌岸议题，向对方通报塌岸以及护岸维护信息

中俄应该明确将界河塌岸列入日常议题，着眼于日常预防与突发情况应急，加强沟通回馈频率，保证信息的对称性：①在定期工作例会上，一方应向对方通报己方干流一侧有关塌岸以及护岸维护的基本情况，并就未来界河新的护岸加固方案，征询对方意见；②一方在己侧从事可能会对界河造成负面影响的活动，应该事先通报对方，征询对方意见；③在重大自然灾害发生时，如果发生重大护岸垮塌，及时通报对方；④构建统一的信息发布平台，制度化发布护岸基本信息，向社会公开。

（三）中俄协同行动，联合采取应急措施，避免塌岸灾情扩大化

中俄两国应该研究历年黑龙江界河堤岸维护的基本情况，确定易于发生塌

---

① 石长金，刘凤飞. 边境河流岸坡土壤侵蚀与防治［J］. 水土保持科技情报，2002（5）：27-29.

岸的重点河段。尤其是在汛期，应对重点河段予以更多的关注。根据塌岸具体情况，启动不同级别的应急预案。一旦出现大规模的堤岸坍塌，中俄应协同行动，联合抢修事发河段，防止灾情扩大化，造成更大的负面影响，同时，合作疏导航运交通，保护往来航船的人员安全。一旦灾情超出预期，在必要时，可以联合封锁事发河段，疏散航行船只以及周围民众。

（四）确定两方塌岸防治合作中的权利义务，规范两方的治理行为

构建适宜的激励约束机制是合作持续推进的保证。长期以来，界河堤岸多由中俄两国独自开展，并没有对己方行动对另一方国土流失的情况进行评价，也没有相应的补偿机制，使另一方的损失无法得到有效的弥补，不利于两国间的国家关系①。因此，中俄两国应该联合评估己方活动对另一方塌岸所带来的影响，如泄洪、军舰航行等，在此基础上，构建灵活的激励约束机制，根据不同情况，由两方协商确定一方对另一方塌岸的责任，并以此为据，给予另一方应有的补偿。这样既能约束责任方的行为，使其不能恣意妄为，也能激励受损一方，确保其参与合作的积极性。

---

① 詹庆会，孙福荣，赵秀娟. 黑龙江塌岸地质灾害的气候水文因素［J］. 黑龙江水专学报，2005，32（2）：92-94.

参考文献

［1］何大明. 中国国际河流［M］. 北京：科学出版社，2011.

［2］敬正书，矫勇. 中国河湖大典［M］. 北京：中国水利水电出版社，2014.

［3］贾绍凤，刘俊. 大国水情：中国水问题报告［M］. 武汉：华中科技大学出版社，2014.

［4］伊恩·布朗利. 国际公法［M］. 曾令良，余敏友，译. 北京：法律出版社，2003.

［5］罗伯特·基欧汉. 局部全球化世界中的自由主义、权力与治理［M］. 门洪华，译. 北京：北京大学出版社，2004.

［6］国际大坝委员会，贾金生，郑璀莹. 国际共享河流开发利用的原则和实践［M］. 北京：中国水利水电出版社，2009.

［7］辞海编辑委员会. 辞海（缩印本）［M］. 上海：上海辞书出版社，1999.

［8］罗伯特·罗茨. 治理与善治引论［M］. 俞可平，译. 北京：社会科学文献出版社，2000.

［9］李维安. 公司治理学（第三版）［M］. 北京：高等教育出版社，2016.

［10］俞可平. 全球治理引论［M］. 北京：社会科学文献出版社，2003.

［11］中华人民共和国外交部条约法律司. 领土边界事务国际条约和法律汇编［M］. 北京：世界知识出版社，2005.

［12］邢广程. 俄罗斯东欧中亚国家发展报告（2009）［M］. 北京：社会科学文献出版社，2009.

［13］张维迎. 博弈论和信息经济学［M］. 上海：上海三联书店，1996.

［14］埃莉诺·奥斯特罗姆. 制度激励与可持续发展［M］. 陈幽泓，译. 上

海：上海三联书店，2000.

[15] 谈广鸣，李奔. 国际河流管理 [M]. 北京：中国水利水电出版社，2011.

[16] 赵启正. 中国公共外交研究报告 [M]. 北京：时事出版社，2012.

[17] 薛惠锋，王平. 水资源支持区域经济发展研究 [M]. 西安：陕西科学技术出版社，1996.

[18] 叶秉如. 水资源系统优化规划和调度 [M]. 北京：中国水利水电出版社，2001.

[19] 何惠，蔡建元. 国际河流水文站网布局规划方法研究 [J]. 水文，2002，55 (5)：18-20.

[20] 朱德祥. 国际河流研究的意义与发展 [J]. 地理研究，1993，12 (4)：84-95.

[21] 杨富程，夏自强，黄峰，等. 额尔齐斯河流域降水变化特征 [J]. 河海大学学报（自然科学版），2012 (4)：432-437.

[22] 王姣妍，路京选. 伊犁河流域水资源开发利用的水文及生态效应分析 [J]. 自然资源学报，2009 (7)：1297-1307.

[23] 戴长雷，王思聪，李治军，等. 黑龙江流域水文地理研究综述 [J]. 地理学报，2015 (11)：1823-1834.

[24] 柴燕玲. 澜沧江—湄公河次区域经济合作：发展现状与对策建议 [J]. 国际经济合作，2004 (9)：40-46.

[25] 杨富亿. 黑龙江干流水电梯级开发对鱼类资源的影响与补救措施 [J]. 国土与自然资源研究，2000 (1)：55-57.

[26] 陈丽晖，曾尊固，何大明. 国际河流流域开发中的利益冲突及其关系协调：以澜沧江—湄公河为例 [J]. 世界地理研究，2003，12 (1)：71-78.

[27] 甄淑平，吕昌河. 中国西部地区水资源利用的主要问题与对策 [J]. 中国人口·资源与环境，2002 (1)：4.

[28] 汪群，陆园园. 中国国际河流管理问题分析及建议 [J]. 水利水电科技进展，2009 (2)：71-75.

[29] 胡汝骥，姜逢清，王亚俊. 中亚（五国）干旱生态地理环境特征 [J]. 干旱区研究，2014，31 (1)：1-12.

[30] 郭利丹，周海炜，夏自强，等. 丝绸之路经济带建设中的水资源安全问题及对策 [J]. 中国人口·资源与环境，2015 (5)：114-121.

［31］编辑部．双苯凶猛"11·13"吉林石化公司化工装置大爆炸暨松花江污染事故纪实［J］.上海消防，2005（12）：14-26.

［32］唐海行．澜沧江—湄公河流域的水资源及其开发利用现状分析［J］.云南地理环境研究，1999（1）：16-25.

［33］张栋．西南水电开发及外送经济性研究［J］.中国电力，2012（12）：4-6，25.

［34］姜文来．"中国水威胁论"的缘起与化解之策［J］.科技潮，2007（2）：18-21.

［35］王俊峰，胡烨．中哈跨界水资源争端：缘起、进展与中国对策［J］.新疆大学学报（哲学·人文社会科学版），2011，39（5）：99-102.

［36］《东北水利水电》编辑部．东北诸河水能蕴藏量统计表［J］.东北水利水电，1985（3）：52.

［37］李红梅．澜沧江中下游水能资源开发的可持续发展思考［J］.边疆经济与文化，2006（9）：30-32.

［38］刘志辉，王建军，杨天明．阿尔泰地区水资源开发利用中的环境问题研究［J］.新疆大学学报（自然科学版），1996（4）：5.

［39］张军民．伊犁河流域地表水资源优势及开发利用潜力研究［J］.干旱区资源与环境，2005，19（7）：142-146.

［40］董文福．伊犁河流域的水电开发与环境保护［J］.干旱环境监测，2012，26（2）：115-117.

［41］陈贵文，张学雷．黑龙江省水电开发现状及发展前景［J］.黑龙江水利科技，2016（4）：81-85.

［42］宋强，周启鹏．澜沧江—湄公河开发现状［J］.国际数据信息，2004（10）：25-29.

［43］陈丽晖，何大明．澜沧江—湄公河水电梯级开发的生态影响［J］.地理学报，2000，55（5）：577-586.

［44］郭延军，任娜．湄公河下游水资源开发与环境保护：各国政策取向与流域治理［J］.世界经济与政治，2013（7）：136-154.

［45］江莉，马元珽．老挝的水电开发战略［J］.水利水电快报，2006，27（4）：24-26.

［46］杨立信．哈萨克斯坦额尔齐斯—卡拉干达运河调水工程［J］.水利发展研究，2002，2（6）：45-48.

[47] 付颖昕, 杨恕. 苏联时期哈萨克斯坦伊犁—巴尔喀什湖流域开发述评 [J]. 兰州大学学报 (社会科学版), 2009, 37 (4): 16-24.

[48] 杨立信. 中亚创立的水资源一体化管理体制 [J]. 水利水电快报, 2010, 31 (6): 1-5.

[49] 胡兴球, 刘璐瑶, 张阳. 我国国际河流水资源合作开发机制研究 [J]. 中国水利, 2018 (1): 31-34.

[50] 周晓莉. 中国参与大湄公河次区域经济合作的回顾与展望 [J]. 当代经济 (下半月), 2008 (5): 112-113.

[51] 李秀敏, 陈才. 东北亚经济区与我国东北国际河流的合作开发和协调管理 [J]. 地理学报, 1999 (B6): 76-83.

[52] 吴太轩. 中国在 GMS 经贸合作中面临的挑战及对策 [J]. 东南亚纵横, 2009 (3): 71-74.

[53] 钱正英, 陈家琦, 冯杰. 人与河流的和谐发展 [J]. 中国三峡建设, 2006 (5): 5-8.

[54] 王毅. 探索中国推进流域综合管理的发展路线图 [J]. 人民长江, 2009 (4): 8-10.

[55] 李志斐. 跨国界河流问题与中国周边关系 [J]. 学术探索, 2011 (1): 27-33.

[56] 周海炜, 郑爱翔, 胡兴球. 多学科视角下的国际河流合作开发国外研究及比较 [J]. 资源科学, 2013, 35 (7): 1363-1372.

[57] 何大明, 冯彦, 陈丽晖. 国际河流可持续发展的现状与问题 [J]. 云南地理环境研究, 1998, 10 (S1): 25-32.

[58] 王志坚. 地缘政治视角下的国际河流合作——以中东两河为例 [J]. 华北水利水电学院学报 (社科版), 2011, 27 (2): 21-24.

[59] 苏长和. 自由主义与世界政治——自由主义国际关系理论的启示 [J]. 世界经济与政治, 2004 (7): 34-39.

[60] 王志坚. 从中东两河纠纷看国际河流合作的政治内涵 [J]. 水利经济, 2012 (1): 23-27.

[61] 陈丽晖, 丁丽勋. 国际河流流域国的合作——以红河流域为例 [J]. 世界地理研究, 2001 (4): 62-67, 53.

[62] 何艳梅. 联合国国际水道公约生效后的中国策略 [J]. 上海政法学院学报 (法治论丛), 2015, 30 (5): 44-57.

[63] 陈辉, 廖长庆. 澜沧江—湄公河国际航运环境影响调查分析 [J]. 水道港口, 2008 (4): 287-290, 300.

[64] 王彦志. 什么是国际法学的贡献: 通过跨学科合作打开国际制度的黑箱 [J]. 世界经济与政治, 2010 (11): 113-128.

[65] 周申蓓, 汪群, 王文辉. 跨界水资源协商管理内涵及主体分析框架 [J]. 水利经济, 2007, 25 (4): 20-23.

[66] 王海燕, 葛建团, 邢核, 等. 欧盟跨界流域管理对我国水环境管理的借鉴意义 [J]. 长江流域资源与环境, 2008 (6): 945-947.

[67] 胡文俊, 陈霁巍, 张长春. 多瑙河流域国际合作实践与启示 [J]. 长江流域资源与环境, 2010 (7): 739-745.

[68] 何俊. 自然资源治理: 概念和研究框架 [J]. 绿色中国, 2005 (9): 26-29.

[69] 贾生元. 关于国际河流生态环境安全的思考 [J]. 安全与环境学报, 2005 (2): 17-20.

[70] 何大明. 跨境生态安全与国际环境伦理 [J]. 科学, 2007 (3): 14-17, 4.

[71] 李芳田, 杨娜. 全球治理论析 [J]. 南开学报 (哲学社会科学版), 2009 (6): 86-92.

[72] 杨瑞龙, 朱春燕. 网络经济学的发展与展望 [J]. 经济学动态, 2004 (9): 19-23.

[73] 任剑涛. 在一致与歧见之间: 全球治理的价值共识问题 [J]. 厦门大学学报 (哲学社会科学版), 2004 (4): 5-12.

[74] 王晓亮. 中外流域管理比较研究 [J]. 环境科学导刊, 2011 (1): 15-19.

[75] 沈大军, 王浩, 蒋云钟. 流域管理机构: 国际比较分析及对我国的建议 [J]. 自然资源学报, 2004 (1): 86-95.

[76] 吴光芸, 李建华. 论区域公共治理中利益相关者的协商与合作 [J]. 中共浙江省委党校学报, 2009 (3): 72-77.

[77] 贺圣达. 大湄公河次区域合作: 复杂的合作机制和中国的参与 [J]. 南洋问题研究, 2005, 121 (1): 6-14.

[78] 陈家琦. 可持续的水资源开发与利用 [J]. 自然资源学报, 1990 (3): 3.

［79］胡文俊，张捷斌．国际河流利用的基本原则及重要规则初探［J］．水利经济，2009（5）：1-5.

［80］胡辉君，陈海燕．国际河流的开发与管理［J］，人民黄河，2000（12）：41-42.

［81］李雪松，秦天宝．欧盟水资源管理政策分析及对我国跨边界河流水资源管理的启示［J］．生态经济，2008（1）：38-41，55.

［82］柴方营．国际河流概况及开发利用模式［J］．水利天地，2005（5）：16-19.

［83］李香云．国外国际河流的主要开发方式［J］．水利发展研究，2010（1）：69-71.

［84］李丹，李跃波．大湄公河次区域经济发展水平比较与分析［J］．新西部：中旬·理论，2015（6）：53-54.

［85］何跃．中南半岛地缘政治发展态势［J］．云南社会科学，2008（2）：27-30.

［86］王庆忠．大湄公河次区域合作：域外大国介入及中国的战略应对［J］．太平洋学报，2011，19（11）：40-49.

［87］朱陆民，陈丽斌．地缘战略角度思考中国与中南半岛合作的重要意义［J］．世界地理研究，2011，20（2）：20-28.

［88］宋效峰．湄公河次区域的地缘政治经济博弈与中国对策［J］．世界经济与政治论坛，2013（5）：37-49.

［89］李巍．东亚经济地区主义的终结？制度过剩与经济整合的困境［J］．当代亚太，2011（4）：27-30.

［90］李红强，王礼茂．中亚能源地缘政治格局演进：中国力量的变化、影响与对策［J］．资源科学，2009，31（10）：1647-1653.

［91］高科．地缘政治视角下的美俄中亚博弈——兼论对中国西北边疆安全的影响［J］．东北亚论坛，2008，17（6）：15-20.

［92］高飞．中国的"西进"战略与中美俄中亚博弈［J］．外交评论，2013，30（5）：1-12.

［93］杨恕，王婷婷．中亚水资源争议及其对国家关系的影响［J］．兰州大学学报（社会科学版），2010，38（5）：52-59.

［94］赵常庆．哈萨克斯坦的2030/2050战略［J］．新建师范大学学报（哲学社会科学版），2013（3）：37-42.

[95] 王雅静. 哈萨克斯坦经济发展情况分析 [J]. 大陆桥视野, 2012 (7): 80-87.

[96] 张英, 刘晓坤. 新形势下东北亚经济合作分析 [J]. 黑龙江对外经贸论坛, 2004 (10): 5-7.

[97] 孙壮志. 当前中亚五国政治形势及未来走向 [J]. 新疆师范大学学报, 2012 (5): 22-28.

[98] 贺圣达. 中国周边大湄公河次区域国家形势新发展对中国西南边疆的影响及中国的应对 [J]. 创新, 2011 (5): 9-14.

[99] 郜军. 冷战后中蒙关系评估与展望 [J]. 才智, 2013 (19): 12.

[100] 汪霞. 澜沧江—湄公河流域水资源合作机制研究 [J]. 东南亚纵横, 2012 (10): 73-76.

[101] 郭延军. 大湄公河水资源安全: 多层治理及中国的政策选择 [J]. 外交评论 (外交学院学报), 2011 (2): 84-97.

[102] 李志斐. 中国与周边国家跨国界河流问题之分析 [J]. 太平洋学报, 2011, 19 (3): 27-36.

[103] 王志坚, 邢鸿飞. 国际河流法刍议 [J]. 河海大学学报 (哲学社会科学版), 2009 (9): 9-10.

[104] 冯彦, 何大明, 包浩生. 国际水法的发展对国际河流流域综合协调开发的影响 [J]. 资源科学, 2000 (1): 81-85.

[105] 白明华. 国际水法理论的演进与国际合作 [J]. 外交评论 (外交学院学报), 2013 (5): 102-112.

[106] 郝少英. 跨国水资源和谐开发十大关系法律初探 [J]. 自然资源学报, 2011 (1): 166-176.

[107] 蒋艳, 周成虎, 程维明. 阿克苏河流域径流补给及径流变化特征分析 [J]. 自然资源学报, 2005 (1): 27-34.

[108] 刘志云. 国家利益理论的演进与现代国际法——一种从国际关系理论视角的分析 [J]. 武大国际法评论, 2008 (2): 12-55.

[109] 周海炜, 高云. 国际河流合作治理实践的比较分析 [J]. 国际论坛, 2014, 16 (1): 8-14.

[110] 张军民. 伊犁河域综合开发的国际合作 [J]. 经济地理, 2008, 28 (2): 247-249.

[111] 周海炜, 郑莹, 姜骞. 黑龙江流域跨境水污染防治的多层合作机制

研究 [J]. 中国人口·资源与环境, 2013 (9): 124-130.

[112] 李智国. 澜沧江梯级开发的水政治: 现状、挑战与对策 [J]. 中国软科学, 2011 (1): 100-106.

[113] 毛健, 刘晓辉, 张玉智. 图们江区域多边合作开发研究 [J]. 中国软科学, 2012 (5): 80-92.

[114] 宁立波, 徐恒力. 水资源自然属性和社会属性分析 [J]. 地理与地理信息科学, 2004, 20 (1): 60-62.

[115] 张励, 卢光盛. "水外交"视角下的中国和下湄公河国家跨界水资源合作 [J]. 东南亚研究, 2015 (1): 42-50.

[116] 张励. 水外交: 中国与湄公河国家跨界水合作及战略布局 [J]. 国际关系研究, 2014 (4): 25-36, 152.

[117] 李志斐. 水资源外交: 中国周边安全构建新议题 [J]. 学术探索, 2013 (4): 28-33.

[118] 杜农一. 合作安全-后冷战时代安全思维的理性回归 [J]. 世界经济与政治论坛, 2009 (5): 1-5.

[119] 宋林飞. 高度关注与控制台海风险 [J]. 世界经济与政治论坛, 2007 (5): 1-7.

[120] 付瑞红. 湄公河次区域经济合作的阶段演进与中国的角色 [J]. 东南亚纵横, 2009 (5): 65-69.

[121] 马振超. 当前维护国家政治安全问题的思考 [J]. 江南社会学院学报, 2009 (1): 8-11.

[122] 王志坚. 新安全观视角下的国际河流合作 [J]. 湖南工程学院学报 (社科版), 2011 (6): 89-92.

[123] 肯康克, 董晓同. 水, 冲突以及国际合作 [J]. 复旦国际关系评论 (增刊), 2007: 11-15.

[124] 邢伟. 水资源治理与澜湄命运共同体建设 [J]. 太平洋学报, 2016, 24 (6): 43-53.

[125] 王亚华, 胡鞍钢. 黄河流域水资源治理模式应从控制向良治转变 [J]. 人民黄河, 2002, 24 (1): 23-25.

[126] 上官飞, 舒长江. 中部省份区域竞争力的因子分析与评价 [J]. 统计与决策, 2011 (9): 71-73.

[127] 金祥荣. 世界区域经济一体化浪潮及其影响 [J]. 国际贸易问题,

1995（6）：19-22.

[128] 李仁贵. 区域经济发展中的增长极理论与政策研究 [J]. 经济研究，1988（9）：63-70.

[129] 徐洁昕，牛利民. 增长极理论述评 [J]. 科技咨询导报，2007（14）：171.

[130] 粟晓玲. 康绍忠. 干旱区面向生态的水资源合理配置研究进展与关键问题 [J]. 农业工程学报，2005（1）：167-172.

[131] 马国忠. 初始水权价格及其实现路径初探 [J]. 水利经济，2008（4）：34-36.

[132] 李红梅. 地缘政治理论演变的新特点及对中国地缘战略的思考 [J]. 国际展望，2017（6）：95-112，153.

[133] 赵可金. 全球化时代现代外交制度的挑战与转型 [J]. 外交评论，2006（12）：69-77.

[134] 王腾，邓玛，马淼淼. 基于网络治理的我国西南地区国际河流水能开发跨境合作机制研究 [J]. 重庆理工大学学报（自然科学），2016（4）：60-65.

[135] 李超，张庆芳. 研究大湄公河次区域电力合作的可行性探析 [J]. 东南亚南亚，2009（3）：61-66，93.

[136] 秦重庆. 丝绸之路经济带建设对新疆经济社会发展的影响 [J]. 现代经济信息，2014（18）：475-476.

[137] 袁晓慧. 图们江区域开发项目现状评估 [J]. 国际经济合作，2007（8）：44-49.

[138] 王胜今，王凤玲. 东北亚区域经济合作新构想 [J]. 东北亚论坛，2003，1（1）：3-8.

[139] 郭文君. 关于将图们江区域合作开发纳入"一带一路"倡议的思考 [J]. 东疆学刊，2016，33（2）：85-93.

[140] 孙黎，李俊江，董凤双. 财政政策促进图们江区域外向型经济发展研究 [J]. 经济纵横，2015（6）：87-90.

[141] 李正，甘静，曹洪华. 图们江国际通航的合作困局及其应对策略 [J]. 世界地理研究，2013（1）：39-46.

[142] 郑洪莲，郑玉成. 图们江区域国际合作开发的历史进程及发展前景 [J]. 延边党校学报，2008，23（4）：50-53.

[143] 彭振武, 王云闯. 北极航道通航的重要意义及对我国的影响 [J]. 水运工程, 2014 (7): 86-89, 109.

[144] 胡鞍钢, 张新, 张巍. 开发"一带一路一道 (北极航道)"建设的战略内涵与构想 [J]. 清华大学学报 (哲学社会科学版), 2017 (3): 15-22, 198.

[145] 刘大海, 马云瑞, 王春娟, 等. 全球气候变化环境下北极航道资源发展趋势研究 [J]. 中国人口·资源与环境, 2015 (s1): 6-9.

[146] 陈湘满. 论流域开发管理中的区域利益协调 [J]. 经济地理, 2002, 22 (5): 525-528.

[147] 陈丽晖, 何大明. 澜沧江—湄公河流域整体开发的前景与问题研究 [J]. 地理学报, 1999 (S1): 55-64.

[148] 李佩成, 郝少英. 论跨国水体及其和谐开发 [J]. 水文地质工程地质, 2010 (4): 1-4.

[149] 邢利民. 国外流域水资源管理体制做法及经验借鉴: 流域水资源管理问题系列研究之一 [J]. 生产力研究, 2004 (7): 107-108.

[150] 陈丽晖, 曾尊固. 国际河流流域整体开发和管理的实施 [J]. 世界地理研究, 2000 (3): 21-28.

[151] 苏长和. 中国与国际体系: 寻求包容性的合作关系 [J]. 外交评论, 2011 (1): 9-18.

[152] 何进朝, 李嘉. 突发性水污染事故预警应急系统构思 [J]. 水利水电技术, 2005 (10): 90-96.

[153] 王军峰, 侯超波, 闫勇. 政府主导型流域生态补偿机制研究 [J]. 中国人口·资源与环境, 2011, 21 (7): 101-106.

[154] 李郑. 缅甸邦朗水电站调试难题分析 [J]. 云南水力发电, 2016 (2): 108-111.

[155] 雷诺兹.P., 吴秋虹. 东南亚水电开发近况 [J]. 水利水电快报, 2012 (2): 31-33.

[156] 郭军, 贾金生. 东南亚六国水能开发与建设情况 [J]. 水力发电, 2006 (5): 64-66.

[157] 江莉, 马元珽. 老挝的水电开发战略 [J]. 水利水电快报, 2006 (4): 24-26.

[158] 阿曾. 塔国水电发展平台 [J]. 大陆桥视野, 2007 (10): 81.

[159] 仝立功. 中亚三国水电开发考察报告 [J]. 山西水利, 1995 (4): 32-33.

[160] 邓铭江. 塔吉克斯坦水资源及水电合作开发前景分析 [J]. 水力发电, 2013 (9): 1-4.

[161] 王海军. 亟待开发的塔吉克斯坦水电产业 [J]. 对外经贸, 2012 (5): 45-46.

[162] 邓铭江. 吉尔吉斯斯坦水资源及水电合作开发前景辨析 [J]. 水力发电, 2013 (4): 4-8.

[163] 周海炜, 王洪亮, 郭利丹. 基于文本分析的国际河流信息合作及其对中国的启示 [J]. 资源科学, 2014 (11): 2248-2255.

[164] 武得辰, 刘明. 越南完成国家水电规划研究 [J]. 水利水电快报, 2008 (6): 13-16.

[165] 米良. 老挝电力业的发展及相关法律制度探析 [J]. 学术探索, 2014 (6): 51-55.

[166] 郭军, 贾金生. 东南亚六国水能开发与建设情况 [J]. 水力发电, 2006 (5): 64-66, 76.

[167] 国外水电纵览亚洲篇 (六) [J]. 治黄科技信息, 2008 (4): 25-30.

[168] 国外水电纵览亚洲篇 (五) [J]. 治黄科技信息, 2008 (2): 24-29.

[169] 国外水电纵览亚洲篇 (四) [J]. 治黄科技信息, 2007 (5): 22-29.

[170] 蒋云钟, 张小娟, 石玉波. 水资源实时监控与管理系统标准体系建设 [J]. 中国水利, 2007 (1): 55-58.

[171] 李赞堂. 中国水利标准化现状、问题与对策 [J]. 水利水电技术, 2002 (10): 54-57, 63.

[172] 陆力, 徐洪泉, 李铁友, 等. 用创新的精神走好水电设备 "走出去" 之路 [J]. 中国水利水电科学研究院学报, 2010 (3): 224-228.

[173] 麻泽龙, 谭小琴, 周伟, 等. 河流水电开发对生态环境的影响及其对策研究 [J]. 广西水利水电, 2006 (1): 24-28.

[174] Des E W, 王胜. 湄公河的泥沙量变化 [J]. 人类环境杂志, 2008, 37 (3): 142-148, 222.

[175] 周鹏, 周殷婷, 姚帮松. 水利水电开发中鱼道的研究现状与发展趋势 [J]. 水利建设与管理, 2011 (7): 40-43.

[176] 赵传宝. 开发国际水电项目市场的机遇与风险分析 [J]. 东方企业

文化, 2013 (7): 34-35.

[177] 杨恕, 沈晓晨. 解决国际河流水资源分配问题的国际法基础 [J]. 兰州大学学报 (社会科学版), 2009 (4): 8-15.

[178] 胡文俊, 简迎辉, 杨建基, 等. 国际河流管理合作模式的分类及演进规律探讨 [J]. 自然资源学报, 2013 (12): 2034-2043.

[179] 孔德安. 水电工程技术标准"走出去"战略管理分析原则与框架模型研究 [J]. 水利水电技术, 2015 (3): 34-38.

[180] 张志会, 贾金生. 水电开发国际合作的典范——伊泰普水电站 [J]. 中国三峡, 2012 (3): 69-76.

[181] 潘存良, 李勇. 瑞丽江一级水电站大坝基础帷幕灌浆质量评价 [J]. 云南水力发电, 2008 (5): 56-60.

[182] 孔德安. 水电工程技术标准"走出去"战略: 竞争、合作、进化——商业生态系统观点 [J]. 水力发电学报, 2013 (1): 314-320.

[183] 吴世韶. 地缘政治经济学: 次区域经济合作理论辨析 [J]. 广西师范大学学报 (哲学社会科学版), 2016 (3): 61-68.

[184] 王广深. 泰国水利投融资制度及启示 [J]. 经济问题探索, 2012 (12): 141-144, 153.

[185] 陈隆伟, 洪初日. 中国企业对柬埔寨直接投资特点、趋势与绩效分析 [J]. 亚太经济, 2012 (6): 71-76.

[186] 黄勇. 江河流域开发模式与澜沧江可持续发展研究 [J]. 地理学报, 1999 (S1): 119-126.

[187] 张路. 构建以风险控制为导向的中央企业境外投资绩效评价体系 [J]. 经济研究参考, 2011 (24): 36.

[188] 董芳. 从密松水电站事件看跨界水电合作项目的风险管理 [J]. 水利经济, 2014 (5): 55-59.

[189] 王曦, 杨华国. 从松花江污染事故看跨界污染损害赔偿问题的解决途径 [J]. 现代法学, 2007 (3): 112-116.

[190] 上官飞, 舒长江. 中部省份区域竞争力的因子分析与评价 [J]. 统计与决策, 2011 (9): 71-73.

[191] 高歌. 创新边贸合作机制, 推进与周边国家边境合作深入发展——以中、越边境贸易为例 [J]. 特区经济, 2007, 224 (9): 85-87.

[192] 李建春. 广西与东盟国家贸易物流发展策略探讨 [J]. 物流技术,

2014, 33 (3)：14-17.

[193] 梅志宏. 走进湄公河 [J]. 中国三峡, 2017 (9)：58-71.

[194] 李勋烈. 及早开发小湾水电站 [J]. 云南水力发电, 1989 (2)：15-17.

[195] 何大明, 冯彦, 甘淑, 等. 澜沧江干流水电开发的跨境水文效应 [J]. 科学通报, 2006, (12)：14-20.

[196] 水博. 迎接"后水电时代"的挑战 [J]. 电网与水力发电进展, 2007, 23 (8)：7.

[197] 朴键一, 李志斐. 水合作管理：澜沧江—湄公河区域关系构建新议题 [J]. 东南亚研究, 2013 (5)：27-35.

[198] 李庆. 论中国主动参与澜沧江—湄公河流域综合管理 [J]. 中南财经政法大学研究生学报, 2014 (2)：16-23.

[199] 朱艳军, 马光文, 江拴丑, 等. 中小流域梯级水电站联合调度管理模式研究 [J]. 华东电力, 2010 (4)：577-579.

[200] 周大杰, 李惠民, 齐晔. 中国可持续发展下水资源管理政策研究 [J]. 中国人口·资源与环境, 2004 (4)：23-26.

[201] 张人铭, 郭焱, 马燕武, 等. 塔里木裂腹鱼资源与分布的调查研究 [J]. 淡水渔业, 2007, 37 (6)：76-78.

[202] 胡孟春. 中哈跨境河水质标准及评价方法对比研究 [J]. 环境科学与管理, 2013 (7)：179-185.

[203] 谷树忠, 姚予龙, 沈镭, 等. 资源安全及其基本属性与研究框架 [J]. 自然资源学报, 2002 (3)：280-285.

[204] 邓铭江, 龙爱华, 章毅, 等. 中亚五国水资源及其开发利用评价 [J]. 地球科学进展, 2010 (12)：1347-1356.

[205] 努尔兰别克·哈巴斯. 中国新疆与哈萨克斯坦经济互补性分析 [J]. 经营管理者, 2012 (11)：39.

[206] 王雅静. 哈萨克斯坦经济发展情况分析 [J]. 大陆桥视野, 2012 (7)：80-87.

[207] 巍巍. 中俄彻底解决边界问题 [J]. 信息导刊, 2005 (22)：20-20.

[208] 卞锦宇, 耿雷华, 田英. 中俄水质标准的差异及其对我国跨界河流开发与保护的影响 [J]. 中国农村水利水电, 2012 (5)：68-71.

[209] 冷莉. 论国境界河黑龙江干流国土防护的必要性 [J]. 黑龙江水利

科技，2005，33（1）：69-70.

[210] 尹喜霖，单广杰，杨向东，等．黑龙江省的界河坍塌地质灾害及其防治对策 [J]．工程地质学报，2003，11（3）：230-238.

[211] 王慧敏．跨流域调水综合管理体制与协调机制创新：以南水北调东线为例 [J]．中国科技论文在线，2006（2）：113-116.

[212] 李棣生．关于水利综合规划中防洪规划的综述 [J]．黑龙江科技信息，2012（34）：275.

[213] 陈柯明，韩义超．辽河中下游防御超标准洪水对策 [J]．东北水利水电，2003（4）：53-60.

[214] 黄英君，江先学．我国洪水保险制度的框架设计与制度创新——兼论国内外洪水保险的发展与启示 [J]．江西财经大学学报，2009（2）：37-43.

[215] 石长金，刘凤飞．边境河流岸坡土壤侵蚀与防治 [J]．水土保持科技情报，2002（5）：27-29.

[216] 詹庆会，孙福荣，赵秀娟．黑龙江塌岸地质灾害的气候水文因素 [J]．黑龙江水专学报，2005，32（2）：92-94.

[217] 邱月．中哈跨界河流水资源利用合作的法律问题研究 [D]．乌鲁木齐：新疆大学，2013.

[218] 张一鸣．中国水资源利用法律制度研究 [D]．成都：西南政法大学，2015.

[219] 屠酥．澜沧江—湄公河水资源开发中的合作与争端（1957-2016）[D]．武汉：武汉大学，2016.

[220] 张文强．中国与东盟水资源安全合作探略 [D]．上海：上海师范大学，2010.

[221] 苏曼利．图们江区域多边合作模式研究 [D]．长春：长春工业大学，2010.

[222] 雷宇．湄公河跨界水资源开发与利用的国际合作研究 [D]．上海：华东政法大学，2016.

[223] 李雪松．中国水资源制度研究 [D]．武汉：武汉大学，2005.

[224] 郑文琳．国际水道环境侵权民事责任研究 [D]．成都：西南政法大学，2013.

[225] 孙炳辉．共同开发海洋资源法律问题研究 [D]．北京：中国政法大学，2000.

[226] 白明华. 跨国水资源的国际合作法律研究 [D]. 北京：对外经济贸易大学，2014.

[227] 余元玲. 中国—东盟国际河流保护合作法律机制研究 [D]. 重庆：重庆大学，2011.

[228] 李俊义. 非政府间国际组织的国际法律地位研究 [D]. 上海：华东政法大学，2010.

[229] 张璐璐. 论莱茵河流域管理体制之运作 [D]. 青岛：中国海洋大学，2011.

[230] 刘戎. 社会资本视角的流域水资源治理研究 [D]. 南京：河海大学，2007.

[231] 陈春常. 转型中的中国国家治理研究 [D]. 上海：华东师范大学，2010.

[232] 王奇才. 全球治理、善治与法治 [D]. 长春：吉林大学，2009.

[233] 李广兵. 跨行政区水污染治理法律问题研究 [D]. 武汉：武汉大学，2014.

[234] 杨菊仙. 政府规制改革与高等教育发展空间的拓展 [D]. 湘潭：湘潭大学，2005.

[235] 何艳梅. 国际水资源公平和合理利用的法律理论与实践 [D]. 上海：华东政法学院，2006.

[236] 郭思哲. 国际河流水权制度构建与实证研究 [D]. 昆明：昆明理工大学，2014.

[237] 高永超. 中亚水资源博弈的外交视角 [D]. 北京：外交学院，2015.

[238] 萨密. 中国对塔吉克斯坦投资影响因素研究 [D]. 哈尔滨：东北农业大学，2016.

[239] 法赫利. 中国与中亚的关系（1991—2011 年）：合作与共赢 [D]. 济南：山东大学，2013.

[240] 许正. 大湄公河次区域安全机制构建研究 [D]. 苏州：苏州大学，2017.

[241] 阮宗泽. 国际秩序的转型与东亚安全 [D]. 北京：外交学院，2005.

[242] 马颖忆. 中国边疆地区空间结构演变与跨境合作研究 [D]. 南京：南京师范大学，2015.

[243] 张婷. 国际河流管理的国际法问题研究及对中国的启示 [D]. 北京：

外交学院，2012.

[244] 钱冬．我国水资源流域行政管理体制研究 ［D］．昆明：昆明理工大学，2007.

[245] 郝少英．跨国水体和谐开发法律问题研究 ［D］．西安：长安大学，2012.

[246] 柏松．中国新安全观及其安全战略选择研究 ［D］．长春：东北师范大学，2013.

[247] 吴世韶．中国与东南亚国家间次区域经济合作研究 ［D］．武汉：华中师范大学，2011.

[248] 皋媛．中亚国家的跨境水资源问题及其合作前景 ［D］．上海：华东师范大学，2012.

[249] 陈晓景．流域管理法研究：生态系统管理的视角 ［D］．青岛：中国海洋大学，2006.

[250] 彭学军．流域管理与行政区域管理相结合的水资源管理体制研究 ［D］．济南：山东大学，2006.

[251] 翟塱．水资源流域管理规划体系研究 ［D］．西安：西安理工大学，2010.

[252] 王贵芳．大湄公河次区域水资源安全合作问题研究 ［D］．西安：陕西师范大学，2012.

[253] 唐明．电力市场模式下水电厂运营管理研究 ［D］．成都：四川大学，2001.

[254] 毛志文．区域经济一体化背景下的国际产业合作研究 ［D］．南宁：广西大学，2007.

[255] 田坤．黑龙江流域生态环境可持续发展战略研究 ［D］．咸阳：西北农林科技大学，2006.

[256] 卢昌鸿．历史与现实：俄罗斯东进战略研究 ［D］．上海：上海外国语大学，2014.

[257] 新疆维吾尔自治区水利厅．新疆维吾尔自治区水资源公报（2016）［EB/OL］．新疆维吾尔自治区水利厅网站，2018-09-06.

[258] 额尔齐斯河流域开发建设管理局．额河建管局工程建设和科技发展情况 ［EB/OL］．中国水利水电科学研究院网站，2010-08-05.

[259] 第一财经日报．东北三省遭30年一遇洪灾中俄高层出面协调两国水

库泄洪［EB/OL］. 第一财经, 2013-08-28.

［260］陈敏建, 王浩, 于福亮. 中国国际河流问题概况［EB/OL］. 豆丁网, 2009-03-16.

［261］财经. 水利部副部长: 三分之二的城市缺水, 农村近3亿人饮水不安全［EB/OL］. 财经网, 2012-02-16.

［262］于文静, 王宇, 熊争艳. 中国探索构建新型 "水战略", 推进水权制度改革［EB/OL］. 中国新闻网, 2016-01-19.

［263］中国科学院地理科学研究所. 中国地表水与地下水［EB/OL］. 中国科学院地理科学研究所官网, 2007-03-30.

［264］中华人民共和国国务院新闻办公室. 中国的和平发展［EB/OL］. 中华网, 2011-09-30.

［265］湄公河［EB/OL］. 水电知识网, 2018-03-20.

［266］胡锦涛. 中国外交政策的宗旨是维护世界和平、促进共同发展［EB/OL］. 人民网, 2011-07-01.

［267］蒋学林. 中泰缅三方合建哈吉水电站［N］. 中国电力报, 2006-06-28.

［268］编辑部. 越南国家主席张晋创明日访问柬埔寨, 进一步深化柬越全面友好合作［N］. 金边晚报 (柬), 2014-12-23.

［269］编辑部. 越南驻柬使馆举办 "在柬投资经营的越南企业" 座谈会［N］. 金边晚报 (柬), 2015-04-09.

［270］李福川. 结束制度转型, 进入现代化建设新阶段［N］. 中国经济时报, 2012-05-10.

［271］谢亚宏. 中哈产能合作结硕果［N］. 人民日报, 2015-07-20.

［272］金声. 柬埔寨等抗议老挝建栋沙宏水电站见效［N］. 金边晚报, 2016-06-28.

［273］刘派. 中日韩俄将全面开展陆海联运合作［N］. 中国水运报, 2011-12-26.

［274］张雪楠. 扎鲁比诺万能港: 让珲春出海步坦途［N］. 图们江报, 2014-11-24.

［275］李怀岩, 浦超. 大湄公河次区域电力合作走向深入［N］. 经济参考报, 2008-07-25.

［276］宗巍, 刘硕, 姚友明. 珲春: 千年积淀再勃发［N］. 经济参考报,

2015-05-27.

[277] 联合国开发计划署.2006年人类发展报告（中文版）[R]，2006.

[278] 曾文革，许恩信.论我国国际河流可持续开发利用的问题与法律对策 [C]. 南京：2008年全国环境资源法学研讨会（年会），2008.

[279] 刘彦随.中国土地资源战略与区域协调发展研究 [C]. 中国土地资源战略与区域协调发展研究，2006.

[280] Salman M A. Conflict and cooperation on South Asia's international rivers [M]. Washington, D C：The World Bank，2002.

[281] Dombrowsky I. Conflict, cooperation and institutions in international water management：an economic analysis advances in ecological economics series [M]. Cheltenham：Edward Elgar Pub，2007.

[282] Sadoff C W, Whitngton D, Grey D. Africa's international rivers：an economic perspective [M]. Washington D C：World Bank World Bank Publications，2003.

[283] Kegley C W. Controversies in international relations theory：realism and the neoliberal challenge [M]. New York：St Martin's Press，1995.

[284] Agboola J I, Brainmoh A K. Strategic partnership for sustainable management of aquatic resources [J]. Water Resource Management，2009，23（13）：2761-2775.

[285] Tafesse T. Benefit-sharing framework in transboundary river basins：the case of the eastern Nile subbasin [J]. Project Workshop Proceedings，2009（19）：232-245.

[286] Claudia W S, Davidd G. Cooperation on international rivers a continuum for securing and sharing benefits [J]. Water International，2005，30（4）：1-8.

[287] Dinar S. Scarcity and cooperation along international rivers [J]. Global Environmental Politics，2009，9（1）：109-135.

[288] Sadoff C W, Grey D. Cooperation on international rivers a continuum for securing and sharing benefits [J]. Water International，2005，30（11）：1-8.

[289] Asitk B. Cooperation or conflict in transboundary watermanagement：case study of South Asia [J]. Hydrological Sciences Journal，2011，56（4）：662-670.

[290] Francisco N C, Joaquim E S. International framework for the management of transboundary water resources [J]. Water International，1999，24（2）：86-94.

[291] Frank B, Philipp P. The rag mentation of global governance architectures: a framework for analysis [J]. Global Environmental Politics, 2009 (11): 14-40.

[292] Yearn H C. Cooperative environmental efforts in Northeast Asia: assessment and recommendations [J]. International Review for Environmental Strategies, 2002, 3 (1): 137-151.

[293] Yasrmase K. Regional governance in East Asia and the Asia-Pacific [J]. East Asia. 2009 (26): 321-341.

[294] Mitcheel A, Wood D. Toward a theory of stakeholder identification and salience: defining the principle of who and what really counts [J]. Academy of Management Review, 1997, 22 (4): 853-886.

[295] Sandra L P, Aaroon T W. Dehydrating conflict [J]. Foreign Policy, 2001, 126 (9/10): 98-110.

[296] Wolf A T, Yoffe S B. International waters: identifying basins at risk [J]. Water Policy, 2003 (5): 29-60.

[297] Jacobs J. The United States and the Mekong project [J]. Water Policy, 2000 (1): 587-603.

[298] Wolf A T. Criteria for equitable allocations: the heart of international water conflict [J]. Natural Resource Forum, 1999 (23): 3-30.

[299] Walmsley N. Towards sustainable water resources management: bringing the strategic approach up-to-date [J]. Pearce Irrigation Drainage System, 2010 (24): 191-203.

[300] Sandral L P, Wolf A T. Dehydrating conflict [J]. Foreign Policy, 2001 (9/10): 60-67.

[301] Peter Pham J. Beijing's great game: understanding Chinese strategy in central Eurasia [J]. American Foreign Policy Interests, 2006, 28 (1): 53-67.

[302] Nurit K, Deborah S. Development of institutional framework for the management of transboundarywater resources [J]. Global Environmental Issues, 2001 (1): 307.

[303] Paisley R, Henshaw T W. Transboundary governance of the Nile River Basin: past, present and future [J]. Environmental Development, 2013 (7): 59-71.

[304] Newson M D. Sustainable integrated development and the basin sediment

system: Guidance from fluvial geomorphology [J]. Integrated River Basin Development. Wiley, Chichester, 1994 (1): 1-10.

[305] Mcintyre O. Environmental protection of international watercourses under international law [R]. Sweden: Sweden International Development Agency International Trans-boundary Water Resources Management Course, 2006.

[306] Wolf A T, Kramer A, Carius A. In state of the world 2005: redefining global security [R]. Washington D C: The World Watch Institute, 2005.

[307] Bernardini F, Enderlein R, Koeppel S. The United Nations world water development report [C]. The United Nations Educational, Scientific and Cultural Organization, 2012.